建筑电气专业系列教材

建筑通信技术

高 瑞 黄民德 主编

HEUP 哈尔滨工程大学出版社

内容简介

本书介绍了建筑通信技术的相关知识,主要包括建筑通信技术概述、信息、信号、系统与网络、建筑通信业务及终端、信号的传输技术、信号的数字化处理技术、信号的交换技术、智能建筑外部公用通信网络技术、智能建筑内部通信系统技术等。它可作为高等院校自动化、建筑电气与智能化、电气工程与自动化、计算机、网络工程、通信工程等本科专业和高职高专院校建筑电气工程、通信技术、楼宇智能化工程、通信网络与设备、建筑工程管理等专业的教材,也可供成人高等教育和大专院校相关专业使用,还可以供有关工程技术人员参考。

图书在版编目(CIP)数据

建筑通信技术/高瑞,黄民德主编. —哈尔滨:哈尔滨工程大学出版社,2014.9

ISBN 978 – 7 – 5661 – 0842 – 5

Ⅰ. 建… Ⅱ.①高… ②黄… Ⅲ. 智能化建筑 – 通信系统 Ⅳ.①TU855 ②TN914

中国版本图书馆 CIP 数据核字(2014)第 188705 号

出版发行	哈尔滨工程大学出版社
地　　址	哈尔滨市南岗区东大直街 124 号
邮政编码	150001
发行电话	0451 – 82519328
传　　真	0451 – 82519699
经　　销	新华书店
印　　刷	哈尔滨市石桥印务有限公司
开　　本	787mm × 1 092mm　1/16
印　　张	20.75
字　　数	515 千字
版　　次	2014 年 9 月第 1 版
印　　次	2014 年 9 月第 1 次印刷
定　　价	40.00 元

http://www.hrbeupress.com

E-mail:heupress@ hrbeu.edu.cn

前　　言

通信技术是实现信息传递与应用的手段和工具,是智能建筑信息设施系统的基础,支撑着建筑物内的语音、数据、图像及多媒体信息的通信。随着智能建筑与通信技术的迅速发展,在建筑设计和施工中,与通信相关内容的比重逐渐增加,相关从业人员对建筑通信知识的渴求也越来越强烈,急需一本系统介绍建筑通信技术的书籍,来满足行业在培养人才方面的需要和行业发展的新情况、新要求。

本书将在建筑通信技术大力发展的新形势下,在对其原理性的知识进行介绍的同时,从工程设计的角度出发,本着实用的原则,侧重于工程应用介绍,既有理论又有实践,全面介绍了建筑通信新技术。

本书是根据建筑通信技术教学的基本要求,结合建筑行业的需求而编写的教材。书中对建筑通信的基本概念,建筑通信系统的基本原理、基本知识等做了较全面的阐述;对通信传输技术、数字化处理技术、交换技术等进行了介绍。另外,结合建筑特点,详细阐述了智能建筑外部公用通信网络技术和内部通信系统技术。

全书共分8章,内容为建筑通信技术概述,信息、信号、系统与网络,建筑通信业务及终端,信号的传输技术,信号的数字化处理技术,信号的交换技术,智能建筑外部公用通信网络技术,智能建筑内部通信系统技术。

本书由天津城建大学的高瑞、黄民德主编,第1~3章由黄民德编写,第4~8章由高瑞编写,高瑞负责全书统稿。

在本书编写过程中,得到了天津工业大学苗长云教授,天津城建大学龚威教授、郭福雁副教授的指教,以及陈建伟、胡林芳、齐利晓等同志的协助,在此表示感谢。

限于编者水平,书中难免存在缺点和错误,敬请广大读者和同行批评指正。

编　者

2014 年 5 月

目　　录

第1章 概 述

1.1 建筑通信技术概述

通信技术（communication technology）是指将信息从一个地点传送到另一个地点所采取的方法和措施。随着建筑智能化的不断发展，通信技术越来越先进，越来越成熟，通信技术在建筑中的应用越来越广，也越来越深入。建筑通信技术是通信技术在建筑中的应用，它是建筑智能化的保障，是现代智能建筑的"中枢神经系统"。通信技术对现代建筑有着十分重要的作用，建筑通信系统是现代建筑的不可或缺的重要组成部分，建筑通信系统的功能越来越强。建筑通信技术在某种程度上决定了建筑智能化和城市智慧化的发展方向和实现程度，未来建筑、城市的发展必将通过通信技术来推动。

谈到通信（communication），我们每个人都不陌生，通信就是互通信息。从这个意义上来说，通信在远古的时代就已存在。人之间的对话是通信，用手势表达情绪也可算是通信。以后用烽火传递战事情况是通信，快马与驿站传送文件当然也可是通信。舰船上的旗语通过灯的闪烁和旗子的挥动与另一舰船或港口进行无声的对话是通信。传统的信函以游子的思乡之情浓缩于尺素之中，再利用邮政媒体送达家人是通信。在各种建设工地工人们经常使用对讲机相互联络，协调工作是通信。通过因特网（Internet），我们足不出户就可看报纸、听新闻、查资料、看电影、玩游戏、上课、看病、聊天、购物、收发电子邮件是通信。还有电报、电传、电话、寻呼、移动电话、有线广播、无线广播、电视等这些当代最为普及的通信手段都是现实生活中我们所熟悉的通信实例。

在上述实例中我们发现，无论是远古狼烟滚滚的烽火，还是今天四通八达的电话、网络，无论饱含情意的书信，还是绚丽多彩的电视画面，尽管通信的方式各种各样，传递的内容千差万别，但都有一个共性，那就是进行信息的传递。因此，我们对通信下一个简练的定义：所谓通信，就是信息的传递。这里的"传递"可以认为是一种信息传输和交换的过程或方式。实现通信的方式很多，利用"电"来传递消息的方式称为"电通信"，利用"光"来传递消息的方式称为"光通信"，这都是现代通信采用的方式。

我国 2007 年 7 月正式实施的《智能建筑设计标准》（GB/T 50314 - 2006），对智能建筑的定义是"以建筑物为平台，兼备信息设施系统、信息化应用系统、建筑设备管理系统、公共安全系统等，集结构、系统、服务、管理及其优化组合为一体，向人们提供安全、高效、便捷、节能、环保、健康的建筑环境。"

智能建筑是建筑技术和信息技术的产物，建筑是主体，智能化系统是信息技术在建筑中的应用，目的是赋予建筑"智能"。信息技术涉及信息的生产、获取、检测、识别、变换、传递、处理、存储、显示、控制、利用等技术，其主体技术是感测技术、通信技术、计算机技术和控制技术。感测技术获取信息，赋予建筑感觉器官的功能；通信技术传递信息，赋予建筑神经系统的功能；计算机技术处理信息，赋予建筑思维器官的功能；控制技术实施信息，赋予建筑效应器官的功能,使信息产生实际的效用。

通信是人类社会传递信息、交流文化、传播知识的有效手段,随着社会的进步和科学技术的发展,人们对信息通信需求日益增长,特别是进入以信息为资源的信息化社会,信息资源已成为与材料和能源同等重要的战略资源。随着信息量的增加和信息形式的多样化,人们对信息的需求更大、要求更高,信息已成为社会组成的主要部分,信息业务已深入到社会的各个方面,渗透到人们的工作和生活之中。人们提出信息社会的标准:连接所有村庄、社区、学校、科研机构、图书馆、文化中心、医院以及地方和中央政府,连接是信息生活的基础。智能建筑是信息社会中的一个环节、一个信息小岛、一个节点,因此必须具有完善的通信功能。智能建筑通信系统基本功能如图1-1所示,要求如下。

(1)能与全球范围内的终端用户进行多种业务的通信功能。支持多种媒体,多种信道,多种速率,多种业务的通信。比如(可视)电话、互联网、传真、计算机专网、VOD、IPTV、VoIP等。

(2)完善的通信业务管理和服务功能。比如可以应对通信设备增删、搬迁、更换和升级的综合布线系统,保障通信安全可靠的网管系统等。

(3)信道冗余,在应对突发事件、自然灾害时通信更加可靠。

(4)新一代基于IP的多媒体高速通信网、光通信网是未来新的通信业务支撑平台。

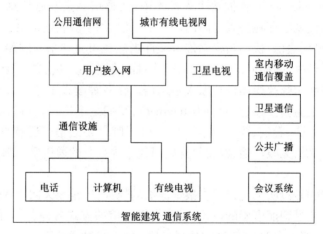

图1-1　智能建筑通信系统基本功能

通信技术是实现信息传递和应用的手段和工具,现代通信技术采用最新的技术不断优化通信的各种方式,让人与人的沟通变得更为便捷、有效。现代通信技术包括信号的传输技术、信号的数字化处理技术、信号的交换技术、通信网技术等。现代通信技术是智能建筑信息设施系统的基础,支撑着建筑物内的语音、数据、图像及多媒体信息的通信。现代通信技术具有以下特点。

(1)数字化　目前已经完成由模拟通信向数字通信的转化。通信数字化可以使信息传递更为准确可靠,抗干扰性与保密性强。数字信息便于处理、存储和交换,通信设备便于集成化、固体化和小型化,适合于多种通信,能使通信信道达到最佳化。

(2)大容量化　现代通信的通信容量大,在各种通信系统中,光纤通信更能反映这个特点。光纤通信容量比电气通信大10亿倍。云计算更需要有大通信容量的支撑。

(3)网络系统化　现代通信形成了由各种通信方式组成的网络系统。通信网是由终端设备、交换设备、信息处理与转换设备及传输线路构成的。网络化的宗旨是共享功能与信息,提高信息的利用率。这些网络包括电话网、分组交换网、综合业务数字网、以太网等。可以采用网络互联等技术把各种网络连接起来,进一步扩大信息传递的范围。

(4)计算机化　通信技术与计算机技术的结合使通信与信息处理熔为一体。表现为终端设备与计算机相结合,产生了多功能与智能化的电话机。与此同时,与计算机相结合的数字程控交换机也已推广应用。

(5)开放化　开放是指开放的体系结构、开放的接口标准,使各种异构系统便于互联和具有高度的互操作性,归根结底是标准化问题。

(6)集成化　是将各种信息源的业务,综合在一个通信网络中,在同一个网络上,允许各种消息传递,为用户提供综合性优质服务,即不但满足人们对电话、数据、电视、传真等业务的需求,而且能满足未来人们对信息服务的更高要求。

(7)高性能化　高性能表现在网络应当提供高速的传输、高效的协议处理和高品质的网络服务。高性能网络应具有可缩放功能,即能接纳增长的用户数目,而不降低网络的性能;能高速低延迟地传送用户信息;按照应用要求来分配资源;具有灵活的网络组织和管理。

(8)融合化　互信息融合是信息技术发展的方向,融合将成为网络通信发展的"主旋律"。随着网络应用加速向 IP 汇聚,网络将逐渐向着对 IP 业务最佳的分组化网的方向演进和融合。融合将体现在"话音与数据"、"传输与交换"、"电路与分组"、"有线与无线"、"移动与固定"、"管理与控制"、"电信与计算机"、"集中与分布"、"电域与光域"等多个方面。

(9)智能化　在通信中赋予智能控制功能,在通信的传输和处理上能向用户提供更为方便、友好的应用接口,在路由选择、拥塞控制和网络管理等方面显示出更强的主动性和灵活性。

(10)个人化　实现个人通信,达到任何人在任意时间内,能与任何地方的人进行通信。采用与网络无关的唯一个人通信号码,不受地理位置和终端的限制。随着移动终端的发展,现代通信技术伴随着更高级的移动通信工具还显示出便捷的移动性。

1.2　通信技术发展历史及趋势

建筑是信息社会中的一个环节、一个信息小岛、一个节点,通信技术应用其中用来完成信息的传递,突显必不可少的重要作用。单从通信技术的发展角度,纵观通信技术的发展分为以下三个阶段。

第一阶段是语言和文字通信阶段。19 世纪以前,漫长的历史时期内,人类传递信息主要依靠人力、畜力,也曾使用邮递、信鸽或借助烽火等方式来实现。这些通信方式简单,内容单一,效率极低,都受到地理距离及地理障碍的极大限制。

第二阶段是电通信阶段。把电作为信息载体是人类通信的革命性变化。随着社会的发展,人们对信息传递和交换的要求越来越高,通信技术得到了迅猛的发展。1844 年,美国人莫尔斯(S. B. Morse)发明了莫尔斯电码,并在电报机上传递了第一条电报,大大缩小了通信时空的差距。1876 年,贝尔(A. G. Bell)发明了电话,首次使相距数百米的两个人可以直接清晰地进行对话。1892 年,史瑞桥自动交换局设立。这样,利用电磁波不仅可以传输文字,还可以传输语音,由此大大加快了通信的发展进程。1895 年,马可尼发明无线电设备,从而开创了无线电通信发展的道路。1912 年,美国 Emerson 公司制造出世界上第一台收音机。1925 年,英国人约翰·贝德发明了世界上第一台电视机。

　　第三阶段是电子信息通信阶段。从总体上看,此阶段通信技术实际上就是通信系统和通信网的技术。通信系统是指点对点通信所需的全部设施,而通信网是由许多通信系统组成的多点之间能相互通信的全部设施。

　　1946 年,世界上第一台通用数字计算机"埃尼阿克"(ENIAC)在美国宾夕法尼亚大学诞生,是通信技术发展史上的又一座纪念碑。1948 年,香农提出了信息论,建立了通信统计理论,控制论、信息论等信息通信理论形成。1950 年多路通信应用于电话系统。1951 年直拨长途电话开通。1956 年铺设越洋通信电缆。1958 年发射第一颗通信卫星。

　　20 世纪 80 年代后,电报发展为用户电报和智能电报。电话发展为自动电话、程控电话、可视图文电话和 IP 电话。同时还出现了数据通信、移动通信、光纤通信、微波及卫星通信、接入网和数字电视等多种通信技术。通信技术和通信产业是 80 年代以来发展最快的领域之一。不论是在国际还是在国内都是如此。这是人类进入信息社会的重要标志之一。

　　最近 50 年,通信技术包括了数据传输信道的发展、数据传输技术的发展和面向多方向的发展。例如包括基带与频带传输及调制技术、同步技术、多路复用技术、程控交换技术、压缩与编码技术、差错控制技术、接入网与接入技术、通信网技术等。

　　90 年代以后,以计算机为核心的信息通信技术(ICT,Information and Communications Technology)凭借网络飞速发展,渗透到社会生活的各个领域。信息通信技术,它是信息技术(IT,Information Technology)与通信技术(CT,Communications Technology)相融合而形成的一个新的概念和新的技术领域。以往通信技术与信息技术是两个完全不同的范畴:通信技术着重于消息传播的传送技术,而信息技术着重于信息的编码或解码,以及在通信载体的传输方式。随着技术的发展,这两种技术慢慢变得密不可分,从而渐渐融合成为一个范畴。ICT 不同于传统通信技术,ICT 产生的背景是行业间的融合以及对信息社会的强烈诉求。通常,一个成功的信息应用系统必然要将 IT 与 CT 这两方面的知识和资源有机地结合起来,如远程教育、远程医疗、电子交通、电子农业、电子政务、电子商务、信息安全等领域。这些都是智能建筑和智慧城市发展所必需的组成的要素。智慧城市功能构成如图 1-2 所示。

　　21 世纪初,八国集团在冲绳发表的《全球信息社会冲绳宪章》中认为:"信息通信技术是21 世纪社会发展的最强有力动力之一,并将迅速成为世界经济增长的重要动力。"信息通信技术是信息技术与通信技术相融合而形成的一个新的概念和新的技术领域。作为一种技术,一般人的理解是 ICT 不仅可提供基于宽带、高速通信网的多种业务,也不仅是信息的传递和共享,而且还是一种通用的智能工具。三网融合、物联网、云计算只是 ICT 的一个基础和前奏,IPTV、手机电视等仅仅是冰山一角而已。

　　目前,通信技术已脱离纯技术驱动的模式,正在走向技术与业务相结合、互动的新模式。通信技术发展的基本方向是开放、集成、融合、高性能、智能化和移动性。通信网络正逐步朝着高速、宽带、大容量、多媒体、数字化、多平台、多业务、多协议、无缝连接、安全可靠的保证质量的新一代网络演进,同时充分考虑固定与移动的融合。从技术角度看,将呈现如下趋势。

　　(1)交换技术从电路到分组交换转变。随着业务从语音向数据的转移,从传统的电路交换技术逐步转向分组交换技术特别是无连接 IP 技术为基础的整个电信新框架将是一个发展趋势。现有的电路交换技术在传送数据业务方面效率较低,不能按需支持宽带业务,而现有的IP 网在支持实时业务方面缺乏服务质量保证,因此从电路交换向分组交换的转变不是简单的

图 1-2 城市功能构成图

转变。同时,从传统的电路交换网到分组化网将是一个长期的渐进过程,采用具有开放式体系架构和标准接口,实现呼叫控制与媒体层和业务层分离的软交换将是完成这一平滑过渡任务的关键。

(2)传送技术从点对点通信到光互联网转变。光波分复用(WDM)技术的出现和发展为电信网提供了巨大的容量和低廉的传输成本,有力地支撑了上层业务和应用的发展。但点对点 WDM 系统只提供了原始的传输带宽,需要有灵活的网络结点才能实现高效的组网能力。自动交换光网络(ASON)的出现吸取了 IP 网的智能化经验,有效解决了 IP 层与光网层的融合问题,代表了下一代光网络的研究方向。

(3)接入技术从窄带到宽带转变。面对核心网和用户侧带宽的快速增长,中间的接入网却仍停留在窄带水平,而且仍主要是以支持电路交换为基本特征,与核心网侧和用户侧的发展趋势很不协调。接入网已经成为全网带宽的最后瓶颈,接入网的宽带化和 IP 化将成为本世纪初接入网发展的主要大趋势。有线接入除发展数字用户线路和以太网等宽带接入技术外,以以太无源光网络(Ethernet Passive Optical Network,EPON)为代表的宽带光接入技术以及城域以太网技术将成为主要的研发方向和应用重点。无线接入技术方面除了第 3 代移动通信和无线以太网技术等现有宽带接入技术会大量应用外,具有更高速率、频谱效率和智能的新一代宽带移动通信技术将成为新的发展方向。

(4)无线技术从 3G 到 4G,从单一无线环境到通用无线环境。在宽带业务需求不断增长的情况下,无线传输作为个人通信的重要手段,其与宽带业务发展需求之间的矛盾显得十分突出。尽管第 3 代移动通信系统(3G)能提供 Mbit/s 量级的传输速率,但与宽带业务的发展需求相比还相差甚远,远远不能满足未来个人通信的要求。具有高数据率、高频谱利用率、低发射功率、灵活业务支撑能力的未来无线移动通信系统(4G)可将无线通信的传输容量和速率提高数十倍甚至数百倍。同时根据各种接入技术的特点,构建分层的无缝隙全覆盖整合系统,形成"通用无线电环境",并实现各系统之间的互通,将是通往未来无线与移动通信系统的必然途径。

1.3 通信技术的社会作用

通信技术不但在现在建筑智能化进程中发挥了重要作用,同时通信也是国家和现代社会的神经系统,通信产业本身又是国民经济的基础结构和先行产业。通信技术是随社会的发展和人类的需要而发展起来的;反过来,通信技术的发展又对社会的发展起着巨大的推动作用。通信技术被公认为国民经济发展的"加速器"和社会效益的"倍增器",现代通信技术是改变人们生活方式的"催化剂",是信息时代和信息社会的生命线。其作用可表现为以下几个方面。

(1)通信产业对其他产业的发展具有促进作用。通信产业是国家发展国民经济的重要基础产业,通信产业的发展可以带动国民经济各部门的快速发展,从而产生巨大的经济效益。比如日本在1995年建成的高级通信网总投资为8 001 200亿美元,由此诱发国民经济各部门生产活动所产生的经济波及效益可达4 000亿美元,其增长系数为3.3~5。美国哈迪博士研究统计了50多个发达、发展中国家的电话普及率提高与其所引起的国民经济增长的关系,其结论是若前5年电话普及率提高1%,则后7年人均国民生产总值可提高3%。总之,通信产业和通信事业对于国民经济各产业部门,如建筑、交通、能源、航空、铁道、水利、金融、广播电视等的发展有着重要的促进作用。

(2)通信发展能够缩短时间和空间的跨度,加快资金周转。通信技术可以提高各种设备的运营效率和能力,尤其在当代,经济关系的国际化、数据交换的全球化,使发达国家可以通过国际互联的数据通信网让资金周游世界。如美国、日本等国的某些财团利用东半球和西半球的时间差,通过通信手段调拨资金,让资金在24小时内都能充分发挥作用。

(3)通信技术的发展可以明显地缓和交通运输的压力,大大减少人员的流动及实物的流通总量,节约能源的消耗。利用通信手段可代替出差、外出联系工作和信息获取。据统计在中国由此每天节省的能源是当日用量的7%,同时还减少了废气和噪声的污染,保护了生态环境。

(4)通信可以实现数据库等资源的共享,为发展经济提供更多的成功机会。在信息社会里,信息不仅是资源,而且是资本,是产品。通过数据通信网络及与数据库相连的计算机通信终端,科研院所和大小企业能迅速得到有价值的数据资料,为科研和生产的决策服务。

(5)通信可以促进劳动生产率和工作效率的提高。据报道,法国巴黎最新设计的服装资料通过Internet(因特网),只需1分钟就可以在广州的计算机上显示出来,再经过不到一个小时的时间,这种最新设计的服装便可以展示在商店的橱窗内。这个例子说明通信使生产效率和工作效率提高到惊人的地步。据美国对201种行业的440种职业调查统计表明,信息产业创造的价值占美国国民经济的48%。随着现代通信技术与计算机技术的迅速发展,劳动生产效率必定会进一步提高。

(6)通信技术与计算机技术的结合,使现代战争变成了"电子信息战争"。通信技术已成为现代信息战争取得胜利的关键因素。过去的战争硝烟弥漫,在战场上是以飞机、坦克为核心,以摧毁对方的肉体和设备来战胜对方;现代的战争悄然无声,战场上是以计算机通信技术为核心,以摧毁敌方的"神经中枢"系统而夺取战争的胜利。现代战争是双方在通信技术和计算机技术等高科技方面发展的较量,谁拥有高新技术,谁就能胜利。

(7)通信技术的发展正在改变着人类以往的生活方式。现代信息社会,人们时刻进行着频繁的信息交流。信息交流已成为人们日常生活中不可缺少的"必需品"。随着 Internet 的发展,上网又成为人们获取和交流信息的一种重要方式,收发电子邮件、网上冲浪、下载文件、网上购物已成为人们生活的一部分;"家庭办公"、"电子货币"已成为当今时尚;"远程教育"、"远程医疗"正在悄然兴起……这一切正在改变着人类的生活方式,使人们的生活更加丰富多彩、幸福快乐。

(8)现代通信技术为政府机关、企事业单位提供了快速高效、灵活便捷的工作平台。

总之,在信息社会中,人类的行为、观念和生活、学习、工作方式都将发生深刻的变化。通信作为信息社会的生命线将成为现代社会的"神经系统"。日新月异的通信技术和各种各样的通信手段与每一个人息息相关,因此了解通信技术的形成与发展,熟悉通信方式的简单原理和主要应用,认识现代通信工具的特点与功能,将会对提高人们的学习、工作和生活质量产生极为积极的作用,也是人们步入信息时代,适应人类进步和社会发展的必要准备。

1.4 通信行业中的标准与法规

任何行业的发展都必须遵循一定的标准、规章、制度等,建筑行业如此,通信行业也不例外,无论是业务的运营还是技术的研发,包括整个企业的运作,都要受到这些"条条框框"的限制。这些限制主要包括政策法规和技术标准两个方面。

1. 通信行业中的政策法规

政策法规主要由各国的政府部门制订。这些政策规章对于通信运营最主要的影响就是"准入"。基本上,在任何国家电信业务都是受到管制的,也就是要经过政府部门的批准。以我国为例,骨干网和接入网的运营资格都是被严格控制的。未来的发展趋势是业务的运营、特别是增殖电信业务的运营将逐步放松管制,而以话音业务为代表、包括网络基础设施建设在内的基础电信业务运营仍将在各国受到严格的管制。

2. 通信行业中的技术标准

通信行业中的技术标准主要由各种技术标准化团体以及相关的行业协会负责制订,典型的标准化组织包括国际电联(ITU)、电气和电子工程师协会(IEEE)、第三代移动通信伙伴项目(3GPP)等,主要由设备制造商与网络运营商组成。下面以 IEEE 802 系列标准的制订过程为例,对此通信技术标准的制订过程进行说明。

(1)一个新的标准必然会针对某个特定的市场,先行关注这一市场的公司一般也会是技术上的先行者,他们会向 IEEE 申请设立这一标准的研究机构。

(2)这些研究机构会定期举行会议,以交流工作进展,参加这些研究机构的资格即通过参加这些会议来取得。

(3)标准的研究机构下设多个工作组与研究组,它们针对不同的技术主题,并接受各种研究提案,会提出很多草稿(draft)以供进一步的研究。

(4)完成以上研究之后即会进行表决,包括内部的表决和之后提交给 IEEE 的表决。

(6)IEEE 表决通过之后,即成为 IEEE 各系列的标准,这些标准又会经常被很多国家的标准化机构所引用,成为该国的国家标准。

思　考　题

1. 什么是通信技术？列举出建筑中和通信有关的系统。

2. 试分析《智能建筑设计标准》GB/T 50314－2006 对智能建筑的定义包含了几层意思，并说明相互间的关系。

3. 现代通信技术具有哪些特点？

4. 通信技术的发展经历了哪几个阶段？

第2章　信息、信号、系统与网络

通信的目的是传递信息,也可以说是传递含有信息的消息。消息是信息的物理表现形式,信息是消息的内涵。消息具有不同的形式,例如符号、文字、话音、音乐、数据、图片、活动图像等等。作为消息的内涵,信息是非常抽象的东西,它是消息中所包含的受信者原来不知而待知的内容。信息的大小可以用信息量来度量。为了传递消息,各种消息需要转换成信号。信号是消息的电的表示形式,或者说与消息相对应的电量或光量。例如在电通信系统中,消息的传递是通过它的物质载体——电信号来实现的,也就是说把消息寄托在电信号的某一参量上,如连续波的幅度、频率或相位;脉冲波的幅度、宽度或位置。

在信息通信技术领域中,常常利用通信系统进行信号的传输、交换与处理。通信系统是用以完成信息传输过程的技术系统的总称。系统通常是由具有特定功能、相互作用和相互依赖的若干单元组成的、完成统一目标的有机整体。通常,组成通信系统的主要部件中包括大量的、多种类型的设备和电路。电路也称电网络或网络。信号、电路(网络)与系统之间有着十分密切的联系。离开了信号,电路与系统将失去意义。信号作为待传输消息的表现形式,可以看做运载消息的工具,而电路或系统则是为传送信号或对信号进行加工处理而构成的某种组合。

总之,通信是信息的传递,消息是信息的外壳,信号是信息的载体,信息则是消息的内核和信号所载荷的内容,电路或系统是完成信息传输过程的组合。

2.1　信息及其度量

组成客观世界三大基本要素:物质、能量和信息。人类社会从农业时代经过工业时代发展到信息时代,社会的发展都离不开物质(材料)、能量(能源)和信息资源。美国学者欧廷格说:"没有物质什么都不存在,没有能量什么都不发生,没有信息什么都没意义。"

关于信息的定义,据说到目前为止已有上百种信息的定义或说法。例如"信息是事物之间的差异","信息是物质与能量在时间与空间分布的不均匀性","信息是收信者事先不知道的东西"等,可见对信息的定义种类繁多。信息有许多与物质、能量相同的特征,例如信息可以产生、消失、携带、处理和量度;信息也有与物质、能量不同的特征,例如信息可以共享,可以无限制地复制等。

在信息理论中,信息和消息是紧密相关的两个不同的概念。一般认为,消息是信息的载体,如语言、文字、各种符号、声音、图片等,而信息蕴含在消息之中。同一个消息,比如说当天新闻联播的一篇报道,不同的人从中获取的信息是不一样的;一封家书,对于收信人而言可抵万金,但对旁人来说可能是废纸一张。因此信息是一个奇妙的东西,它是有别于物质和能量的一种存在。

实际上,信息可以划分为两个大的层次:本体论层次和认识论层次。从本体论层次上看,信息是客观的,即它是独立于人或其他有感知的事物而存在的,这就是说,在人类出现以前信息就存在了。从认识论层次上看,信息是通过认识主体的感受而体现出来的。现在我们所说的信息实际上是指认识论层次的信息。当前一种比较普遍的描述信息的说法是:信息是认识主体(人、生物、机器)所感受的和所表达的事物运动的状态和运动状态变化的方式。以这种定义为基础,可以把信息分成三个基本层次,即语法(syntactic)信息、语义(semantic)信息和语用(pragmatic)信息,分别反映事物运动状态及其变化方式的外在形式、内在含义和效用价值。

语法信息是事物运动的状态和变化方式的外在形式,不涉及状态的含义和效用。像语言学领域的"词与词的结合方式",不考虑词的含义与效用,在语言学中称为语法学。语法信息还可细分为概率信息、偶发信息、确定信息、模糊信息等。

语义信息是事物运动的状态和变化方式的含义。在语言学里,研究"词与词结合方式的含义"的学科称为语义学。

语用信息是事物运动状态及其状态改变方式的效用。

下面举例说明信息三个层次的含义。有一个情报部门,其主要任务是对经济情报进行收集、整理与分析以提供给决策机构。该部门设三个组:信息收集组、信息处理组和信息分析组。信息收集组的任务是将收集到的资料按中文、英文或其他文字、明文、密文进行分类,不管这些资料的含义如何都交到信息处理组。信息处理组根据资料的性质进行翻译或破译得到这些资料的含义,然后交到信息分析组。信息分析组从这些资料中挑选出有价值的情报提交给决策机构。可见,信息收集组是根据所得到的消息提取出语法信息,信息处理组是根据所得到的语法信息提取出语义信息,而信息分析组是根据所得到的语义信息提取出语用信息。

人们普遍认为,1948年美国工程师和数学家香农(Shannon)发表的《通信的数学理论》(A Mathematical Theory of Communication,BSTJ,1948)这篇里程碑性的文章标志着信息论的产生,而香农本人也成为信息论的奠基人。文章中的经典论断:"通信的基本问题是在一点精确地或近似地恢复另一点所选择的消息。通常,这些消息是有含义的,即它对于某系统指的是某些实在的或抽象的实体。这些通信的语义方面与通信问题无关,而重要的方面是实际消息是从一个可能消息集合中选择出的一条消息。"可见,香农在研究信息理论时,排除了语义信息与语用信息的因素,先从语法信息入手,解决当时最重要的通信工程一类的信息传递问题。

香农指出,通信的基本问题是在一点精确地或近似地恢复另一点所选择的消息。人们从这个基本问题出发,对通信系统制定了三项性能指标:传输的有效性、传输的可靠性、传输的安全性。

有效性是指对于离散信号,信号平均代码长度应尽量短;信息传输应尽量快,即高的传信率(单位时间传送信息的速率),实际上是有效利用时间资源;信息传送应该有高的频谱利用率,实际上是有效利用频率资源。

可靠性是指传输差错要尽量少,对于数字传输就是要求低的误码率。

安全性是指传输的信息不能泄露给未授权人。

信息的核心问题是它的度量问题。从目前的研究来看,要对通常意义下的信息给出一个统一的度量是困难的。至今最为成功的,也是最为普及的信息度量是由信息论创始人香农提出的、建立在概率统计模型上的信息度量。他把信息定义为"用来消除不确定性的东西"。

一个消息之所以会含有信息,正是因为它具有不确定性,而通信的目的就是为了消除或部分消除这种不确定性。比如在得知足球比赛结果前,我们对于结果会出现输球、赢球、或是打平是不确定的,通过通信,我们得知了比赛结果,消除了不确定性,从而获得了信息。用数学的语言来讲,不确定性就是随机性,具有不确定性的事件就是随机事件,因此可运用研究随机事件的数学工具——概率来测度不确定性的大小。

1928 年,哈特莱(Hartley)首先提出了对数度量信息的概念,即一个消息所含有的信息量用它的所有可能的取值的个数的对数来表示。比如抛掷一枚硬币可能有两种结果:正面和反面,所以当我们得知抛掷结果后获得的信息量是 $\log_2 2 = 1$ bit;而一个十进制数字可以表示 0 ~9 中的任意一个符号,所以一个十进制数字含有 $\log_2 10 = 3.3219$ bit 的信息量。这里对数取以 2 为底,信息量的单位为比特(bit,binary unit)。注意:计算机术语中 bit 是位的单位(bit,binary digit),与信息量单位不同,但有联系,1 位的二进制数字最大能提供 1 bit 的信息量。

关于信息的度量的几个重要的概念。

(1)自信息(量)

一个事件(消息)本身所包含的信息量,它是由事件的不确定性决定的,比如抛掷一枚硬币的结果是正面这个消息所包含的信息量。

随机事件的自信息量定义为该事件发生概率的对数的负值。设事件 x_i 的概率为 $P(x_i)$,则它的自信息量定义为

$$I(x_i) = -\log_2 p(x_i) = \log_2 \frac{1}{p(x_i)} \tag{2-1}$$

$I(x_i)$ 代表两种含义:在事件 x_i 发生以前,等于事件 x_i 发生的不确定性的大小;在事件 x_i 发生以后,表示事件 x_i 所含有或所能提供的信息量。

(2)互信息(量)

一个事件所给出关于另一个事件的信息量,比如今天下雨所给出关于明天下雨的信息量。

一个事件 y_i 所给出关于另一个事件 x_i 的信息定义为互信息,用 $I(x_i;y_i)$ 表示。

$$I(x_i;y_i) = I(x_i) - I(x_i|y_i) = \log_2 \frac{p(x_i|y_i)}{p(x_i)} \tag{2-2}$$

互信息 $I(x_i;y_i)$ 是已知事件 y_i 后所消除的关于事件 x_i 的不确定性,它等于事件 x_i 本身的不确定性 $I(x_i)$ 减去已知事件 y_i 后对 x_i 仍然存在的不确定性 $I(x_i|y_i)$。互信息的引出,使信息的传递得到了定量的表示。

(3)平均自信息(量),或称信息熵

事件集(用随机变量表示)所包含的平均信息量,它表示信源的平均不确定性,比如抛掷一枚硬币的试验所包含的平均信息量。

自信息量是信源发出某一具体消息所含有的信息量,发出的消息不同它的自信息量就不同,所以有信息量本身为随机变量,不能用来表征整个信源的不确定度。我们用平均自信息量来表征整个信源的不确定度。平均自信息量又称为信息熵或信源熵,简称熵。

因为信源具有不确定性,所以把信源用随机变量来表示,用随机变量的概率分布来描述信源的不确定性。通常把一个随机变量所有可能的取值和这些取值对应的概率 $[X,P(X)]$ 称为它的概率空间。

假设随机变量 X 有 q 个可能的取值 x_i, $i = 1,2,\cdots,q$,各种取值出现的概率为 $p(x_i)$, $i = 1,2,\cdots,q$,它的概率空间表示为

$$\begin{bmatrix} X \\ p(X) \end{bmatrix} = \begin{bmatrix} X = x_1 & \cdots & X = x_i & \cdots & X = x_q \\ p(x_1) & \cdots & p(x_i) & \cdots & p(x_q) \end{bmatrix}$$

注意:$p(x_i)$满足概率空间的基本特性:非负性 $0 \leq p(x_i) \leq 1$ 和完备性 $\sum\limits_{i=1}^{q} p(x_i) = 1$

随机变量 X 的每一个可能取值的自信息 $I(x_i)$ 的统计平均值定义为随机变量 X 的平均自信息量。

$$H(X) = E[I(x_i)] = -\sum_{i=1}^{q} p(x_i)\log_2 p(x_i) \qquad (2-3)$$

这里 q 为 X 的所有可能取值的个数。嫡通常用比特/符号为单位。一般情况下,信息嫡并不等于收信者平均获得的信息量,只有在无噪情况下,收信者才能正确无误地接收到信源所发出的消息,全部消除了 $H(X)$ 大小的平均不确定性,所以获得的平均信息量就等于 $H(X)$,而一般情况下,因为干扰和噪声的存在,收信者不能全部消除信源的平均不确定性,获得的信息量将小于信息嫡。

(4)平均互信息(量)

一个事件集所给出关于另一个事件集的平均信息量,比如今天的天气所给出关于明天的天气的信息量。

互信息 $I(x_i;y_i)$ 表示某一事件 y_i 所给出的关于另一个事件 x_i 的信息,它随 x_i 和 y_i 的变化而变化,为了从整体上表示从一个随机变量 Y 所给出关于另一个随机变量 X 的信息量,定义互信息 $I(x_i;y_i)$ 在 XY 的联合概率空间中的统计平均值为随机变量 X 和 Y 间的平均互信息。

$$\begin{aligned}
I(X;Y) &= \sum_{i=1}^{n} \sum_{j=1}^{m} p(x_i y_j) I(x_i;y_j) \\
&= \sum_{i=1}^{n} \sum_{j=1}^{m} p(x_i y_j) \log_2 \frac{p(x_i|y_j)}{p(x_i)} \\
&= \sum_{i=1}^{n} \sum_{j=1}^{m} p(x_i y_j) \log_2 \frac{1}{p(x_i)} - \sum_{i=1}^{n} \sum_{j=1}^{m} p(x_i y_j) \log_2 \frac{1}{p(x_i|y_j)} \\
&= H(X) - H(X|Y) \qquad (2-4)
\end{aligned}$$

条件嫡 $H(X|Y)$ 表示给定随机变量 Y 后,对随机变量 X 仍然存在的不确定度,所以 Y 关于 X 的平均互信息是收到 Y 前后关于 X 的不确定度减少的量,也就是从 Y 所获得的关于 X 的平均信息量。

2.2 信号及其描述

人们相互问讯、发布新闻、广播图像或传递数据,其目的都是要把某些信息借助一定形式的信号传送出去。"信号"一词在人们的日常生活与社会活动中有着广泛的含义。严格地说,信号是指信息的表现形式与传送载体和运输工具,而信息则是信号的具体内容。但是,信息的传送一般都不是直接的,需借助某种物理量作为载体,例如通过声、光、电等物理量的变化形式来表示和传送消息,因此信号可以广义地定义为随一些参数变化的某种物理量,如图 2-1 所示为语音声波信号的波形。

2.2.1 信号的描述

在可以作为信号的诸多物理量中,通信上常用电和光是作为传输信息的物理量,它们易于

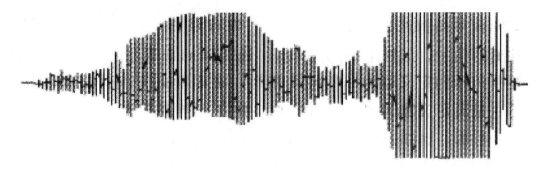

图 2-1 语音信号

产生与控制,传送速率快,也容易实现与非电量的相互转换。电信号通常是随时间变化的电压或电流(电荷或磁通)。在数学上,信号可以表示为一个或多个变量的函数。对于确知信号和随机信号都可用它们的时域和频域特性函数来描述。

电信号的时域特性表示信号电压或电流随时间变化的关系。它可用其电压或电流幅值与时间的函数关系来表示,也可用波形直观的表达。下面以正弦波电压信号为例说明信号的表达方式及其基本特性,正弦波电压信号波形如图 2-2 所示,以最直观的方式描述了正弦波电压幅值与时间的函数关系,其数学表达式为

$$U(t) = U_m \sin(\omega t + \theta) \qquad (2\text{-}5)$$

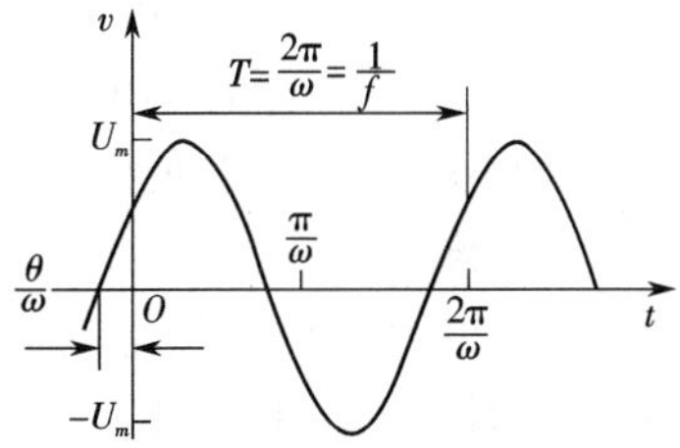

图 2-2 正弦波电压信号波形

式中 U_m 是正弦波的幅值;ω 为角频率;θ 为初始相角。当 $\omega = 0$ 时,则为直流电压信号。当 U_m、ω、θ 均为已知常数时,信号中就不再含有任何未知信息,是最简单的信号。正因为如此,正弦波信号经常作为标准信号用来对模拟电子电路进行测试。当然实际的信号要比正弦信号复杂得多。

信号还可以用频率特性来描述,即信号的频谱方式来表示。所谓频率特性即任意信号总可以表示为许多不同频率正弦分量的线性组合,这些正弦分量的参数(振幅、频率、初相)的规律,称之为该信号的频谱。以频率为横坐标,振幅为纵坐标的称为幅频特性;以频率为横坐标,相位为纵坐标的称为相频特性。

例如设有一个信号为

$$f(t) = \sin(\omega_1 t) + \frac{1}{3}\sin(3\omega_1 t) + \frac{1}{5}\sin(5\omega_1 t)$$

式中 $\omega_1 = \dfrac{2\pi}{T}$ 信号 $f(t)$ 波形和幅频特性频谱如图 2-3 所示。

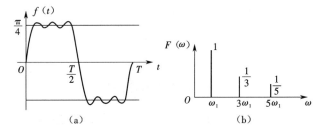

(a)   (b)

图 2-3 信号波形及频谱

2.2.2　信号的分类

信号的分类方法很多,可以由不同的角度对信号进行分类。根据信号的特性,信号可以分解为确定信号与随机信号、连续时间信号与离散时间信号、周期信号与非周期信号、能量信号与功率信号等。

1. 确定信号与随机信号

按照信号的确定性来划分,信号可分为确定信号与随机信号。

如果信号可以用一个确定的时间函数(或序列)表示,就称其为确定信号(或规则信号)。当给定某一时刻值时,这种信号有确定的数值,其在定义域内的任意时刻都有确定的函数值。例如我们熟知的正弦信号,如图 2-2 所示。

随机信号也称为不确定信号,它不是时间的确定函数,其在定义域内的任意时刻没有确定的函数值。实际上,由于种种原因,在信号传输过程中存在着某些"不确定性"或"不可预知性"。如果通信系统中传输的信号都是确定的时间函数,接收者就不可能由它得知任何新的消息,这样也就失去了通信的意义。此外,信号在传输和处理的各个环节中不可避免地要受到各种干扰和噪声的影响,使信号失真(畸变),而这些干扰和噪声的情况总是不可能完全知道的。这类"不确定性"或"不可预知性"统称为随机性,语音信号就是随机信号的一个例子,如图 2-1 所示。因此严格来说,在实践中经常遇到的信号一般都是随机信号。研究随机信号要用概率、统计的观点和方法。

虽然如此,研究确定信号仍是十分重要的,这是因为它是一种理想化的模型,不仅适用于工程应用,也是研究随机信号的重要基础。确定性信号与随机信号有着密切的联系,在一定条件下,随机信号也会表现出某种确定性,例如乐音表现为某种周期性变化的波形,电码可描述为具有某种规律的脉冲波形等等。作为理论上的抽象,应该首先研究确定性信号,在此基础之上才能根据随机信号的统计规律进一步研究随机信号的特性。

2. 连续时间信号与离散时间信号

按照信号时间函数取值的连续性划分,信号可分为连续时间信号与离散时间信号,简称连续信号与离散信号。

连续时间信号是指在信号的定义域内,除有限个不连续点之外,对于任意时间值都可给出确定的函数值的信号,如图 2-4 所示。连续信号的幅值可以是连续的,也可以是离散的。时间和幅值均连续的信号称为模拟信号。

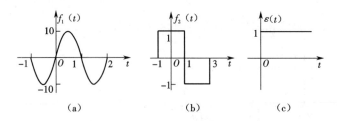

图 2-4　连续时间信号

如图 2-4(a)所示,$f_1(t) = 10\sin(\pi t)$,$-\infty < t < \infty$ 其定义域$(-\infty, +\infty)$和值域$[-10, 10]$都是连续的。

如图 2-4(b)所示,

$$f_2(t) = \begin{cases} 0, & t < -1 \\ 1, & -1 < t < 1 \\ -1, & 1 < t < 3 \\ 0, & t > 3 \end{cases}$$

其定义域$(-\infty, +\infty)$是连续的,但其函数值只取-1、0、1三个离散的数值。

如图 2-4(c)所示,单位阶跃函数定义为

$$\varepsilon(t) = \begin{cases} 0, & t < 0 \\ \dfrac{1}{2}, & t = 0 \\ 1, & t > 0 \end{cases}$$

离散时间信号是指信号的定义域为一些离散时刻。离散时间信号最明显的特点是其定义域为离散的时刻点,而在这些离散的时刻点之外无定义,如图 2-5 所示。离散信号也常称为序列。离散时间信号的幅值也可以是连续的或离散的。如果离散时间信号的幅值是连续的,则又可取名为抽样信号。如果离散时间信号的时间和幅值均是离散的,则称为数字信号。

自然界的实际信号可能是连续的,也可能是离散的时间信号。例如声道产生的语音、乐器发出的乐音、连续测量的温度曲线都是连续时间信号,而数字计算机处理的是离散时间信号,当处理对象为连续信号时需要经抽样(采样)将它转换为离散时间信号。

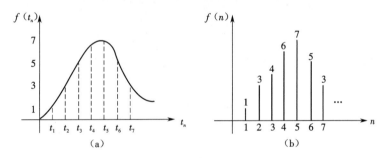

图 2-5　离散时间信号

(a)抽样信号;(b)数字信号

3. 周期信号与非周期信号

按照信号的周期性划分,信号可以分为周期信号与非周期信号。

周期信号都是定义在区间$(-\infty, +\infty)$上,且每隔一个固定的时间间隔波形重复变化。连续周期信号与离散周期信号的数学表示式分别为

$$f(t) = f(t+nT), \quad -\infty < t < +\infty, n = 0, \pm 1, \pm 2, \cdots (任意整数) \tag{2-6}$$

$$f(k) = f(k+nN), \quad -\infty < k < +\infty, k 取整数, n = 0, \pm 1, \pm 2, \cdots (任意整数) \tag{2-7}$$

满足以上两式中的最小正数 T、N 分别称为周期信号的周期。

非周期信号就是不具有周而复始特性的信号。若令周期信号的周期 T 趋于无限大,则成为非周期信号。具有相对较长周期的确定性信号可以构成所谓"伪随机信号",从某一时段来看,这种信号似无规律,而经一定周期之后,波形严格重复,利用这一特点产生的伪随机码在通信系统中得到广泛应用。

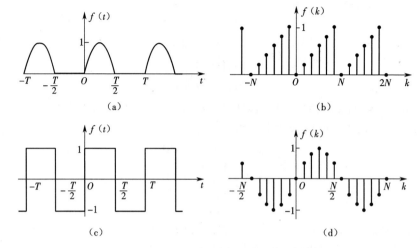

图 2-6 周期信号

(a) 半波整流信号；(b) 锯齿序列；(c) 方波；(d) 正弦序列 $\sin(k\beta)$ $(\beta=\pi/6)$

4. 能量信号与功率信号

按照信号的可积性划分，信号可以分为能量信号与功率信号。

如果把信号 $f(t)$ 看做是随时间变化的电压或电流，则当信号 $x(t)$ 通过 $1\ \Omega$ 的电阻时，其在时间间隔 $-T/2 \leqslant t \leqslant T/2$ 内所消耗的能量称为归一化能量，即

$$E = \lim_{T\to\infty} \int_{-\frac{T}{2}}^{\frac{T}{2}} |f(t)|^2 \mathrm{d}t \tag{2-8}$$

而在上述时间间隔 $-T/2 \leqslant t \leqslant T/2$ 内的平均功率称为归一化功率，即

$$P = \lim_{T\to\infty} \frac{1}{T} \int_{-\frac{T}{2}}^{\frac{T}{2}} |f(t)|^2 \mathrm{d}t \tag{2-9}$$

对于离散时间信号 $x[k]$，其归一化能量 E 与归一化功率 P 的定义分别为

$$E = \lim_{N\to\infty} \sum_{k=-N}^{N} |f(k)|^2 \tag{2-10}$$

$$P = \lim_{N\to\infty} \frac{1}{2N+1} \sum_{k=-N}^{N} |f(k)|^2 \tag{2-11}$$

若信号的归一化能量为非零的有限值，且其归一化功率为零，即 $0 < E < \infty$，$P=0$，则该信号为能量信号；若信号的归一化能量为无限值，且其归一化功率为非零的有限值，即 $E\to\infty$，$0 < P < \infty$，则该信号为功率信号。

一个信号不可能既是能量信号又是功率信号，但却有少数信号既不是能量信号也不是功率信号。直流信号与周期信号都是功率信号。

5. 一维信号与多维信号

从数学表达式来看，信号可以表示为一个或多个变量的函数。语音信号可表示为声压随时间变化的函数，这是一维信号。而一张黑白图像每个点（像素）具有不同的光强度，任一点又是二维平面坐标中两个变量的函数，这是二维信号。实际上，还可能出现更多维数变量的信号。例如电磁波在三维空间传播，同时考虑时间变量而构成四维信号。

6. 调制信号、载波信号和已调信号

在通信系统中,信号从发射端传输到接收端,为实现信号的传输,往往需要进行调制和解调。无线电通信系统是通过空间辐射方式传送信号的,由电磁波理论可以知道,天线尺寸为被辐射信号波长的 1/10 或更大些,信号才能有效地被辐射。对于语音信号来说,相应的天线尺寸要在几十千米以上,实际上不可能制造这样的天线。调制过程将信号频谱搬移到任何所需的较高频率范围,这就容易以电磁波形式辐射出去。

从另一方面讲,如果不进行调制而是把被传送的信号直接辐射出去,那么各电台所发出的信号频率就会相同,它们混在一起,收信者将无法选择所要接收的信号。调制作用的实质是把各种信号的频谱搬移,使它们互不重叠地占据不同的频率范围,也即信号分别托付于不同频率的载波上,接收机就可以分离出所需频率的信号,不致互相干扰,此问题的解决为在一个信道中传输多对通话提供了依据。这就是利用调制原理实现"多路复用"。在简单的通信系统中,每个电台只允许有一对通话者使用,而"多路复用"技术可以用同一部电台将各路信号的频谱分别搬移到不同的频率区段,从而完成在一个信道内传送多路信号的"多路通信"。近代通信系统,无论是有线传输或无线电通信,都广泛采用多路复用技术。

调制是把信号转换成适合在信道中传输的形式的一种过程,也是用调制信号去控制载波的参数的过程。解调(检波)是调制的逆过程,其作用是将已调信号中的调制信号恢复出来。调制信号是指来自信源的基带信号载波。载波是未受调制的周期性振荡信号,它可以是正弦波,也可以是非正弦波。已调信号是载波受调制后称为已调信号。

2.3　通信系统

2.3.1　通信系统的定义

交通是把货物(乘客)从出发地运输(搬移)到目的地,通信是把信息从信源传输到信宿。如果把用于运输货物或乘客的人、车、路的集合称为交通系统的话,那么用于进行通信的设备硬件、软件和传输介质的集合就叫做通信系统(Communication System)。从硬件上看,通信系统主要由信息源、受信者、信道和接收、发送设备五部分组成,如图 2-7 所示。注意,图中噪声源的干扰也可以理解为通信系统的一部分,因为在实际应用中,一个通信系统无法彻底消除干扰。

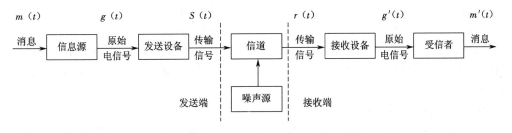

图 2-7　通信系统的一般模型

信息源:简称信源,它的作用是把消息转换成原始电信号(称为基带信号)。电话机、电视摄像机等属于模拟信源,送出的是模拟信号;计算机等各种数字终端设备是数字信源,输出的是数字信号。

发送设备：它将信源和信道匹配，把原始电信号变换成适合在信道中传输的信号（如调制成已调信号）。

信道：是信号传输的通道。按照采用的传输介质可分为有线和无线两大类。有线信道包括双绞线、同轴电缆以及光纤等；无线信道可以是大气（自由空间）、真空及海水（包括地波传播、短波电离层反射）等。有线信道和无线信道均有多种物理媒质，媒质的固有特性及引入的干扰与噪声直接关系到通信的质量。

接收设备：它的任务是从带有干扰的接收信号中正确恢复出相应的原始信号来，即进行与发送设备相对应的反变换。例如解调、译码、解码等等。

受信者：简称信宿，它是信息传输的归宿点。其作用是将复原的原始信号转换成相应的消息。

噪声源：它不是人为加入的设备，而是通信系统中各种设备以及信道中噪声与干扰的集中表示。

2.3.2 通信系统的分类

1. 按信号种类分类

根据信道传输信号种类的不同，通信系统可分为两大类：模拟通信系统（Analog Communication System）和数字通信系统（Digital Communication System）。信道中传输模拟信号的系统称为模拟通信系统，如图 2-8 所示；信道中传输数字信号的系统称为数字通信系统，如图 2-9 所示。

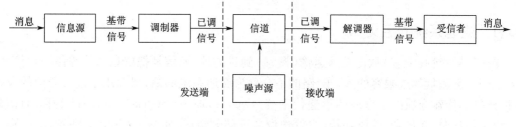

图 2-8 模拟通信系统模型

在模拟通信系统中有两个重要变换：

（1）连续消息↔基带信号，完成这种变换和反变换的是信源和信宿；

（2）基带信号↔已调信号，完成这种变换和反变换的通常是调制器和解调器。

通过调制以后的信号称为已调信号。已调信号有三个基本特征，一是携带有信息；二是适合在信道中传输；三是信号的频谱具有带通形式，且中心频率远离零频，因而已调信号又称频带信号。

2. 按传输介质（信道）分类

有线系统（架空明线、对称电缆、同轴电缆、光纤、波导）、无线系统（长波、中波、短波、微波、卫星）。

3. 按调制与否分类

基带传输、频带传输（调幅、调频、调相、脉幅、脉宽、脉位）。

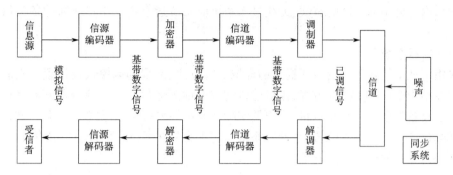

图 2-9　数字通信系统模型

4. 按复用方式分类

频分复用、时分复用、码分复用。

5. 按消息传送的方向和时间分类

单工、半双工、全双工。

6. 按数字信号的排列顺序分类

串序、并序。

7. 按连接形式分类

专线直通(点对点)、交换网络(多点对多点)。

8. 按传送信息的物理特征分类

电话系统、数据系统、有线电视系统等。

2.3.3　智能建筑相关通信系统

根据《智能建筑设计标准》(GB/T 50314—2006)对智能建筑的最新定义和系统分类,智能建筑可以分为四大功能系统,其中保障信息通信的信息设施系统(Information Technology System Infrastructure, ITSI)主要是通信技术的应用,故从通信的角度也可称其为智能建筑相关通信系统。智能建筑通信系统即是通信技术在智能建筑中的应用,是智能建筑中重要的组成部分。蕴含通信技术的信息设施系统由对语音、数据、图像和多媒体等各类信息进行接收、交换、传输、存储、检索和显示等综合处理的多种类信息设备系统组成,其主要作用是支持建筑物内语音、数据、图像信息的传输,提供实现建筑物业务及管理等应用功能的信息通信基础设施,确保建筑物与外部信息通信网的互联及信息畅通,满足公众对各种信息日益增长的需求。

信息设施系统的功能应符合下列要求:

(1)应为建筑物的使用者及管理者创造良好的信息应用环境;

(2)应根据需要对建筑物内外的各类信息,予以接收、交换、传输、存储、检索和显示等综合处理,并提供符合信息化应用功能所需的各种类信息设备系统组合的设施条件。

智能建筑信息设施系统宜包括通信接入系统、电话交换系统、信息网络系统、综合布线系统、室内移动通信覆盖系统、卫星通信系统、有线电视及卫星电视接收系统、广播系统、会议系统、信息导引及发布系统、时钟系统和其他相关的信息通信系统,如图 2-10 所示。各系统的要求如下。

1. 通信接入系统

应根据用户信息通信业务的需求,将建筑物外部的公用通信网或专用通信网的接入系统引入建筑物内。公用通信网的有线、无线接入系统应支持建筑物内用户所需的各类信息通信业务。

2. 电话交换系统

宜采用本地电信业务经营者所提供的虚拟交换方式、配置远端模块或设置独立的综合业务数字程控用户交换机系统等方式,提供建筑物内电话等通信使用。综合业务数字程控用户交换机系统设备的出入中继线数量,应根据实际话务量等因素确定,并预留裕量。建筑物内所需的电话端口应按实际需求配置,并预留裕量。建筑物公共部位宜配置公用的直线电话、内线电话和无障碍专用的公用直线电话和内线电话。

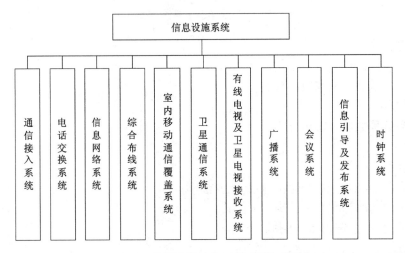

图 2-10　智能建筑信息设施系统组成图

3. 信息网络系统

应以满足各类网络业务信息传输与交换的高速、稳定、实用和安全为规划与设计的原则。宜采用以太网等交换技术和相应的网络结构方式,按业务需求规划二层或三层的网络结构。系统桌面用户接入宜根据需要选择配置 10/100/1000Mbit/s 信息端口。建筑物内流动人员较多的公共区域或布线配置信息点不方便的大空间等区域,宜根据需要配置无线局域网络系统。应根据网络运行的业务信息流量、服务质量要求和网络结构等配置网络的交换设备。应根据工作业务的需求配置服务器和信息端口。应根据系统的通信接入方式和网络子网划分等配置路由器。应配置相应的信息安全保障设备。应配置相应的网络管理系统。

4. 综合布线系统

应成为建筑物信息通信网络的基础传输通道,能支持语音、数据、图像和多媒体等各种业务信息的传输。应根据建筑物的业务性质、使用功能、环境安全条件和其他使用的需求,进行合理的系统布局和管线设计。应根据缆线敷设方式和其所传输信息符合相关涉密信息保密管理规定的要求,选择相应类型的缆线。应根据缆线敷设方式和其所传输信息满足对防火的要求,选择相应防护方式的缆线。应具有灵活性、可扩展性、实用性和可管理性。应符合现行国家标准《建筑与建筑群综合布线系统工程设计规范》GB/T 503 11 的有关规定。

5. 室内移动通信覆盖系统

应克服建筑物的屏蔽效应阻碍与外界通信。应确保建筑的各种类移动通信用户对移动通信使用需求,为适应未来移动通信的综合性发展预留扩展空间。对室内需屏蔽移动通信信号的局部区域,宜配置室内屏蔽系统。应符合现行国家标准《国家环境电磁卫生标准》GB 9175等有关的规定。

6. 卫星通信系统

应满足各类建筑的使用业务对语音、数据、图像和多媒体等信息通信的需求。应在建筑物相关对应的部位,配置或预留卫星通信系统天线、室外单元设备安装的空间和天线基座基础、室外馈线引入的管道及通信机房的位置等。

7. 有线电视及卫星电视接收系统

宜向用户提供多种电视节目源。应采用电缆电视传输和分配的方式,对需提供上网和点播功能的有线电视系统宜采用双向传输系统。传输系统的规划应符合当地有线电视网络的要求。根据建筑物的功能需要,应按照国家相关部门的管理规定,配置卫星广播电视接收和传输系统。应根据各类建筑内部的功能需要配置电视终端。应符合现行国家标准《有线电视系统工程技术规范》GB 50200 有关的规定。

8. 广播系统

根据使用的需要宜分为公共广播、背景音乐和应急广播等。应配置多音源播放设备,以根据需要对不同分区播放不同音源信号。宜根据需要配置传声器和呼叫站,具有分区呼叫控制功能。系统播放设备宜具有连续、循环播放和预置定时播放的功能。当对系统有精确的时间控制要求时,应配置标准时间系统,必要时可配置卫星全球标准时间信号系统。宜根据需要配置各类钟声信号。应急广播系统的扬声器宜采用与公共广播系统的扬声器兼用的方式。应急广播系统应优先于公共广播系统。应合理选择最大声压级、传输频率性、传声增益、声场不均匀度、噪声级和混响时间等声学指标,以符合使用的要求。

9. 会议系统

应对会议场所进行分类,宜按大会议(报告)厅、多功能大会议室和小会议室等配置会议系统设备。应根据需求及有关标准,配置组合相应的会议系统功能,系统宜包括与多种通信协议相适应的视频会议电视系统;会议设备总控系统;会议发言、表决系统;多语种的会议同声传译系统;会议扩声系统;会议签到系统、会议照明控制系统和多媒体信息显示系统等。对于会议室数量较多的会议中心,宜配置会议设备集中管理系统,通过内部局域网集中监控各会议室的设备使用和运行状况。

10. 信息导引及发布系统

应能向建筑物内的公众或来访者提供告知、信息发布和演示以及查询等功能。系统宜由信息采集、信息编辑、信息播控、信息显示和信息导览系统组成,宜根据实际需要进行系统配置及组合。信息显示屏应根据所需提供观看的范围、距离及具体安装的空间位置及方式等条件合理选用显示屏的类型及尺寸。各类显示屏应具有多种输入接口方式。宜设专用的服务器和控制器,宜配置信号采集和制作设备及选用相关的软件,能支持多通道显示、多画面显示、多列表播放和支持所有格式的图像、视频、文件显示及支持同时控制多台显示屏显示相同或不同的内容。系统的信号传输宜纳入建筑物内的信息网络系统并配置专用的网络适配器或专用局域网或无线局域网的传输系统。系统播放内容应顺畅清晰,不应出现画面中断或跳播现象,显示屏的视角、高度、分辨率、刷新率、响应时间和画面切换显示间隔等应满足播放质量的要求。信息导览系统宜用触摸屏查询、视频点播和手持多媒体导览器的方式浏览信息。

11. 时钟系统

应具有校时功能。宜采用母钟、子钟组网方式。母钟应向其他有时基要求的系统提供同步校时信号。

2.4 通信网络

智能建筑作为通信节点,内部的通信系统不能仅仅孤立地运作,它必须与外界进行通信。而要实现多节点、多用户间的通信,则需要将多个通信系统有机地组成一个整体,使它们能协同工作,即形成通信网。

多用户间的相互通信,最简单的方法是任意两用户间均有线路相连,但因用户众多,这种方法不但会造成线路的巨大浪费,而且也是不可能实现的。为了解决这个问题引入了交换机,即每个用户都通过用户线与交换机相连,任何用户间的通信都要经过交换机的转接交换。

通信网是指由一定数量的节点(包括终端设备和交换设备)和连接节点的传输链路相互有机地组合在一起,以实现两个或多个规定点间信息传输的通信体系。也就是说,通信网是相互依存、相互制约的许多要素组成的有机整体,用以完成规定的功能。通信网的功能就是要适应用户呼叫的需要,以用户满意的程度传输网内任意两个或多个用户之间的信息。

2.4.1 通信网络的组成

(1)接入设备　包括电话机、传真机等各类用户终端,以及集团电话、用户小交换机、集群设备、接入网等。

(2)交换设备　包括各类交换机和交叉连接设备。

(3)传输设备　包括用户线路、中继线路和信号转换设备,如双绞线、电缆、光缆、无线基站收发设备、光电转换器、卫星、微波收发设备等。

此外,通信网络正常运作需要相应的支撑网络的存在。支撑网络主要包括数字同步网、信令网、电信管理网三种类型。

(1)数字同步网　保证网络中的各节点同步工作。

(2)信令网　可以看做是通信网的神经系统,利用各种信令完成保证通信网络正常运作所需的控制功能。

(3)电信管理网　完成电信网和电信业务的性能、配置、故障、计费、安全等管理。

2.4.2 通信网络的分类

传递现代信息的网络是复杂的,从不同的角度来看,会对网络有不同的理解和描述。网络可以从功能上、逻辑上、物理实体和对用户服务的界面上等不同的角度和层次进行划分。为了客观和全面地描述信息基础设施网络结构,可以根据网络的结构特征采用垂直和水平的描述方法。

垂直描述是从功能上将网络分为应用层、业务网、传送网、支撑网,如图 2-11 所示。

应用层面表示各种信息应用,应用层业务是最直接面向用户的。应用层业务主要包括模拟与数字视音频业务、数据通信业务和多媒体通信业务等。

业务网层面表示传送各种信息的业务网。业务网是向用户提供诸如电话、电报、传真、数

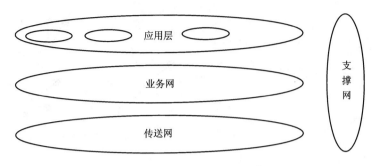

图 2-11 垂直观点的网络结构

据、图像等各种电信业务的网络,在传送网的节点上安装不同类型的节点设备,则形成不同类型的业务网。

传送网层面表示支持业务网的传送手段和基础设施。传送网是一个庞大复杂的网络,由许多的单元组成,完成将信息从一个点传递到另一个点或另一些点的功能,如传输电路的调度、故障切换、分离业务等。从物理实现角度看,传送网技术包括传输媒质、传输系统和传输节点设备技术。传输系统包括传输设备和传输复用设备。携带信息的基带信号一般不能直接加到传输媒介上进行传输,需要利用传输设备将它们转换为适合在传输媒介上进行传输的信号,如光、电等信号。传输节点设备包括配线架、电分插复用器(ADM)、电交叉连接器(DXC)、光分插复用器(OADM)、光交叉连接器(OXC)等

支撑网则可以支持全部三个层面的工作,提供保证网络有效正常运行的各种控制和管理能力。在各个支撑网中传送相应的控制、检测信号。支撑网包括信令网、同步网和电信管理网。信令网是在采用公共信道信令系统之后,除原有的用户业务之外,还有一个起支撑作用的、专门传送信令的网络,信令网的功能是实现网络节点间(包括交换局、网络管理中心等)信令的传输和转接。同步网的功能就是实现这些设备之间的信号时钟同步。电信管理网是为提高全网质量和充分利用网络设备而设置的。网络管理是实时或近实时地监视电信网络的运行,必要时采取控制措施,以达到任何情况下,最大限度地使用网络中一切可以利用的设备,使尽可能多的通信业务得以实现。

水平描述是基于用户接入网络实际的物理连接来划分的。

(1)按照信源的内容分为电话网、数据网、电视节目网和综合业务数字网(ISDN),其中数据网又包括电报网、电传网、计算机网等;

(2)按通信网络所覆盖的地域范围分为局域网、城域网、广域网等;

(3)按通信网络所使用的传输信道分为有线(包括光纤)网、短波网、微波网、卫星网等。

2.4.3 通信网络的组网结构

通信网的基本组网结构有网状型、星型、复合型、总线型、环形及树型。

1. 网状型网

网状型网如图 2-12(a)所示,网内任何两个节点之间均有直达线路相连。如果有 N 个节点,则需要有 $1/2N(N-1)$ 条传输链路。显然当节点数增加时,传输链路将迅速增大。这种网络结构的冗余度较大,稳定性较好,但线路利用率不高,经济性较差,适用于局间业务量较大或分局量较少的情况。

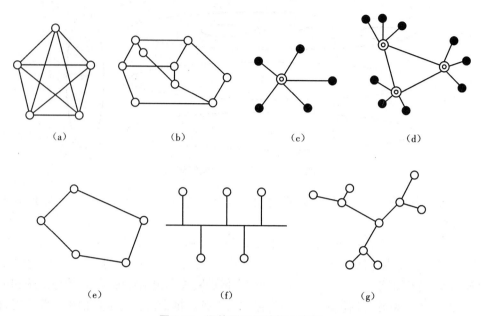

图2-12　通信网组网结构示意图

(a)网状型;(b)网孔型;(c)星型;(d)复合型;(e)环形;(f)总线型;(g)树型

　　网孔型网如图2-12 (b)所示,它是网状型网的一种变型,也就是不完全网状型网。其大部分节点相互之间有线路直接相连,一小部分节点可能与其他节点之间没有线路直接相连。哪些节点之间不需直达线路,视具体情况而定(一般是这些节点之间业务量相对少一些)。网孔型网与网状型网相比,可适当节省一些线路,即线路利用率有所提高,经济性有所改善,但稳定性会稍降低。

2. 星型网

　　星型网也称为辐射网,它将一个节点作为辐射点,该点与其他节点均有线路相连,如图2-12 (c)所示。具有 N 个节点的星型网至少需要 $N-1$ 条传输链路。星型网的辐射点就是转接交换中心,其余 $N-1$ 个节点间的相互通信都要经过转接交换中心的交换设备,因而该交换设备的交换能力和可靠性会影响网内的所有用户。由于星型网比网状型网的传输链路少、线路利用率高,所以当交换设备的费用低于相关传输链路的费用时,星型网比网状型网经济性较好,但安全性较差(因为中心节点是全网可靠性的瓶颈,一旦出现故障会造成全网瘫痪)。

3. 复合型网

　　复合型网由网状型网和星型网复合而成,如图2-12 (d)所示。根据网中业务量的需要,以星型网为基础,在业务量较大的转接交换中心区间采用网状型结构,可以使整个网络比较经济且稳定性较好。复合型用具有网状型网和星型网的优点,是通信网中常采用的一种网络结构,但网络设计应以交换设备和传输链路的总费用最小为原则。

4. 环形网

　　环形网如图2-12 (e)所示,它的特点是结构简单,实现容易,而且由于可以采用自愈环对网络进行自动保护,所以其稳定性比较高。另外,还有一种叫线型网的网络结构,它与环形网不同的是首尾不相连。

5. 总线型网

　　总线型网是所有节点都连接在一个公共传输通道——总线上,如图2-12 (f)所示。这种网络结构需要的传输链路少,增减节点比较方便,但稳定性较差,网络范围也受到限制。

6. 树型网

树型网如图 2-12（g）所示,它可以看成是星型拓扑结构的扩展。在树型网中,节点按层次进行连接,信息交换主要在上、下节点之间进行。树型结构主要用于用户接入网或用户线路网中,另外主从网同步方式中的时钟分配网也采用树型结构。

2.4.4　通信网的质量要求

为使通信网能快速且有效可靠地传递信息,充分发挥其作用,对它一般提出三个要求。

1. 接通的任意性与快速性

接通的任意性与快速性是对通信网的最基本要求。所谓接通的任意性与快速性是指网内的一个用户应能快速地接通网内任一其他用户。如果有些用户不能与其他一些用户通信,则这些用户必定不在同一个网内或网内出现了问题;而如果不能快速地接通,有时会使要传送的信息失去价值,这种接通将是无效的。影响接通的任意性与快速性的主要因素有:

（1）通信网的拓扑结构　如果网络的拓扑结构不合理会增加转接次数,使阻塞率上升、时延增大;

（2）通信网的网络资源　网络资源不足的后果是增加阻塞概率;

（3）通信网的可靠性　可靠性降低会造成传输链路或交换设备出现故障,甚至丧失其应有的功能。

2. 信号传输的透明性与传输质量的一致性

信号传输的透明性是指在规定业务范围内的信息都可以在网内传输,对用户不加任何限制;传输质量的一致性是指网内任何两个用户通信时,应具有相同或相仿的传输质量,而与用户之间的距离无关。通信网的传输质量直接影响通信的效果。因此要制定传输质量标准并进行合理分配,使网中的各部分均满足传输质量指标的要求。

3. 网络的可靠性与经济合理性

可靠性对通信网至关重要,一个可靠性不高的网会经常出现故障乃至中断通信,这样的网是不能用的。但绝对可靠的网是不存在的。所谓可靠是指在概率的意义上,使平均故障间隔时间（两个相邻故障间时间的平均值）达到要求。可靠性必须与经济合理性结合起来。提高可靠性往往要增加投资,但造价太高又不易实现,因此应根据实际需要在可靠性与经济性之间取得折中和平衡。

以上是对通信网的基本要求,除此之外,人们还会对通信网提出一些其他要求。而且对于不同业务的通信网,上述各项要求的具体内容和含义将有所差别。

思　考　题

1. 信息是如何度量的?

2. 信号有哪些分类,如何描述?

3. 通信系统的组成是什么? 建筑中有哪些常用的通信系统,各系统又具有什么功能?

4. 通信网由哪几部分组成,如何进行分类,具有什么样的网络结构?

5. 通信网的一般质量要求是什么?

第3章 建筑通信业务与终端

从一定意义上说,正是不断发展的业务需求驱动了通信技术的发展。通信终端作为人们享用通信业务的直接工具,承担着为用户提供良好的用户界面、完成所需业务功能和接入通信网络等多方面任务。本章主要讲述在建筑通信系统中的各种通信业务以及上述业务涉及的基本技术原理;不同业务所需的终端类型,以及各类通信终端的组成和简单工作原理等内容。

3.1 建筑通信业务

3.1.1 模拟与数字视音频业务

在现代建筑通信系统中尽管数据业务与信息通信业务发展非常迅速,但模拟与数字视音频业务在所有通信业务中仍然占有重要地位。在此类业务中包括普通电话、IP电话、移动电话、数字电话、可视电话、会议电视、广播电视、数字视频广播、点播电视等各种视音频。

1. 视音频信息基本概念

音频信息主要是指由自然界中各种音源发出的可闻声和由计算机通过专门设备合成的语音或音乐。音频信号是随时间变化的连续媒体,对音频信号的处理要求有比较强的时序性,即较小的延时和时延抖动。对音频信号的处理涉及音频信号的获取、编解码、传输、语音的识别与理解、语音与音乐的合成等内容。

视频信息即活动或运动图像信息,它由一系列周期呈现的画面所组成,每幅画面称为一帧。帧是构成视频信息的最基本单元。视频信息在现代通信系统所传输的信息中占有重要的地位,因为人类接受的信息约有70%来自视觉。视频信息具有准确、直观、具体生动、高效、应用广泛、信息容量大等特点。

(1)听觉特性与音频信号

①人的听觉特性 人对声音强弱的感觉:通过对大量人群的测量发现,当声音信号的强度按指数规律增长时,人会大体上感到声音在均匀地增强,即将声音声强取对数后,才与人对声音的强弱感相对应。根据人类听觉的这一特点,通常用声强值或声压有效值的对数来表示声音的强弱,称为声强级LI或声压级LP,单位为分贝。

• 人对声音频率的感觉 人对声音频率的感觉表现为音调的高低,且当声音的频率按指数规律上升时,音调的感觉线性升高。这意味着只有对声音信号的频率取对数,才会与人的音高感觉呈线性关系。为了适应人类听觉的音高感觉规律,在声学和音乐当中表示频率的坐标经常采用对数刻度。音阶的划分是在频率的对数刻度上取等分得到的。

• 人类听觉的频响特性 人类听觉对声音频率的感觉不仅表现为音调的高低,而且在声音强度相同条件下声音主观感觉的强弱也是不同的,即人类听觉的频率响应不是平坦的。对于高于20 kHz和低于20 Hz的声音信号,不论声压级多高,一般人也不会听剑,即人的听觉频带为20 Hz~20 kHz,在此频率范围内的声音称为"可闻声"。高于20 kHz的声音称为"超声",低于 20 Hz 的声音称为"次声"。不论声压级高低,人对 3 ~ 5 kHz 频率的声音最敏感。

• 人类听觉的掩蔽效应　在人类听觉系统中的另一个现象是一个声音的存在会影响人们对其他声音的听觉能力,使一个声音在听觉上掩蔽了另一个声音,即所谓的"掩蔽效应"。掩蔽效应常在电声系统中被加以利用,使有用声音信号掩蔽掉那些不需要的声音信号,并根据有用信号的强度来规定允许的最大噪声强度。此外,在音频信号数字编码技术中,还可利用人类听觉系统的掩蔽效应实现高效率的压缩编码。

②音频信号特性　对于不同类别的发声体来说,其声音信号的频谱分布各不相同。一般人讲话声音的主要能量分布较窄,以频带下降 25 dB 计大概为 100 Hz ~ 5 kHz,因此在电话通信中,每一话路的频带一般限制在 300 Hz ~ 3.4 kHz,即可将语声信号中的大部分能量发送出去,同时保持一定的可懂度和声色的平衡。相对于语音频谱,歌唱声的频谱要宽的多,一般男低音可唱到比中央 C 低 13 度的 E 音,其基频为 82.407 Hz,而女高音可唱到比中央 C 高两个 8 度的 C 音或更高,其基频为 1 046.5 Hz,它的第十次谐波已经超过 10 kHz。与人的发声器官相比,各种乐器发声的频谱范围则明显要宽得多,从完美传送和记录音乐的角度,电声设备的频带下限一般要到 20 ~ 40 Hz 以下,而其频带上限一般要到 16 ~ 20 kHz 以上。

实际声音信号的强度在一个范围内随时发生着改变,一个声音信号的动态范围是指它的最大声强与最小声强之差,并用分贝表示。当用有效声压级表示时,一般语音信号大概有 20 ~ 40 dB 的动态范围;交响乐、戏剧等声音的动态范围可高达 60 ~ 80 dB。当按峰值声压级表示时,有些交响乐的动态范围可达 100 dB 或更高。

(2)视频技术基础

视频技术是利用光电和电光转换原理,将光学图像转换为电信号进行记录或远距离传输,然后还原为光图像的一门技术。

①视频信号与图像扫描　视频技术中实现光学图像到视频图像信号转换的过程通常是在摄像机中完成的。当被摄景物通过摄像机镜头成像在摄像器件的光电导层时,光电靶上不同点随照度不同激励出数目不等的光电子,从而引起不同的附加光电导产生不同的电位起伏,形成与光图像相对应的电图像。该电图像必须经过扫描才能形成可以被处理和传输的视频信号。

客观景物图像对于人眼的感觉来说,可以被看成是由很多有限大小的像素组成的,每一个像素都有它的光学特性和空间位置,并且随时间变化。根据人眼对于图像细节的分辨能力和对图像质量的要求,要得到较高的图像质量,每幅图像至少要有几十万个以上的像素。显然,要用几十万个传输通道来同时传送图像信号是十分困难的,因此必须采用某种方式完成对图像的分解与变换,使代表像素信息的物理量能够用时间的一维函数来表示。在模拟电视系统中,对景物图像的像素分解与合成以及图像的时空转换是由扫描系统完成的。

利用人眼的视觉惰性,在发送端可以将代表图像中像素的物理量按一定顺序一个一个地传送,而在接收端再按同样的规律重显原图像。只要这种顺序进行的足够快,人眼就会感觉图像上的所有像素在同时发亮。在电视技术中,将这种传送图像的既定规律称为扫描。如图 3 - 1 所示,摄像管光导电层中形成的电图像在电子束的扫描下顺序地接通每一个点,并连续地把它们的亮度变化转换为电信号;扫描得到的电信号经过单一通道传输后,再利用电子束扫描具有电光转换特性的荧光屏,从电信号转换成光图像。对每一幅图像,电视系统是按照从左到右、从上到下的顺序一行一行地来扫描图像的。对于每一幅图像来说,扫描行数越多,对图像的分解力越高,图像就越细腻,但同时视频信号的带宽也就越宽,对信道的要求也越高。

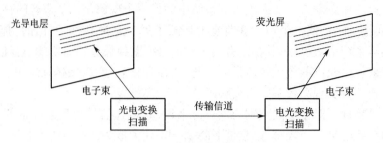

图 3-1　电视系统扫描原理

　　和在电影中一样,为了能够得到连续的、没有跳跃感的活动图像,视频系统也必须在每秒内传输 20 帧以上的图像,以满足人眼对图像连续感的要求。由于历史上的原因,目前国际上存在着 25 帧/秒和 30 帧/秒两种帧频制式。然而,每秒 20～30 帧的图像显示速率而不能满足人眼对图像闪烁感的要求。为了在不增加电视系统传输帧率和带宽的条件下减小闪烁感,现有各种制式的电视系统均采用了隔行扫描方式。隔行扫描方式将一帧电视图像分成两场,第一场传送奇数行,称为奇数场;第二场传送偶数行,称为偶数场。隔行扫描方式的采用较好地解决了图像连续感、闪烁感和电视信号带宽的矛盾。

　　在电视系统中除图像信号本身以外,还需要传送同步信号来标记图像行、场扫描的开始与结束;另外,在重构图像过程中,在行、场扫描的逆程需要消隐脉冲来关闭电子束。图像信号、同步信号和消隐信号经过合成,构成复合电视信号。

　　②彩色电视系统　根据人眼的彩色视觉特性,在彩色重现过程中并不要求还原原景物的光谱,重要的是获得与原景物相同的彩色感觉。彩色电视系统是按照三基色的原理设计和工作的。三基色原理指出,任何一种彩色都可由另外的三种彩色按不同的比例混合而成。这意味着,如果选定了三种标准基色,则任何一种彩色可以用合成它所需的三种基色的数量来表示。彩色电视系统正是基于人眼机能和三基色原理,设计出了彩色摄像机和显示器。

　　在通常的彩色电视摄像机中,模仿人眼中的三种锥状细胞利用三个摄像管分别拾取景物光学图像中的红、绿、蓝分量,形成彩色电视信号中的红、绿、蓝三个基色分量。加性混色法则构成了显示器彩色显示的基本原理。在彩色荧光屏的内表面涂有大量的、由红、绿、蓝三种颜色为一组组成的荧光粉点。荧光粉是一种受电子轰击后会发光的化合物,其发光强度取决于电子束的强度。图像重现时,将接收到的彩色电视信号中的红、绿、蓝分量分别控制三个电子枪轰击相应颜色的荧光粉点,由于荧光粉点很小,在一定距离观看时三基色的发光经过人眼的混合作用,使我们看到均匀的混合色。最终人眼所看到的颜色,则是由三种基色的比例所决定的。

　　在彩色电视发展的初期,由于已经存在了相当数量的黑白电视机和黑白电视台,为了保护消费者和电视台的利益并扩大彩色电视节目的收视率,要求彩色电视系统的设计必须考虑与已有黑白电视的兼容。为此,在彩色电视系统中不是传送彩色电视信号中的红、绿、蓝三个基色分量,而是传送一个亮度分量和二个色差分量。在发送端,亮度分量和色差分量通过对红、绿、蓝三个基色分量的矩阵变换得到;接收端再通过矩阵逆变换还原成三个基色分量显示。当黑白电视机接收到彩色电视信号时,它只利用其亮度分量实现黑白图像显示;而彩色电视机接受黑白电视信号时,它将黑白电视信号当做其亮度信号同样实现黑白图像显示,进而实现彩色

电视与黑白电视的上下兼容。在彩色电视中,由三种基色 R,G,B 构成,亮度信号 Y 的比例关系为

$$Y = 0.299R + 0.587C + 0.114B \tag{3-1}$$

该式即为电视系统的亮度方程。至于两个色差信号,则是分别传送红基色分量和蓝基色分量与亮度分量的差值信号,即 U 和 V。

$$\left.\begin{aligned} U &= k_1(B - Y) \\ V &= k_2(R - Y) \\ k_1, k_2 &\text{ 为加权系数} \end{aligned}\right\} \tag{3-2}$$

从数据压缩的角度来看,我们也希望传送的是 Y,U,V 而不是 R,G,B,因为 Y,U,V 之间是解除了一定相关性的三个量。电视系统中的一个重大问题就是如何用一个通道来传送上述三个信号 Y,U,V。在模拟电视阶段,对于这三个信号的不同传输方式形成了三个不同的彩电制式:PAL 制、NTSC 制和 SECAM 制。这三种制式之间的不同之处在于对色度信号传送所采取的不同处理方式。

为满足彩色电视与黑白电视的兼容性,则需在原有黑白电视信道带宽的条件下,同时传送亮度信号 Y 和两个色差信号 U,V。由于人眼对于彩色细节的分辨力低于对亮度细节的分辨力,因此色差信号 U 和 V 可以用比亮度信号窄的频带来传送,在我国的 PAL/D 制彩电标准中,亮度 Y 的带宽为 6 MHz,U 和 V 的带宽为 1.3MHz。

③视频信号频谱特点　电视系统是通过行、场扫描来完成图像的分解与合成的,尽管图像内容是随机的,但视频信号仍具有行、场或帧的准周期特性。通过对静止图像电视信号进行频谱分析可知,它是由行频、场频的基波及其各次谐波组成的,其能量以帧频为间隔对称地分布在行频各次谐波的两侧。而对活动图像的电视信号,其频谱分布为以行频及其各次谐波为中心的一簇簇连续的梳状谱。对于实际的视频信号,谐波的次数越高,其相对于基波振幅的衰减越大。

在整个视频信号的频带中,没有能量的区域远大于有能量的区域。根据这一性质,模拟彩色电视系统利用频谱交错原理将亮度信号和色差信号进行半行频或 1/4 行频间置,完成彩色电视中亮度信号和色度信号的同频带传输。我国采用的 PAL-D 制彩色电视信号中亮度信号带宽为 6MHz;在美、日等国采用的 NTSC 制电视系统中亮度信号带宽为 4.2MHz。由于人眼对于色度信号的分辨率远低于对亮度信号的分辨率,因此在彩色电视系统中色度信号的带宽一般均低于 1.3MHz。

④数字视频　在通常情况下,早期电视系统普遍使用的电真空摄像和显示器件均采用电子束扫描来实现光电和电光转换;而随着 CCD 摄像机和平板显示器件的投入使用,利用各种脉冲数字电路便可实现上述转换。

CCD(Charge-coupled Device)电荷耦合元件,可以称为 CCD 图像传感器。CCD 是一种半导体器件,能够把光学影像转化为数字信号。LCD(Liquid Crystal Display)液晶显示器,为平面超薄的显示设备,它由一定数量的彩色或黑白像素组成,放置于光源或者反射面前方。它的主要原理是以电流刺激液晶分子产生点、线、面配合背部灯管构成画面。液晶是这样一种有机化合物,在常温条件下,呈现出既有液体的流动性,又有晶体的光学各向异性,因而称为“液晶”在电场、磁场、温度、应力等外部条件的影响下,其分子容易发生再排列,使液晶的各种光学性质随之发生变化,液晶这种各向异性及其分子排列易受外加电场、磁场的控制.正是利用这一

液晶的物理基础,即液晶的"电 – 光效应",实现光被电信号调制,从而制成液晶显示器件。在不同电流电场作用下,液晶分子会做规则旋转90°排列,产生透光度的差别,如此在电源 ON/OFF 下产生明暗的区别,依此原理控制每个像素,便可构成所需图像。

2. 视音频业务种类

(1)普通电话业务

普通电话业务是发明最早和应用最为普及的一种通信业务,它在基于电路交换原理的电话交换网络支持下,提供人们最基本的点到点语音通信功能,通常普通电话业务是由传统的电信部门来运营和管理的。从电信运营部门的角度,根据通信距离和覆盖范围电话业务可分为市话业务、国内长途业务和国际长途业务。基于这样一个电话交换网络,除了可以提供基本的点到点语音通信之外,还可以为用户提供来电显示、三方通话、转移呼叫、会议电话等增值功能;此外,还可以提供传真、互联网拨号接入等功能。

(2)智能网业务

众所周知,传统的电话通信网是将用户特性集中在每个交换机中,每增加一种新业务,网中全部交换机都需要增加相应的软件,不仅工作量大,而且还会因为对业务规范理解的不一致导致异种交换机间业务互通出现各种问题。因此,传统的新业务提供方法成本高、可靠性差,而且需要的时间很长。

智能网是在现有程控交换机的电话网上设置的一种附加网络。它采用全新的"控制与交换相分离"的思想,把网络中原来位于各个端局交换机中的网络智能集中到了若干个新设的功能部件上(如业务交换点、业务控制点、智能外设、业务生成环境和业务管理点等),它们均独立于现有的网络,是一个附加的网络结构。新业务的提供、修改以及管理等功能全部集中于智能网,程控交换机则提供交换这一基本功能,而与业务提供无直接关联。不仅电话网,公众分组交换数据网、ISDN 和移动通信网都可与智能网结合产生新的业务。

在智能网中,由于将业务处理和呼叫处理分开,其网络节点只完成基本的呼叫处理,而将智能业务从普通的网络节点上分离出来,每个网络节点连至智能网的集中设置的业务控制点.向用户提供智能业务。如拨打 800×××免费电话,智能网先将 800×××这个号码送至业务交换点 SSP,再由后者将该号码送至业务控制点 SCP。SCP 首先在数据库中审查该呼叫的合法性,如果是合法的,则通过译码表进行号码翻译,将它翻译成普通电话号码送给 SSP,然后由有关交换机负责完成话路的连接。

智能网所提供的业务可以分为单端点、单点控制的业务和多端点、多点控制的业务两大类。单点控制的业务特征应用于一个呼叫中的一个用户,并用于独立于参与呼叫的任何其他用户的业务和拓扑等级,它描述的是任何一个时候一个呼叫的同一个方面受一个且仅受一个业务控制功能的影响。而多端点控制业务是在一个单独的呼叫段中有多个业务逻辑实例进行交互的能力。

①自动电话计账卡业务(300) 它是一种具有较大用户吸引力的智能业务。它允许用户持卡在任何一部电话机(包括长途有权和长途无权的话机)上拨打长途电话和国际电话,而将电话费用计在自己的卡上,与所使用的话机无关。它非常适合经常外出的用户使用。

②被叫集中付费(800) 它是一种出现较早的智能业务,比较适合商业用户使用。其优势在于计费性能,业务用户可对主叫用户通过一个免费电话提供服务。由于是被叫付费可以吸引用户使用,对于商业用户的业务推销和业务联络非常有用。AFP 业务对于商业用户的另

一吸引力在于可以享受资费折扣优惠。它对于电信运行部门、商业用户和使用者都有好处,是一种很有发展前景的智能业务。

③虚拟专用网业务(600)　它是一种利用公用电信网的资源,通过程控网络节点中的软件控制向大型企业的用户提供非永久的专用网络业务,它可以避免重复投资和网络的维护工作,同时用户可以管理自己的网络。用户可以通过 VPN 得到快速的业务应用,而运行部门通过虚拟专用网业务可以充分利用已建的网络资源。它在我国也有一定的市场。

④通用个人通信(700)　它让用户使用一个唯一的个人通信号码,可以接入任何一个网络并能够跨越多个网络进行通信。该业务实际上是一种移动业务,它允许用户有移动的能力,用户可通过唯一的、独立于网络的个人号码接收任意呼叫、并可跨越多重网络,在任意的网络/用户接口接入。该业务为流动人员的通信带来了通信方便,它是未来通信发展的主要业务之一。

⑤广域集中用户交换机　它是把分布在不同交换局的"集中用户交换机"和单机用户组成一个虚拟的专用网络,即广域集中用户交换机。通过广域集中用户交换机,使资源在专用和公用网络之间自由分配,集团用户可以从设备维护中解放出来,设备直接连接到公共电话刚的终端。该业务比较适合地理位置分散的业务用户。

⑥电子投票(181)　它是向社会提供一种征询意见或民意测验的服务,即用户拨打一个号码表示意见,系统将登记和记录此电话;同时,用户收到一个确认的录音通知。网络对每个投票号码的呼叫次数和用户意见信息进行统计,业务用户可随时通过终端和双音多频(DT-MF)话机查询自己业务的统计信息。这些特殊的投票号码可以重新再分配,而且对这些号码的呼叫可以进行不同的费率来进行计费。

⑦大众呼叫　它是一种类似热线的业务,它最主要的特征是具有有效地防止在瞬时大话务量时出现的网络阻塞现象。通过向电信部门申请一个热线电话号码,听众在拨此号码时,系统会将呼叫者接到节目主持人的热线电话上,也可以设置一段录音通知,呼叫者根据录音通知进行选择,系统能自动对此进行统计并供业务用户查询。它是一种适合于广播、电视等新闻界对听众、观众开放的业务。

(3)IP 电话(VoIP)

IP 电话(Voice over Internet Protocol,VoIP)以话音通信为目的而建立的 PSTN 电话网采用电路交换技术,可以充分保证通话质量,但通话期间始终占用固定带宽。以数据通信为目的建立起来的 Internet 采用分组交换技术、所有业务共享线路,这样大大提高了网络带宽的利用率,但由于数据包是非实时的,所以 Internet 通常不保证语音传输的质量。然而人们一直在寻求利用廉价的 Internet 进行语音传输的方法,因此 IP 电话应运而生。

IP 电话是按国际互联网协议(Internet Protocol,IP)规定的网络技术内容开通的一种新型的电话业务,它采用数字压缩和包交换技术通过 Internet 网提供实时的语音传输服务,也称为网络电话或互联网电话。由于采用数字压缩和包交换技术传输语音,使得带宽得以充分利用,提高了线路利用率,降低了通话成本,应用广泛。IP 电话是利用基于路由器/分组交换的 IP(Internet/Intranet)数据网进行传输。由于 Internet 中采用"存储 - 转发"的方式传递数据包,不独占电路,并且对语音信号进行了很大的压缩处理,因此 IP 电话占用带宽仅为 8 ~ 10 kbit/s,再加上分组交换的计费方式与距离的远近无关,大大节省了长途通信费用。

Internet 是由众多各种不同的计算机网络互联组成的,Internet 使用标准的 TCP/IP 协议来实现各计算机之间的相互通信和数据交换。TCP/IP 协议则负责将要传输的 IP 数据分组排队发送到网络上。每个分组均包含地址及数据重组信息,以确保数据安全和数据分组交换正确无误。IP 电话就是以 Internet 作为主要传输介质进行语音传送的。首先,语音信号通过公用电话网络被传输到 IP 电话网关;然后网关再将话音信号转换压缩成数字信号传递进入 Internet,而这些数字信号通过遍及全球而成本低廉的网络将信号传递到对方所在地的网关,再由这个网关将数字信号还原成为模拟信号,输入到当地的公共电话网络,最终将语音信号传给收话人。

通常,将 IP 电话通话方式分为 PC 到 PC、PC 到 PHONE 及 PHONE 到 PHONE。

虽然 IP 电话拥有许多优点,但绝不可能在短期内完全取代已有悠久历史并发展成熟的 PSTN 电话交换网,所以现阶段两者势必会共存一段时间。网络电话若要走向符合企业级营运标准,必须达到以下几个基本要求。

①服务品质(QoS)的保证　这是由 PSTN 过渡到 VoIP、IP PBX 取代 PBX 的最基本要求。所谓 QoS 就是要保证达到语音传输的最低延迟率(400ms)及封包遗失率(5% ~ 8%),如此通话品质才能达到现今 PSTN 的基本要求及水准,否则 VoIP 的推行将成问题。

②99.9999% 的高可用性(High Available,HA)　虽然网络电话已成今后的必然趋势,但与PSTN 相比较,其成熟度、稳定度、可用性、可管理性,乃至可扩充性等方面,仍有待加强。尤其在电信级的高可用性上,VoIP 必须像现今 PSTN 一样,达到 6 个 9(99.9999%)的基本标准。目前 VoIP 是以负载平衡、路由备份等技术来解决这方面的要求及问题,总而言之,HA 是 VoIP必须达到的目标之一。

③开放性及兼容性　传统 PSTN 是属封闭式架构,但 IP 网络则属开放式架构,如今 VoIP的最大课题之一就是如何在开放架构下,能达到各家厂商 VoIP 产品或建设的互通与兼容。目前的解决方法是透过国际电信组织不断拟定及修改的标准协议,来达到不同产品间的兼容性问题,以及 IP 电话与传统电话的互通性。

④可管理性与安全性问题　电信服务包罗万象,包括用户管理、异地漫游、可靠计费系统、认证授权等,4 所以管理上非常复杂,VoIP 营运商必须要有良好的管理工具及设备才能回应。同时 IP 网络架构技术完全不同于过去的 PSTN 电路网,开放性的 IP 网络一直有着极其严重的安全性问题,这也形成 VoIP 今后发展上的重大障碍与首要解决的目标。

⑤多媒体应用与传统 PSTN 相比,VoIP 今后发展上的最大特色及区别就在于多媒体的应用上。在可预见的未来,VoIP 将可提供交互式电子商务、呼叫中心、企业传真、多媒体视讯会议、智能代理等应用及服务。过去,VoIP 因为价格低廉而受到欢迎及注目,但多媒体应用才是VoIP 今后蓬勃发展的最大促因和动力。

(4)室内移动通信覆盖

随着移动通信的快速发展,移动电话已逐渐成为人民群众日常生活中广泛使用的一种现代化通信工具。而采用钢筋混凝土为骨架和全封闭式外装修方式的现代建筑,对移动电话信号有很强的屏蔽作用。在大型建筑物的地下商场、地下停车场等低层环境,移动通信信号弱,手机无法正常使用,形成了移动通信的盲区和阴影区;在中间楼层,由于来自周围不同基站信号的重叠,产生乒乓效应,手机频繁切换,甚至掉线,影响手机的正常使用;在建筑物的高层,由于受基站天线的高度限制,无法正常覆盖,也是移动通信的盲区。另外,在有些建筑物内,虽然手机能够正常通话,但是用户密度大,话务密集,基站信道拥挤,手机上线困难。为改善建筑物内移动通信环境,解决室内覆盖,提高网络的通信质量,室内移动通信覆盖系统应运而生。

(5)公共广播

公共广播属于扩声音响中的一个分支,作为传播信息的一种工具,通常设置在社区、机关、部队、企业、学校、大厦及各种场馆之内,用于发布事务性广播、提供背景音乐以及用于寻呼和强行插入灾害性事故紧急广播等,是城乡及现代都市中各种公共场所不可或缺的组成部分。公共广播系统按广播的内容可分为业务性广播、服务性广播和紧急广播。业务性广播是以业务及行政管理为主的语言广播,主要应用于院校、车站、客运码头及航空港等场所;服务性广播以欣赏性音乐类广播为主,主要用于宾馆客房的节目广播及大型公共场所的背景音乐;紧急广播是以火灾事故广播为主,用于火灾时引导人员疏散。在实际使用中,通常是将业务性广播或背景音乐和紧急广播在设备上有机结合起来,通过在需要设置业务性广播或背景音乐的公共场所装设的组合式声柱或分散式扬声器箱,平时播放事务性广播或背景音乐,当发生紧急事件时,强切为紧急广播,指挥疏散人群。

背景音乐(Back Ground Music,BGM)的主要作用是掩盖环境噪声,并创造一种轻松和谐的气氛,广泛应用于宾馆、酒店、餐厅、商场、医院、办公楼等。背景音乐一般采用单声道播放,不同于立体声要求能分辨出声源方位并有纵深感,背景音乐要使人感觉不出声源的位置,而且音量较轻,以不影响人面对面说话为原则。由于各服务区内的环境噪声不同,因而对各区背景音乐的声压级要求也应不同,为此在各服务区一般设有音量按制器,以方便调节。另外因为不同区域需播放不同的节目内容,在客房中需要有多套节目让不同爱好的宾客自由选择,因此背景音乐的节目一般设有多套节目可同时放送。

紧急广播用于火灾等紧急事件发生时引导人员疏散,通常与背景音乐系统合并使用。对于合并使用的系统,首先应满足紧急广播系统的要求,即消防报警信号应在系统中具有最高优先权,对背景音乐和业务性广播具有强制切换功能,而且无论当时正在播放背景音乐的各扬声器处于何种状态(小音量状态或关闭状态),紧急广播时,各扬声器的输入状态都将转为最大全音量状态,实现音量强制切换。另外,消防广播应具有选区广播的功能,当大楼发生火灾报警时,为了防止混乱,只向火灾区及其相邻的区域广播,指挥撤离和组织求救等事宜,在交流电断电的情况下也要保证报警广播实施。因而公共广播系统应具有选区广播与全呼广播、强制切换和优先广播等功能。

(6)有线广播电视

电视信号在通过无线广播发射或有线传输时,对图像信号采用残留边带调幅、对伴音信号采用调频的发送方式,我国规定一个频道的电视信号占用频带宽度为 8 MHz,伴音信号的载频比图像信号高 6.5 MHz,如图 3-2 所示。

我国规定的开路电视信号一共划分为 68 个频道,目前由广播电视使用的只有 1～48 频道,其中第 5 频道已划给调频广播使用。

在无线电频谱中 48～958 MHz 的频率范围被划分为五个频段:Ⅰ频段为电视广播的 1～5 频道;Ⅱ频段划分给调频广播和通信专用;Ⅲ频段为电视广播的 6～12 频道;Ⅳ频段为电视广播的 13～24 频道;Ⅴ频段为电视广播的 25～68 频道。其中 1～12 频道属于甚高频段,常用 VHF 表示;13～68 频道属于特高频段,常用 UHF 表示。频道占用频带见表 3-1。

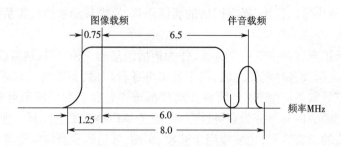

图3-2　广播电视信号频谱结构

表3-1　有线电视广播系统配置表

波　段	电视频道	频率范围 /MHz	中心频率 /MHz	图像载波 /MHz	伴音载波 /MHz
I 波段	DS－1～5	48.5～92	52.5～88	49.75～85.25	56.25～91.25
A 波段	Z－1～7	111～167	115～163	112.25～160.25	118.75～166.75
Ⅲ波段	DS－6～12	167～223	171～219	168.25～216.25	174.75～222.75
B 波段	Z－8～16	223～295	227～291	224.25～288.25	230.75～294.75
Ⅳ波段	DS－13～24	470～566	474～562	471.25～559.25	477.75～565.75
V 波段	DS－25～68	604～956	608～952	605.25～949.25	611.75～955.75

注:A、B波段为增补频道专用波段;I波段与A波段之间含有87～108MHZ频道,用作FM广播波段。

可以看出,在广播电视各频段之间均留有一定的间隔,这些频率被分配给调频广播,电信业务和军事通信等应用。对于这些频率开路广播电视是不能使用的,否则将造成电视与其他应用的相互干扰。但由于有线电视是一个独立的、封闭的系统,只要设计得当一般不会与通信产生相互干扰,因此可以采用这些频率以扩展节目的数量,这就是有线电视系统中的增补频道。

(7)双向有线电视

目前大部分有线电视系统都是单向传输的,即从前端送出电视信号、用户端接收电视信号,用户端并没有信号传送至前端。而双向电视传输系统不仅用户可接收前端发来的电视信号,而且还可将信息反送至前端控制中心,实现信息的双向交流,为综合网络功能的实现提供了必要的条件。通常把前端传向用户的信号叫下行信号,用户端传向前端的信号叫上行信号。

双向电视网络由上行信号产生、电缆线路传输及前端等三个部分组成。上行信号产生有两种主要来源,一是来自用户终端,用户采用现场直播的摄像、编辑设备、产生数据信号的计算机终端、产生控制信号的控制键盘以及产生状态信号的各种传感器,并利用调制器、变换器、调制解调等设备,将上述信号转换成易于在电缆中传输的信号,这是双向传输技术应用功能的主体部分;二是来自电缆线路上各级放大器的信号发生器,其作用是将放大器等设备的工作状态转换成一种特殊信号,自主地或者是在前端站控制信号的作用下发回前端站供前端站工作人员进行工作状态监视,检测各种技术参数以及分析和记录;电缆线路传输部分是由电缆线路上的各种双向传输设备组成,包括双向干线放大器,双向桥接放大器、分配器、分支器等,这些设备能同时对上、下行信号进行传输和补偿;前端部分的主要任务是承担接收并处理上行信号,根据应用功能要求的不同,对接收的上行信号进行现场转播、检查分析和登记等操作,典型设备有变频器、调制解调器、分波器、集中器、微机及静止图像库等。

双向传输有三种方式:第一种方式是空间分割方式,它是由两个单方向系统组合而成,分别传送上、下行信号;第二种方式是时间分割方式,在一个系统内通过时间的错开,分别传送双向传输信号;第三种方式是频率分割方式,在一个系统中将传输频率划分出上行和下行频段,分别用于传输上、下行信号。有线电视系统的双向传输通常是以频率分割方式实现的。图 3-3 所示是一种低频分割方式,将 5 ~ 30 MHz 作为上行传输频段,上行主要传输的是控制信号;大于 48 MHz

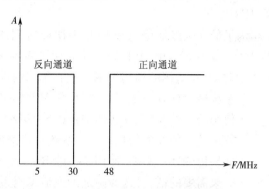

图 3-3　低频分割双向传输频率分配

的频率作为下行传输频段,以传送电视和广播节目为主。如果需要一个兼通信与电视业务一体化的系统,由于要传送的信息很多,则可选择中频分割方式(上行频率 5 ~ 108 MHz,下行频率 150 ~ 550 MHz)和高频分割形式(上行频率 5 ~ 180 MHz,下行频率 220 ~ 550 MHz)。分割方式主要取决于系统的功能、规模和信息量的多少。

(8)数字电视

普通有线广播电视系统,无论用何种方式定位或采用何种结构,其系统的输入和输出在本质上都是模拟信号,这是由受众的视听特征决定的。由于模拟信号是在时间和幅度上都连续的信号,因此模拟电视系统在信号的采集、处理、记录、传送及接收的整个过程中所产生的非线性失真和引入的附加噪声"累加",使得图像对比度畸变,长距离传输后,图像的信噪比下降,图像的清晰度降低。此外,模拟电视系统还存在稳定度差、可靠性低,调整不便、自动控制困难等缺点。而数字信号是只有两个电平值("1"和"0")的离散信号,尽管在传输过程中亦会衰减并受到噪声干扰,但由于用两个电平值构成的数字脉冲序列,在传输过程中可经"判定"而"再生",只要"判定"无差错,接收端的"再生"信号就可与发射端的"原"信号一样;由于数字信号的"再生"并非"原"信号的复制,在理论上可认为将传输过程中引入的失真和噪声完全去除,因此其抗干扰性和保真度要优于模拟信号;其次,数字信号的比特流可以在一个传输频道内复接、交织,因而可使辅助信号或数据信号与视/音频信号一起被发射、传输、存储或处理,使原来的广播电视频道具有拓展综合信息广播的能力,增加了广播电视节目的多样性;另外,数字信号可使用基于冗余度缩减的压缩编码技术,以提高频谱利用率,增加系统可靠性,降低运行费用,使广播电视具有数字广播、标准数字电视(SDTV)、高清晰度电视(HDTV)的传送能力;因而有线电视数字化不仅使用户享受到图像更清晰,内容更丰富,更具专业化、个性化、多样化的有线数字电视综合服务,还为用户提供丰富的服务信息,满足广大人民群众日益增长的文化需求,电视系统数字化已成为当前的发展趋势。

采用现代的数字视频压缩技术和信道调制技术,可实现在一路模拟电视信号占用带宽内传送 4 ~ 6 路数字压缩电视节目,大大提高了信道利用率,降低了每路节目的传输费用,图像质量可达到广播级。

数字电视以 HFC 为传输基础网络,其与传统有线电视结构基本一致,主要存储及传送的内容是 MPEG－2 流,采用 IP over DWDM 技术,基于 DVD IP 光纤网传输。信号通过光纤传输到光纤节点,再通过同轴电缆传输到有线电视网用户,这样的网络被称为混合光纤／同轴电缆网(HFC)。

为了最大限度地降低各种数字视频应用所需的成本,使其具有尽可能大的通用性,在DVB 的一系列标准中,其核心系统采用了对各种传输媒体(包括卫星、有线电缆与光缆、地面无线发射等)均适用的通用技术。核心系统的设计采用如下方式:

- 系统被设计成一个容器,能承载 MPEG－2 视频和音频或者其他数据的灵活组合;
- 使用统一的 MPEC－2 传输流(TS)多路复用器;
- 使用统一的业务信息(SI)系统给出广播的节目的细节和其他信息;
- 如果传输环境需要,使用统一的 Reed-Solomon(RS)前向纠错编码系统 FEC;
- 如果需要的话,可选择附加的通道编码系统来满足不同传输媒体的要求;
- 使用统一的扰码系统;
- 使用统一的有条件接收系统接口。

(9)视频点播业务

VOD(Video On Demand)即视频点播,从技术上来讲是一种受用户控制的视频分配和检索业务,观众可自由决定在何时观看何种节目。点播是相对于广播而言的,广播对所有观众一视同仁,观众是被动接受者;点播则把主动权交给了用户,用户可以根据需要点播自己喜欢的节目,包括电影、音乐、卡拉 OK、新闻等任何视听节目。VOD 的最大特点是信息的使用者可根据自己的需求主动获得多媒体信息,它区别于信息发布的最大不同一是主动性、二是选择性。在 VOD 应用系统中,信息提供者将节目存储在视频服务器中,服务器随时应观众的需求,通过传输网络将用户选择的多媒体信息传送到用户端,然后由用户计算机或机顶盒将多媒体信息解码后输出至显示器或电视机供用户收看。

3.1.2 数据通信业务

数据通信业务是随着计算机的广泛应用而发展起来的,它是计算机和通信紧密结合的产物。由于计算机与其外部设备之间,以及计算机与计算机之间都需要进行数据交换,特别是随着计算机网络互联的快速发展,需要高速大容量的数据传输与交换,因而出现了数据通信业务。与传统的电信网络不同,根据网络覆盖的地理范围大小,数据通信网络被分为局域网(LAN)、城域网(MAN)和广域网(WAN),它们采用各自的技术和通信协议,在网络拓扑结构、传输速率和网络功能等方面均有差别。

1. 数据通信的基本概念

所谓数据是指能够由计算机或数字设备进行处理的、以某种方式编码的数字、字母和符号。利用电信号或光信号的形式把数据从一端传送到另外一端的过程称作数据传输,而数据通信是指按照一定的规程或协议完成数据的传输、交换、储存和处理的整个通信过程。由于数据信号也是一种数字信号,所以数据通信在原理上与数字通信没有根本的区别,实际上数据通信是建立在数字通信基础上的。尽管数据通信与一般数字通信在信号传输方面由许多共同之处,如都需要解决传输编码、差错控制、同步以及复用等问题,但数据通信与数字通信在含义和概念上仍有一定区别。对数字通信而言,它一般仅指所传输的信号形式是数字的而不是模拟的,它所传输的内容可以是数字化的音频信号、可以是数字化的视频信号、也可以是计算机数据。由于所承载的信息内容不同,数字通信系统在传输时也会根据其信息特点采取不同的传输手段和处理方式。由此可见,数字通信是比数据通信更为宽泛的一个通信概念。相对于其他信息内容的数字通信,数据通信有自己的一些特点:

(1)数据业务比其他通信业务拥有更为复杂、严格的通信规程或协议;

(2)数据业务相对于视音频业务实时性要求较低,可采用存储转发交换方式工作;

(3)数据业务相对于视音频业务差错率要求较高,必须采取严格的差错控制措施;

(4)数据通信是进程间的通信,可在没有人的参与下自动完成通信过程。

2. 数据通信业务

(1)DDN 业务

数字数据网(DDN:Digital Data Network)是一个利用数字信道传输数据信号的数据传输网络,基于该网络电信部门可以向用户提供永久性和半永久性连接的数据传输业务,既可用于计算机之间的通信,也可用于传送数字化传真、数字话音、数字图像信号或其他数字化信号。永久性连接的数字数据传输信道是指用户间建立固定连接、传输速率不变的独占带宽电路。半永久性连接的数字数据传输信道对用户来说是非交换性的。但用户可提出申请,由网络管理人员对其提出的传输速率、传输数据的目的地和传输路由进行修改。网络经营者向用户提供了灵活方便的数字电路出租业务,供各行业构成自己的专用网。金融、证券、海关、外贸等集团用户和租用数据专线的部门、单位大幅度增加,数据库及其检索业务也迅速发展,DDN 就是适合这些业务发展的一种传输网络。它将数万、数十万条以光缆为主体的数字电路,通过数字电路管理设备,构成一个传输速率高、质量好、网络时延小、全透明、高流量的数据传输基础网络。

由于 DDN 网是一个全透明网络,能提供多种业务来满足各类用户的需求。

• 提供速率可在一定范围内(200 bit/s ~ 2 Mbit/s)任选的中高速数据通信业务,如局域网互联、大中型主机互联、计算机互联网接入等;

• 为分组交换网、公用计算机互联网等提供中继电路;

• 可提供点对点、一点对多点的业务,适用于金融证券公司、科研教育系统、政府部门租用DDN 专线组建自己的专用网;

• 提供帧中继业务,用户通过一条物理电路可同时配置多条虚连接;

• 提供语音、G3 传真、图像、智能用户电报等通信;

• 提供虚拟专用网业务,大的集团用户可以租用多个方向、较多数量的电路,通过自己的网络管理工作站,进行自己管理、自己分配电路带宽资源,组成虚拟专用网。

(2)帧中继

帧中继(FR:Frame Relay)技术是在分组技术充分发展,数字与光纤传输线路逐渐替代已有的模拟线路,用户终端日益智能化的条件下诞生并发展起来的。帧中继完成 OSI 物理层和链路层核心层的功能,它具有吞吐量高、时延低、适合突发性业务等待点。帧中继技术主要应用在广域网(WAN)中,支持多种数据型业务,如局域网(LAN)互联、远程计算机辅助设计(CAD)和计算机辅助制造(CAM)、文件传送、图像查询业务、图像监视、会议电视等。

(3)ISDN 业务

综合业务数字网(ISDN:Integrated Services Digital Network),俗称一线通,是以电话业务数字网(TSDN)为基础发展成的通信网,能提供端到端的数字连接,用来承载包括话音和非话音内的多种电信业务。用户能够通过有限的一组标准多用途用户/网络接口接入这个网络,享用各种类型的网络服务。

ISDN 是由两个 B 通道和一个 D 通道组成,即基本接口为 2B + D。每个 B 通道可提供 64 kbit/s 的语音或数据传输,用户不但可以同时绑定两个通道以 128 kbit/s 的速率上网,也可以在以 64kbit/s 上网的同时在另一个通道上打电话。ISDN 是数字多路复用的用户线路,它分为窄带 ISDN(N-ISDN)与宽带 ISDN(B-ISDN),窄带 ISDN 线路的传输速率为 160 kbit/s(2B + D 用户线路),利用其同时进行两路通话或可视电话及其他补充业务。B-ISDN 用户线上的信息传输速率为 155.52 Mbit/s。

ISDN 的电信业务可以分为承载业务、用户终端业务以及补充业务。

①承载业务　承载业务是指向用户提供端到端的信息传递能力,分为电路型和分组型两种。

②用户终端业务

• 电话业务　提供双向通话业务;

• 传真业务　可提供四类传真业务;

• 可视电话业务　可提供通话时的对方实况活动图像;

• 会议电视业务　一般需要 3 个 2B + D,即 384 kbit/s 就能得到令人满意的会议电视效果;

• 多媒体通信业务　利用多媒体通信终端实现图像、数据、文本等多媒体信息的交互通信;

• 数据传送业务　包括分组型和电路型两大类。

③补充业务

• 主叫号码显示　接电话一方在振铃时,即可显示来电的号码;

• 主叫号码限制　打电话一方可做到不让其号码被对方显示;

• 遇忙转移:用户同时进行二路通信时,再有拨入可将此来电转移至指定的电话上;

• 无应答转移　当终端无人应答时,可将此来电转移至预先进定的电话上;

• 无条件转移　可做到将所有来电均无条件转移至指定的电话上;

• 子地址　ISDN(2B + D)允许用户存在同一电话线上最多连接 8 个终端,并可在此位 ISDN 号码后,设置位号码作为子地址,以区分不同终端;同类终端可以互相通信。

(4)ATM 业务

异步转移模式(ATM:Asynchronous Transfer Mode)是一种全新的面向连接的快速分组交换技术。

ATM 业务可提供基本数据传送能力,通过建立不同的 AAL 层可以提供不同的通信力,满足各种电信业务不同的要求。目前已决定了五种不同的 AAL 层规程,分别记作 AAL1,AAL2,AAL3,AAL4 和 AAL5。目前 ATM 网可提供光接口和电接口,标准接入速率为 155 Mbit/s 或 622 Mbit/s。

(5)传真存储转发

传真存储转发 FAX(S&F)利用分组网的通信平台为电话网上的传真用户提供高速、优质、经济、安全、便捷的传真服务。通过传真存储转发系统,用户可以利用本地电话进行国内、国际传真通信,并能节省开支,提高传真质量和办公效率。

电信部门经营的传真存储转发业务可以为国内所有传真用户提供服务,国内的传真存储转发业务网通过国际出入口局与其他国家电信公司经营的传真存储转发网互联,可为国际传真用户提供服务。传真存储转发的主要业务功能如下。

①多址投送　使用该功能可将一份传真同时投送给多个用户,发送者仅需将传真报文一次送交传真存储转发系统,并给出多址投送的用户名单。该业务特别适合总部与下设的多个分支机构之间进行传真通信。

②定时投送　根据用户要求,系统可在指定时间把传真报文投送给收件人。

③传真信箱　根据用户要求将发给他的传真报文存放到他的传真信箱内,当该用户空闲时打开自己的信箱即可收到传真报文。用户可以要求在传真报文多次投送失败时,把它转存到自己的信箱内。

④指定接收人通信　当有用户的传真报文时,系统先给该用户去报通知,接收人输入正确密码后方可收到报文。

⑤报文存档　系统把成功发送的传真报文存档,以作为发送传真的凭证。

⑥辅助功能　系统可为用户提供传真报头、通信结果、遇忙重复呼叫、语言提示查询等功能,便于用户使用。

(6)虚拟专网业务

随着企业与外界交流的增加及自身不断地发展,越来越多的企业已开始组建企业计算机内部网络。过去,企业组建自己数据通信网络的办法是基于固定地点的专线连接方式,当企业局限在某一特定的范围内时,可以采用 LAN 技术实现;当企业处在一个很大的范围时,大都用增值网(VAN:Value-Added Network)技术,即在公共网络上租用模拟或数字专线组成专用网络来实现。但这样做的代价太大,很多企业难以承受。另外,现代跨国企业其分支机构和业务范围遍及全球,其负责销售工作的员工在世界各地流动,且越来越多的员工倾向在家上班,内部网络必须满足这部分员工随时对其进行访问。因此传统的租用专线组成 VAN 的方式越来越不适用,虚拟专用网(VPN:Virtual Private Network)技术应运而生。VPN 以其独具特色的优势,赢得了越来越多的企业的青睐.令企业可以较少地关注网络的运行与维护,更多地致力于企业商业目标的实现。

一般来说,VPN 就是指利用公共网络,如公共分组交换网、帧中继网、ISDN 或 Internet 等的一部分来发送专用信息,形成逻辑上的专用网络。目前 Internet 已成为全球最大的网络基础设施,几乎延伸到世界的各个角落.于是基于 Internet 的 VPN 技术越来越受到关注。

(7)电子数据交换

电子数据交换(EDI:Electronic Data Interchange)是一种新颖的电子贸易工具,是计算机、通信和现代管理技术相结合的产物。它通过计算机通信网络将贸易、运输、保险、银行和海关等行业信息,用一种国际公信的标准格式,实现各部门或公司与企业之间的数据交换和处理,并完成以贸易为中心的全部过程。

3.1.3　多媒体通信业务

多媒体技术是一种能同时综合处理多种信息,在这些信息之间建立逻辑联系,使其集成为一个交互式系统的技术。多媒体技术主要用于实时地综合处理声音、文字、图形、图像和视频等信息,是将这些多种媒体信息用计算机集成在一起同时进行综合处理,并把它们融合在一起的技术。

多媒体的关键特性在于信息载体的多样性、交互性和集成性。信息载体的多样性体现在信息采集、传输、处理和显现的过程中,要涉及到多种表示媒体、传输媒体、存储媒体或显现媒体,或者多个信源或信宿的交互作用。集成性和交互性在于所处理的文字、数据、声音、图像、图形等媒体数据是一个有机的整体,而不是一个个"分立"的信息类的简单堆积,多种媒体间无论在时间上还是在空间上都存在着紧密的联系,是具有同步性和协调性的群体。同时,使用者对信息处理的全过程能进行完全有效的控制,并把结果综合地表现出来,而不是单一数据、文字、图形、图像或声音的处理。

多媒体通信业务融合了人们对现有的视频、音频和数据通信等方面的需求,改变了人们工作、生活和相互交往的方式,在多媒体通信业务中,信息媒体的种类和业务形式多种多样,从不同的角度可以将其分成不同的业务类型。

从所传输的信息媒体类型这一角度来看,不同业务由不同的媒体构成,一种业务也可能由视频(video)、图像(image)、音频(audio)、数据(Data/Text)多种媒体组成,不同媒体有不同的统计特性,对网络的要求也相差很大。研究网络中不同媒体的业务特性,对提高网络利用率、提高业务质量都是很有利的。了解不同媒体的统计特性和服务质量(qos)要求,可以在保证业务服务质量的情况下,通过合理分配资源,实现较高的统计复用增益。

从业务的应用形式来看,多媒体通信业务主要分为两大类,即分配型业务和交互型业务。交互型业务是在用户间或用户与主机间提供双向信息交换的业务,交互型业务又可分为会话型业务、消息型业务、检索型业务;分配型业务是由网络中的一个给定点向其他位置单向传送信息流的业务,分配型业务又可分为不由用户控制的分配型业务和可由用户控制的分配型业务。

(1)分配型业务

不由用户个别参与控制的分配型业务是一种广播业务,它提供从一个中央源向网络中数量不限的有权接收器分配的连续信息流。用户可以接收信息流,但不能控制信息流开始的时间和出现的次序。对用户而言,信息并不总是从头开始,而是和用户接入的时刻有关。此类分配业务有:标准质量的模拟电视节目分配业务、数字电视分配业务、HDTV分配业务、正程图文电视业务、音频节目分配业务以及电子出版业务等。

由用户个别参与控制的分配型业务也是自中央源向大量用户分配信息,然而信息是作为一个有序的实体(如帧)周而复始地提供给用户,用户可以控制信息出现的时间和它的次序。由于信息重复传送,用户所选择的信息实体总是从头开始的。此种业务主要有逆程图文电视、远程教学、电子广告、新闻检索、软件发布等。

(2)交互型业务

①会话型业务 它是以实时(非存储转发)端到端的信息传送方式提供用户和用户或用户和主机之间的双向通信。用户信息流可以是双向对称或双向不对称的。信息由发送侧的一个或多个用户产生,供接收侧的一个或多个通信对象专用。这类业务有POTS电话、可视电话、会议电视、Internet接入、高速数据通信以及交互式视频娱乐如视频点播,网上游戏、电视购物等。POTS电话、可视电话、会议电视、高速数据通信等需要双向通信能力,而Internet接入、交互式视频娱乐等则需要典型的双向不对称通信能力,要求下行具有比上行宽得多的带宽。

②消息型业务 它是个别用户之间经过存储单元的用户到用户通信,这种存储单元具有存储转发、信箱或消息处理功能,如信息编辑、处理和变换。这方面的业务有电子信箱、语音信

箱、视频邮件、文件传递等。此类业务需要有双向对称通信能力的支持,但在一次具体业务实现时,可能只需要非对称的通信能力。

③检索型业务　它是根据用户需要向用户提供存储在信息中心供公众使用信息的一类业务。用户可以单独地检索他所需要的信息.并且可以控制信息序列开始传送的时间。传送的信息包括文本、数据、图形、图像、声音等。此类业务主要有可视图文、图形图像检索、文件检索和数据检索等。

根据多媒体业务的流量特性、定时特性和连接待性,可将其分为恒定速率/可变速率、要求/不要求端到端定时、面向连接/无连接三种类型,这些模型为多媒体通信业务的分类以及服务质量定义提供了一种基本结构。每种业务又有视频、图像、音频、数据各种媒体形式。

(1)文本

①非格式化文本　可以使用的字符个数有限(即简单的字符集,如 ASCII),而且通常字符的大小固定,仅能按照一种形式和内容使用。

②格式化文本　字符集丰富(如增加罗马字母、各种特殊符号),多种字体、多种大小、多种排版格式。文本外观可与印刷文本媲美。

(2)图形与图像

①图形　是可修正的文件,在文件格式中必须包含结构化信息即语义内容被包含在对图形的描述中,作为一个对象存储。一般是用图形编辑器产生或者由程序产生,因此也常被称作计算机图形。

②图像　是不可修正的,在文本格式中没有任何结构信息,因此没有保存任何语义内容,作为位图存储。图像有两种来源:扫描静态图像和合成静态图像。前者是通过扫描仪、普通相机与模数转换装置、数字相机等从现实世界中捕捉;后者是由计算机辅助创建或生成,即通过程序、屏幕截取等生成。

像素是图像数字化的基本单位。每一个像素对应一个数值,称为像素的振幅。数字化位数称为振幅深度或者像素深度,如1(黑白图像)和24(真彩色图像)。

(3)视频与动画

①帧　一个完整且独立的窗口视图,作为要播放的视图序列的一个组成部分。它可能占据整个屏幕,也可能只占据屏幕的一部分。

②帧速率　每秒播放的帧数。两幅连续帧之间的播放时间间隔,即延时通常是恒定的。在什么样的帧速率下会开始产生平稳运动的印象取决于个体与被播放事物的性质。通常,平稳运动印象大约开始于每秒16帧的帧速率。电影24帧/秒。美日电视标准30帧/秒,欧洲25帧/秒。HDTV60帧/秒。

③ 视频(运动图像)　以位图形式存储,因此缺乏语义描述,需要较大的存储能力,分为捕捉运动视频与合成运动视频。前者是通过普通摄像机与模数转换装置、数字摄像机等从现实世界中捕捉;后者是由计算机辅助创建或生成,即通过程序、屏幕截取等生成。

④ 动画(运动图形)　存储对象及其时空关系,因此带有语义信息,但是在播放时需要通过计算才能生成相应的视图。通常是通过动画制作工具或程序生成。

(4)声音

录制、存储、播放与合成的音频数据。

（5）其他类型媒体

以上媒体类型实质上只涉及到视听。人类的认知媒体除此之外还包括触觉、味觉、嗅觉等,因此多媒体与多感知是两个不同的概念。

3.2　通信终端

通信终端作为人们享用通信业务的直接工具,承担着为用户提供良好的用户界面、完成所需业务功能和接入通信网络等多方面任务。终端设备是用户与通信网之间的接口设备,它包括图 2-8、图 2-9 的信源、信宿与调制器/编码器、解调器/解码器的一部分。

终端设备有三项主要功能:

（1）将待传送的信息和传输链路上传送的信号进行相互转换。在发送端,将信源产生的信息转换成适合于传输链路上传送的信号;在接收端则完成相反的变换。

（2）将信号与传输链路相匹配,由信号处理设备完成。

（3）完成信令的产生和识别,即用来产生和识别网内所需的信令,以完成一系列控制作用。

终端主要包括以下几种:

（1）音频通信终端　音频通信终端是通信系统中应用最为广泛的一类通信终端,它可以是应用于普通电话交换网络 PSTN 的普通模拟电话机、录音电话机、投币电话机、磁卡电话机、IC 卡电话机,也可以是应用于 ISDN 网络的数字电话机,以及应用于移动通信网的无线手机。

（2）图形图像通信终端　图形图像通信终端,如传真机,它是把纸介质所记录的文字、图表、照片等信息,通过光电扫描方法变为电信号,经公共电话交换网络传输后,在接收端以硬拷贝的方式得到与发端相类似的纸介质信息。

（3）视频通信终端　视频通信终端,如各种电视摄像机、多媒体计算机用摄像头、视频监视器以及计算机显示器等。

（4）数据通信终端　数据通信终端,如调制解调器、ISDN 终端设备、多媒体计算机终端、机顶盒、可视电话终端等。

3.2.1　音频通信终端

音频通信终端是通信系统中应用最为广泛的一类通信终端.它可以是应用于普通电话交换网络 PSTN 的普通模拟电话机、录音电话机、投币电话机、磁卡电话机、IC 卡电话机,也可以是应用于 ISDN 网络的数字电话机以及应用于移动通信网的无线手机。此外,具备声卡的计算机在软件支持下,也可完成音频通信终端的功能。

当人们通过电话进行语音通信时,发话人讲话时的声带振动激励空气产生振动发出声波,声波作用于送话器引起电流变化,产生语音信号。语音信号沿电话线传送到对方受话器,由受话器再将信号电流转换为声波传送到空气中,作用于人耳完成语音通信过程。

一般来讲,具备最基本功能的电话机是由通话模块、发号模块、振铃模块以及线路接口组成的。目前,大部分电话机为按键式电话机,其发号模块主要包括按键号盘、双音频信号/脉冲信号发生器,其作用是将用户所拨的每一个号码以双音频信号或脉冲串方式发送给电话交换机。振铃模块由音调振铃电路、压电陶瓷振铃器或扬声器组成,其作用是在待机状态下检测电

图 3-4 电 话 机

话线上的信号状态,当收到从电话交换机送来的振铃信号时驱动压电陶瓷振铃器或扬声器发出振铃提示音。通话模块由电/声器件组成的受话器、声/电转换器件组成的送话器以及信号放大器构成,其作用是完成发话时话音信号的声电变换、信号放大,以及接收信号的放大和语音信号的电声变换。

3.2.2 图形图像通信终端

1. 传真机

传真是目前已被广泛应用的一种图形图像通信业务,它是把纸质介质所记录的文字、图表、照片等信息,通过光电扫描方法变为电信号,经公共电话交换网络传输后,在接收端以硬拷贝的方式得到与发送端相类似的纸介质信息。

与视频传输系统类似,要想将一幅保存在纸质介质上的文字、图表、照片等信息进行远距离传输,同样需要将其分解成许多微小的像素,并按照一定的顺序将其转换为电信号后经传输线路发送给接收方。与视频传输系统不同的是传真系统只需对所传文稿扫描传输一次,便可得到所需的硬拷贝,而视频系统则需要对所摄取的景物信息以每秒几十帧的速率连续进行扫描变换才能得到自然连续的显示画面。

传真机在发送时,将文稿放在发送滚筒上,并在滚筒的带动下向前运动。同时,从光源发出的光照射在文稿上,对应文稿上白色的部分反射的光较强,而对应文稿上黑色的部分反射的光弱,这样利用文稿上的信息便完成了对入射光的调制。从文稿反射回来的光线经采光镜聚焦照射在一条线阵 CCD 成像器件上,经成像器件的光电转换和串行读出形成电信号。CCD每输出一行电信号,相当于扫描了一行文稿。由于文稿跟随滚筒持续地向前运动,传真机便一行一行地完成了对整篇文稿的扫描变换,CCD 输出的电信号经过放大与调制,成为适合于在

图 3-5 传 真 机

信道上传输的信号。

在接收端,将感光记录纸放在接收滚筒上,通过传输信道发来的电信号经放大、解调后加到辉光管上。辉光管所发出的光受信号的调制,光的强弱随电信号的幅度大小而变化。该光线经透镜、光阑在感光纸上形成一个小光点使记录纸感光,由于接收滚筒的转动和光学系统的移动,使光点在记录纸上形成扫描,从而组合成与原文稿相似的复制品。

目前工作在普通电话交换网并应用最为广泛的传真机是由 CCD 图像传感器、视频处理电路、电机驱动电路、记录控制电路、编码解码器、系统控制器、调制解调器,网络控制器、操作面板及电源系统等部分组成。

2. 扫描仪

作为当媒体应用系统中图形、图像、表格等信息的主要输入设备,扫描仪配合打印机、多媒体计算机也可完成图形图像通信终端的功能。扫描仪的技术原理与复印机几乎是相同的,它把图形图像信息转成电子信息形式的数据,并转化成二进制形式存储于计算机。

图 3-6　扫　描　仪

根据获取图像彩色信息的能力,分为彩色扫描仪和黑白扫描仪。扫描仪技术发展很快,目前绝大部分扫描仪已具备彩色图像扫描输入能力。

3. 数字相机

数字相机是近几年来发展较迅速的多媒体信息输入设备,它可以把用户拍摄的图像信息直接输入计算机,借助计算机的通信功能完成图像通信。数字相机把静止的影像直接转换为数字数据,存储在内存卡上或磁盘上。数码相机的感光器件是 CCD,它由半导体材料制成,能把光线转变为电荷,通过模数转换器芯片转换成数字信号。

图 3-7　数字相机

3.2.3　视频通信终端

目前,通信系统中使用的主要视频通信终端为各种电视摄像机、多媒体计算机用摄像头、电视接收机、视频监视器以及计算机显示器。

1.彩色电视摄像机

彩色摄像机主要是由光学系统、摄像管(或固体成像器件)、视频处理电路、同步信发生器以及彩色信号编码器组成,如图 3-8 所示。

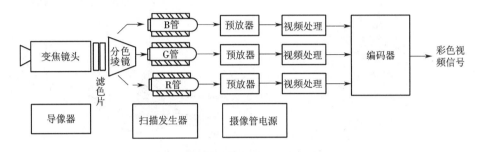

图 3-8　彩色摄像机组成方框图

对广播电视摄像机来说,彩色景物的光像由变焦距镜头摄取,通过中性滤光片(为得到适宜的光通量)和色温滤光片(将不同照明光源的色温转换为摄像机所要求的色温)后进入分色棱镜,被分解为红、绿、蓝三个基色光像。三基色光分别投射到相应成像器件靶面而转换成电图像。当使用摄像管时,管内电子束在偏转系统与聚焦系统作用下,实现良好的聚焦与扫描,从而获得符合一定扫描标准的随时间而变化的电信号。

图 3-9　彩色电视摄像机

摄像器件输出的电信号一般是十分微弱的(一般只有几个毫伏左右),需经预放器放大,再进行视频信号的处理;视频信号处理包括电缆校正、黑斑校正、轮廓校正、彩色校正、γ 校正、电平调节、黑色电平调整等;最后将处理后的红、绿、蓝三基色信号送给彩色信号编码器,产生全电视复合信号。

2.多媒体计算机用摄像头

多媒体计算机用摄像头与彩色摄像机相比,结构简单,技术指标较低;其光学系统一般使用较为廉价的塑料镜头,成像器件采用单片 CCD 或 CMOS 固体成像器件。按照其信号输出形式,可分为数字摄像头和模拟摄像头两大类。

模拟摄像头捕捉到的视频信号必须经过视频采集卡将模拟信号转换成数字模式,外加以压缩后才可以转换到计算机上运用。数字摄像头可以直接捕捉活动影像,然后通过 USB 或 IEEE 1394 接口传到计算机里,无需另外的视频采集卡。目前电脑摄像头被广泛地运用在视频会议上,或者当成网络摄影机通过互联网或局域网传送视频信号,也可利用它来捕捉静态画面,供多媒体展示或网页设计使用。

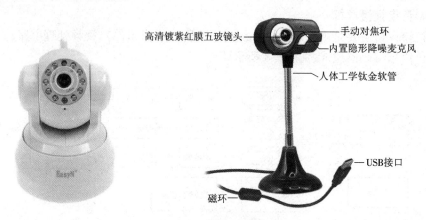

高清镀紫红膜五玻镜头 —— 手动对焦环
—— 内置隐形降噪麦克风
—— 人体工学钛金软管
—— USB接口
磁环 ——

图 3-10 多媒体计算机用摄像头

目前多媒体计算机所用摄像头基本以使用新型数据传输接口的 USB 数字摄像头为主。使用 USB 接口的摄像头支持真正的即插即用,当电脑在工作时,插入设备系统会立即汇报,并为其寻找合适的驱动程序;USB 摄像头所使用的电源可以直接从主板 USB 接口中得到,不再需要独立电源转换器;USB 接口提供了 12Mbit/s 传输带宽,基本满足了小画面尺寸、较低帧频数字视频信号输入的需要。

3. 视频显示终端

彩色电视接收机、视频监视器以及计算机显示器是目前主要的视频通信终端设备。其中彩色电视接收机主要用来接收显示广播电视信号、有线电视信号以及各种视频播放设备输出的视频电视信号;视频监视器主要用在各种专业领域,用于视频图像信号的监示,其各项技术性能指标要高于电视接收机,但一般不具备高频电视信号的接收功能;计算机显示器主要用于计算机图形图像的显示,尽管其显示原理同电视接收机基本相同,但由于它没有高频解调和彩色全电视信号解码电路,因此不能直接用来显示电视信号;计算机显示器在显示分辨率、屏幕刷新速率等方面远高于电视接收机,并工作在逐行扫描状态。

彩色电视接收机一般是由高频调谐器、中频通道、视频通道,视音频检波、伴音通道、同步扫描电路、显像管、偏转线圈、扬声器以及电源系统构成。从天线和馈线输入的射频电视信号经高频调谐器输出一个固定的中频信号。由高频放大器、混频器和本机振荡器等组成的高频调谐器,主要用来选择所需的电视频道,以获得良好的选择性和灵敏性。中频通道的功能,一是放大中频信号,二是给出所需要的幅频特性以保证接收机的图像和伴音质量。检波器从中频信号中解调出全电视信号,并产生 6.5 MHz 第二声音中频信号。视频通道的作用在于从彩色全电视信号中完成亮度信号与色度信号的分离、色度信号的解调、彩色分量信号的矩阵变换以及视频信号的放大。同步部分完成同步信号的分离、行场扫描的驱动。声音通道实现对伴音信号的鉴频和音频放大。电源部分除了提供所有电路系统的低压供电外,还需供给显像管所需的各种高压电源。

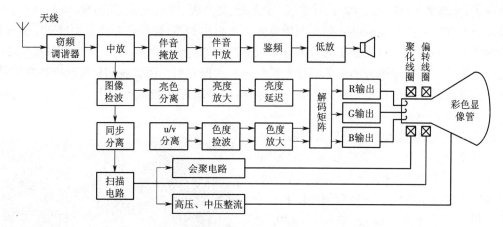

图 3-11　彩色电视接收机原理方框图

显示器(display)通常也被称为监视器。显示器是属于电脑的 I/O 设备,即输入输出设备。它可以分为 CRT、LCD 等多种。它是一种将一定的电子文件通过特定的传输设备显示到屏幕上再反射到人眼的显示工具。

CRT 显示器是一种使用阴极射线管(Cathode Ray Tube)的显示器,主要有五部分组成:电子枪(Electron Gun),偏转线圈(Deflection coils),荫罩(Shadow mask),荧光粉层(phosphor)及玻璃外壳。

液晶显示器是一种采用液晶为材料的显示器。液晶是介于固态和液态间的有机化合物。将其加热会变成透明液态,冷却后会变成结晶的混浊固态。在电场作用下,液晶分子会发生排列上的变化,从而影响通过其的光线变化,这种光线的变化通过偏光片的作用可以表现为明暗的变化。就这样,人们通过对电场的控制最终控制了光线的明暗变化,从而达到显示图像的目的。液晶显示器具有以下特点:

图 3-12　CRT 显示器

(1)机身薄,节省空间;

(2)省电,不产生高温;

(3)低辐射,益健康;

(4)画面柔和不伤眼。

从液晶面板的驱动方式来分,目前最常见的是 TFT(Thin Film Transistor)型驱动。它通过有源开关的方式来实现对各个像素的独立精确控制,因此相比之前的无源驱动(俗称伪彩)可以实现更精细的显示效果。所以,大多数的液晶显示器、液晶电视及部分手机均采用 TFT 驱动。液晶显示器多用窄视角的 TN 模式,液晶电视多用宽视角的 IPS 等模式。它们通称为 TFT-LCD。TFT-LCD 的构成主

图 3-13　液晶显示器

要由荧光管(或者 LED Light Bar)、导光板、偏光板、滤光板、玻璃基板、配向膜、液晶材料、薄模式晶体管等构成。液晶显示器必须先利用背光源投射出光源,这些光源会先经过一个偏光板,然后再经过液晶。这时液晶分子的排列方式就会改变穿透液晶中传播的光线的偏振角度,然后这些光线还必须经过前方的彩色的滤光膜与另一块偏光板。因此我们只要改变加在液晶上的电压值就可以控制最后出现的光线强度与色彩,这样就能在液晶面板上变化出有不同色调的颜色组合了。

而 LED 显示器也属于液晶显示器的一种,LED 液晶技术是一种高级的液晶解决方案,它用 LED 代替了传统的液晶背光模组。高亮度,而且可以在寿命范围内实现稳定的亮度和色彩表现。更宽广的色域(超过 NTSC 和 EBU 色域),实现更艳丽的色彩。LED 显示器集微电子技术、计算机技术、信息处理于一体,以其色彩鲜艳、动态范围广、亮度高、寿命长、工作稳定可靠等优点,成为最具优势的新一代显示媒体,LED 显示器已广泛应用于大型广场、商业广告、体育场馆、信息传播、新闻发布、证券交易等,可以满足不同环境的需要。

图 3-14　LED 显示器

3.2.4　数据通信终端

1. 调制解调器

在数字通信系统中,要实现信源与信宿之间的数据通信,除了必要的信源编解码设备和差错控制设备以外,为了适应不同信道的传输特性还必须采用适当的传输技术对数据进行必要的变换,以达到最佳的传输性能,因此调制解调器便成为数据通信业务中最为常用的终端设备之一。

(1)V. 34 调制解调器

V. 34 调制解调器(Modem)是一种适合在公用交换电话网 PSTN 上进行全双工或半双工数据传输的通信终端设备,它的数据传输速率可达 33. 6kbit/s。V. 34 调制解调器的工作原理和连接方法与其他低速模拟调制解调器没有两样,但它却是全双工、对称式、拨号上网中速率最高的话带模拟调制解调器,V. 34 调制解调器在同一个波段可以同时发送和接收数据。

V. 34 Modem 采用自适应智能化技术,提供了多种调制方式和多种线路补偿技术,因此 V. 34 Modem 能根据所用电话信道质量自适应地选取调制方式和补偿技术,达到优化组合,性能最佳的目的。V. 34 Modem 还增加了线路检测技术,使用该技术可根据信道特性智能地选择最佳工作参数,这样它不仅可以在每次呼叫中适配各种不同类别及噪声的线路,而且可在长时间的连接中适配线路状态的变化,这些性能对于专线工作方式是十分重要的。V. 34 Modem 能以不同速率发送和接收数据,能够选择最优载波频率,因而抗干扰性很强。

(2)V. 90 Modem

V. 90 Modern 是为一种在公用电话交换网 PSTN 上进行工作的 56kbit/s 拨号调制解调器。采用 56kbit/s Modem 由 f 连接对象不同,所产生的效果也不同。

①对等通信模型　目前在 PSTN 上进行数据通信的大部分网络连接模型是,在两端有对称的 2 线模拟环路,中间用 64 kbit/s 数字网络连接。在这种配置中,通信双方的 Modem 是完全相同的,Modem 速率的瓶颈是 A 律或 μ 律模拟/数字(A/D)转换器引入的量化噪声。在最好的条件下,在普通的 Modem 信号上有 38 ~ 39dB 的倍噪比(SNR)门限,从而把 V. 34速率限制到了 33.6kbit/s。在这种对等设备通信模式中,即便通信双方都是 56kbit/s Modem 与模拟电话线连接,这种端对端的通信仍然变成了一种实际速率只有 33.6 kbit/s 的对称式模拟式调制解调通信方式。在这种端对端的进出双方都是终端用户时,用户端与公用市话网中的交换系统至少要经过两次以上

图 3-15　V. 90 Modem

的模/数转换,即交换系统中至少有一次模/数转换和用户端 56 kbit/s 模拟 Modem 的一次模/数转换。其中本地交换系统中模/数转换前 300 ~ 3 400 Hz 的话带滤波和两次模/数引入的量化噪声,就成了限制 56 kbit/s 高速数据通信的主要障碍。可见,V. 90 Modem 在对称传输方式上仅相当于 33.6kbit/s Modem 通信,只有在非对称传输方式下才能真正做到 56kbit/s 传输。

②非对称传输方式　在非对称传输方式下,用户端的连接与 V. 34 Modem 相同,而在 ISP端则一定要与 PSTN 网的数字端直接相连,不能有模拟环节,即通信的其中一方与其本地交换系统的双向连接必须全部采用数字链路;相对于模拟接入的一方,其下行方向的数据在离开本地交换设备之前采用的是 PCM 技术,在本地交换设备中数字到模拟转换中不会产生信息损失,即在该方式中,模拟接入的一方其下行数据仅在接收端 Modem 中进行了一次模/数转换,且没有 300 ~ 3 400 Hz 话带带宽的限制,因而下行接收信道具有高速能力。反之,其上行发射信道则要经过本地交换系统中模/数转换前 300 ~ 3 400 Hz 的话带滤波,并在模/数变换中引入量化噪声,因而通信速率只能达到 33.6 kbit/s,是一种 V. 34 标准。这也就是为什么 56kbit/sModem 下载信息时可以做到 56kbit/s 高速率,而传送上行用户数据时就只有 33.6 kbit/s 速率的原因。作为一种低成本的实现方式,V. 90 已经把话带模拟 Modem 的数据传输能力发挥到了最大限度:V. 90 Modem 与 V. 34 Modem 相似,也使用了网格编码技术。编码方案与 V. 34 的类似,由比特到索引转换器、卷积码编码器等部分组成。

(3)线缆调制解调器(Cable Modem)

HFC(Hybrid Fiber Coaxial)网即混合光纤同轴网络,是以光纤为骨干网络,同轴电缆为分支网络的高带宽网络,目前国内的广电行业系统网络即采用 HFC 网络体系,数字电视以 HFC为传输基础网络,其与传统有线电视结构基本一致,信号通过光纤传输到光纤节点,再通过同轴电缆传输到有线电视网用户。HFC 采用非对称的数据传输速率,上行为 10Mbit/s,下行为10 ~ 40Mbit/s,可以将一台主机或一个局域网接入 Internet。HFC 采用共享式的传输方式,所有电缆调制调解器的发送和接收使用同一个上下行信道,因此上网的用户越多,每个用户实际可以使用的带宽就越窄。

有线电视 HFC 网传输的是模拟 RF 信号。如果用它来传送数字数据,就要使用调制解调器。Cable Modem 是一种可以通过有线电视网络进行高速数据接入的装置,其作用是对数据

进行调制,在一定的频率范围内,利用有线电视
网线缆将信号传输出去,接收方再对这一信号进
行解调,还原出数据。Cable Modem 通常有两个
接口,一个用来接墙上的有线电视端口,另一个
与计算机相连。Cable Modem 有多种与计算机的
连接方式,但以太网 10Base-T 接口是最常见和目
前最可行的,这样可以直接与一个局域网相连。

Cable Modem 也是通过调频或调幅对数据进
行编码的,一般在下行方向采用 QAM 调制,在上
行方向采用 QPSK 调制。Cable Modem 的速率范
围很大,在下行方向速率可从很低直到 36Mbit/s;
在上行方向,数据速率最高可达 10Mbit/s。

图 3-16　　线缆调制解调器

在 Cable Modem 中,非对称的 Cable Modem 可能要比对称方式的更为常见。在非对称方
式中,下行通道要比上行通道占用大得多的频谱带宽。原因是现在的 Internet 等显然是一种
非对称的应用方式,如 WWW 浏览和 NewaGroups 阅读这样的应用,通常是从网络服务器在下
行方向向电脑传送大量的数据,而用鼠标点击产生的,如 URL 请求命令以及发送电子邮件在
上行方向只占用很少频带。而图像、声音和视频等多媒体数据流在下行方向占用频带则是相
当大的。

Cable Modem 的组成如图 3-17 所示,使用的元件与数字机顶盒类似,由微处理器、内存、高
速缓存、传输器件(调谐器,均衡器,调制器、FEC)、MAC ASIC 和以太网/ATM 25 接口等组成,
但是没有数字视音频解码和模拟视音频通道。HFC 网络数据服务的运行,通常有两个基本步
骤,首先是初始化,描述当一个新的调制解调器连入网络时会发生什么;二是数据交换,描述调
制解调器如何接收和发送数据。

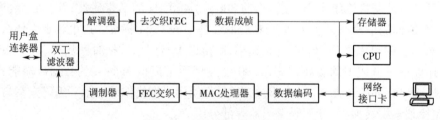

图 3-17　　线缆调制解调器结构

当一个新的 Cable Modem 连入有线电视网络,网络必须提供友好的用户安装界面。基本
上所有的操作都需自动完成,Cable Modem 需要知道监听哪些频率,哪些频率用于上行传送,
哪些用于下行传送。同时还需要某些网络信息,比如 IP 地址和包过滤器。启动后,Cable Mo-
dem 扫描所有下行频率,寻找可识别的标准控制信息包。那些信息包中含有来自线缆网络调
制解调器终端服务器(CMTS)为新连入的调制解调器发送的下行广播信息。广播时,有一条
命令需要在指定频率上发送。控制信息包,如系统初始信息包,是不加密的,因为对于未初始
化的调制解调器,如果缺乏密钥,是不可能登记到网络上的。

调制解调器取得它的上行频率后,开始测距(Ranging)。通过测距,Cable Modem 可以判
定它和前端的距离。这是用于实现同步的定时信息所需要的。所有 MAC 协议拥有一个系统

级时钟,以便每个调制解调器知道何时发送信息。Cable Modem 的测距操作是发送一个短促的信息给前端,然后测量发送与接收信息的距离。由于日常温度变化,电缆时伸时缩,因此测距是一个持续的过程。温度问题有时特别严重。如果电缆中心导体因温度变化收缩,就有可能导致电缆接头的松动甚至中断。

测距后,Cable Modem 准备接受一个 IP 地址和其他网络参数。如果用户要配置自己的 IP 地址,操作可能变得不太友好并且带来安全问题。调制解调器根据资源动态分配协议(DH-CP)分得地址资源。DHCP 是因特网协议中有关动态分配 IP 地址的标准。当用户要求地址资源时,电缆网络调制解调器在反向通道上发出一个特殊的广播信息包,叫做 DHCP 请求。前端的路由器接收到 DHCP 请求后,将其转发给一个它知道的 DHCP 地址服务器。服务器向路由器发回一个 IP 地址,路由器把地址记录下来,并通知用户。除了存储用户的 IP 地址,路由器还将识别和存储 MAC 地址和可能的调制解调器的序列号,所以路由器保存了一个用户的全部必要的地址信息。由于 DHCP 的握手在数据传输前完成,可以进一步改进 DHCP 用来交换业务信息。比如 DHCP 地址服务器可以与客户管理数据库相连。客户管理提供带宽保证参数、包过滤器和用户图形界面。

经过测距、确定上行和下行频率及分配 IP 地址后,Cable Modem 就可以进行数据交换了。从用户 PC 产生的上行数据,通过网络接口卡(NTC)把它们送给调制解调器。反向通道被激活,数据经电缆调制解调器送往附近的光节点。

在下行通道,路由/交换器接收到服务器发来的数据并将其送往 CMTS。数据经调制并调至用户调制解调器指定的频率上,然后与标准数字视频码流调制后的射频信号在混合器中进行混合后传送给分配网络。当调制解调器要发送数据时,它遵循媒体访问控制协议(MAC),该协议为众多电缆网络调制解调器在上行线路的竞争进行仲裁。

2. ISDN 终端设备

(1)网络终端

网络终端(NT)是用户传输线路的终端装置,它是实现在普通电话线上进行数字信号转送和接受的关键设备,是电话局程控交换机和用户的终端设备之间的接口设备。该设备安装于用户处,是实现 N-ISDN 功能的必备终端。网络终端分为基本速率网络终端 NT1 和一次群速率网络终端 NT2 两种。NT1 向用户提供 2B + D 二线双向传输能力,它完成线路传输码型的转换,并实现回波抵消数字传输技术。它能以点对点的方式最多支持 8 个终端设备接入,可使多个 ISDN 用户终端设备合用一个 D 信道,并向用户终端和电话局交换机之间传递激活与去激活的控制信息。该设备完成维护功能,使电话局能通过该设备进行环路测试等。NT1 具有功率传递功能,能够从电话线路上吸取来自电话局的直流电能,以便在用户端发生停电时实现远端供电,保证终端设备的正常通信。NT2 主要提供 30B + D 的四线双向传输能力,完成定时和维护功能,应用于 ISDN 小变换机。目前,部分生产厂家提供的用户终端设备已包括了 NT 功能,俗称 u 接口。

(2)ISDN 用户终端

ISDN 用户终端设备种类很多,有 ISDN 电视会议系统、PC 桌面系统(包括可视电话)、IS-DN 小交换机、TA 适配器(内置、外置)、ISDN 路由器、ISDN 拨号服务器、数字电话机、四类传真机、DDN 后备转换器、ISDN 无线转换器等。在此对一些常用设备进行介绍,以加深大家对 IS-DN 应用的理解。

①数字电话机　它是常用的一种 ISDN 终端,一部电话机使用时一般占用一个 B 信道(64bit/s)。它具有一个 LED 显示屏,并带有专用的功能键,因而它不仅能提供基本的电话业务,而且还能通过功能键的设置和使用,提供许多方便用户的 ISDN 补充业务。如主叫号码显示、被叫号码显示、按主叫号码有选择地接通或拒绝呼叫、终端可移动性、子地址功能、多用户号码、用户端到端的信息透明传递(UUS 功能不需被叫摘机)等等。数字电话机还可提供振音型选择、话机密码保护功能、自行产生拨号音、故障信息显示等。有些数字话机还配有 RS232、X.21 或 X.25 数据接口,可以兼作 ISDN 适配器使用。

②ISDN 终端适配器(TA)　TA 的功能就是使得现有的非 ISDN 标准终端(如模拟话机、G3 传真机、分设备、PC 机)能够在 ISDN 上运行,为用户在现有终端上提供 ISDN 业务。

终端适配器是应用最广泛的 ISDN 终端设备,最根本的应用是作为个人电脑与 ISDN 的桥梁,使得个人电脑可以灵活、高速地接入因特网、局域网、ISP 或与其他个人电脑进行数据通信。可广泛应用于家庭、小办公室、桌面办公环境、学校、工厂、企业、机关、个人等。

通常,终端适配器有一个数据通信接口,可实现同步、异步工作方式,透明信道传输速率为 64 kbit/s,大部分适配器具有 2 个 B 捆绑式通信能力。与电脑连接方式有串口和并口两种。串口方式最高通信速率为 112.5 kbit/s,并口方式最高通信速率为 128 kbit/s。ISDN 终端适配器可分为内置式和外置式两种。内置式适配器俗称适配卡,它与普通的电脑卡一样可直接插入电脑的 ISA 或 PCI 插槽内,安装非常方便,且价格很便宜。目前,部分终端厂家生产的适配卡可提供外接模拟口以普通模拟话机进行 ISDN 话音通信,功能也可仿真 Modem 与普通 Modem 通信,模拟 G2、G3 传真机发信息。

适配卡又可分为普通电脑适配卡和便携式电脑适配卡两种。但适配卡的使用存在几个不利因素,一是由于适配卡与计算机总线直接连接,占用了电脑的一部分资源,就会增加寻找可用中断的复杂性,有时必须禁止外部串行端口来避免与内部适配卡的冲突;二是插适配卡的电脑必须长期带电,关掉电脑就无法访问 ISDN 终端,不能接收任何信息;三是对电脑(环境)要求较高,既要有空余插槽口,又要有较高的处理能力,且将来设备升级也不够方便。

外置式适配器是一个独特的 ISDN 终端设备,它除了具备内置式适配器的功能外,还提供两个模拟接口,用户只需插上普通话机即可在 ISDN 线路上进行话音通信,还可接上 G2,G3 传真机或 Modem 等现有传统设备,实现数据通信(接入因特网、电脑互联等)的同时进行话音通信的功能。外置式适配器的价格较适配卡贵,但它只占用电脑的一个数据口,无需占用电脑的其他资源,且具有独立的电源,故在电脑关机状态下,两个模拟口设备仍可照常使用,故仍能从传真机和 Modem 上收发信息,在话机上进行话音通信等。有些厂家的外置式适配器可支持多种 ISDN 补充业务,如多用户号码、子地址、主/被叫号码显示、呼叫前转、回叫服务等;并可具备 PABX 专用功能,如分机互通、代接分机等。外置式适配器特别适用于既要利用 ISDN 进行灵活高速的电脑数据通信又要利用现有模拟电话机进行话音通信,并能充分利用现有的传真机和 Modem 等模拟设备以满足用户要求。

③ISDN 路由器　计算机网络在现代社会正扮演着越来越重要的角色,各地的 LAN、Internet 发展迅速,但如何提供异地用户方便、快速、灵活地接入计算机网络是各个 ISP 经营者和企业管理者急需解决的问题。ISDN 路由器就是利用 ISDN 技术实现远程登录 LAN、Internet 及组成广域网的产品。

ISDN 小型路由器一般安装在客户计算机端,利用 ISDN 线路提供异地用户计算机与主干网络间的通信。一般的小型 ISDN 路由器配备一个 ISDN 的 2B + D 基本速率接口和两个以太网接口,可反相多路复用两个 B 通道,通信速率为 112kbit/s 或 128kbit/s,在访问路由和网桥方面,具有 IP、IPX 路由和标准多协议网桥,支持 PPP,MLPPP。在网络管理和控制方面具有 TELNET 远程登录、WAN 回溯等。在访问网络(LAN,Internet 等)时所有的操作和一般的网络相同,可通过 IP 地址自动地与对方网络连通,链路空闲时,路由器会自动通知网络拆线,具有动态、灵活选择路由的功能。

ISDN 小型路由器除了提供客户端计算机远程登录主干网络外,还可提供两个异地小型 IAN 问的互联,但只能用于信息传递速率要求不高的场所。对于较大型 LAN 间的互联(组成 WAN 广域网),就需选用 PRA(30B + D)基群速率接口的 ISDN 路由器,同时还需具有多协议功能。ISDN 路由器可广泛应用于计算机网络的组网和远程登录。

3.2.5 多媒体通信终端

多媒体终端可以对多种表示媒体进行处理,显现多种呈现媒体,并能与多种传输媒体和存储媒体进行信息的交换。多媒体通信终端可以提供用户对多媒体信息发送、接收和加工处理过程有效的交互控制能力,它对各种不同表示媒体的加工处理是以同步方式工作的,以确保各种媒体在空间和时间上的同步关系。

目前,人们常用的多媒体终端主要有两种形式:一是以通用计算机或工作站为基础加以扩充,使其具备多媒体信息的加工处理能力,即多媒体计算机终端;二是采用特定的软硬件设备制成针对某种具体应用的专用设备,如多媒体会议终端和各种机顶盒。此外,其他形式的多媒体终端还有可视电话、远程医疗中使用的各种专用终端等。

1. 多媒体计算机

多媒体终端要求能处理速率不同的多种媒体,能和分布在网络上的其他的终端保持协同工作,能灵活地完成各种媒体的输入输出、人机界面接口等功能。事实上,目前微型计算机已成为多媒体终端的主要开发和应用平台。以微机为核心,向外延伸出多媒体信息处理部分、输入输出部分、通信接口等部分的终端设备可作为实现视频、音频、文本的通信终端,如进行不同的配置就可实现可视电话、会议电视、可视图文、Internet 等终端的功能。

2. 机顶盒

通常,开展交互视音频业务所用的多媒体终端多为机顶盒终端,即 Set Box。机顶盒的技术功能是能接收通过 HFC 或 ADSL 等接入网传输的下行数据,经解调、纠错解扰、解压缩等操作将其恢复成 AV 信号,并将用户点播要求的上行信号传到播控服务器。它应具有节目选择功能,并支持红外遥控器和录像机控制功能。目前,机顶盒的功能已从一个多频道的调谐器和解码器演变成为一个可以访问和接收包括电影、新闻、数据等大量多媒体信息的控制终端。机顶盒一般应具备以下功能。

(1)人机交互控制功能 机顶盒的人机交互控制功能一般是通过遥控键盘或遥控器来实现的,它除了具备一般键盘所具有的功能以外,还必须能够通过遥控器实现对所播放节目的控制,如快进、快退、播放、暂停、慢放、静帧等控制。

(2)通信功能 机顶盒的通信过程包括通信的建立、多媒体数据的传输和通信的结束,其中涉及信号的调制解调、纠错编码解码以及各种通信协议。一般来讲,机顶盒应具备不对称的双向通信能力,即较宽的下行通道和较窄的上行通道,且每个方向上应至少有一个控制通道和

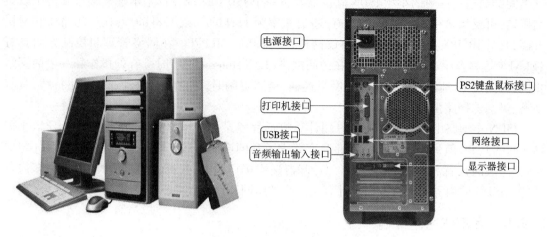

图 3-18 多媒体计算机

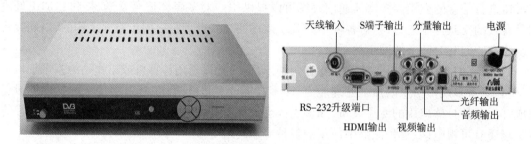

图 3-19 机 顶 盒

一个数据通道。

（3）信号解码功能 由于机顶盒的最主要功能是完成数字视音频信息的接收,因此压缩视音频信息的解码在机顶盒中占有重要的地位。一般来讲,机顶盒必须支持 MPEG – 1 和 MPEG – 2 视音频信息的解码,而当其承担多功能服务平台的任务时,可能还需要支持 JPEG, H. 261 和 H. 263 等标准。

（4）互联网浏览功能 机顶盒趋势是朝微型电脑发展,即逐渐集成电视和电脑的功能,成为一个多功能服务的工作平台,用户通过机顶盒即可实现 VOD、数字电视接收、Internet 访问等多媒体信息服务,采用 Web 方式实现上述业务的用户接入。

（5）信息显示功能 一般来说,机顶盒必须具备视频信号输出接口,以完成和电视机的连接。信息显示功能除了要完成活动视频图像信号的显示之外,还要实现菜单文字或静止图像及图标的显示。此外,随着机顶盒逐渐集成电视和电脑的功能,越来越多的机顶盒同时具备 VCA 和视频输出端口,因此它不仅具备视频图像显示能力,还具备网页及其他信息的显示能力。

3. 可视电话

从可视电话所使用的通信网络来划分有基于 ISDN 的可视电话、基于包交换网络的计算机局域网和 Internet 网络可视电话,以及基于 PSTN 的可视电话。从可视电话所使用的终端类型来划分有基于计算机终端的可视电话和类似于普通电话的专用可视电话终端。

（1）ISDN 可视电话

利用 ISDN 和 B-ISDN 网络的可视电话采用 H.320 和 H.321 标准。目前，ISDN 可视电话主要采用 2B + D 的标准 BRI 接口，由摄像头、音频设备、音视频卡组成。利用 PC 机显示卡和微处理器集可视电话和多媒体通信于一体，它使交互型的通信不仅局限于单一的话音业务和数据通信，而且扩展到了图像业务和程序应用共享等多媒体通信概念上，用户在进行可视电话通信的同时，还可通过操作窗口上的"讨论板/通信板"与对方交换视觉图像、数据图表、图形等，并可对其进行详尽的交互讨论，在图表上标注或画线，做到屏幕共享。该设备也能进行文件的远程调用，实现文件共享、应用共享，它也提供了电子白板功能，即可将抓拍的图像或有用文稿信息等放置在白板上（电脑屏幕），然后进行交互式的书写、修改。由于 ISDN 和 B-ISDN 在世界范围内的推广均遇到了一定困难，因此基于上述网络的可视电话在推广时也不免遇到很大阻力。

图 3-20　可视电话

（2）局域网和 Internet 网可视电话

目前许多企业和单位都建立了局域网（LAN），因为 LAN 的可用带宽明显大于 N-ISDN 基本速率模式下的带宽，所以视频质量得以提高。然而，由于 LAN 当初是为传送常规数据而设计的，故其资源争夺和缺乏等时性是个重要问题。在 LAN 环境中，每个呼叫者共享传输介质，当增加更多的会议会话时，需要新的带宽管理机制。虽然计算机网络的发展，如 100 Mbit/s 快速以太网和千兆以太网的推出有助于带宽问题的缓解，但还需要开发和使用适合于会议中音视频传送的实时传送协议和资源预留协议。

近几年来 Internet 发展迅猛，人们在 Internet 网上收发电子邮作，用浏览器查看各种超文本信息。随着多媒体技术的应用，发展到可以在 Internet 网上发送多媒体电子邮件和用浏览器查看包含多媒体数据的信息，继而可以在 Internet 网上打长途电话，实现了在 Internet 网上的实时语音通信。人们的进一步需求是在 Internet 网上召开视频会议和拨打可视电话。目前已有一些 Internet 网上的可视电话推出，如 Netmeeting，MBone 和 CU-SeeMe 等。

目前由于 Internet 网的速率在各地域不平衡，还不能很好地解决 QoS 问题，故通信中的视频质量还不高，但音频效果尚可被接受。

（3）PSTN 电话网可视电话

标准的模拟电话系统是目前最广泛的、可获取的传送媒介。在传统电话系统 POTS 上，使用调制解调器，用户可以获得双向 33.6 kbit/s 的数据传送。以同前的数据压缩和通信技术，这个带宽可以支持音频、视频和数据的可视通信。PSTN 可视电话的通信能力类似于 N-ISDN. 略低于 N-ISDN。目前已经得到使用和正在研究的低比特率和超低比特率的视频压缩技术,针对可视电话中运动不大的头肩图像进行压缩,可以获得很高的压缩比。从而可以应用于像模拟电话信道这样的低带宽信道。

H.324 可视电话终端可实时传输视频、音频和数据等多媒体内容。图 3-21 表示了一般 H.324 可视电话系统的组成结构。

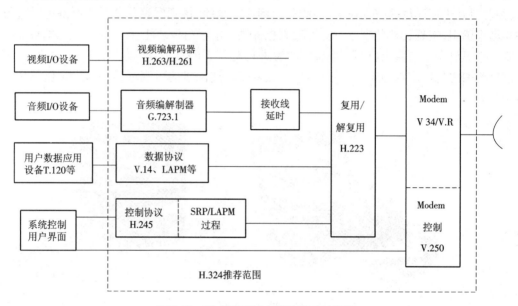

图 3-21　H.324 可视电话终端系统框图

4. 电视会议多点控制设备

电视会议系统的特点是利用电视技术,通过传输信道提供不同地点的多个用户,以电视方式举行面对面的远程会议。电视会议主要由终端设备、传输设备和传输信道以及网络管理系统等组成。主要有基于 H.261/H.263 标准的会议电视编解码器、全景摄像机、特写镜头摄像机、图文摄像机、云台及其云台控制器、电视机、话筒、扬声器、录像机、音视频合成器和各种操作控制装置等。

利用上述的终端设备,通过传输设备完成传输信道和终端设备的信号接口。利用相互间的双向宽带数字传输信道(例如电缆、光缆、微波)和卫星等传输媒体,把不同地点的会议电视终端连接起来,就可以召开点对点的会议电视了。但是如果要召开多点会议电视,还必须借助多点控制设备(MCU)建立多点会议电视系统网络。

MCU 是会议电视网中的关键设备,其作用是完成对来自不同会议点的多路视频图像、语音、数据信号的混合与切换;协调各个会议电视终端设备的工作速率,使整个会议电视网自动工作在所有终端的最低速率上。

MCU 对视频信号采取直接分配的方式,若某会场发言,则它的图像信号便会传送到 MCU,MCU 将其切换到与它连接的所有会场。对数据信号,MCU 采取广播方式将某一会场的数据切换到其他所有会场。对语音信号可分为两种情况,如只有一个会场发言,MCU 将它的音频信号切换到其他所有会场;若同时有几个会场,MCU 将它们的音频信号进行混合处理,挑

图 3-22　多点控制设备(MCU)

出电平最高的音频信号,然后切换到除它之外的其他所有会场。MCU 的组成如图 3-23 所示。

(1)网络接口模块　它为双向输入/输出模块。该模块校正输入数据流中由 H. 221 定义的 FAS 信号和输出由 H. 221,H. 230 定义的 BAS 码,并按本系统的时钟定位输入的数据流。在接口模块的输出插入所需的 BAS 码和相关信令,形成信道帧输出到数字信道。

(2)音频处理器　它是由语音代码转换器(ATC)和语音混合模块组成,用来完成语音的处理。ATC 从各个端口输入的数据流的帧结构中分离出语音信号并进行译码,然后送入混合器线性叠加,最后送入编码器形成合适的编码形式,插入输出的数据流。

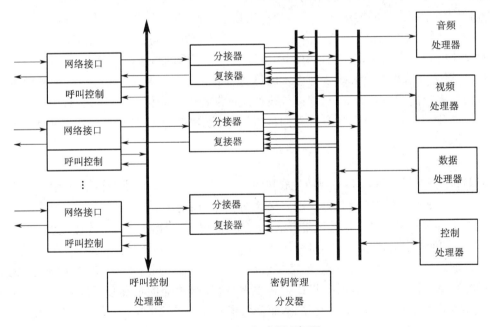

图 3-23　MCU 组成原理框图

(3)视频处理器　它对视频信号进行切换选择,以便插入信道帧后分配到各个会场。当一个会场需要同时看到多个会场图像时,MCU 对多路视频信号进行混合处理。

(4)数据处理器　它完成非话信息的处理,包括根据 H. 243 建议的数据广播功能,以及按照 H. 200/A270 系列建议的多层协议(MLP),为一可选单元。

（5）控制处理器　负责正确的路由选择，混合或切换音频、视频、数据信号，并对会议进行控制。

5. 多媒体通信终端接口

多媒体通信终端有两个接口需要考虑，一是多媒体终端与人的接口，二是多媒体终端与网络及外部设备之间的接口。前者称为人－机接口，后者称为通信与外设接口。

人－机接口介于用户和计算机系统之间，是人与计算机之间传递、交换信息的媒介。通过人－机界面，用户向计算机系统提供命令、数据等输入信息，这些信息经计算机系统处理后，又通过人机界面，把产生的输出信息回送给用户。过去的计算机普遍采用字符界面，用户接收信息的装置主要是字符终端，主要的输入工具是键盘。现在，多媒体终端普遍采用图形图像卡和声音卡，以图形、图像以及活动视频和声音作为信息输出手段，而采用鼠标、电子笔、触摸屏、扫描仪、数字相机和视音频采集卡作为输入设备，大大简化了人－机接口。随着技术进步，采用语音识别、图形识别和图像理解等先进技术，人－机接口将越来越方便人们对多媒体终端设备的使用。

在信息爆炸的现代社会里，多媒体计算机只有联成网络才有生命力，任何人、任何组织都不可能拥有所有所需的信息，只能通过通信网络来实现信息的共享，多媒体数据的传送需要很好的通信设施，因此人们正从两个方面进行努力。一是对多媒体数据进行高倍数压缩，如极低比特率视频压缩等；二是建立以光纤到户为最终目标的宽带通信网络。

通信接口是关于用户接入网络的各种技术。用户网络接口为用户进入网络提供手段，不同的通信网络中存在不同的用户网络接口。用户接入网络的主要形式是计算机网、传统电信网络和 HFC 网，因此多媒体终端通信接口需根据接入网络的特点，提供相应的网络接口或提供多种网络接口。目前多媒体通信终端中应用最为广泛的网络接口为以太网或快速以太网接口。此外，随着计算机技术和多媒体技术的迅速发展，多媒体终端外围设备的逐渐增多，对计算机外设技术提出了更高的要求，促使外设产品逐渐走向智能化、多功能化、微型化、遥控化和与主机一体化。为此，人们开始寻求新的接口标准，于是产生了新型的 USB、IEEE1394、HDMI 高速串行通信接口标准。

（1）USB2.0

目前普遍采用的 USB2.0 主要应用在中低速外部设备上，它提供的传输速度将达到 120 ~ 480 Mbit/s。USB 的主要特点是外设的安装十分简单，所有的 USB 外设利用通用的连接器可简单方便地连入计算机中，实现热插拔；USB 提供低速与全速两种数据传送速度规格。全速传送时，节点间连接距离为 5m，连接使用 4 芯电缆（电源线、信号线各 2 条）；利用菊花链的形式对端口加以扩展，支持多设备连接，最多可在一台计算机上同时支持 127 种设备，避免了 PC 机上插槽数量对扩充外设的限制；提供内置电源，USB 电源能向低压设备提供 5V 的电源，因此新的设备就不需要专门的交流电源，从而降低了这些设备的成本，并提高了性价比。

（2）IEEE－1394

IEEE－1394 也是一种高效的串行接口标准。IEEE－1394 可以在一个端口上连接多达 63 个设备，设备间采用树形或菊花链拓扑结构。IEEE－1394 标准定义了两种总线模式，即 Backplane 模式和 Cable 模式。其中 Backplane 模式支持 l2.5Mbit/s，25.5Mbit/s 的传输速率；Cable 模式支持 100 Mbit/s，200 Mbit/s，400 Mbit/s 的传输速率。在 400 Mbit/s 时，只要利用 50% 的带宽就可以支持不经压缩的高质量数字化视频信息流。

图 3-24　USB2.0 接口

图 3-25　IEEE－1394 接口

（3）VGA

VGA（Video Graphics Array）是 IBM 在 1987 年随 PS/2 机一起推出的一种视频传输标准，具有分辨率高、显示速率快、颜色丰富等优点，在彩色显示器领域得到了广泛的应用。VGA 接口是显卡所处理的信息最终都要输出到显示器上，显卡的输出接口就是电脑与显示器之间的桥梁，它负责向显示器输出相应的图像信号。CRT 显示器因为设计制造上的原因，只能接受模拟信号输入，这就需要显卡能输出模拟信号。VGA 接口就是显卡上输出模拟信号的接口，VGA 接口，也叫 D-Sub 接口。虽然液晶显示器可以直接接收数字信号，但很多低端产品为了与 VGA 接口显卡相匹配，因而采用 VGA 接口。

VGA 接口是一种 D 型接口，上面共有 15 针孔，分成三排，每排五个，其中除了 2 根 NC（Not Connect）信号、3 根显示数据总线和 5 个 GND 信号，比较重要的是 3 根 RGB 彩色分量信号和 2 根扫描同步信号 HSYNC 和 VSYNC 针。VGA 接口中彩色分量采用 RS343 电平标准。RS343 电平标准的峰值电压为 1V。VGA 接口是显卡上应用最为广泛的接口类型，多数的显卡都带

图 3-26　VGA 接口

有此种接口。有些不带 VGA 接口而带有 DVI（Digital Visual Interface 数字视频接口）接口的显卡，也可以通过一个简单的转接头将 DVI 接口转成 VGA 接口，通常没有 VGA 接口的显卡会附赠这样的转接头。

（4）RCA

RCA 是 Radio Corporation of American 的缩写词，因为 RCA 接头由这家公司发明的。RCA 俗称莲花插座，又叫 AV 端子，也称 AV 接口，几乎所有的电视机、影碟机类产品都有这个接口。它并不是专门为哪一种接口设计，既可以用在音频，又可以用在普通的视频信号，也是 DVD 分量的插座。RCA 通常都是成对的双色音频接口和黄色的视频接口，它通常采用 RCA（俗称莲花头）进行连接，使用时只需要将带莲花头的标准 AV 线缆与相应接口连接起来即可。RCA 端子采用同轴传输信号的方式，中轴用来传输信号，外沿一圈的接触层用来接地，可以用来传输数字音频信号和模拟视频信号。RCA 音频端子一般成对地用不同颜色标注：右声道用红色，左声道用黑色或白色；视频接口一般用黄色。

图 3-27　RCA 接口

（5）S-Video

S-Video 即 S 端子输出,其全称是 Separate Video,也称为 SUPER VIDEO。S-Video 连接规格是由日本人开发的一种规格,S 指的是"SEPARATE(分离)",它将亮度和色度分离传输,避免了混合视频信号传输时亮度和色度的相互干扰。S 端子实际上是一种五芯接口,由两路视频亮度信号、两路视频色度信号和一路公共屏蔽地线共五条芯线组成。

同 AV 接口相比,由于它不再进行 Y/C 混合传输,因此也就无需再进行亮色分离和解码工作,而且使用各自独立的传输通道在很大程度上避免了视频设备内信号串扰而产生的图像失真,极大地提高了图像的清晰度。该项技术目前主要运用液晶电视中。S 端子输出的分辨率最高仅能达到 1024×768 的分辨率,因此不适合用于高清视频的传输,但是 S 端子可以方便地连接独立显卡的输出口,是普通的电子显像管电视机的好伴侣,随着时间的推移,S 端子会被慢慢地淘汰,其优势也会被 HDMI 一类的数字接口所代替。

图 3-28　S-Video 接口

（6）HDMI

HDMI(High Definition Multimedia Interface)正式商标高清晰度多媒体接口是一种全数字化图像和声音传送接口,可以传送无压缩的音频信号及视频信号。HDMI 可用于机顶盒、DVD 播放机、个人电脑、电视游乐器、综合扩大机、数字音响与电视机。HDMI 可以同时传送音频和影音信号,由于音频和视频信号采用同一条电缆,大大简化了系统的安装。

2002 年 4 月,日立、松下、飞利浦、Silicon Image、索尼、汤姆逊、东芝等 7 家公司共同组建了 HDMI 高清多媒体接口接口组织 HDMI Founders(HDMI 论坛),开始着手制定一种符合高清时代标准的全新数字化视频/音频接口技术。经过半年多时间的准备工作,HDMI founders 在 2002 年 12 月 9 日正式发布了 HDMI 1.0 版标准,标志着 HDMI 技术正式进入历史舞台。

图 3-29　HDMI 接口

6. 多媒体通信终端软件

多媒体通信终端不仅需要强有力的硬件的支持,还要靠相应的软件支持,只有在这两者充分结合的基础上才能有效地发挥出终端的各种多媒体功能,多媒体通信终端软件系统是由多媒体操作系统和针对各种不同应用的多媒体通信应用软件组成的。

多媒体操作系统是建立在各种多媒体硬件驱动程序之上的一个多媒体核心系统,一般具有实时任务调度、多媒体数据转换和同步控制机制、对多媒体设备的驱动和控制、基于 QoS 的资源管理、支持连续媒体的文件系统以及具有图形和声像功能的用户接口等。

多媒体系统根据其终端组成方式,其操作系统将采取不同的方式实现。对于多媒体计算机终端,一般是在已有操作系统基础上扩充和改造,使其具备多媒体操作系统的能力;而对采用特定的软硬件设备制成的针对某种具体应用的专用设备,如多媒体会议终端和各种机顶盒,则一般采用具备多媒体处理能力的嵌入式实时操作系统。

多媒体操作系统一般需要解决以下几个关键问题:

(1)具备支持连续媒体的文件系统,可对包含有活动图像和声音的标准文件格式进行操作;

(2)包含图像和声音数据同步所需的同步控制机制;

(3)为满足系统存储空间和对媒体响应的要求,具备对声像数据进行压缩和还原的能力;

(4)标准化的、对硬件透明的应用程序接口 API;

(5)友好的具有图形功能和声像功能的用户接口。

一个操作系统是否是多媒体操作系统,主要是看它能否以统一的格式处理和管理多媒体信息,能否直接控制多媒体设备。这就要求它能像处理文本文件那样处理动态视频或音频文件,也能像控制普通计算机外设(如键盘、打印机、硬盘、显示器)那样控制摄像机、音响、MIDI以及 CD-ROM 等视听设备,也就是说能控制视听信息的输入、输出和存储。

思　考　题

1.建筑通信基本业务有哪些?

2.常用的通信终端有哪些,都有什么特点?

3.多媒体通信终端的接口有哪些?

第4章 信号的传输技术

信号是信息的载体,人们相互问讯、发布新闻、广播图像或传递数据,其目的都是要把某些信息借助一定形式的信号传送出去,在可以作为信号的诸多物理量中,最常见的是电信号和光信号。根据国际电信联盟(ITU)的定义,传输是指通过物理介质传播含有信息的信号的过程。

4.1 传输技术概述

4.1.1 信号的传输

为实现远距离的通信,在 19 世纪末即发明了用电信号来模拟语音信号并进行远距离传输,于是出现了电话以及话音传输技术。时至今日,电话通信仍然是电信网络中的重要业务之一,而传输技术则已经经历了几次重大的变革。

从电话通信发明到 20 世纪 60 年代,电信传输均是采用模拟话音传输技术,起初是采用一对线路传输一路模拟话音信号,随后为提高传输效率,开始采用频分复用(FDM)技术进行多路载波传输,传输介质也从双绞线向同轴电缆过渡。

60 年代末到 80 年代后期,随着话音信号的脉冲编码调制(PCM)技术的发展,数字传输技术以其安全、可靠、通信质量高、通信成本低、有利于通信设备小型化/集成化等优点迅速替代了模拟传输技术。另一方面,无线通信与移动通信的广泛应用,以及利用模拟线路传输数字信号的需求,也暴露出了模拟信号频带传输技术的频谱利用率不高、抗噪声与抗干扰能力较差、不利于设备集成化等缺点。数字调制技术也迅速取代了模拟调制技术在频带信号传输中的位置。

近年来,光传输技术得到了迅速发展,光纤通信技术以其带宽充足、不受电磁干扰、原材料丰富等优点获得了广泛应用,在骨干传输网、城域传输网中已占据了主导地位。以电流调制为特征的光传输技术也属于数字传输技术的范畴。

无论是模拟信号还是数字信号,在传输过程中都适合于信道的某种信号形式传输,即都可以用模拟信号或数字信号来传输,主要分为:

(1)在模拟信道上,信息用模拟信号来传输,如电话通信、Modem 拨号上网等;

(2)在数字信道上,信息用数字信号来传输,传输用二进制数码近似表示的数字信号,如数字电话通信、数字数据网(DDN)通信等。

用模拟信道可以传输发送端发出的模拟或数字信号,不过发送端信号在传输前需要转换成适合模拟信道传输的信号,这个过程称为调制;在模拟信道上接收端对传输信号还原的过程称为解调。模型如图 4-1 所示。

在数字信道也可以传输发送端发出的数字或模拟信号,发送端信号在传输前需要转换成适合数字信道传输的信号,这个过程称为编码;在数字信道上接收端对传输信号还原的过程称为解码。模型如图 4-2 所示。

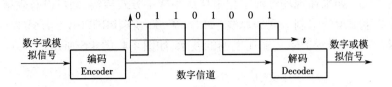

图 4-1 信道传输信号示意图

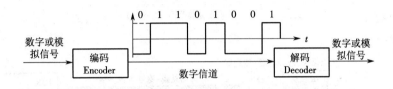

图 4-2 数字信道传输信号示意图

在智能建筑中,需要传输对象当然是各种模拟和数字数据(信号)。模拟数据有音视频数据、控制系统中的各类传感器输出数据、执行器输入数据等等。数字数据主要是各类数字设备终端的输入输出数据、控制指令数据等等。根据其不同的应用特征将其分类,如图 4-3 所示。

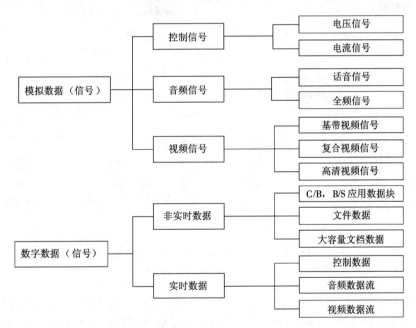

图 4-3 智能建筑通信网络的传输对象

(1)模拟控制信号传输特征   模拟控制信号在楼宇自动化系统中的品种和点数数量是最多的一类。主要有温度、压力、流量、电压、电流、功率、照度、阀门开度、转速、湿度、烟尘含量、CO 含量等等。经过传感器或变送器转变成 0~5 V、0~10 V 电压信号或 4~20 mA 电流信号。

模拟控制信号频带不高,在直流到几百赫低频范围,既可以模拟传输,也可以数字传输。用模拟信号传输时,最大的障碍是干扰。一般只能在短距离范围内采用屏蔽抗干扰传输技术,就近送到控制单元。如果在现场经数字化采样后用数字方式传输,则可以有效解决信号干扰,传输距离仅受数字信道的限制。现场总线(如 LonWorks、FF、PROFIBUS、HART、CAN、RS-485 等)就是为模拟控制信号的数字传输而发明的技术,如图4-4、图4-5 所示。

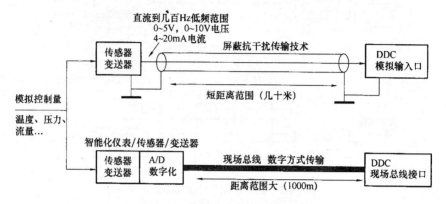

图 4-4　模拟控制信号传输特征

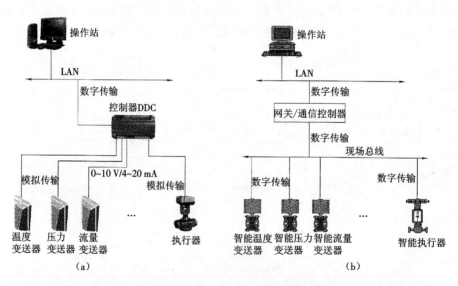

图 4-5　DCS 和 FCS 控制信号传输方式

(a)DCS 模拟传输;(b)FCS 数字传输

(2)模拟话音信号传输特征　智能楼宇中的电话通信系统涉及到模拟话音信号传输。话音信号的标准频谱在 300~3 400 Hz 之间,所以电话通信信道的带宽只要达到 4 000 Hz 就行。

话音信号既可以模拟传输,也可以数字传输,如图4-6 所示。通常话音信号采用模拟传输方式,在一对 0.4 mm 线径的铜质双绞线上,传输 4km 距离时衰减约 7 dB(这个衰减数值和我国电话网用户线路允许最大衰减值相当)。话音信号在采用数字传输方式时,一路电话不经压缩时(PCM 编码)需要 64kbit/s 的传输带宽;若对 PCM 数据进行压缩编码传输(如 G.729 协议),则传输带宽可下降到 8 kbit/s。

(3)模拟音频信号传输特征　智能楼宇中的广播音响系统涉及到音频信号传输。音频数据的频率范围在 20 Hz~20 kHz 之间,既可以模拟传输,也可以数字传输。

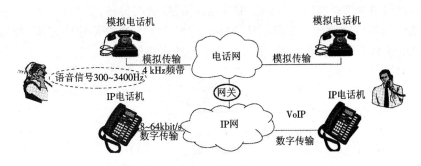

图 4-6 模拟话音信号传输方式

音频数据采用模拟传输方式时,信道的带宽要达到 20 kHz,三类双绞线可以很好地传输音频数据,传输 1km 衰减低于 6 dB。

模拟音频信号采用数字传输方式时,按 44 kHz/16 bit 采样,则不经压缩时需要 704 kbit/s 的传输带宽。若对音频数据进行压缩编码传输(如 MP3 协议),则传输带宽可下降到 100 kbit/s。

(4)模拟基带视频信号传输特征 智能建筑中闭路监视系统和会议系统涉及到基带视频信号传输。一路基带视频信号的带宽为 6 MHz,既可以模拟传输,也可以数字传输,如图 4-7 所示。

基带视频信号采用模拟传输方式时,信道的带宽要达到 8 MHz,用同轴电缆一般可传输 100～300 m,距离再长就需要增加信号放大器。采用调制解调技术用铜质双绞线可传输 100 ～1 000 m 距离。如果用光纤传输,则可达 20 km,无线微波传输,则达几百米到几千米。

基带视频信号采用数字传输方式时,一般对视频数据进行压缩编码传输,例如采用 MPEG -4 压缩编码标准则传输带宽可下降到 2 Mbit/s。

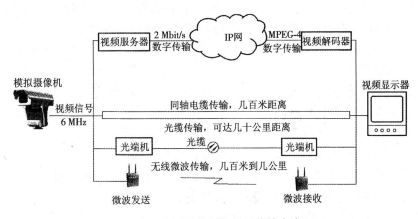

图 4-7 模拟基带视频信号传输方式

(5)模拟复合视频信号传输特征 智能建筑中有线电视网涉及到复合视频信号传输。采用分频多路复用技术,将多套电视节目的基带视频信号调制到不同的频带,最终复合成一个宽带的信号在一条信道上传输。通常,复合视频信号的带宽在 300～860 MHz 之间。

复合视频信号通常采用模拟传输方式,信道的带宽要达到 900 MHz,用同轴电缆一般可传输 100 m,距离再长就需要增加信号放大器。干线通常采用光纤传输,无需信号放大可达 20km 距离。复合视频信号目前不能直接用数字方式传输,需要先将各个频道的视频信号先分离出来之后,再利用单路视频信号数据压缩传输的方法,分时传输,如 IPTV 就是这种方式。

（6）非实时数据传输特征　在智能建筑中有许多非实时数据传输的需求,如以数据库为平台,形成以电子数据流转为核心的、覆盖整个业务的集成信息系统等。

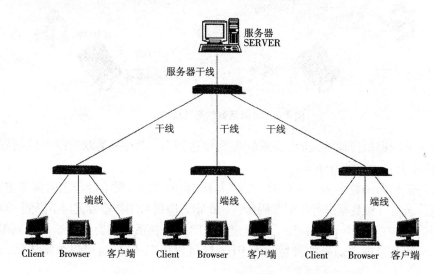

图 4-8　B/S 和 C/S 方式非实时数据传输模型

从信息应用方式的角度来分析传输特征,各种主要应用系统可归结为 B/S 和 C/S 两种方式,传输网络模型如图 4-8 所示。数据传输的需求主要是实时性要求不高的块数据和文档数据,每个用户终端对计算机网络的带宽并无明确的要求,有 1Mbit/s 的传输容量即可满足需求。系统的数据传输负担集中在服务器端以及靠近服务器的干线上。理论上,干线的传输带宽最大值是所有下属端线需求之和,服务器干线的传输带宽最大值是所有端线需求之和。在实际运行中,由于各用户的应用是异步和突发的,因此干线的传输带宽远小于所有下属端线需求之和,一般有 15% ~20% 的容量即可。对于服务器干线,则希望应有足够的带宽以满足大量的客户并发的需求。

有一些需要大容量的文件传输的应用,如 1G 字级音视文档,为了提高工作效率,计算机网络的传输速率应尽可能高,网络亦必需十分稳定和安全(因为大容量文件的重发开销是巨大的),端线传输速率应达到 1000Mbit/s。

（7）实时性数据传输特征　在智能建筑的设备监控系统中,有许多有实时性要求的数据传输需求。这类数据传输的特点:数据传输速率不高,关键是不确定时延要小于一定数值。现场总线和工业以太网技术都能够很好满足其传输要求。

音频和视频数据的传输需求有两个方面,一是音频和视频信号的数字传输;二是音频和视频数据文档的在线播放(即视频点播)。这时对计算机网络系统的传输有实时性要求。每传输一路 DVD 品质的视频数据流,采用 MPEG－4 编码标准传输速率大致在 1 ~2Mbit/s 的带宽。传输一路电话数据流,大约只需 8kbit/s 的带宽。对于音乐数据,达到高品质 CD 效果的传输速率只需要大约 100kbit/s 带宽。智能建筑通信系统的传输对象与特征如表 4-1 所示。

表 4-1 智能建筑通信系统的传输对象与特征

传输对象	对象特征	模拟传输		数字传输	
		传输方式	带宽	传输方式	带宽
模拟控制信号	0~5 V、0~10 V 电压信号或 4~20 mA 电流信号,直流到几百 Hz 低频范围	采用屏蔽抗干扰传输技术,就近传输,几十米距离	几百赫	现场总线,确定性传输。几百米至 1km 距离	最高 12 Mbit/s
模拟话音信号	电话通信中话音信号的标准频谱在 300~3 400 Hz 之间	双绞线上基带传输,4 km 距离(模拟电话网)	4 000 Hz	PCM 编码(ISDN)、压缩编码(VoIP)	64 kbit/s
模拟音频信号	音频数据的频率范围在 20 Hz~20 kHz 之间	双绞线上基带传输,1 km 距离	20 kHz	PCM 编码(Cobranet)、压缩编码(IP 网络)	704 kbit/s
基带视频信号	闭路监视系统等,一路基带视频信号的带宽为 6MHz	同轴电缆基带传输,300 m 距离。双绞线加调制/解调技术传输 1 km。光纤传输可达 20 km	8 MHz	MPEG-4 压缩编码标准(IP 网络)	2 Mbit/s
复合视频信号	多套电视节目的复合视频信号的带宽在 300~860 MHz 之间	同轴电缆基带传输,100 m。光纤传输可达 20 km 距离(模拟有线电视网络)	900 MHz	不使用	
非实时数据	块数据和文档数据	双绞线加调制/解调技术传输(通过电话网)	4 000 Hz	IP 网络	不明确,越高越好
实时控制数据	测控数字设备间的控制数据传输,对传输时延有确定要求	不使用		现场总线和工业圳太网	1Mbit/s,越高越好
实时音频数据	音频信号的数字传输及音频数据文档的在线播放	不使用		IP 网络,压缩编码	100 kbit/s
实时视频数据	视频信号的数字传输及视频数据文档的在线播放	不使用		IP 网络,压缩编码(IPTV)	2 Mbit/s

4.1.2 传输信道

信道,即信号的通道。随着通信技术的不断发展,信道的含义也在不断的充实,不断的扩展。开始人们认为信道就是传输信号的媒质。这些媒质包括有线通信的电线、电缆和无线通信的电磁波等。现在常称这种信道为狭义信道。而广义信道则引入了新的内容,把信道的范围扩大了。把信道扩展到传输基带信号的全系统,广义信息最基本的有五部分,即调制器、发转换器、传输媒质、收转换器和解调器。对于所传输的消息,不管其在信道中传输的具体过程如何,都不过是对已变成基带信号的消息进行某种变换。采用广义信道我们只需要考虑变换的最终结果而无需关心形成的物理过程。

大多数通信系统的调制器与解调器之间所有的装置和媒质一般都可以近似为线性的。有时只需要考虑已调信号的形成和解调,这种信道只有发转换器、传输媒质和收转换器三部分就可以了。由这三部分组成的信道称为调制信道。它也是广义信道。数字通信系统则更关心编码器与译码器之间的传输过程,这时的信道包括了广义信道基本的五个部分,即调制器、发转换器、传输媒介、收转换器和解调器。这种信道称为编码信道。它是指编码器输出端到译码器输入端的部分。调制信道与编码信道如图4-9所示。

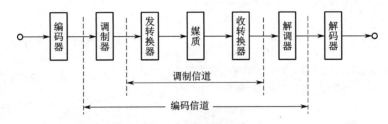

图4-9　调制信道与编码信道

为了能够对信道进行深入的研究,需要为信道建立一个一般化的数字模型。通过对这个模型的研究来了解信道对信号的影响以及如何减小干扰等问题。根据信道的定义,我们分别介绍调制信道和编码信道的模型。

1. 调制信道的模型

调制信道的几个共同的特性:

- 它们都有一对(或多对)输入端和一对(或多对)输出端;
- 绝大部分信道可以认为是线性的,也就是说它们满足叠加原理;
- 信道本身存在着噪声和干扰,在无信号输入时,信道的输出端也有功率输出;
- 信道对输入信号有一定的延迟作用和损耗。

由信道的这些共性,可以把信道用一个二对端或多对端的时变线性网络来表示,称该网络为调制信道模型,如图4-10所示。

最简单的是二对端的信道模型,其输入与输出的关系可以表示为

$$e_0(t) = f[e_i(t)] + n(t) \tag{4-1}$$

式中 $e_i(t)$ 为输入已调信号;$e_0(t)$ 为信道输出;$n(t)$ 为加性噪声;$n(t)$ 与 $e_i(t)$ 不存在依赖关系。

$f[e_i(t)]$ 表示已调信号通过网络所发生的时变线性变换,其中"f"是一个相当复杂的表示某种变换的函数,一般将不完全是加性的信道影响看做乘性干扰。如果能把 $f[e_i(t)]$ 表示为 $k(t)e_i(t)$,那么 $k(t)$ 依赖于网络的特性,$k(t)e_i(t)$ 则反映了网络对 $e_i(t)$ 的作用。从另一个角度我们也可以认为 $k(t)$ 对 $e_i(t)$ 是一种干扰,这类干扰属于乘性干扰。这样式(4-1)可以写作

$$e_0(t) = k(t)e_i(t) + n(t) \tag{4-2}$$

由此可见,信道对信号有两种影响,即加性干扰和乘性干扰。只要我们弄清了 $k(t)$ 和 $n(t)$ 的

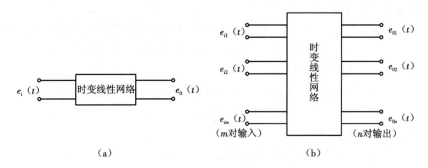

图 4-10　调制信道模型

特性,就能够具体分析信道对信号的影响。信道特性的区别,在信道模型上表现为 $k(t)$ 和 $n(t)$ 的不一样。

需要指出,式(4-2)表明信号是线性传输的, $k(t)$ 一般对时间是一个相当复杂的函数。由于网络的迟延特性和衰耗特性大多数都随时间做随机变化,因此 $k(t)$ 往往只能用随机过程加以表述。

通过大量的统计观测发现,一部分信道的参数几乎不随时间变化或变化非常缓慢,另一部分信道的参数则随时间变化得特别快。根据这个特点可以把信道分为两大部分,前者称为恒参信道,后者称为随参信道。

(1)恒参信道

恒参信道的种类:

①架空明线传输系统;

②陆地或海底同轴电缆系统;

③中、长波地波传输系统;

④超短波及微波视距传播(或人造卫星中继)系统;

⑤光纤传输系统;

⑥激光传输系统。

恒参信道通常用它的幅频特性、相频特性或群延时特性来表述。这两个特性偏离理想状态是降低信道传输质量的重要因素。另外,还存在着其他一些因素使信道的输出与输入产生差异,比如非线性畸变、频率畸变及相位抖动等。

非线性畸变主要是由信道中某些元件,如磁介质、电子器件等的非线性特性引起的,表现为谐波失真、互调失真、交叉失真等。

频率畸变主要是由设备的频率不稳定引起的,表现为信号载波附加了一个小指数的调频,从而降低了信号质量。

(2)随参信道

随参信道的种类:

①短波电离层反射系统;

②超短波电离层散射系统;

③超短波流星余迹散射或反射系统;

④超短波及微波对流层散射系统;

⑤超短波超视距绕射系统。

随参信道参数的变化,主要由于存在着复杂的随机时变传输媒质,传输媒质对信号传输的影响是主要的,因此一般所说的随参信道特性,往往是指传输媒质的特性。

随参信道对信号传输的共同特点:

- 信道传输函数将随时间的变化而变化,对信号所引入的衰耗也随时间而变;
- 信号在传输媒质中的传播时延也随时间变化而变化;
- 存在着多径传播现象。

所谓多径传播是指电波从发射端到接收端有多条路径。

随参信道的一般衰落特性和选择性衰落特性是影响信号传输的重要因素。频率选择性衰落是指信号频谱中某些分量的衰落特别大,而另一些分量的衰落则比较小。这种现象将给传输信号带来畸变。

2. 编码信道的模型

由于编码信道包括调制信道和调制器与解调器,因此它与调制信道的模型有所不同。编码信道对信号的影响不再是通过 $k(t)$ 和 $n(t)$ 使已调信号发生模拟变化,而是一种数字序列的变换,也就是将一种数字序列变换为另一种数字序列,故常常称调制信道为模拟信道,编码信道为数字信道。

编码信道中既然包含着调制信道,调制信道必然会对编码信道产生影响,但编码信道关心的是输出的数字序列的差错概率的大小,因此调制信道的影响在这里表现为输出的数字序列会以某种概率发生误差。显然调制信道的性能越差,加性噪声越严重,编码信道输出的数字序列发生差错的概率也就越大。从这个角度来看,研究编码信道时,只要研究其输出数字序列的转移概率就可以反映编码信道的性能,因此可以用数字的转移概率来表述编码信道的模型。

常用的二进制数字传输系统,可以用一个简单的编码信道模型表示,如图 4-11 所示。其中我们假设解调器输出的每个数字码元的差错是相互独立的,即信道是无记忆的。也就是说一个码元的差错与其前后码元是否发生差错无关。这种模型是"简单的"。

模型中的 $P(0/0)$、$P(1/0)$、$P(0/1)$ 及 $P(1/1)$ 称为信道的转移概率,$P(0/0)$ 和 $P(1/1)$ 是正确转移的概率,而 $P(1/0)$ 和 $P(0/1)$ 是错误转移的概率。由概率的性质有

$$P(0/0) = 1 - P(1/0) \tag{4-3}$$

$$P(1/1) = 1 - P(0/1) \tag{4-4}$$

编码信道的特性决定了转移概率。某一确定的编码信道有相应确定的转移概率,而转移概率是通过对实际编码信道做大量的统计分析得到的。

多进制无记忆编码信道模型可以由二进制无记忆编码信道模型推出。图 4-12 是一个无记忆的四进制编码信道模型。如果编码信道是有记忆的,即信道中码元发生差错的事件是一种不独立事件,此时编码信道的模型及其转移概率都相当复杂。

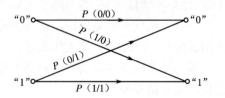

图 4-11　二进制编码信道模型

通过以上对信道的讨论,可以将信道作如下分类:

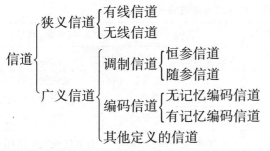

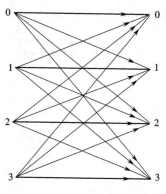

图 4-12　四进制编码信道模

一般的信道中都包括调制信道,因此调制信道中的恒参信道和随参信道是所有信道都可能涉及到的部分。

在不同的情况下,信道还可以有其他的定义。但不论什么定义下的信道,传输媒质是其中的主要组成部分,而且传输媒质的特性在很大程度上决定了通信系统的性能。对传输媒质的研究则成为研究信道一般特性的主要内容。

4.1.3　传输介质

传输介质是连接通信设备,为通信设备之间提供信息传输的物理通道,是信息传输的实际载体。从本质上讲,有线通信与无线通信中的信号传输,实际上都是电磁波在不同介质中的传播过程,在这一过程中对电磁波频谱的使用从根本上决定了通信过程的信息传输能力。理论上,任何频率的信号都可以用作通信。但实际上,我们仍然是根据业务要求、传播特性等因素来选择性的使用电磁波的频段。

很多介质都可以作为通信中使用的传输介质,但这些介质本身有着不同的属性,它们适用于不同的环境条件,同时通信业务本身也会对传输介质的使用提出不同的要求,因此在实际的应用中存在着多种多样的传输介质,以下是三类常见的传输介质。

(1)有线电缆　通信中常见的有线电缆包括非屏蔽双绞线、屏蔽双绞线和同轴电缆等。有线电缆的特点是成本低,安装简单;缺点是频谱有限,而且安装之后不便移动。电缆是有线通信中,特别是接入网络中最常见的传输介质。

(2)无线介质　无线介质在使用中可以划分为可见光、微波、紫外、红外等频段。使用无线介质的显著优点是建网快捷且移动性支持好,它的缺点是频谱宽度还要低于电缆,此外使用无线介质的成本有时要远高于使用有线介质。虽然存在着部分不经授权就可以使用的频段,如 340/433 MHz、2.4 GHz 等,但大多数无线频段是需要授权甚至是购买之后才可以使用的,如在目前的第三代移动通信网络建设中,很多网络运营商花费了数百亿美元来购买运营牌照,即购买相应频段的使用权,而最终这些成本都要由用户来承担。

(3)光纤　光纤也是一种有线介质,它可以提供高达 THz 级别的带宽,而且误码率非常低,但缺点是安装复杂,需要专业的人员和专业的设备。目前,骨干网络中主要应用光纤。表4-2 给出了不同通信技术对电磁波频谱的使用,以及不同电磁波频谱所对应的传输介质和典型应用。

表 4-2　各种通信技术对电磁波频谱的使用

频率范围	波 长	表示符号	传输介质	典型应用
3 Hz ~ 30 kHz	108 ~ 104 m	VLF	普通有线电缆、长波无线电	长波电台
30 ~ 300 kHz	104 ~ 103 m	LF	普通有线电缆、长波无线电缆	电话通信网中的用户线路、长波电台
300 kHz ~ 3 MHz	103 ~ 102 m	MF	同轴电缆、中波无线电	调幅广播电台
3 ~ 30 MHz	102 ~ 10 m	HF	同轴电缆、短波无线电	有线电视网中的用户线路
30 ~ 300 MHz	10 ~ 1 m	VHF	同轴电缆、米波无线电	调频广播电台
300 MHz ~ 3 GHz	100 ~ 10 cm	UHF	分米波无线电	公共移动通信 AMPS、GSM、CDMA
3 ~ 30 GHz	10 ~ 1 cm	SHF	厘米波无线电	无线局域网 802.11a/g、微波中继通信、卫星通信
30 ~ 300 GHz	10 ~ 1 cm	EHF	毫米波无线电	卫星通信、超宽带（UWB）通信
105 ~ 107 GHz	$3 \times 10^{-4} \sim 3 \times 10^{-6}$ m		光纤、可见光、红外光	光纤通信、短距红外通信

1. 传输介质的特性

（1）双绞线的特性

图 4-13　双 绞 线

优点：

①低成本，易于安装　相对于各种同轴电缆，双绞线是比较容易制作的，它的材料成本与安装成本也都比较低，这使得双绞线得到了广泛的应用。

②应用广泛　目前在世界范围内已经安装了大量的双绞线，绝大多数以太网线和用户电话线都是双绞线。这对于接入网的建设产生了巨大的影响，因为短时间内全部替换这些双绞线的可能性几乎是不存在的。

缺点：

①带宽有限　由于材料与本身结构的特点，双绞线的频带宽度是有限的。由四对双绞线组成的五类线，标识是"CAT5"，工作频率（带宽）为 100 MHz；超五类线，标识是"CAT5E"，带宽为 155 MHz；六类线，标识是"CAT6"，带宽为 250 MHz。

②信号传输距离短　双绞线的传输距离只能达到 1 000m 左右,这对于很多用场合的布线存在着比较大的限制,而且传输距离的增长还会伴随着传输性能的下降。

③抗干扰能力不强　双绞线对于外部干扰很敏感,特别是外来的电磁干扰,而且湿气、腐蚀以及相邻的其他电缆这些环境因素都会对双绞线产生干扰。在实际的布线中双绞线一般不应与电源线平行布置的,否则就会引入干扰,而且对于需要埋入建筑物的双绞线,还应套入其他防腐防潮的管材中,以消除湿气的影响。

(2)同轴电缆的特性

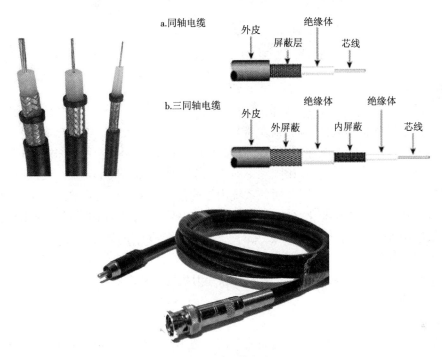

图 4-14　同轴电缆

①可用频带宽　同轴电缆可供传输的频谱宽度最高可达 GHz,比双绞线更适于提供视频或宽带接入业务,也可以采用调制和复用技术来支持多信道传输。同轴电缆的可用带宽取决于电缆长度,1 km 的电缆最高可以达到 1 ~ 2 Gbit/s 的数据传输速率,也可以使用更长的电缆,但是传输率就要降低或需要使用信号放大器。

②抗干扰能力强,误码率低,但这会受到屏蔽层接地质量的影响。

③性能价格比高　虽然同轴电缆的成本要高于双绞线,但是它也有着明显优于双绞线的传输性能,而且绝对成本并不很高,因此其性能价格比还是比较合适的。

④安装较复杂　双绞线和同轴电缆一样,线缆都是制作好的,我们使用时需要的是截取相应的长度并与相应的连接件(如 BNC、AUI 连接器)相连。在这一环节中,由于同轴电缆的铜导体较粗,因此一般需要通过焊接与连接件相连,安装比双绞线更为复杂。

(3)无线信道的特性

①频谱资源有限　虽然可供通信用的无线频谱从数十 MHz 到数十 GHz,但由于无线频谱在各个国家都是一种被严格管制使用的资源,因此对于某个特定的通信系统来说,频谱资源是非常有限的。然而目前移动用户处于快速增长中,因此必须精心设计移动通信技术,以便使用

收发同频F:155.050 MHz

搬移台 　　移动台 　　对讲机 　　对讲机

图 4-15 　无线信道

有限的频谱资源。

②传播环境复杂 　电磁波在无线信道中传播会存在多种传播机制,这会使得接收端的信号处于极不稳定的状态,接收信号的幅度、频率、相位等均可能处于不断变化之中。

③存在多种干扰 　电磁波在空气中的传播处于一个开放环境之中,而很多的工业设备或民用设备都会产生电磁波,这就对相同频率的有用信号的传播形成了干扰。此外,由于射频器件的非线性还会引入互调干扰,同一通信系统内不同信道间的隔离度不够还会引入邻道干扰。

④网络拓扑处于不断地变化之中 　无线通信产生的一个重要原因是可以使用户自由的移动。同一系统中处于不同位置的用户以及同一用户的移动行为,都会使得在同一移动通信系统中存在着不同的传播路径,并进一步会产生信号在不同传播路径之间的干扰。此外,近年来兴起的自组织(ad-hoc)网络,更是具有接收机和发射机同时移动的特点,也会对无线信道的研究产生新的影响。

(4)微波的特性

①工作频率高,可用带宽大 　微波通信系统一般工作在数 G 或数十 GHz 的频率上。被分配的带宽在数十 MHz 左右,这在无线通信中已是非常可观;一个第三代移动通信的运营商在单方向也仅被分配 5 MHz 的带宽。

②波长短,易于设计高增益的天线 　天线可以设计得比较复杂,增益可以达到数十分贝。

③受天电干扰小 　天电干扰、工业干扰和太阳黑子活动基本不影响微波频段。

④视距传播 　在微波通信的系统中必须保证电磁波传输路径的可视性,它无法像某些低频波那样沿着地球的曲面传播,也无法穿过建筑物,甚至树叶这样的物体也会显著的影响通信系统。在微波中继通信中还必须注意天线的指向性。

⑤容易受天气影响 　雷雨、空气凝结物等都会引导起反射、影响通信效果。

(5)光纤的特性

①传输频带宽 　更宽的带宽就意味着更大的通信容量和更强的业务能力,一根光纤的潜在带宽可达 T 比特级(1T = 1 024G)。目前,160Tbit/s 的密集波分复用(DWDM)设备在部分制造商的实验室已经试制成功。可以看出,通信媒质的通信容量大小不是由导线(媒质)本身的体积大小决定的,而是由它传输电磁波的频率高低来决定的,频率越高,带宽就越宽。

②传输距离长 　在一定线路上传输信号时,由于线路本身的原因,信号的强度会随距离增长而减弱,为了在接收端正确接收信号,就必须每隔一定距离加入中继器,进行信号的放大和

图 4-16　微　波

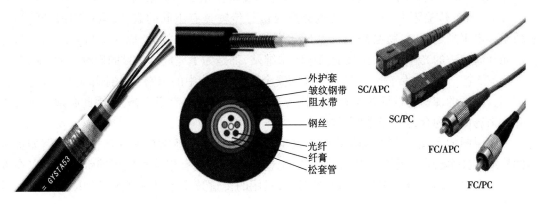

图 4-17　光　纤

再生。常用的同轴电缆的中继距离只有数千米,而光纤的传输损耗可低于 0.2 dB/km,理论上光纤的损耗极限可达 0.15 dB/km,目前已试制成功数千千米无需中继的光纤。

③抗电磁干扰能力强　一是由于光纤是绝缘体,不存在普通金属导线的电磁感应、耦合等现象;二是光纤中传输的信号频率非常高,一般干扰源的频率远低于这个值,因此光纤抗电磁干扰的能力非常强。此外,光纤对于湿气等环境因素也具有很强的抵抗能力,这一特性使它非常适用于沿海区域和越洋通信。

④保密性好　由于金属导线存在电磁感应现象,同时屏蔽不好导线本身就可以看做是一段天线,因此其保密性较差。而光纤本身的工作原理使得光波只在光纤内传波(即使在拐角很大处,也只有少量泄漏),如果再在表面涂装吸光剂,基本上就不会发生信号泄漏。这一特性使光纤被大规模地应用于军用通信,美英等先进国家的军用通信网基本上已经是全光通信网。

⑤节省大量有色金属　光纤制造的主要原料是二氧化硅,即砂子,这基本是取之不尽的,

而传统电缆需要使用大量的铜、铝等有色金属。

⑥体积小,质量轻 这个特点对于一些特殊应用领域具有重要的意义。例如在航空航天应用中,标准的 18 管同轴电缆重 11 kg,而同等容量的光纤重 90 g。如果能够在人造卫星上节省几十千克的质量,就有可能降低上几百万,甚至上千万美元的成本。

⑦需要经过额外的光/电转换过程 目前在通信网络中仍然是以电信号的形式进行对信息的处理,要使用光纤进行信息传输,就必须先把电信号转换为光线信号,接收时亦然。这一处理过程增加了额外的复杂程度。另外,光纤比铜线更难分接和接合。把铜线分接开来后加入一个组件相对来说比较容易,但要把玻璃光纤分接开来就必须使用特殊的工程设备。

2. 传输介质对设计传输技术的影响

传输介质只有被相应的传输技术所使用,才能够体现为可供上层业务使用的信道,由于传输介质是与传输技术紧密结合的,因此设计传输技术就必须考虑并充分利用传输介质本身固有的特点,以下分别说明传输介质的各种特征对设计传输技术的影响。

(1)带宽 也就是可供使用的频谱宽度。高带宽的传输介质就可以承载较高的比特率,例如光纤;如果传输介质的带宽会受到其他因素的影响而改变,那么还必须针对这些情况,设计不同的传输技术。

(2)误码率 高误码率的传输环境下,肯定会要求使用更为复杂、有效的检纠错技术。

(3)信号的传输距离 不同的传输介质对信号传输具有不同的衰减,当有用信号的强度衰减至一定水平之下时,就必须以某种形式进行信号的再生与放大,以保证接收端的正常工作。光纤通信中的光中继器,微波通信中的中继站,都是为了完成这一目的而设立的。

(4)安全 不同的传输介质是有不同的安全等级,通信中的加密和认证都是必不可少的,但不同复杂度的加密与认证技术在传输代价,时间代价等方面有很大差异,因此必须为各种传输介质来选用最为合适的安全保证技术。

需要说明的是,以上几方面的影响不是单独存在的,它们经常存在着互相作用,例如更可靠的检纠错技术会占用更多的比特位,因此也就会减少可供有用信号使用的带宽。所以在设计传输技术时必须综合考虑各种因素的影响,实用的传输技术常常是考虑各种因素影响的折中体现。

3. 传输介质的应用

(1)双绞线的应用

①ISDN 窄带 ISDN 中的基本速率接口(BRI)和基群速率接口(PRI)常使用双绞线作为传输介质。BRI:提供 2B + D(2 × 64kbit/s + 16kbit/s)共 144kbit/s 的接入速率;PRI:提供 30B + D(30 × 64kbit/s + 64kbit/s)的接入速率。

ISDN 用于接入网时常采用 BRI 接口,此时就可以直接利用原先的电话线路作为接入线路。

②xDSL 基于数字用户线路技术(DSL)存在着多种接入网络的解决方案,如 ADSL、SD-SL、VDSL 等,它们共同的特点是通过使用调制和编码技术在双绞线上实现了数字传输,达到了较高的接入速率。但这些 DSL 技术又在通信距离、是否对称传输、最高速率、使用双绞线对数等很多方面存在着不同。根据本地网络状况、带宽需求、用户使用习惯等不同,它们有着不同的应用场合。目前在我国,非对称数字用户线路(ADSL)技术被大规模的用于接入网络建设中。在我国的电话网络中,特别是公共电话网络用户线路的布线中还存在着大量的平行线,

在电话通信中使用平行线代替双绞线的影响不大,但当利用这样的接入线路作 ADSL 接入时,就会产生较大的影响。ADSL 下行的最大速率可以达到 8 Mbit/s,而采用平行线替代了双绞线一般只能达数百 kbit/s 的下行速率。

③以太网　目前十兆/百兆/千兆以太网的主要传输介质都是双绞线,这其中,十兆/百兆以太网使用了 2 对双绞线,千兆以太网使用了 4 对双绞线,一般的以太网线都包含 4 对双绞线。部分以太网线也采用平行线或同轴电缆作为传输介质。

(2)同轴电缆的应用

①局域网　目前仍有相当数量的以太网采用同轴电缆作为传输介质,当用于十兆以太网时,传输距离可以到 1 000 m。很多生产年份较早的网卡均同时提供连接同轴电缆和双绞线的两种接口。10BASE - 5 使用粗同轴电缆,最大网段长度为 500 m,使用 BNC 连接器与工作站连接,10BASE - 2 使用细同轴电缆,最大网段长度为 185 m,使用 AUI 连接器和外收发器与工作站连接。

② 局间中继线路　同轴电缆也被广泛地用于电话通信网中局端设备之间的连接,特别是作为 PCM E1 链路的传输介质。

③(CATV)系统的信号线　直接与用户电视机相连的电视电缆多是采用同轴电缆。这一电缆一般既可以用于模拟传输,也可以用于数字传输。在传输电视信号时一般是利用调制和频分复用技术将声音和视频信号在不同的信道上分别传送。

④射频信号线　同轴电缆也经常在通信设备中被用作射频信号线,例如基站设备中功率放大器与天线之间的连接线。相对于用做基带信号传输的同轴电缆(如以太网线),用于射频信号传输的同轴电缆对于屏蔽层接地的要求更为严格。

(3)无线信道的应用

无线信道是基站天线与用户天线之间的传播路径。天线感应电流而产生电磁振荡并辐射出电磁波,这些电磁波在自由空间或空中传播,最后被接收天线所感应并产生感应电流。

①室内传播模型　室内传播模型的主要特点是覆盖范围小,环境变动较大,不受气候影响,但受建筑材料影响大。典型模型包括对数距离路径损耗模型、Ericsson 多重断点模型等。

② 室外宏蜂窝模型　是基站天线架设较高、覆盖范围较大时所使用的一类模型。实际使用中一般是几种宏蜂窝模型结合使用来完成网络规划。

③ 室外微蜂窝模型　当基站天线的架设高度在 3 ~ 6 m 时,多使用室外微蜂窝模型。

(4)微波的应用

在当今世界的通信技术中,微波通信仍然具有独特而重要的地位。

①微波中继通信　微波中继通信系统一般包含终端站和中继站两大类设备。它的站与站之间要求具有视距传播条件,通过高度指向性天线来完成相互通信,如图 4 - 18 所示。中继站上的天线依次将信号传递给相邻的站点,这种传递不断持续下去就可以实现视线被地表切断的两个站点间的传输。由于这些站都是固定设置的,因此上述这些条件可以最大限度地保证通信的有限距离和信号质量,微波中继通信常用于电话通信网的补充,也用于在较长的距离上以中继接力的方式传输电视信号,主要是作为有线通信线路的补充,在难于铺设有线电缆或一些临时性应用的场合替代有线通信。

②多点分配业务(MDS)　这实际上是一种固定无线接入技术,它包括由运营商设置的主站和位于用户处的子站,可以提供数十 MHz 甚至数 GHz 的带宽,这些带宽由所有的用户共享。

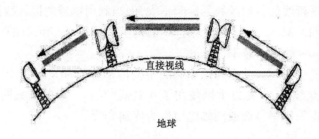

直接视线

地球

▬▬▬　两个地面站之间的直接视线传输

图 4-18　微波中继通信系统

MDS 系统主要为个人用户、宽带小区和写字楼等设施提供无线宽带接入,它的特点是建网迅速,但资源分配不够灵活。MDS 包括覆盖范围较大的多信道多点分配业务(MMDS)和覆盖范围较小、但提供带宽更为充足的本地多点分配业务(LMDS),如图 4-19 所示。MMDS 和 LMDS 的系统构成相似,一般包括基站、远端站和网管系统,其中基站和远端站又分为室内单元(IDU)和室外单元(ODU)部分。IDU 是与提供业务相关的部分,如业务的适配和汇聚、分发; ODU 提供基站和远端站之间的射频传输功能。MMDS 和 LMDS 的实现技术也非常相似,都是通过无线调制与复用技术实现宽带业务的点对多点接入。二者主要区别在于工作的频段不同以及由此带来的可承载带宽和无线传输特性的不同。

　　MMDS/LMDS 不同于传统的点到点微波传输和 GSM 移动通信系统,它采用蜂窝的形式,通过多扇区覆盖向所需地区提供业务服务,一个中心站可以根据系统容量和具体业务需求下带多个远端站,中心站与远端站之间的通信,下行大多使用 TDM 方式,上行采用 FDMA 或 TD-MA 方式,一个扇区可以提供多个载频,目前大多数产品可提供 4 个 90°扇区的覆盖,部分产品甚至可提供 24 个 15°扇区覆盖。同时,因其远端站是固定的,MMDS/LMDS 系统无需跨区切换和位置更新,这明显不同于 GSM 系统。MMDS 系统的带宽较为有限,总容量仅为 200 MHz;而 LMDS 的传输带宽甚至可以与光纤相比拟,实现无线"光纤"到楼,可用频率至少为 1 GHz,与其他接入技术相比,LMDS 是最后 1000 m 光纤的灵活替代技术,单一用户传输速率最高可达 155Mbit/s;MMDS/LMDS 可以承载的业务包括话音业务,如 POTS、ISDN 或 E1;专线业务,如 E1、N×64k、30B+D、V.35、X.21 等高速数据业务。

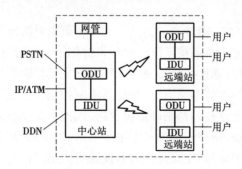

图 4-19　多点分配业务系统

　　③无线局域网　　无线局域网 WLAN(Wireless LAN)是利用无线通信技术在一定的局部范

围内建立的网络,它以无线多址信道作为传输媒介,提供传统有线局域网 LAN 的功能。WLAN 作为有线局域网络的延伸,为局部范围内提供了高速移动计算的条件。随着应用的进一步发展,WLAN 正逐渐从传统意义上的局域网技术发展成为"公共无线局域网",成为 Internet 宽带接入手段。

④第四代移动通信系统　未来的移动通信系统要求达到数百 MHz 的带宽,这在频谱资源十分紧张的 800MHz、900MHz、2GHz 等频段是难以想象的,因此一个可行的解决方案即是使用目前频谱资源相对宽松的微波频段,特别是频率较高的微波频段。但由于微波频段的衰减较大,而且在非视距传播时的性能较差,因此这还是一个有待于进一步研究的难点。

⑤卫星通信　在卫星通信中使用的频谱资源主要有以下几个波段。

• C 波段　上行链路工作于 6 GHz,下行链路工作于 4 GHz,C 波段对于天气的适应性较好,但 C 波段的工作频率被地面微波系统所共享;

• Ku 波段　上行链路工作于 14 GHz,下行链路工作于 11 GHz,它的频段并没有被其他系统所使用,能够提供一定的终端移动性支持,但更容易受到天气因素的干扰;

• Ka 波段　上行链路工作于 30 GHz,下行链路工作于 20 GHz,可以提供更宽的频谱供使用,Ka 波段最容易受到天气因素(如雨衰)的影响;

• L 波段　工作于 390 ~ 1 550MHz,受天气影响最小,但可提供的频带宽度不足。

(5)光纤的应用

多用在高速大容量场所,光纤通信是以光波为载频,光导纤维为传输媒介的一种通信方式。光纤通信一般在发送方对信息的数字编码进行强度调制,在接收端以直接检波的方式来完成光/电变换。分为单模光纤(Single Mode Fiber)和多模光纤(Multi Mode Fiber)。光以一特定的入射角度射入光纤,在光纤和包层间发生全发射,从而可以在光纤中传播,即称为一个模式。当光纤直径较大时,可以允许光以多个入射角射入并传播,此时就称为多模光纤;当直径较小时,只允许一个方向的光通过,就称单模光纤。由于多模光纤会产生干扰、干涉等复杂问题,因此在带宽、容量上均不如单模光纤。实际通信中应用的光纤绝大多数是单模光纤。

光纤通信系统的发展,可分为四代,第一代以 1973 ~ 1976 年的 0.85 μm 多模光纤通信系统为代表,传输速率为每秒几十兆比特,中继距离约 10 km 左右;第二代是 70 年代末、80 年代初的多模和单模光纤通信系统,工作波长为 1.31 μm,传输速率是 140 Mbit/s,中继距离约为 20 ~ 50 km;第三代指 80 年代中期以后的长波长单模光纤通信系统,其工作波长为 1.31 μm,传输距离约为 50 km;第四代指 90 年代以后向的同步数字体系光纤传输网络,传输速率可达 2.5 Gbit/s,中继距离为 80 km 左右,在此传输网络中,开始采用光纤放大器以及光波复用技术。

石英光纤具有选择特性,对特定波长的光波的传输损耗要明显小于其他波长的光波,这些特定的波长就是光纤的工作窗口。在光纤通信中,决定中继距离的主要因素是光纤的损耗和传输带宽。通常,用光在光纤中传输时每单位长度上的衰减量来表示光纤的损耗,单位为 dB/km。

①0.8 ~ 0.9 μm,最低损耗 2.5 dB/km,采用石英多模光纤,主要应用于近距通信,目前在传输网中已很少使用。

②1.31 μm,最低损耗 0.27 dB/km,采用石英单模光纤,目前已获得大规模应用。

③1.55 μm,最低损耗 0.16 dB/km,采用石英单模适当色散光纤。目前主要用于长距离传输系统,如跨海光缆等。

4.1.4　传输干扰

信号通过信道进行传输,由于信道自身特点和外界环境干扰源的影响,信道不可避免地会给所传输的信号造成衰减、干扰,严重甚至会使信号失真,信息丢失。

1. 干扰源

对通信系统的干扰是多种多样的,一般常见的加性干扰如下:

(1)电路的热噪声　是电阻一类导体中自由电子的布朗运动引起的噪声;

(2)散弹噪声　由真空电子管和半导体器件中电子发射的不均匀性引起的;

(3)宇宙噪声　指天体辐射波对通信系统形成的噪声;

(4)物体热辐射噪声　由物体热辐射激起;

(5)天电噪声　由大气层中电荷放电所激起,呈脉冲状;

(6)工业噪声　来自电气设备的电辐射,如电火花干扰、荧光灯干扰等;

(7)电台噪声　来源于无关的其他电台的电信号辐射;

(8)接收机内部所产生的各类干扰　如交流哼声、组合音、微音效应、振荡器相位抖动引起的噪声以及各种杂散干扰等。

加性干扰按其特性有以下三种类型:

(1)正弦干扰　波形是连续的,并接近于正弦振荡,电台干扰为其典型代表;

(2)脉冲干扰　它是离散的,呈脉冲状,天电干扰和工业电火花干扰是其典型代表;

(3)起伏干扰　它是连续的,不断地作随机起伏,比较典型的代表是热噪声和散弹噪声等。

2. 通信系统抗干扰的基本方法

通信系统的抗干扰技术已经成为一门专门的学科,对通信技术的研究,往往也就是抗干扰技术的研究。抗干扰的方法一般有以下几种:

(1)增大发射信号的功率,提高接收端的输入信号电平;

(2)利用定向天线进行空间选择;

(3)利用窄带滤波器进行频率选择;

(4)利用相关器进行波形选择;

(5)改善调制和解调的方法;

(6)采用纠错和检错技术进行差错控制。

以上都是最基本的方式,大多数通信系统都会采用。

4.1.5　传输信道的容量

单位时间内信道上所能传输的最大信息量称为信道容量。通常把信道分为两大类,即模拟信道(或连续信道)和数字信道(或离散信道)。二者的信道模型是不一样的,离散信道的模型用转移概率来表示,连续信道的模型用时变线性网络来表示。

(1)模拟信道的信道容量

香农在1948年发表的《通信的数学理论》一文中提出了著名的香农信道容量公式。假设干扰是与信号独立的加性白色高斯噪声,噪声功率为$N(W)$,信号功率为$S(W)$,信道的带宽为$B(Hz)$,那么信道的信道容量为

$$C = B \log_2 \left(1 + \frac{S}{N} \right) \ (\text{bit/s}) \tag{4-5}$$

简称为香农公式。

香农公式告诉了我们以下几个结论：

①要增加信道容量可以提高信号与噪声功率之比。

②无干扰信道容量为无穷大，即当噪声功率 $N \to 0$ 时，信道容量 $C \to \infty$。

③当噪声为白色高斯噪声（$N = Bn_0$）时，随着 B 的增大，信道容量 C 趋于某一极限值，即

$$\lim_{B \to \infty} C = \lim_{B \to \infty} B \log_2 \left(1 + \frac{S}{n_0 B} \right) = \frac{S}{n_0} \lim_{B \to \infty} \frac{n_0 B}{S} \log_2 \left(1 + \frac{S}{n_0 B} \right) = \frac{S}{n_0} \log_2 e = 1.44 \frac{S}{n_0} \tag{4-6}$$

其原因是当 B 增大时，$N = Bn_0$ 也随之增大，因此无限增大信道带宽时，信道容量则是有限的。

④当信道容量一定时，带宽 B 与信噪比 S/N 之间可以相互转换。

由香农公式可以看出，一个连续信道的信道容量由 B、n_0、S 这"三要素"决定。

（2）数字信道的信道容量

对于存在噪声的数字信道必然会有差错，输入与输出之间不存在一一对应的关系，它们之间成为随机对应的关系，具有一定的统计关联，并且反映在信道的条件概率上，因此一般用信道的条件概率来描述信道的干扰和信道的统计特性。

首先我们定义信息传输速率为信道在单位时间内所传输的平均信息量，用 R 表示，即

$$R = H_t(x) - H_t(x/y) \tag{4-7}$$

式中 $H_t(x)$ 为单位时间内信息源发出的平均信息量，称为信息源的信息速率；$H_t(x/y)$ 为单位时间内对发送 z 而收到 y 的条件平均信息量。

一个信道的传输能力应该以这个信道传输信息速率的最大值来量度，因此我们可以这样定义信道容量，即对于一切可能的信息源概率分布来说，信道传输信息的速率 R 的最大值称为信道容量，用 C 表示，则

$$C = \max_{\{P(x)\}} R = \max_{\{P(x)\}} \left[H_t(x) - H_t(x/y) \right] \tag{4-8}$$

式中 max 表示对所有可能的输入概率分布来说的最大值。

4.1.6　传输性能度量

通信系统的优劣必须有一套度量的方法，使用这套度量方法对整个系统进行综合评估，反映出通信系统在通信的有效性、可靠性、适应性、标准性和经济性等方面的质量水平，显然度量通信系统的性能是一个非常复杂的问题。但是，从研究信息的传输来说，通信的有效性和可靠性最为重要。

所谓有效性是指传输一定的信息量所消耗的信道资源的多少，信道的资源包括信道的带宽和时间，而可靠性则是指传输信息的准确程度。此二者是度量通信系统性能最基本的指标。

有效性和可靠性始终是矛盾着的。在一定可靠性指标下，尽量提高消息的传输速率；或在一定有效性条件下，使消息的传输质量尽可能提高。根据香农公式我们可以知道在信道容量一定时，可靠性和有效性之间可以彼此互换。

由于模拟通信系统和数字通信系统之间的区别，二者对可靠性和有效性的要求也有很大的差别，其度量的方法也不一样。

1. 模拟通信系统的性能度量

（1）有效性　模拟通信系统的有效性用有效带宽来度量。同样的消息采用不同的调制方式，则需要不同的频带宽度。频带宽度占用的越窄，效率越高，有效性越好。

（2）可靠性　模拟通信系统的可靠性一般用接收设备输出的信噪比来度量，信噪比越大，通信质量越高，可靠性越好。信噪比是信号功率与传输中引入的噪声功率之比，不同的系统在同样的信道条件下所得到的信噪比是不同的。

2. 数字通信系统的性能度量

在数字通信中，用传输信息的速率来衡量有效性，用差错率来衡量可靠性。

（1）传输速率

携带有一定信息量的码元组成数字信号。定义单位时间传输的码元个数为码元速率 R_s，单位为码元/秒，称为波特（baud），简记为 Bd，有时也称为波特率。定义单位时间传输的信息量为信息速率 R_b，单位 bit/s（比特/秒），又称为比特率。

对于二进制数字信号来说一个码元的信息量为 1 bit，而 M 进制数字信号一个码元的信息量则为 $\log_2 M$ bit，因此码元速率 R_S 和信息速率 R_b 之间的关系为

$$R_b = R_S \log_2 M \ (\text{bit/s}) \tag{4-9}$$

$$R_S = \frac{R_b}{\log_2 M} \ (\text{baud}) \tag{4-10}$$

二进制的码元速率和信息速率在数量上相等，有时称它们为数码率。

数字信号的传输带宽 B 取决于码元速率 R_S，而码元速率与信息速率 R_b 有着确定的关系。定义频率利用率为

$$\eta_b = \frac{R_b}{B} \tag{4-11}$$

其物理意义为单位频带所能够传输的信息速率，单位为 bit/（s·Hz）。

（2）差错率

定义误比特率为

$$P_b = \frac{错误比特数}{传输总比特数} \tag{4-12}$$

有时也称为误信率。

定义误码元率为

$$P_s = \frac{错误码元}{传输总码元数} \tag{4-13}$$

有时也称为误码率。

对于二进制数字信号来说，有 $P_b = P_s$，即误信率和误码率相同。差错率越小，通信的可靠性越高。

4.1.7　调制技术

1. 调制技术的概念

调制是通信中一个十分重要的概念，是一种信号处理技术。由于从消息变换过来的原始信号具有频率较低的频谱分量，这种信号在许多信道中不适宜直接进行传输，因此在通信系统

的发送端常需要有调制过程,而在接收端则需要有反调制过程,即解调过程。

所谓调制,就是按原始信号的变化规律去改变载波信号的某些参数的过程。调制过程的目的是把输入信号变换为适合于通过信道传输的波形。而载波就是一种用来搭载原始信号的高频周期信号,它本身不含任何有用信息。比方说,要把货物运到千里之外,我们必须使用汽车、火车或飞机等运载工具,在这里调制信号相当于货物,载波相当于运载工具,调制相当于把货物装到运载工具上,解调相当于从运载工具上卸下货物。

从功能上看,调制技术主要实现了以下三个功能:

(1)频率变换　将基带调制信号变换成适合在信道中传输的已调信号,如为了利用无线传输方式,将 0.3~3.4 kHz 有效带宽内的语音信号调制到高频段上去。

(2)实现信道的多路复用　通过调制可以将多路信号互不干扰的安排在同一物理信道中传输。

(3)提高抗干扰性　利用信号带宽和信噪比的互换性,提高通信系统的抗干扰性。

调制系统的模型如图 4-20 所示。

图中 $m(t)$ 为源信号,也称作原始信号、基带信号,通常用于调制载波的幅度、频率、相位等,源信号可以是连续的模拟信号,也可以是离散的数字信号;$C(t)$ 为载波信号,可分为两类:用连续信号作为载波、用脉冲串或一组数字信号作为载波;$S(t)$ 为已调信号,也称作调制信号,是源信号和载波信号通过调制器调制而成的信号,可能是调幅信号,也可能是调频或调相信号等。

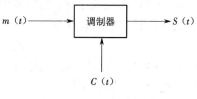

图 4-20　调制系统模型

2. 调制技术的分类

(1)按源信号的不同

①模拟调制　是连续信号;

②数字调制　是离散信号。

(2)按载波信号不同

①连续波调制　是连续信号,如正弦信号;

②脉冲调制　是脉冲信号,如周期矩形脉冲序列。

(3)按调制器的功能

①幅度调制　用源信号改变载波信号的幅度,如调幅(AM)、双边带(DSB)、单边带(SSB)、残留边带(VSB)、幅移键控(ASK);

②频率调制　用源信号改变载波信号的频率,如调频(FM)、频移键控(FSK);

③相位调制　用源信号改变载波信号的相位,如调相(PM)、相移键控(PSK)。

频率调制与相位调制均属于角度调制技术。

(4)按调制器传输函数的性质

①线性调制　从频谱上说,已调信号的频谱是源信号频谱的平移,调制前、后的频谱呈线性搬移关系,幅度调制属于线性调制,是载波的幅度随基带信号成比例变化。

②非线性调制　无上述关系,且调制后的频谱产生许多新成分,角度调制属于非线性调制,是载波的频率或相位随基带信号成比例变化,已调信号的频谱不再保持原来基带频谱的结构,而产生新的频谱分量。

4.2 模拟信号的调制传输

当源信号是模拟信号且被改变的载波信号的参数也是连续变量时,即称为模拟调制。常见的模拟调制技术包括幅度调制、频率调制、相位调制,以及将以上调制方法结合的复合调制技术和多级调制技术。

4.2.1 幅度调制(AM)

1.幅度调制原理

(1)幅度调制的时域特征

幅度调制是正弦载波信号的幅度随调制信号做线形变化的过程。设正弦载波信号为

$$C(t) = A\cos(\omega_c t + \varphi_0) \tag{4-14}$$

式中 ω_c 为载波的角频率; φ_0 为载波的初始相位; A 为载波的幅度。

幅度调制信号一般表示为

$$S_m(t) = Am(t)\cos(\omega_c t + \varphi_0) \tag{4-15}$$

式中 $m(t)$ 为基带信号。可见,幅度调制信号的波形随基带信号变化而正比的变化。这一过程的信号波形变化如图 4-21 所示。

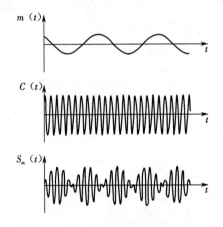

图 4-21　幅度调制过程中的时域波形变化

由波形可以看出,基带信号的包络与调制信号波形相同,因此用包络检波法很容易恢复出原始调制信号。

(2)幅度调制的频域特征

设基带信号 $m(t)$ 的频谱为 $M(\omega)$,则可以得到已调信号 $S_m(t)$ 的频谱 $S_m(\omega)$ 为

$$S(\omega) = F[S_m(t)] = \frac{A}{2}[M(\omega - \omega_c) + M(\omega + \omega_c)] \tag{4-16}$$

可见,幅度调制信号的频谱是基带信号频谱在频域内的简单搬移。这一过程的频谱变化如图 4-22 所示。

从频谱上看,频谱由载频分量和上、下对称的两个边带组成,因此信号是带有载波的双边带信号,它的带宽是基带信号带宽 f_H 的两倍,即

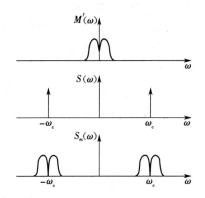

图 4-22　幅度调制过程中的频域波形变化

$$BAM = 2f_H$$

（3）幅度调制的一般模型

幅度调制器的一般模型如图 4-23 所示。

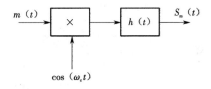

它由一个相乘器和一个冲激响应的带通滤波器组成。此时输出信号的频域表达式为

$$S_m(t) = \frac{1}{2} \big[M(\omega - \omega_c) + M(\omega + \omega_c) \big] H(\omega)$$

$$(4\text{-}17)$$

图 4-23　幅度调制器模型

可见，通过适当的选取冲激响应 $h(t)$，便可以为输出信号选择保留不同的边带信号，即得到各种幅度调制信号，如双边带信号、单边带信号、残留边带信号等。

2. 双边带信号（DSB）

如果输入的基带信号没有直流分量，且 $h(t)$ 是理想带通滤波器，则得到的输出信号就是无载波分量的双边带幅度调制信号。

3. 调幅信号（AM）

如果输入信号带有直流分量，即 $m(t)$ 可以表示为

$$m(t) = m_0 + m'(t) \tag{4-18}$$

式中 m_0 是直流分量；$m(t)$ 是交流分量，则得到的输出信号即是带有载波分量的双边带信号。如果满足 $m_0 > |m'(t)|_{\max}$，则称该信号为调幅信号，其时域和频域表达式分别为

$$m(t) = \big[m_0 + m'(t) \big] \cos \omega_c t = m_0 \cos \omega_c t + m'(t) \cos \omega_c t$$

$$S_m(\omega) = \pi m_0 \big[\delta(\omega - \omega_c) + \delta(\omega + \omega_c) \big] + \frac{1}{2} \big[M'(\omega - \omega_c) + M'(\omega + \omega_c) \big] \tag{4-19}$$

若 $m(t)$ 为随机信号，则已调信号的频域表示式必须用功率谱描述。

调制器模型如图 4-24 所示。

AM 信号的波形和频谱如图 4-25 所示。

由波形可以看出，当满足条件 $|m(t)| \leq A_0$ 时，其包络与调制信号波形相同，因此用包络检波法很容易恢复出原始调制信号，否则出现"过调幅"现象，这时用包络检波将发生失真。但是，可以采用其他的解调方法，如同步检波。

从频谱上看,AM 的频谱由载频分量和上、下对称的两个边带组成,因此 AM 信号是带有载波的双边带信号,它的带宽是基带信号带宽 f_H 的两倍,即 $\text{BAM} = 2f_H$。由于载波分量(±ω_c 处的两个冲激)不携带信息,为了节省功率,可将载波抑制演变为抑制载波双边带信号,简称双边带信号,其频谱波形如图 4-26

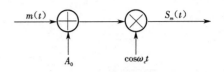

图 4-24　AM 调制器模型

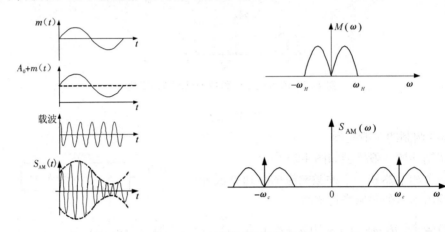

图 4-25　AM 信号的波形和频谱

所示。

4. 单边带信号(SSB)

双边带信号包含两个完全相同的边带,即上、下边带,由于这两个边带信号包含完全相同的信息,因此为节省传输带宽,完全可以只传输一个边带信号,这就是单边带调制信号。单边带信号可以

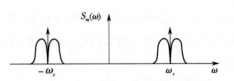

图 4-26　调幅信号频谱波形

由双边带信号通过理想带通滤波器而获得,包括上边带信号和下边带信号两种类型。图 4-27 说明了单边带信号的产生过程中的频谱波形变化。

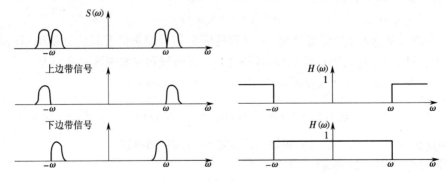

图 4-27　单边带信号的调制过程

5. 残留边带信号(VSB)

残留边带调制是介于双边带与单边带信号之间的一种线形调制,它既克服了双边带信号占用频带过宽的缺点,也解决了难以获得理想带通滤波器造成的单边带信号实现上的困难。在残留边带调制中,一个边带的信号大部分被抑制、保留了一小部分;而另一个边带的信号仅被抑制一小部分、大部分被保留,通过滤波器的特性保证两个边带信号的保留部分能够合并为一个完整的边带,以保证信号的完整性。显然,产生残留边带信号不需要十分陡峭的滤波器特性,因此比单边带信号更易于实现。

6. 幅度调制的解调

(1)包络检波解调　包络检波器的组成如下图所示,其基本原理是用电容器的充放电过程来跟踪输入的已调信号包络的变化。当输入信号的正向周期时,二极管导通,电容 C 充电;当输入信号的负向周期时,二极管截止,电容 C 放电;当下一个正向周期到来时,电容 C 再次被充电。经过包络检波器后的输出中包含直流分

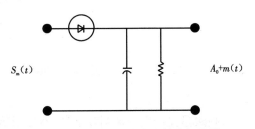

图 4-28　调幅信号的包络检波解调器

量,隔掉直流后,即可恢复出基带信号。包络检波器的设计需要注意合理选择 RC 时间常数,防止拖尾现象,也可以再加一级低通滤波器,将包络锯齿滤去。图 4-28 所示为调幅信号的包络检波解调器示意图。

(2)相干解调　调幅信号的相干解调,就是在接收端用一个与发送载波同频同相的本地载波与接收到的已调信号相乘。相干解调器的结构如图 4-29 所示。

以双边带信号为例,与同频同相相干载波相乘后,时域表达式为

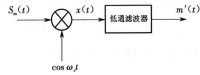

图 4-29　调幅信号的相干解调器

$$x(t) = S_m \cos \omega_c t = m(t)\cos^2 \omega_c t = \frac{1}{2}m(t) + \frac{1}{2}m(t)\cos(2\omega_c t) \tag{4-20}$$

经过低通滤波器,滤掉高频成分为

$$m'(t) = \frac{1}{2}m(t) \tag{4-21}$$

上述过程的频域波形如图 4-30 所示。

4.2.2　频率调制(FM)

1. 调制原理

频率调制是已调信号的瞬时角频率受基带信号的控制而改变的调制过程,调频信号的瞬时频率与基带信号呈线性关系。

2. 调频信号的产生

产生调频信号的方法很多,用得最多的就是直接调频法,另外还有一种也较常用的方法是倍频法。

直接调频法就是用调制信号直接改变振荡器参数,这样可以保证输出信号的瞬时频率与调制信号之间的线性关系。它的优点是电路简单,频偏值的范围很大。缺点是容易产生频率

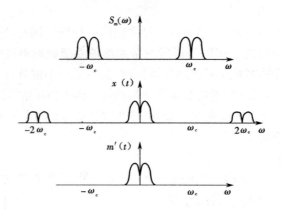

图4-30 调幅信号相干解调的频域波形变化

漂移。

倍频法是先产生窄带调频信号,然后用倍频和混频的方法得到宽带的调频信号。这种方法可以得到较高的频率稳定度,但电路较复杂。

3. 频率调制的时域特征

调频信号的瞬时角频率可以表示为

$$\omega_{FM}(t) = \omega_c + K_f m(t) \tag{4-22}$$

式中 K_f 为频偏常数(调制常数),表示调频器的调制灵敏度,单位为 $rad/(V \cdot s)$,此时

$$\theta_{FM}(t) = \int \omega_{FM}(t)\,dt = \omega_c t + K_f \int m(t)\,dt \tag{4-23}$$

调频信号的时域表达式为

$$S_{FM}(t) = A\cos\left[\omega_c t + K_f \int m(t)\,dt\right] \tag{4-24}$$

设 $m(t) = A_m \cos \omega_m t$,则

$$S_{FM}(t) = A\cos\left[\omega_c t + \frac{K_f A_m}{\omega_m}\sin \omega_m t\right] \tag{4-25}$$

$S_{FM}(t)$ 的时域波形如图4-31所示。

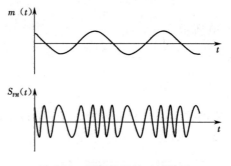

图4-31 调频信号的时域波形

4. 调频信号的解调

调频信号的解调方法也有非相干解调和相干解调两种。

（1）非相干解调 一般采用具有线性频率–电压转换特性的鉴频器，对调频信号直接进行解调。鉴频器的组成如图 4-32 所示。

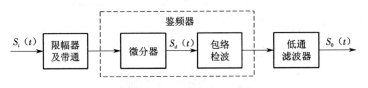

图 4-32 鉴频器的组成

用鉴频器解调的过程是用微分器将调频信号变换成调幅调频信号，再用包络检波器得到其包络。其缺点是对调频波的寄生调幅也有输出。在使用中，常在微分器的前面增加一个限幅器和带通滤波器来克服这一缺点。

（2）相干解调 只能用于调频信号的带宽较窄的情况，因为只有频带较窄的调频信号才能分解为同相分量和正交分量之和。相干解调器的组成如图 4-33 所示。

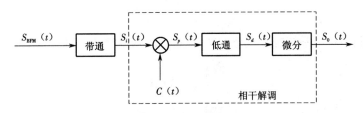

图 4-33 相干解调器的组成

这种方法与幅度调制时的相干解调一样，需要本地载波与发送端载波同频同相。

4.2.3 相位调制（PM）

1. 调制原理

相位调制是已调信号的瞬时相位受基带信号的控制而改变的调制过程，调相信号的幅度和角频率相对于载波保持不变，而瞬时相位偏移是基带信号的线性函数。

2. 相位调制的时域特征

调相信号的瞬时相位偏移可表示为

$$\varphi(t) = K_p m(t) \tag{4-26}$$

式中 K_p 称为相移常数（调制常数），表示调相器的灵敏度，单位为 rad/V，此时调相信号的时域表达式为

$$S_{PM}(t) = A\cos\left[\omega_c t + K_p m(t)\right] \tag{4-27}$$

调相信号的瞬时相位为

$$\theta_{PM}(t) = \omega_c t + K_p m(t) \tag{4-28}$$

设 $m(t) = A_m \cos \omega_m t$，$S_{PM}(t)$ 的时域波形如图 4-34 所示。

4.2.4 各种模拟调制系统的比较

为了对各种模拟调制系统进行比较，这里假设所有系统在接收机输入端具有相等的信号功率，加性噪声是均值为 0、双边功率谱密度为 $n_0/2$ 的高斯白噪声，且调制信号 $m(t)$ 在所有系

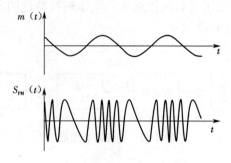

图 4-34 调相信号的时域波形

统中都有

$$\overline{m(t)} = 0$$
$$\overline{m^2(t)} = \frac{1}{2}$$
$$|m(t)|_{\max} = 1$$

(4-29)

同时,所有的调制与解调系统都具理想的特性,则各系统的输出信噪比为

$$\left(\frac{S_0}{N_0}\right)_{\text{DSB}} = \left(\frac{S_i}{n_0 B_b}\right)$$

(4-30)

$$\left(\frac{S_0}{N_0}\right)_{\text{SSB}} = \left(\frac{S_i}{n_0 B_b}\right)$$

(4-31)

$$\left(\frac{S_0}{N_0}\right)_{\text{AM}} = \frac{1}{3}\left(\frac{S_i}{n_0 B_b}\right)$$

(4-32)

$$\left(\frac{S_0}{N_0}\right)_{\text{FM}} = \frac{3}{2}\beta_F^2\left(\frac{S_i}{n_0 B_b}\right)$$

(4-33)

式中 B_b 为调制信号的带宽,一般称为基带宽度。

　　显然当信噪比较高时,FM 方式的优点最为突出。实际当中选用哪种调制方式,不仅与其性能有关,而且与系统带宽、直流响应、设备的复杂程度等方面的因素有很大的关系。表 4-3 对各种模拟调制系统的各个方面进行了简单的比较。

表 4-3　模拟调制系统的比较

调制方式	传输带宽	直流响应	设备复杂性	主　要　应　用
DSB	$2B_b$	有	中等:要求相干解调,常与 DSB 信号一起传输一个小导频	模拟数据传输;低带宽信号多路复用系统
AM	$2B_b$	无	较小:调制与解调(包络检波)简单	无线电广播
SSB	B_b	无	较大:要求相干解调,调制器也较复杂	话音通信,话音频分多路通信
VSB	略大于 B_b	有	较大:要求相干解调,调制器需要对称滤波	数据传输;宽带(电视)系统
FM	$2(m_f+1)B_b$	有	中等:调制器有点复杂,解调器较简单	数据传输,无线电广播,微波中继

4.3 数字信号的基带传输

4.3.1 数字基带传输概述

1. 数字基带传输系统

来自数据终端的原始数据信号,如计算机输出的二进制序列、电传机输出的代码(或者是来自模拟信号经数字化处理后的 PCM 码组)、ΔM 序列等等都是数字信号。这些信号往往包含丰富的低频分量,甚至直流分量,因而称之为数字基带信号。在某些具有低通特性的有线信道中,特别是传输距离不太远的情况下,数字基带信号可以直接传输,我们称之为数字基带传输。

目前,虽然在实际应用场合,数字基带传输不如频带传输的应用那样广泛,但对于基带传输系统的研究仍是十分有意义的。一是因为在利用对称电缆构成的近距离数据通信系统广泛采用了这种传输方式,例如以太网;二是因为数字基带传输中包含频带传输的许多基本问题,也就是说,基带传输系统的许多问题也是频带传输系统必须考虑的问题,例如传输过程中的码型设计与波形设计;三是因为任何一个采用线性调制的频带传输系统均可以等效为基带传输系统来研究。

2. 数字基带传输系统的基本组成

数字基带传输系统的基本结构如图 4-35 所示。它主要由编码器、信道发送滤波器、信道、接收滤波器、抽样判决器和解码器组成。此外为了保证系统可靠有序地工作,还应有同步系统。

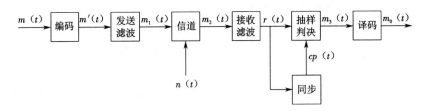

图 4-35 数字基带传输系统

图中各部分的功能:

(1)编码器 将信源或信源编码输出的码型(通常为单极性不归零码 NRZ)变为适合于信道传输的码型;

(2)信道发送滤波器 将编码之后的基带信号变换成适合于信道传输的基带信号,这种变换主要是通过波形变换来实现的,其目的是使信号波形与信道匹配,便于传输,减小码间串扰,利于同步提取和抽样判决;

(3)信道 它是允许基带信号通过的媒质,通常为有线信道,如市话电缆、架空明线等。信道的传输特性通常不满足无失真传输条件,甚至是随机变化的;另外信道还会额外引入噪声;

(4)接收滤波器 它的主要作用是滤除带外噪声,对信道特性均衡,使输出的基带波形无码间串扰,有利于抽样判决;

（5）抽样判决器　它是在传输特性不理想及噪声背景下,在规定的时刻(由位定时脉冲控制)对接收滤波器的输出波形进行抽样判决,以恢复或再生基带信号;

（6）解码器　对抽样判决器输出的信号进行译码,使输出码型符合收终端的要求;

（7）同步器　提取位同步信号,一般要求同步脉冲的频率等于码速率。

各阶段的码型与波形变化如图4-36所示。

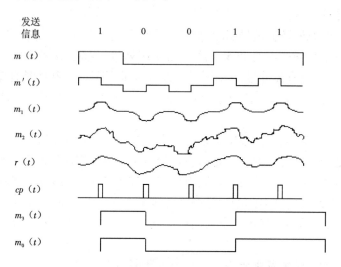

图4-36　数字基带传输过程的波形变化过程

图4-35 中 $m(t)$ 是输入的基带信号,这里是最常见的单极性非归零信号;$m'(t)$ 是进行码型变换后的波形;$m_1(t)$ 是进行发送滤波成型之后的波形,是一种适合在信道中传输的波形;$m_2(t)$ 是信道输出信号,显然由于信道频率特性不理想,波形发生失真并叠加了噪声;$r(t)$ 为接收滤波器输出波形,与 $m_2(t)$ 相比,失真和噪声得到减弱;$cp(t)$ 是位定时同步脉冲;$m_3(t)$ 为抽样判决之后恢复的信息;$m_0(t)$ 是译码之后获得的接收信息,由于本例中的编码较简单,因此与 $m_3(t)$ 相同。

由以上过程可以看出,接收端能否正确恢复出信息,主要在于能否有效地抑制噪声和减小码间串扰。

3. 数字基带传输的基本码型

一般情况下,数字信息可以表示为一个数字序列,即

$$\cdots,a_{-2},a_{-1},a_0,a_1,a_2,\cdots,a_n,\cdots$$

记作 $\{a_n\}$,其中 a_n 是数字序列的基本单元,称为码元。每个码元只能取离散的有限个值,如二进制中,a_n 只能取 0 或 1 两个值,在 M 进制中,a_n 取 $0,1,2,\cdots,M-1$ 等 M 个值,或者取二进制码的 M 种排列。通常用不同幅度的脉冲表示码元的不同取值,这样的脉冲信号称为数字基带信号。也就是说,数字基带信号是数字信息的电脉冲表示,电脉冲的形式称为码型。在有线信道中传输的数字基带信号又称为线路传输码型。把数字信息表示为电脉冲的过程称为码型编码,而由码型还原为数字信息的过程称为码型译码。

数字基带信号的类型有很多,常见的有矩形脉冲、三角波、高斯脉冲和升余弦脉冲等。其中最常用的是矩形脉冲,因为矩形脉冲易于形成和变换,下面就以矩形脉冲为例介绍几种最常见的基带信号码型。

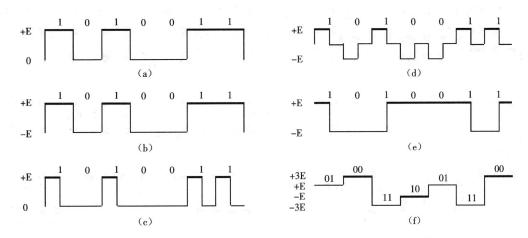

图 4-37　常见的基带信号码

（1）单极性不归零码　这是一种最简单、最常用的基带信号形式。这种信号脉冲的零电平和正电平分别对应着二进制代码 0 和 1，或者说，它在一个码元时间内用脉冲的有或无来对应表示 0 或 1 码。其特点是极性单一、有直流分量、脉冲之间无间隔。另外位同步信息包含在电平的转换之中，而当出现连 0 序列时没有位同步信息，如图 4-37（a）所示。

（2）双极性不归零码　在双极性不归零码中，脉冲的正、负电平分别对应于二进制代码 1、0，由于它是幅度相等极性相反的双极性波形，故当 0、1 符号等概率出现时无直流分量。这样，恢复信号的判决电平为 0，因而不受信道特性变化的影响，抗干扰能力也较强，故双极性波形有利于在信道中传输，如图 4-37（b）所示。

（3）单极性归零码　单极性归零波形与单极性不归零码的区别是有电脉冲宽度小于码元宽度，每个有电脉冲在小于码元长度内总要回到零电平，所以称为归零码。单极性归零码可以直接提取定时信息，而其他码提取位定时信号时需要采用的一种过渡码，如图 4-37（c）所示。

（4）双极性归零码　它是双极性码的归零形式。由图可见，每个码元内的脉冲都回到零电平，即相邻脉冲之间必定留有零电位的间隔。它除了具有双极性不归零码的特点外，还有利于同步脉冲的提取，如图 4-37（d）所示。

（5）差分码　这种码不是用码元本身的电平表示消息代码，而是用相邻码元的电平的跳变和不变来表示消息代码。图中以电平跳变表示 1，以电平不变表示 0，当然上述规定也可以反过来。由于差分码是以相邻脉冲电平的相对变化来表示代码，因此称它为相对码波形，而相应地称前面的单极性或双极性码为绝对码波形。用差分码传送代码可以消除设备初始状态的影响，特别是在相位调制系统中用于解决载波相位模糊问题，如图 4-37（e）所示。

（6）多电平码　上述各种信号都是一个二进制符号对应一个脉冲。实际上还存在多于一个二进制符号对应一个脉冲的情形，这种码统称为多电平码或多元码。在多元码中，用一个符号表示一个二进制码组，则 n 位二进制码组要用 $M=2^n$ 元码来传输。在码元速率相同，即其传输带宽相同的情况下，多元码比二元码的信息传输速率提高 $\log_2 M$ 倍。多元码一般用格雷码表示，相邻幅度电平所对应的码组之间只相差 1 个比特，这样就减小了接收时因错误判定电平而引起的误比特率。多元码广泛地应用于频带受限的高速数字传输系统中。用在多进制数字调制的传输时，可以提高频带利用率，如图 4-37（f）所示。

（7）数字基带信号的一般表达式　消息代码的电信号码并非一定是矩形的,还可以是其他形式。但无论采用什么形式的码,数字基带信号都可用数学表达式表示出来。若假设数字基带信号中各码元的波形相同而取值不同,则数字基带信号的时域波形可以表示为

$$s(t) = \sum_{n \to \infty}^{+\infty} a_n g(t - nT_S) \qquad (4\text{-}34)$$

式中 a_n 是第 n 个信息符号所对应的电平值(0、1 或 -1、$+1$ 等),由信息码和编码规律决定;T_S 为码元间隔;$g(t)$ 为某种标准脉冲波形,对于二进制代码序列,若令 $g_1(t)$ 代表"0",$g_2(t)$ 代表"1",则

$$a_n g(t - nT_S) = \begin{cases} g_1(t - nT_S) & \text{表示符号"0"} \\ g_2(t - nT_S) & \text{表示符号"1"} \end{cases} \qquad (4\text{-}35)$$

由于 a_n 是一个随机变量,因此通常在实际中遇到的基带信号 $s(t)$ 都是一个随机的脉冲序列。

4. 数字基带信号功率谱

不同形式的数字基带信号具有不同的频谱结构,分析数字基带信号的频谱特性,以便合理地设计数字基带信号,使得消息代码变换为适合于给定信道传输特性的结构,是数字基带传输必须考虑的问题。

在通信中,除特殊情况(如测试信号)外,数字基带信号通常都是随机脉冲序列。因为如果在数字通信系统中所传输的数字序列是确知的,则消息就不携带任何信息,通信也就失去了意义,故我们面临的是一个随机序列的谱分析问题。

考察一个二进制随机脉冲序列 $s(t)$。研究由式(4-34)、式(4-35)所确定的随机脉冲序列的功率谱密度,要用到概率论与随机过程的有关知识。可以证明,随机脉冲序列 $s(t)$ 的双边功率谱为

$$P_s(\omega) = f_b p(1-p) |G_1(f) - G_2(f)|^2 + \sum_{m=-\infty}^{\infty} |f_b[pG_1(mf_b) + (1-p)G_2(mf_b)]|^2 \delta(f - mf_b)$$

$$(4\text{-}36)$$

式中 $G_1(f)$、$G_2(f)$ 分别为 $g_1(t)$、$g_2(t)$ 的傅氏变换,$f_b = \dfrac{1}{T_b}$。从(4-36)式可以得出以下结论:

（1）随机脉冲序列功率谱包括两部分:连续谱(第一项)和离散谱(第二项)。对于连续谱而言,由于代表数字信息的 $g_1(t)$ 及 $g_2(t)$ 不能完全相同,故 $G_1(f) \neq G_2(f)$,因此连续谱总是存在;而对于离散谱而言,则在一些情况下不存在,如 $g_1(t)$ 及 $g_2(t)$ 是双极性的脉冲,且出现概率相同时。

（2）当 $g_1(t)$、$g_2(t)$、p 及 T_b 给定后,随机脉冲序列功率谱就确定了。

式(4-36)的结果非常有意义,它一方面能使我们了解随机脉冲序列频谱的特点,以及如何去具体地计算它的功率谱密度;另一方面根据它的离散谱是否存在这一特点,将使我们明确能否从脉冲序列中直接提取离散分量,以及采取怎样的方法可以从基带脉冲序列中获得所需的离散分量。这一点,在研究位同步、载波同步等问题时,将是十分重要的;再一方面,根据它的连续谱可以确定序列的带宽(通常以谱的第一个零点作为序列的带宽)。

4.3.2　数字基带传输的码型设计

1. 码型设计的要求

所谓数字基带信号,就是消息代码的电脉冲表示——电波形。在实际基带传输系统中,并非所有的原始数字基带信号都能在信道中传输,如含有丰富直流和低频成分的基带信号就不适宜在信道中传输,因为它有可能造成信号严重畸变。再如,一般基带传输系统都是从接收到的基带信号中提取位同步信号,而位同步信号却又依赖于代码的码型,如果代码出现长时间的连"0"符号,则基带信号可能会长时间出现 0 电位,从而使位同步恢复系统难以保证位同步信号的准确性。实际的基带传输系统还可能提出其他要求,从而导致对基带信号也存在各种可能的要求。归纳起来,对传输用的基带信号的要求主要有两点:

(1)对各种代码的要求,期望将原始信息符号编制成适合于传输用的码型。

(2)对所选的码型的电波形的要求,期望电波形适宜于在信道中传输。前一问题称为传输码型的选择,后一问题称为基带脉冲的选择。这是两个既彼此独立又相互联系的问题,也是基带传输原理中十分重要的两个问题。

传输码(常称为线路码)的结构将取决于实际信道的特性和系统工作的条件。概括起来,在设计数字基带信号码型时,应考虑以下原则:

(1)码型中应不含直流分量,低频分量尽量少;

(2)码型中高频分量尽量少;这样既可以节省传输频带,提高信道的频带利用率,还可以减少串扰;串扰是指同一电缆内不同线对之间的相互干扰,基带信号的高频分量越大,则对邻近线对产生的干扰就越严重;

(3)码型中应包含定时信息;

(4)码型具有一定检错能力,若传输码型有一定的规律性,则就可根据这一规律性来检测传输质量,以便做到自动监测;

(5)编码方案对发送消息类型不应有任何限制,即能适用于信源变化,这种与信源的统计特性无关的性质称为对信源具有透明性;

(6)低误码增殖,对于某些基带传输码型,信道中产生的单个误码会扰乱一段译码过程,从而导致译码输出信息中出现多个错误,这种现象称为误码增值;

(7)高的编码效率;

(8)编译码设备应尽量简单。

上述各项原则并不是任何基带传输码型均能完全满足,往往是依照实际要求满足其中若干项。

2. 常见的传输码型

(1)传号反转交替码(AMI 码)　AMI 码的编码规则是将二进制消息代码"1"交替地变换为传输码的"+1"和"-1",而"0"保持不变。AMI 码对应的基带信号是正负极性交替的脉冲序列,而 0 电位持不变的规律。AMI 码的优点:由于 +1 与 -1 交替,AMI 码的功率谱中不含直流成分,高、低频分量少。位定时频率分量虽然为 0,但只要将基带信号经全波整流变为单极性归零波形,便可提取位定时信号。此外,AMI 码的编译码电路简单,便于利用传号极性交替规律观察误码情况。鉴于这些优点,AMI 码是 CCITT 建议采用的传输码性之一。AMI 码的不足是,当原信码出现连"0"串时,信号的电平长时间不跳变,造成提取定时信号的困难,解决连

"0"码问题的有效方法之一是采用 HDB_3 码。AMI 码的码型如图 4-38(b)所示。

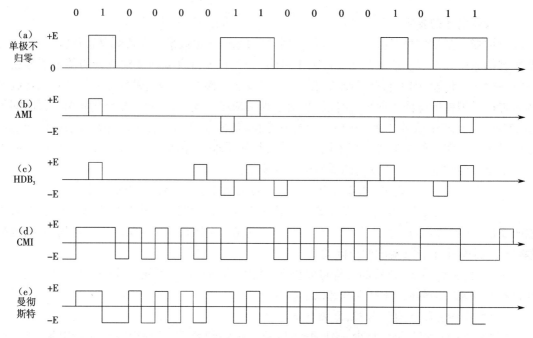

图 4-38　常见的基带传输码型

（2）三阶高密度双极性码（HDB_3 码）　HDB_3 码是 AMI 码的一种改进码型,其目的是为了保持 AMI 码的优点而克服其缺点,使连"0"个数不超过 3 个,其编码规则如下:

①当信码的连"0"个数不超过 3 个时,仍按 AMI 码的规则,即传号极性交替;

②当连"0"个数超过 3 个时,则将第 4 个"0"改为非"0"脉冲,记为 + V 或 – V,称之为破坏脉冲;相邻 V 码的极性必须交替出现,以确保编好的码中无直流分量;

③为了便于识别,V 码的极性应与其前一个非"0"脉冲的极性相同,否则将四连"0"的第一个"0"更改为与该破坏脉冲相同极性的脉冲,并记为 + B 或 – B;

④破坏脉冲之后的传号码极性也要交替。

虽然 HDB_3 的编码规则比较复杂,但译码却比较简单。从上述原理看出,每一个破坏符号 V 总是与前一非 0 符号同极性(包括 B 在内)。这就是说,从收到的符号序列中可以容易地找到破坏点 V,于是也断定 V 符号及其前面的 3 个符号必是连 0 符号,从而恢复 4 个连 0 码,再将所有 – 1 变成 +1 后便得到原消息代码。

HDB_3 码保持了 AMI 码的优点外,同时还将连"0"码限制在 3 个以内,故有利于位定时信号的提取。HDB_3 码是应用最为广泛的码型,A 律 PCM 四次群以下的接口码型均为 HDB_3 码。HDB_3 码的码型如图 4-38(c)所示。

（3）传号反转码（CMI 码）　CMI 码的编码规则:"1"码交替用"11"和"00"两位码表示;"0"码固定地用"01"表示。CMI 码有较多的电平跃变,因此含有丰富的定时信息。此外,由于 10 为禁用码组,不会出现 3 个以上的连码,这个规律可用来进行检错。因为 CMI 码易于实现,且具有上述特点,因此是 CCITT 推荐的 PCM 高次群采用的接口码型,在速率低于 8.448Mbit/s 的光纤传输系统中有时也用作线路传输码型。CMI 码的码型如图 4-38(d)所示。

（4）数字双相码（曼彻斯特码）　曼彻斯特码与 CMI 码类似,它也是一种双极性二电平码。曼彻斯特码用一个周期的正负对称方波表示"0",而用其反相波形表示"1"。编码规则之一:"0"码用"01"两位码表示,"1"码用"10"两位码表示。曼彻斯特码只有极性相反的两个电平,而不像前面的三种码具有三个电平。因为双相码在每个码元周期的中心点都存在电平跳变,所以富含位定时信息。又因为这种码的正、负电平各半,所以无直流分量,编码过程也很简单,但占用带宽是原信码的 2 倍。曼彻斯特码的码型如图 4-38(e)所示。

可以看出,这些码型均不含有直流分量,且高频分量较小。有些码型虽然没有时钟分量,但含有 1/2 时钟频率的分量,也可以通过一定的处理从而获得定时信息。另外,所有码型均具有一定的规律性,接收端可以据此进行误码检测。

4.3.3　数字基带传输的波形设计

数字信号基带传输的要求与模拟信号传输的要求不同。模拟信号由于待传信息包含在信号的波形之中,因此要求接收端无波形失真;而数字信号的待传信息包含在码元的组合之中,因此要求接收端无差错的恢复出发送的码元流,可以允许一定的波形失真,只要失真程度不影响码元的恢复即可。

由时域和频域分析的基本原理可知,任何信号的频域波形和时域波形不可能在各自的频率轴和时间轴上同时受限,所以信号经过频域受限的系统传输后在时域上的波形必定是无限延伸的。这样在波形的传输过程中前面的码元对后面的若干码元都将产生干扰。另一方面,信号在传输的过程中要叠加信道噪声,如果噪声的幅度过大则会引起接收端的判决错误。因此影响基带信号进行可靠传输的主要因素是码间干扰和信道噪声,此二者与基带传输系统的传输特性都有着直接的关系。基带传输系统的设计目标就是能够使基带系统的总传输特性将码间干扰和噪声产生的影响减小到足够的程度。

1. 带宽受限的信道中信号波形的变化

二进制数字基带波形都是矩形波,在画频谱时通常只画出了其中能量最集中的频率范围,但这些基带信号在频域内实际上是无穷延伸的。如果直接采用矩形脉冲的基带信号作为传输码型,由于实际信道的频带 $C(\omega)$ 都是有限的,则传输系统接收端所得的信号频谱必定与发送端不同,这就会使接收端数字基带信号的波形失真。大多数有线传输的情况下,信号频带不是陡然截止的,而且基带频谱也是逐渐衰减的,采用一些相对来说比较简单的补偿措施(如简单的频域或时域均衡)可以将失真控制在比较小的范围内。较小的波形失真对于二进制基带信号影响不大,只是使其抗噪声性能稍有下降,但对于多进制信号,则可能造成严重的传输错误。当信道频带严格受限时(如数字基带信号经调制通过频分多路通信信道传输),波形失真问题就变得比较严重,尤其在传输多进制信号时更为突出。图 4-39 反映了在带宽受限的信道中信号波形的变化。

2. 基带传输系统的码间串扰

（1）码间串扰

图 4-40 给出了基带传输系统的典型模型。将数字基带信号的产生过程可以分成码型编码和波形形成两步。第一步是经过码型编码,在其输出端得到 δ 脉冲序列。第二步是经过由发送滤波器、信道和接收滤波器组成的波形成形网络将 δ 脉冲转换成所需形状的接收波形 $s(t)$。$s(t)$ 与成形网络的冲激响应成正比,成形网络的传递函数 $H(\omega)$ 也正比于 $s(t)$ 的频谱函

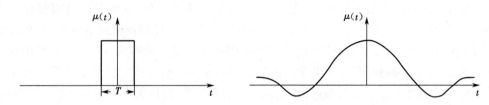

图 4-39 宽受限的信道中信号波形的变化

数 $S(\omega)$。一般取比例常数为 1，这样 $S(\omega)$ 就是成形网络的传递函数 $H(\omega)$。

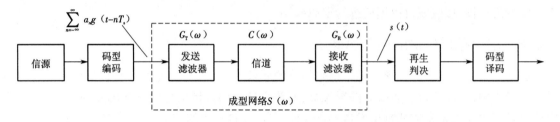

图 4-40 带传输系统模型

图 4-40 中，$G_T(\omega)$ 表示发送滤波器的传递函数；$C(\omega)$ 表示基带传输系统信道的传递函数；$G_R(\omega)$ 表示接收滤波器的传递函数。为方便起见，假定输入基带信号的基本脉冲为单位冲激 $\delta(t)$，这样由输入符号序列 $\{a_k\}$ 决定的发送滤波器输入信号可以表示为

$$d(t) = \sum_{n=-\infty}^{+\infty} a_n g(t - nT_S) \tag{4-37}$$

式中 a_k 是 $\{a_k\}$ 的第 k 个码元，对于二进制数字信号，a_k 的取值为 0、1（单极性信号）或 -1、$+1$ 双极性信号）。

由图 4-35 可得到 $H(\omega)$ 的表达式为

$$H(\omega) = S(\omega) = G_T(\omega) C(\omega) G_R(\omega) \tag{4-38}$$

基带信号的频谱特性满足基带信号在频域内的延伸范围主要取决于单个脉冲波形的频谱函数 $G(\omega)$，不同编码规则的基带码型只起到加权函数的作用。显然只需讨论单个脉冲波形传输的情况就可以了解基带信号的传输过程。可得抽样判决器的输入信号为

$$y(t) = d(t) \cdot h(t) + n_R(t) = \sum_{n=-\infty}^{+\infty} a_n g(t - nT_S) + n_R(t) \tag{4-39}$$

式中 $h(t)$ 是 $H(\omega)$ 的傅氏反变换，为系统的冲激响应，可表示为

$$h(t) = \frac{1}{2\pi} \int_{-\infty}^{+\infty} H(\omega) e^{j\omega t} d\omega \tag{4-40}$$

式中 $n_R(t)$ 是加性噪声 $n(t)$ 通过接收滤波器 $G_R(\omega)$ 后所产生的输出噪声。

抽样判决器对 $y(t)$ 进行抽样判决，以确定所传输的数字信息序列 $\{a_k\}$。为了判定其中第 j 个码元 a_j 的值，应在 $t = jT_S + t_0$ 瞬间对 $y(t)$ 抽样。这里 t_0 是传输时延，通常取决于系统的传输函数 $H(\omega)$。显然，此抽样值为

$$
\begin{aligned}
y(jT_b + t_0) &= \sum_{n=-\infty}^{+\infty} a_n h\big[(jT_S + t_0) - nT_b\big] + n_R(jT_S + t_0) \\
&= \sum_{n=-\infty}^{+\infty} a_n h\big[(j-n)T_S + t_0\big] + n_R(jT_S + t_0)
\end{aligned}
$$

$$= a_j h(t_0) + \sum_{n \neq j} a_n h[(j-n)T_S + t_0)] + n_R(jT_S + t_0) \qquad (4\text{-}41)$$

式中右边第一项 $a_j h(t_0)$ 是第 j 个接收基本波形在抽样瞬间 $jT_S + t_0$ 所取得的值,它是确定 a_j 信息的依据;第二项 $\sum_{n \neq j} a_n h[(j-n)T_S + t_0)]$ 是除第 j 个以外的其他所有接收基本波形在 $t = jT_S + t_0$ 瞬间所取值的总和,它对当前码元 a_j 的判决起着干扰的作用,称之为码间串扰值。这种因信道频率特性不理想引起波形畸变,从而导致实际抽样判决值是本码元脉冲波形的值与其他所有脉冲波形拖尾的叠加,并在接收端造成判决困难的现象叫码间串扰(或码间干扰)。由于 a_j 是随机的,所以码间串扰值一般是一个随机变量;第三项 $n_R(jT_S + t_0)$ 是输出噪声在抽样瞬间的值,显然它是一个随机干扰。

由于随机性的码间串扰和噪声的存在,使抽样判决电路在判决时可能判对,也可能判错。例如假设 a_j 的可能取值为 0 与 1,判决电路的判决门限为 v_0,则这时的判决规则为若 $y(jT_S + t_0) > v_0$ 成立,则判 a_j 为 1;反之则判 a_j 为 0。显然,只有当码间干扰和随机干扰很小时,才能保证上述判决的正确;当干扰及噪声严重时,则判错的可能性就很大。

由此可见,为使基带脉冲传输获得足够小的误码率,必须最大限度地减小码间串扰和随机噪声的影响。这也是研究基带脉冲传输的基本出发点。

(2)码间串扰的消除

由式(4-41)可以看出,只要

$$\sum_{n \neq j} a_n h[(j-n)T_S + t_0)] = 0 \qquad (4\text{-}42)$$

即可消除码间干扰,且码间干扰的大小取决于 a_n 和系统冲激响应波形 $h(t)$ 在抽样时刻上的取值。a_n 是随机变化的,要想通过各项互相抵消使码间串扰为 0 不可能的。然而,由式(4-40)可以看到,系统冲激响应 $h(t)$ 却仅依赖于从发送滤波器至接收滤波器的总传输特性 $H(\omega)$,因此从减小码间串扰的影响来说,可合理构建 $H(\omega)$,使得系统冲激响应最好满足前一个码元的波形在到达后一个码元抽样判决时刻已衰减到 0,如图 4-41(a)所示。但这样的波形不易实现,比较合理的是采用如图 4-41(b)这种波形,虽然到达 $t_0 + T_S$ 以前并没有衰减到 0,但可以让它在 $t_0 + T_S, t_0 + 2T_S$ 等后面码元取样判决时刻正好为 0。这就是消除码间串扰的基本原理。

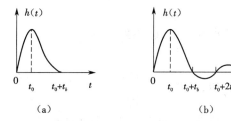

图 4-41　理想的统冲激响应波形

考虑到实际应用时,定时判决时刻不一定非常准确,如果像图 4-41(b)这样的 $h(t)$ 尾巴拖得太长,当定时不准时,任一个码元都要对后面好几个码元产生串扰,或者说后面任一个码元都要受到前面几个码元的串扰。因此除了要求 $h[(j-n)T_S + t_0)] = 0 (n \neq j)$ 以外,还要求 $h(t)$ 适当衰减快一些,即尾巴不要拖得太长。

3. 数字基带传输的波形设计

基带脉冲序列通过系统时,系统的滤波作用使传输波形中出现的波形失真、拖尾等现象,接收端在按约定的时隙对各点进行抽样,并以抽样时刻测定的信号幅度为依据进行判决,来导出原脉冲的消息。若重叠到邻接时隙内的信号太强,就可能发生错误判决。若相邻脉冲的拖尾相加超过判决门限,则会使发送的"0"判为"1"。实际中可能出现好几个邻近脉冲的拖尾叠加,这种脉冲重叠,并在接收端造成判决困难的现象叫做码间干扰。

可以看出,传输基带信号受到约束的主要因素是系统的频率特性。当然可以有意地加宽传输频带使这种干扰减小到任意程度,然而这会导致不必要地浪费带宽。如果信道带宽展宽得太多还会将过大的噪声引入系统,因此应该探索另外的代替途径,即通过设计信号波形,或采用合适的传输滤波器,设法使拖尾值在判决时刻为0,以便在最小传输带宽的条件下大大减小或消除这种干扰。

奈奎斯特第一准则解决了消除这种码间干扰的问题,并指出当传输信道具有理想低通滤波器的幅频特性时,信道带宽与码速率的基本关系,即

$$R_S = \frac{1}{T_S} = 2f_N \tag{4-43}$$

式中 R_S 为传码率,单位为比特/每秒(bps),它是系统的最大码元传输速率;f_n 为理想信道的低通截止频率。式(4-43)说明了理想信道的频带利用率为

$$R_S/f_N = 2 \tag{4-44}$$

图 4-42 给出了无码间干扰的基带信号波形。

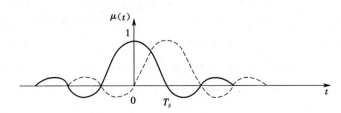

图 4-42　无码间干扰的基带信号波形

4.3.4　眼图

从理论上讲,一个基带传输系统的传递函数 $H(\omega)$ 只要满足式(4-45),就可消除码间串扰。

$$H_{eq}(\omega) = \sum_i H\left(\omega + \frac{2\pi i}{T_S}\right) = \begin{cases} 常数(如\ T_S) & |\omega| \leqslant \pi/T_S \\ 0 & |\omega| > \pi/T_S \end{cases} \tag{4-45}$$

式(4-45)就是无码间串扰的等效特性。它表明,把一个基带传输系统的传输特性 $H(\omega)$ 等间隔分割为 $2\pi/T_S$ 宽度,若各段在($-\pi/T_S \sim \pi/T_S$)区间内能叠加成一个矩形频率特性,那么它在以 $R_S = \frac{1}{T_S} = 2f_N$ 速率传输基带信号时,就能做到无码间串扰。习惯上称式(4-45)为无码间串扰基带传输系统的频域条件。

但在实际系统中要想做到这一点非常困难,甚至是不可能的。这是因为码间串扰与发送滤波器特性、信道特性、接收滤波器特性等因素有关,在工程实际中,如果部件调试不理想或信

道特性发生变化,都可能使 $H(\omega)$ 改变,从而引起系统性能变坏。实践中,为了使系统达到最佳化,除了用专门精密仪器进行测试和调整外,大量的维护工作希望用简单的方法和通用仪器也能宏观监测系统的性能,观察眼图就是其中一个常用的实验方法。

1. 眼图的概念

眼图是指利用实验的方法估计和改善(通过调整)传输系统性能时在示波器上观察到的一种图形。观察眼图的方法:用一个示波器跨接在接收滤波器的输出端,然后调整示波器扫描周期,使示波器水平扫描周期与接收码元的周期同步,这时示波器屏幕上看到的图形像人的眼睛,故称为"眼图"。从"眼图"上可以观察出码间串扰和噪声的影响,从而估计系统优劣程度。另外也可以用此图形对接收滤波器的特性加以调整,以减小码间串扰和改善系统的传输性能。

2. 眼图形成原理及模型

(1) 无噪声时的眼图

为解释眼图和系统性能之间的关系,图 4-43 给出了无噪声情况下,无码间串扰和有码间串扰的眼图。

图 4-43(a)是无码间串扰的双极性基带脉冲序列,用示波器观察它,并将水平扫描周期调到与码元周期 T_s 一致,由于荧光屏的余辉作用,扫描线所得的每一个码元波形将重叠在一起,形成如图 4-43(c)所示的线迹细而清晰的大"眼睛";对于图 4-43(b)所示有码间串扰的双极性基带脉冲序列,由于存在码间串扰,此波形已经失真,当用示波器观察

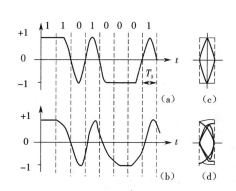

图 4-43　基带信号波形及眼图

时,示波器的扫描迹线不会完全重合,于是形成的眼图线迹杂乱且不清晰,"眼睛"张开的较小,且眼图不端正,如图 4-43(d)所示。

对比图 4-43(c)和图 4-43(d)可知,眼图的"眼睛"张开的大小反映着码间串扰的强弱。"眼睛"张的越大,且眼图越端正,表示码间串扰越小;反之表示码间串扰越大。

(2) 存在噪声时的眼图

当存在噪声时,噪声将叠加在信号上,观察到的眼图的线迹会变得模糊不清。若同时存在码间串扰,"眼睛"将 张得更小。与无码间串扰时的眼图相比,原来清晰端正的细线迹,变成了比较模糊的带状线,而且不很端正。噪声越大,线迹越宽,越模糊;码间串扰越大,眼图越不端正。

(3) 眼图的模型

眼图对于展示数字信号传输系统的性能提供了很多有用的信息:可以从中看出码间串扰的大小和噪声的强弱,有助于直观地了解码间串扰和噪声的影响,评价一个基带系统的性能优劣;可以指示接收滤波器的调整,以减小码间串扰。为了说明眼图和系统性能的关系,我们把眼图简化为图 4-44 所示的形状,称为眼图的模型。该图表明如下意义:

①最佳抽样时刻应在"眼睛"张开最大的时刻;

②对定时误差的灵敏度可由眼图斜边的斜率决定,斜率越大,对定时误差就越灵敏;

③在抽样时刻上,眼图上下两分支阴影区的垂直高度,表示最大信号畸变;

④眼图中央的横轴位置应对应判决门限电平;

⑤在抽样时刻上,上下两分支离门限最近的一根线迹至门限的距离表示各相应电平的噪声容限,噪声瞬时值超过它就可能发生错误判决;

⑥对于利用信号过零点取平均来得到定时信息的接收系统,眼图倾斜分支与横轴相交的区域的大小,表示零点位置的变动范围,这个变动范围的大小对提取定时信息有重要的影响。

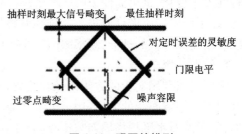

图 4-44　眼图的模型

4.4　数字信号的调制传输

4.4.1　基本概念

通信的最终目的是远距离传递信息。虽然基带数字信号可以在传输距离不远的情况下直接传送,但如果要进行远距离传输时,特别是在无线信道上传输时,则必须经过调制将信号频谱搬移到高频处才能在信道中传输。为了使数字信号在有限带宽的高频信道中传输,必须对数字信号进行载波调制。对于大多数的数字传输系统来说,由于数字基带信号往往具有丰富的低频成分,而实际的通信信道又具有带通特性,因此必须用数字信号来调制某一较高频率的正弦或脉冲载波,使已调信号能通过带限信道传输。这种用基带数字信号控制高频载波,把基带数字信号变换为频带数字信号的过程称为数字调制。那么已调信号通过信道传输到接收端,在接收端通过解调器把频带数字信号还原成基带数字信号,这种数字信号的反变换称为数字解调。通常,我们把数字调制与解调合起来称为数字调制,把包括调制和解调过程的传输系统叫做数字信号的频带传输系统。一般来说,数字调制技术可分为两种类型

(1)利用模拟方法去实现数字式调制,即把数字基带信号当做模拟信号的特殊情况来处理。

(2)利用数字信号的离散取值特点键控载波,从而实现数字调制。

第二种技术通常称为键控法,比如对载波的振幅、频率及相位进行键控,便可获得振幅键控(ASK)、频移键控(FSK)及相移键控(PSK)调制方式,它们分别对应于利用载波(正弦波)的幅度、频率和相位来承载数字基带信号,可以看做是模拟线性调制和角度调制的特殊情况。键控法一般由数字电路来实现,它具有调制变换速率快、调整测试方便、体积小和设备可靠性高等特点。

理论上数字调制与模拟调制在本质上没有什么不同,它们都属于正弦波调制。但是数字调制是源信号为离散型的正弦波调制,而模拟调制则是源信号为连续型的正弦波调制,因而数字调制具有由数字信号带来的一些特点。这些特点主要包括两个方面:第一,数字调制信号的产生,除把数字的调制信号当做模拟信号的特例而直接采用模拟调制方式产生数字调制信号外,还可以采用键控载波的方法。第二,对于数字调制信号的解调,为提高系统的抗噪声性能,通常采用与模拟调制系统中不同的解调方式。

4.4.2　振幅键控(ASK)

1.2ASK 的调制原理

振幅键控是正弦载波的幅度随数字基带信号而变化的数字调制,即源信号为"1"时,发送

载波,源信号为"0"时,发送 0 电平,所以也称这种调制为通、断键控(OOK)。当数字基带信号为二进制时,也称为二进制振幅键控(2ASK)。2ASK 信号的调制方法有模拟幅度调制方法和键控方法两种,如图 4-45 所示。

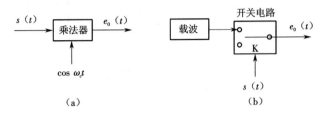

图 4-45　2ASK 信号的调制方法

(a)模拟幅度调制法;(b)键控法

2ASK 信号是数字调制方式中最早出现的,也是最简单的,但其抗噪声性能较差,因此实际应用并不广泛,但经常作为研究其他数字调制方式的基础。

2. 2ASK 的时域特征

2ASK 信号的时域表示式为

$$e_0(t) = s(t)\cos \omega_c t = \left[\sum_n a_n g(t - nT_S) \right] \cos \omega_c t \tag{4-46}$$

式中 $s(t)$ 为随机的单极性矩形脉冲序列;a_n 是经过基带成型处理之后的脉冲序列。

2ASK 信号的时域波形如图 4-46 所示。

3. 2ASK 信号的解调

与调幅信号相似,2ASK 信号也有两种基本的解调方式:非相干解调(包络检波法)和相干解调(同步检测法)。2ASK 系统组成分别如图 4-47 所示。

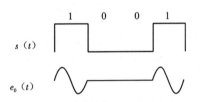

图 4-46　2ASK 信号的时域波形

4.4.3　频移键控(FSK)

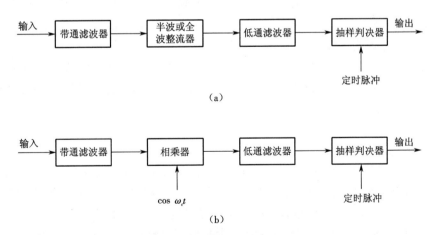

图 4-47　2ASK 信号的解调方法

(a)包络检波法;(b)同步检测法

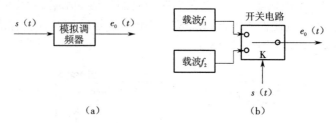

图 4-48　2FSK 信号的调制方法

(a)模拟调频法;(b)键控法

1. 2FSK 的调制原理

在二进制数字调制中,若正弦载波的频率随二进制基带信号在和两个频率点间变化,则产生二进制移频键控信号(2FSK 信号)。2FSK 信号的产生,可以采用模拟调频电路来实现,即利用一个矩形脉冲对载波进行调制;也可以采用数字键控的方法来实现,即利用受控的矩形脉冲序列控制的开关电路对两个独立的频率源进行选通,如图 4-48 所示。

2FSK 方式在数字通信中的应用较为广泛。在话音频带内进行数据传输时,CCITT 建议在低于 1 200bit/s 时使用。在微波通信系统中也用于传输监控信息。

2. 2FSK 的时域特征

2FSK 信号的时域表达式为

$$s(t) = \Big[\sum_n a_n g(t - nT_S) \Big] \cos(\omega_1 t + \varphi_n) + \Big[\sum_n \bar{a}_n g(t - nT_S) \Big] \cos(\omega_2 t + \theta_n) \quad (4\text{-}47)$$

式中 $\bar{a}_n$ 是 a_n 的反码;φ_n 和 θ_n 是第 n 个码元的初始相位。可见,2FSK 信号由两个 2A 信号相加构成的。

2FSK 信号的时域波形如图 4-49 所示。

3. 2FSK 信号的解调

二进制频移键控信号的解调方法很多,有模拟鉴频法和过零检测法,有非相干解调方法也有相干解调方法。采用非相干解调和相干解调两种方法的原理如图 4-50 所示。其解调原理是将二进制频移键控信号

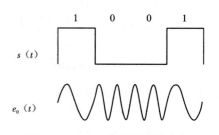

图 4-49　2FSK 信号的时域波形

分解为上下两路二进制振幅键控信号,分别进行解调,通过对上下两路的抽样值进行比较最终判决出输出信号。这里的抽样判决器是判断哪一个输入样值大,因此可以不设置门限值。

4. 4. 4　相移键控(PSK)

1. 2PSK 的调制原理

在二进制数字调制中,当正弦载波的相位随二进制数字基带信号离散变化时,则产生二进制移相键控(2PSK)信号。通常使用信号载波的 0° 和 180° 相位分别表示二进制数字基带信号的"1"和"0"。2PSK 信号的产生也有模拟调相法和键控法两种,如图 4-51 所示。

相移键控在数据传输中,尤其是在中速和中高速(2 400 ~ 4 800 bit/s)的数据传输中得到了广泛的应用。相移键控有很好的抗干扰性,在有衰落的信道中也能获得很好的效果。本节主要介绍二相相移键控,在实际应用中还有四相、八相及十六相相移键控。

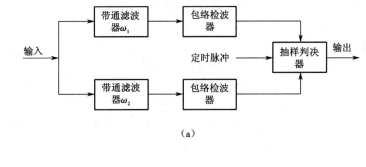

（a）

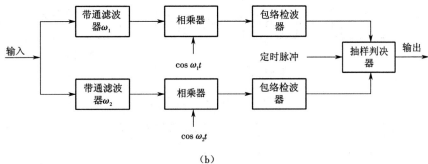

（b）

图 4-50　2FSK 信号的解调方法

（a）非相干方式；（b）相干方式

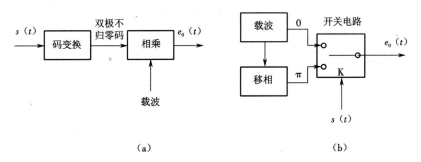

（a）　　　　　　　　　　　　（b）

图 4-51　2PSK 信号的调制方法

（a）模拟调频法；（b）键控法

2.2PSK 的时域特征

2PSK 信号的时域表达式为

$$e_0(t) = \left[\sum_n a_n g(t - nT_S) \right] \cos \omega_c t \tag{4-48}$$

在一个码元持续周期 T_S 内观察时，

$$e_0(t) = \begin{cases} + \cos \omega_c t & \text{当 } a_n = +1 \\ - \cos \omega_c t & \text{当 } a_n = -1 \end{cases} \tag{4-49}$$

2PSK 信号的时域波形如图 4-52 所示。

3.2PSK 信号的解调

2PSK 信号的解调通常都是采用相干解调法与极性比较法，解调器原理图如图 4-53 所示。

在解调过程中需要用到与接收的 2PSK 信号同频同相的相干载波。

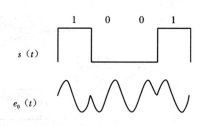

图 4-52　2PSK 信号的时域波形

4. 差分相移键控(2DPSK)信号

绝对相移键控信号只能采用相干解调法接收,而在相干接收过程中由于本地载波的载波相位很可能是不准确的,因此解调后所得的数字信号的符号也容易发生颠倒,这种现象称为相位模糊。这是采用绝对相移键控的主要缺点,因此绝对相移键控在实际中已很少采用。解

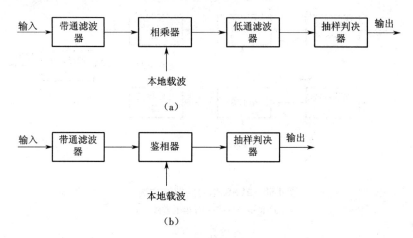

图 4-53　2PSK 信号的解调方法

(a)相干解调法;(b)极性比较法

决的方法即是使用相对(差分)相移键控(DPSK)调制。

二进制差分相位键控(2DPSK)采用前后相邻码元的载波相对相位变化来表示数字信息。假设前后相邻码元的载波相位差为,可定义一种数字信息与其之间的关系为

$$\Delta\varphi = 0,表示数字信息“0”$$
$$\Delta\varphi = \pi,表示数字信息“1”$$

则数字码元序列与 2DPSK 信号的码元相位关系如表 4-4 所示,其信号波形如图 4-54 所示。

表 4-4　数字码元序列与 2DPSK 信号的码元相位关系

数字码元		0	0	1	1	1	0	0	1
2DPSK 信号相位	0	0	0	π	0	π	π	π	0

2DPSK 信号的实现方法:首先对二进制数字基带信号进行差分编码,将绝对码表示二进制信息变换为用相对码表示二进制信息,然后再进行绝对调相,从而产生二进制差分相位键控信号。

2DPSK 信号可以采用相干解调方式,其解调原理:对 2DPSK 信号进行相干解调,恢复出相对码,再通过码反变换器变换为绝对码,从而恢复出发送的二进制数字信息。在解调过程中,若相干载波产生 180°相位模糊,解调出的相对码将产生倒置现象,但是经过码反变换器后,输

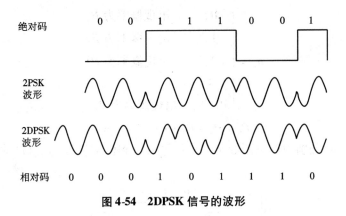

图 4-54　2DPSK 信号的波形

出的绝对码不会发生任何倒置现象,从而解决了载波相位模糊的问题。

4.4.5　多进制数字调制

所谓多进制数字调制,就是利用多进制数字基带信号去调制高频载波的某个参量,如幅度、频率或相位的过程。根据被调参量的不同,多进制数字调制可分为多进制幅度键控(MASK)、多进制频移键控(MFSK)以及多进制相移键控(MPSK 或 MDPSK),也可以把载波的两个参量组合起来进行调制,如把幅度和相位组合起来得到多进制幅相键控(MAPK)或它的特殊形式多进制正交幅度调制(MQAM)等。

由于多进制数字已调信号的被调参数在一个码元间隔内有多个取值,因此与二进制数字调制相比,多进制数字调制有以下几个特点。

(1)在码元速率(传码率)相同条件下,可以提高信息速率(传信率),使系统频带利用率增大。码元速率相同时,M 进制数传系统的信息速率是二进制的 $\log_2 M$ 倍。在实际应用中,通常取 $M = 2^k$,k 为大于 1 的正整数。

(2)在信息速率相同条件下,可以降低码元速率,以提高传输的可靠性。信息速率相同时,M 进制的码元宽度是二进制的 $\log_2 M$ 倍,这样可以增加每个码元的能量,并能减小码间串扰影响等。

正是基于这些特点,使多进制数字调制方式得到了广泛的使用。不过,获得以上几点好处所付出的代价是,信号功率需求增加和实现复杂度加大。

1. 多进制数字幅度调制(MASK)

(1)MASK 信号的波形及表示式

多进制数字幅度调制(MASK)又称为多电平调制,它是二进制数字幅度调制方式的推广。M 进制幅度调制信号的载波振幅有 M 种取值,在一个码元期间 T_s 内,发送其中的一种幅度的载波信号。MASK 已调信号的表示式为

$$s_{\mathrm{MASK}}(t) = s(t)\cos \omega_c t \tag{4-50}$$

这里 $s(t)$ 为 M 进制数字基带信号

$$s(t) = \sum_{n \to \infty}^{+\infty} a_n g(t - nT_S) \tag{4-51}$$

式中 $g(t)$ 是高度为 1,宽度为 T_S 的门函数;a_n 有 M 种取值

$$a_n = \begin{cases} 0, & \text{出现概率为 } P_0 \\ 1, & \text{出现概率为 } P_1 \\ 2, & \text{出现概率为 } P_2 \\ \vdots \\ M-1, & \text{出现概率为 } P_{M-1} \end{cases} \qquad (4\text{-}52)$$

且　　　　　　　　　　$$P_0 + P_1 + P_2 + \cdots + P_{M-1} = 1$$

图 4-55(a)、(b)分别为四进制数字基带信号 $s(t)$ 和已调信号 $s_{\text{MASK}}(t)$ 的波形图。

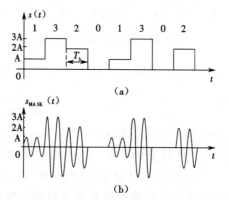

图 4-55　多进制数字幅度调制波形

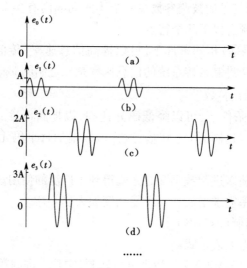

图 4-56　多进制数字幅度调制波形

不难看出,图 4-55(b)的波形可以等效为图 4-56 诸波形的叠加,而图 4-56 中的各个波形可表示为

$$
\left.\begin{aligned}
e_0(t) &= \sum_n c_0 g(t - nT_S) \cos \omega_c t \\
e_1(t) &= \sum_n c_1 g(t - nT_S) \cos \omega_c t \\
e_2(t) &= \sum_n c_2 g(t - nT_S) \cos \omega_c t \\
&\vdots \\
e_{M-1}(t) &= \sum_n c_{M-1} g(t - nT_S) \cos \omega_c t
\end{aligned}\right\}
\tag{4-53}
$$

式中

$$
\left.\begin{aligned}
c_0 &= 0, && \text{概率为 } 1 \\
c_1 &= \begin{cases} 1, & \text{概率为 } P_1 \\ 0, & \text{概率为 }(1 - P_1) \end{cases} \\
c_2 &= \begin{cases} 1, & \text{概率为 } P_2 \\ 0, & \text{概率为 }(1 - P_2) \end{cases} \\
&\quad\vdots \\
c_{M-1} &= \begin{cases} 1, & \text{概率为 } P_{M-1} \\ 0, & \text{概率为 }(1 - P_{M-1}) \end{cases}
\end{aligned}\right\}
\tag{4-54}
$$

$e_0(t), \cdots, e_{M-1}(t)$ 均为 2ASK 信号,但它们幅度互不相等,时间上互不重叠。$e_0(t) = 0$ 可以不考虑,因此 $s_{\text{MASK}}(t)$ 可以看做由时间上互不重叠的 $M-1$ 个不同幅度的 2ASK 信号叠加而成,即

$$
s_{\text{MASK}}(t) = \sum_{i=1}^{M-1} e_i(t)
\tag{4-55}
$$

(2)MASK 信号的调制解调方法

实现 M 电平调制的原理框图如图 4-57 所示,它与 2ASK 系统非常相似相同。不同的只是基带信号由二电平变为多电平。为此,发送端增加了 $2 - M$ 电平变换器,将二进制信息序列每 k 个分为一组($k = \log_2 M$),变换为 M 电平基带信号,再送入调制器。相应地,在接收端增加了 $M - 2$ 电平变换器。多进制数字幅度调制信号的解调可以采用相干解调方式,也可以采用包络检波方式。其原理与 2ASK 的完全相同。由于采用多电平,因而要求调制器为线性调制器,即已调信号幅度应与输入基带信号幅度成正比。

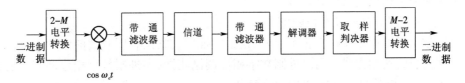

图 4-57 M 进制幅度调制系统原理框图

除图 4-57 所示的双边带幅度调制外,多进制数字幅度调制还有多电平残留边带制、多电平单边带调制等,其原理与模拟调制时完全相同。

MASK 调制中最简单的基带信号波形是矩形,为了限制信号频谱也可以采用其他波形,如升余弦滚降波形、部分响应波形等。

2. 多进制数字频率调制(MFSK)

多进制数字频率调制(MFSK)简称多频制,是 2FSK 方式的推广。它是用 M 个不同的载波频率代表 M 种数字信息。

MFSK 系统的组成方框图如图 4-58 所示。发送端采用键控选频的方式,接收端采用非相干解调方式。图中串/并变换器和逻辑电路 1 将一组组输入的二进制码(每 k 个码元为一组)对应地转换成有 $M(M=2^k)$ 种状态的一个个多进制码。这 M 个状态分别对应 M 个不同的载波频率($f_1,f_1,\cdots,f_1$)。当某组 k 位二进制码到来时,逻辑电路 1 的输出一方面接通某个门电路,让相应的载频发送出去,另一方面同时关闭其余所有的门电路。于是当一组组二进制码元输入时,经相加器组合输出的便是一个 M 进制调频波形。

M 频制的解调部分由 M 个带通滤波器、包络检波器及一个抽样判决器、逻辑电路 2 组成,各带通滤波器的中心频率分别对应发送端各个载频,因而当某一已调载频信号到来时,在任一码元持续时间内,只有与发送端频率相应的一个带通滤波器能收到信号,其他带通滤波器只有噪声通过。抽样判决器的任务是比较所有包络检波器输出的电压,并选出最大者作为输出,这个输出是一位与发端载频相应的 M 进制数。逻辑电路 2 把这个 M 进制数译成 k 位二进制并行码,并进一步做并/串变换恢复二进制信息输出,从而完成数字信号的传输。

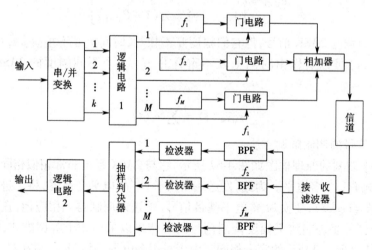

图 4-58　多进制数字频率调制系统的组成方框图

3. 多进制数字相位调制(MPSK)

(1)多相制信号表达式及相位配置

多进制数字相位调制又称多相制,是二相制的推广。它是利用载波的多种不同相位状态来表征数字信息的调制方式。与二进制数字相位调制相同,多进制数字相位调制也有绝对相位调制(MPSK)和相对相位调制(MDPSK)两种。

设载波为 $\cos \omega_c t$,则 M 进制数字相位调制信号可表示为

$$s_{MPSK}(t) = \sum_n g(t - nT_S)\cos(\omega_c t + \varphi_n)$$

$$= \cos \omega_c t \sum_n \cos \varphi_n g(t - nT_S) - \sin \omega_c t \sum_n \sin \varphi_n g(t - nT_S) \qquad (4\text{-}56)$$

式中 $g(t)$ 是高度为 1，宽度为 T_S 的门函数；T_S 为 M 进制码元的持续时间，亦即 $k(k = \log_2 M)$ 比特二进制码元的持续时间；φ_n 为第 n 个码元对应的相位，共有 M 种不同取值

$$\varphi_n = \begin{cases} \theta_1, & \text{出现概率为 } P_1 \\ \theta_2, & \text{出现概率为 } P_2 \\ \vdots \\ \theta_M, & \text{出现概率为 } P_M \end{cases} \qquad (4\text{-}57)$$

且 $P_0 + P_1 + P_2 + \cdots + P_{M-1} = 1$。由于一般都是在 $0 \sim 2\pi$ 范围内等间隔划分相位的（这样造成的平均差错概率将最小），因此相邻相移的差值为

$$\Delta\theta = \frac{2\pi}{M} \qquad (4\text{-}58)$$

令 $a_n = \cos \varphi_n$ 和 $b_n = \sin \varphi_n$，这样式（4-56）变为

$$s_{MPSK}(t) = \Big[\sum_n a_n g(t - nT_S) \Big] \cos \omega_c t - \Big[\sum_n b_n g(t - nT_S) \Big] \sin \omega_c t$$

$$= I(t)\cos \omega_c t - Q(t)\sin \omega_c t \qquad (4\text{-}59)$$

这里

$$I(t) = \Big[\sum_n a_n g(t - nT_S) \Big] \qquad (4\text{-}60)$$

$$Q(t) = \Big[\sum_n b_n g(t - nT_S) \Big] \qquad (4\text{-}61)$$

分别为多电平信号。常把式（4-59）中第一项称为同相分量，第二项称为正交分量。由此可见，MPSK 信号可以看成是两个正交载波进行多电平双边带调制所得两路 MASK 信号的叠加，这样就为 MPSK 信号的产生提供了依据。实际中，常用正交调制的方法产生 MPSK 信号。

　　M 进制数字相位调制信号还可以用矢量图来描述，图 4-59 画出了 $M = 2,4,8$ 三种情况下的矢量图。具体的相位配置的两种形式，根据 CCITT 的建议，图 4-59（a）所示的移相方式，称为 A 方式；图 4-59（b）所示的移相方式，称为 B 方式。图中注明了各相位状态及其所代表的 k 比特码元。以 A 方式 4PSK 为例，载波相位有 0、π/2、π 和 3π/2 四种，分别对应信息码元 00、10、11 和 01。虚线为参考相位，对 MPSK 而言，参考相位为载波的初相；对 MDPSK 而言，参考相位为前一已调载波码元的初相。各相位值都是对参考相位而言的，正为超前，负为滞后。

　　（2）4PSK 信号的产生与解调

　　在 M 进制数字相位调制中，四进制绝对移相键控（4PSK，又称 QPSK）和四进制差分相位键控（4DPSK，又称 QDPSK）用的最为广泛。下面着重介绍多进制数字相位调制的这两种形式。

　　4PSK 利用载波的四种不同相位来表征数字信息。由于每一种载波相位代表两个比特信息，故每个四进制码元又被称为双比特码元，习惯上把双比特的前一位用 a 代表，后一位用 b 代表。

　　①4PSK 信号的产生　多相制信号常用的产生方法有直接调相法及相位选择法。

　　i. 相位选择法　由式（4-56）可以看出，在一个码元持续时间 T_b 内，4PSK 信号为载波四个

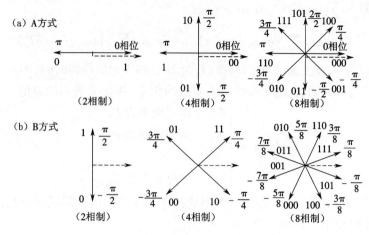

图 4-59 相位配置矢量图

相位中的某一个,因此可以用相位选择法产生 4PSK 信号,其原理如图 4-60 所示。四相载波发生器产生 4PSK 信号所需的四种不同相位的载波。输入的二进制数码经串/并变换器输出双比特码元。按照输入的双比特码元的不同,逻辑选相电路输出相应相位的载波,如 B 方式情况下,双比特码元 ab 为 11 时,输出相位为 45°的载波;双比特码元 ab 为 01 时,输出相位为 135°的载波等。

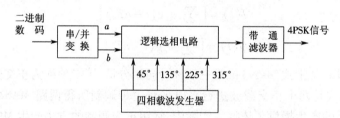

图 4-60 相位选择法产生 4PSK 信号(B 方式)方框图

图 4-60 产生的是 B 方式的 4PSK 信号。要想形成 A 方式的 4PSK 信号,只需调整四相载波发生器输出的载波相位即可。

ii. 直接调相法 由式(4-59)可以看出,4PSK 信号也可以采用正交调制的方式产生。B 方式 4PSK 时的原理方框图如图 4-61(a)所示。它可以看成是由两个载波正交的 2PSK 调制器构成,分别形成图 4-61(b)中的虚线矢量,再经加法器合成后得图(b)中实线矢量图。显然其为 B 方式 4PSK 相位配置情况。

若要产生 4PSK 的 A 方式波形,只需适当改变振荡载波相位就可实现。

②4PSK 信号的解调 由于 4PSK 信号可以看做是两个载波正交的 2PSK 信号的合成,因此对 4PSK 信号的解调可以采用与 2PSK 信号类似的解调方法进行。图 4-62 是 B 方式 4PSK 信号相干解调器的组成方框图。图中两个相互正交的相干载波分别检测出两个分量 a 和 b,然后经并/串变换器还原成二进制双比特串行数字信号,从而实现二进制信息恢复。此法也称为极性比较法。

若解调 4PSK 信号(A 方式),只需适当改变相移网络。在 2PSK 信号相干解调过程中会产生"倒 π"即"180°相位模糊"现象。同样,对于 4PSK 信号相干解调也会产生相位模糊问题,并

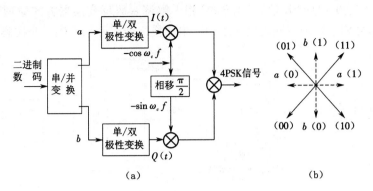

图 4-61 直接调相法产生 4PSK 信号方框图

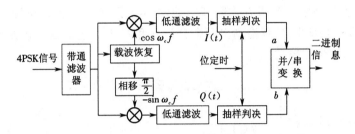

图 4-62 4PSK 信号的相干解调

且是 0°、90°、180° 和 270° 四个相位模糊,因此在实际中更常用的是四相相对移相调制,即 4DPSK。

(3) 4DPSK 信号的产生与解调

① 4DPSK 信号的产生 与 2DPSK 信号的产生相类似,在直接调相的基础上加码变换器,就可形成 4DPSK 信号。图 4-63 示出了 4DPSK 信号(A 方式)产生方框图。图中的单/双极性变换的规律与 4PSK 情况相反,为 $0 \to +1, 1 \to -1$,相移网络也与 4PSK 不同,其目的是要形成 A 方式矢量图。图中的码变换器用于将并行绝对码 a、b 转换为并行相对码 c、d,其逻辑关系比二进制时复杂得多,但可以由组合逻辑电路或由软件实现,具体方法可参阅有关参考书。

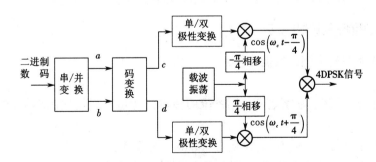

图 4-63 码变换 – 直接调相法产生 4DPSK 信号方框图

4DPSK 信号也可采用相位选择法产生,但同样应在逻辑选相电路之前加入码变换器。

② 4DPSK 信号的解调

4DPSK 信号的解调可以采用相干解调 – 码反变换器方式(极性比较法),也可采用差分相干解调(相位比较法)。4DPSK 信号(B 方式)相干解调 – 码反变换器方式原理图如图 4-64 所示。与 4PSK 信号相干解调不同之处在于,并/串变换之前需要加入码反变换器。

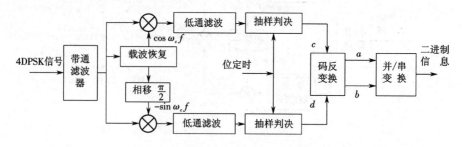

图 4-64　4PSK 信号的相干解调 – 码反变换法解调

4DPSK 信号的差分相干解调方式原理图如图 4-65 所示。它也是仿照 2DPSK 差分检测法,用两个正交的相干载波,分别检测出两个分量 a 和 b,然后还原成二进制双比特串行数字信号。此法又称为相位比较法。

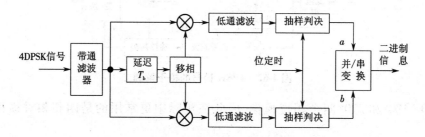

图 4-65　4DPSK 信号的差分相干解调方框图

这种解调方法与极性比较法相比,主要区别在于它利用延迟电路将前一码元信号延迟一码元时间后,分别作为上、下支路的相干载波。另外,它不需要采用码变换器,这是因为 4DPSK 信号的信息包含在前后码元相位差中,而相位比较法解调的原理就是直接比较前后码元的相位。

若解调 4DPSK 信号(B 方式)信号,需适当改变相移网络。

4.4.6　数字调制系统的比较

1. 二进制数字调制系统的性能比较

(1)误码率

与基带传输方式相似,数字频带传输系统的传输性能也可以用误码率来衡量。假设满足下列条件成立:

①二进制数字信号"1"和"0"是独立的且等概率出现的;

②信道加性噪声 $n(t)$ 是零均值高斯白噪声,功率谱密度为 n_0(单边);

③通过接收滤波器 $H_R(\omega)$ 后的噪声为窄带高斯噪声,其均值为零,方差为 σ_n^2,则

$$\sigma_n^2 = \frac{1}{2\pi} \int_{-\infty}^{\infty} \frac{n_0}{2} |H_R(\omega)|^2 \mathrm{d}\omega$$

④由接收滤波器引起的码间串扰很小,可以忽略不计;

⑤接收端产生的相干载波的相位误差为零。

这样,解调器输入端的功率信噪比定义为

$$r = \frac{\left(\dfrac{A}{\sqrt{2}}\right)^2}{\sigma_n^2} = \frac{A^2}{2\sigma_n^2}$$

式中 A 为输入信号的振幅; $(A/\sqrt{2})^2$ 为输入信号功率; σ_n^2 为输入噪声功率,则 r 就输入功率信噪比。

对于各种调制方式及不同的检测方法,系统性能总结于表 4-5 中。

表 4-5　二进制数字调制系统对比表

调制方式		误码率公式	带　宽	调制方式	误码率公式	带宽
2ASK	相干	$P_e = \dfrac{1}{2}\text{erfc}\left(\sqrt{\dfrac{r}{4}}\right)$	$\dfrac{2}{T_S}$	2PSK	$P_e = \dfrac{1}{2}\text{erfc}(\sqrt{r})$	$\dfrac{2}{T_S}$
	非相干	$P_e \approx \dfrac{1}{2}\exp\left(-\dfrac{r}{4}\right)$				
2FSK	相干	$P_e = \dfrac{1}{2}\text{erfc}\left(\sqrt{\dfrac{r}{2}}\right)$	$|f_2 - f_1| + \dfrac{2}{T_S}$	2DPSK	相位比较　$P_e = \dfrac{1}{2}\exp(-r)$	$\dfrac{2}{T_S}$
	非相干	$P_e = \dfrac{1}{2}\exp\left(-\dfrac{r}{2}\right)$			极性比较　$P_e \approx \text{erfc}(\sqrt{r})$	

对二进制数字调制系统的抗噪声性能做以下两个方面的比较。

①同一调制方式不同检测方法的比较。对表 4-5 做纵向比较可以看出,对于同一调制方式不同检测方法,相干检测的抗噪声性能优于非相干检测。但是随着信噪比 r 的增大,相干与非相干误码性能的相对差别越不明显。另外,相干检测系统的设备比非相干的要复杂。

②同一检测方法不同调制方式的比较。对表 4-5 做横向比较,可以看出:

i. 相干检测时,在相同误码率条件下,对信噪比 r 的要求:2PSK 比 2FSK 小 3dB,2FSK 比 2ASK 小 3dB;

ii. 非相干检测时,在相同误码率条件下,对信噪比 r 的要求:2DPSK 比 2FSK 小 3dB,2FSK 比 2ASK 小 3dB。

反过来,若信噪比 r 一定,2PSK 系统的误码率低于 2FSK 系统,2FSK 系统的误码率低于 2ASK 系统,因此从抗加性白噪声上讲,相干 2PSK 性能最好,2FSK 次之,2ASK 最差。

(2)频带宽度

各种二进制数字调制系统的频带宽度也示于表 4-5 中,其中 T_S 为传输码元的时间宽度。从表 4-5 可以看出,2ASK 系统和 2PSK(2DPSK)系统频带宽度相同,均为 $2/T_S$,是码元传输速率 $R_S = 1/T_S$ 的二倍;2FSK 系统的频带宽度近似为 $|f_2 - f_1| + 2/T_S$,大于 2ASK 系统和 2PSK(2DPSK)系统的频带宽度,因此从频带利用率上看,2FSK 调制系统最差。

(3)对信道特性变化的敏感性

信道特性变化的灵敏度对最佳判决门限有一定的影响。在 2FSK 系统中,是比较两路解调输出的大小来做出判决的,不需人为设置的判决门限。在 2PSK 系统中,判决器的最佳判决门限为 0,与接收机输入信号的幅度无关,因此判决门限不随信道特性的变化而变化,接收机总能工作在最佳判决门限状态。对于 2ASK 系统,判决器的最佳判决门限为 $a/2$(当 $P(1) = P(0)$ 时),它与接收机输入信号的幅度 a 有关。当信道特性发生变化时,接收机输入信号的幅度将随之发生变化,从而导致最佳判决门限随之而变。这时,接收机不容易保持在最佳判决门限状态,误码率将会增大,因此从对信道特性变化的敏感程度上看,2ASK 调制系统最差。

当信道有严重衰落时,通常采用非相干解调或差分相干解调,因为这时在接收端不易得到相干解调所需的相干参考信号。当发射机有严格的功率限制时,则可考虑采用相干解调,因为在给定的传码率及误码率情况下,相干解调所要求的信噪比比非相干解调小。

(4)设备的复杂程度

就设备的复杂度而言,2ASK、2PSK 及 2FSK 发端设备的复杂度相差不多,而接收端的复杂程度则和所用的调制和解调方式有关。对于同一种调制方式,相干解调时的接收设备比非相干解调的接收设备复杂;同为非相干解调时,2DPSK 的接收设备最复杂,2FSK 次之,2ASK 的设备最简单。

通过从以上几个方面对各种二进制数字调制系统进行比较可以看出,在选择调制和解调方式时,要考虑的因素是比较多的。只有对系统要求做全面的考虑,并且抓住其中最主要的因素才能做出比较正确的选择。如果抗噪声性能是主要的,则应考虑相干 2PSK 和 2DPSK,而 2ASK 最不可取;如果带宽是主要的因素,则应考虑 2PSK、相干 2PSK、2DPSK 以及 2ASK,而 2FSK 最不可取;如果设备的复杂性是一个必须考虑的重要因素,则非相干方式比相干方式更为适宜。目前,在高速数据传输中,相干 PSK 及 DPSK 用得较多,而在中、低速数据传输中,特别是在衰落信道中,相干 2FSK 用得较为普遍。

2. 多进制数字调制系统的性能比较

多进制数字调制系统的误码率是平均信噪比 ρ 及进制数 M 的函数。对移频、移相制 ρ 就是 r,对振幅键控 ρ 是各电平等概率出现时的信号平均功率与噪声平均功率之比。M 一定,ρ 增大时,P_e 减小,反之增大;ρ 一定,M 增大时,P_e 增大。可见,随着进制数的增多,抗干扰性能降低,如表 4-6 所示,其中 $f_s = 1/T_s$ 是 M 进制码元速率。码元速率相同时,M 进制数传系统的信息速率是二进制的 $k = \log_2 M$ 倍。f_M 为最高选用载频,f_1 为最低选用载频,MFSK 的频带利用率总是低于 MASK 的频带利用率。

表 4-6　多进制数字调制系统对比表

调制方式		误码率公式	带　宽
MASK	相干	$P_e = \left(\dfrac{M-1}{M}\right)\mathrm{erfc}\left(\sqrt{\dfrac{3r}{M^2-1}}\right)$	$\dfrac{2}{T_s}$
MFSK	相干	$P_e \approx \left(\dfrac{M-1}{2}\right)\mathrm{erfc}\left(\sqrt{\dfrac{r}{2}}\right)$	$f_M - f_1 + \dfrac{2}{T_s}$
	非相干	$P_e \approx \left(\dfrac{M-1}{2}\right)e^{-\frac{r}{2}}$	
MPSK	4PSK	$P_e \approx \mathrm{erfc}\left(\sqrt{r}\sin\dfrac{\pi}{4}\right)$	$\dfrac{2}{T_s}$
	4DPSK	$P_e \approx \mathrm{erfc}\left(\sqrt{2r}\sin\dfrac{\pi}{8}\right)$	

（1）对多电平振幅调制系统而言，在要求相同的误码率 P_e 的条件下，多电平振幅调制的电平数愈多，则需要信号的有效信噪比越高；反之，有效信噪比就可能下降。在 M 相同的情况下，双极性相干检测的抗噪声性能最好，单极性相干检测次之，单极性非相干检测性能最差。虽然 MASK 系统的抗噪声性能比 2ASK 差，但其频带利用率高，是一种高效传输方式。

（2）多频系统中相干检测和非相干检测时的误码率 P_e 均与信噪比 ρ 及进制 M 有关。在一定的进制数 M 条件下，信噪比 ρ 越大，误码率愈小；在一定的信噪比条件下，M 值越大，误码率也愈大。MFSK 与 MASK、MPSK 比较，随 M 增大，其误码率增大得不多，但其频带占用宽度将会增大，频带利用率降低。另外，相干检测与非相干检测性能之间相比较，在 M 相同条件下，相干检测的抗噪声性能优于非相干检测。但是随着 M 的增大，两者之间的差距将会有所减小，而且在同一 M 条件下，随着信噪比的增加，两者性能将会趋于同一极限值。由于非相干检测易于实现，因此实际应用中非相干 MFSK 多于相干 MFSK。

（3）在多相调制系统中，M 相同时，相干检测 MPSK 系统的抗噪声性能优于差分检测 MDPSK 系统。在相同误码条件下，M 值越大，差分移相比相干移相在信噪比上损失得越多，M 很大时，这种损失达到约 3dB。但是由于 MDPSK 系统无反向工作（即相位模糊）问题，收端设备没有 MPSK 复杂，因而实际应用比 MPSK 多。多相制的频带利用率高，是一种高效传输方式。

（4）多进制数字调制系统主要采用非相干检测的 MFSK、MDPSK 和 MASK。一般在信号功率受限，而带宽不受限的场合多用 MFSK；而功率不受限制的场合用 MDPSK；在信道带宽受限，而功率不受限的恒参信道用 MASK。

4.5　光信号的传输

1. 光信号的发送——强度调制

与应用于双绞线、同轴电缆等媒质的电压调制（即以信号电压的高低来控制线路上数字信号的产生）方式不同，光纤通信中采用强度调制的方式控制信号的产生。强度即指光强，是指单位面积上的光功率。其原理是以电信号来控制发光器的工作电流，从而控制发光器的输出功率，使之随信号电流成线性变化，在线路上通过光信号的有无来表示数字信号的 1、0。图 4-66 为发光器的功率－电流特性曲线。

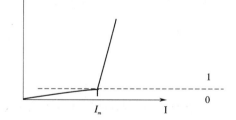

可见，当输入电流超过 I_m 时，输出功率迅速上升，发光器产生输出，表示信号 1。如果这个上升的过程越迅速、输入电流小于 I_m 时的输出功率越小，则发光器的性能越好。

图 4-66　发光器的功率-电流特性曲线

2. 光信号的接收——直接检波

直接检波完成与强度调制相反的动作，即利用光电检测器直接对已调光信号在光频上进行检测，根据光功率的强弱来判断光信号的有无，进而转化为数字信号。

3.光纤通信中的线路编码

一般数字系统的传输码型如 HDB3、CMI 码均不完全适合在光纤信道上传输,因此必须进行重新编码,以满足光纤信道的要求。

对光纤通信中线路码型的要求:

①双极性码变为单极性码,发光器只能识别电流的有无,不能产生负脉冲;

②可以从接收码元序列中提取时钟;

③加扰,有规律的破坏信息码流中的连"0"或连"1",以便于提取时钟信号;

④可进行不中断业务传输的误码监测,如 CMI 码出现"10"即是误码,要求光纤信道编码具有类似功能;

⑤减少信号中直流电平的起伏:在接收侧,直流电平即是进行接收判决的门限电平,如果直流电平变化较大,即会出现误判,从而产生误码;信号中"0"和"1"尽量均匀即可使直流电平的起伏较小;

⑥能提供一定数量的辅助信号和区间通信信道:辅助信号主要是用于维护功能中的监控和倒换等信号;区间信道则是用于中继站间或中继站与终端站之间、附加于系统主信道之上的通信信道。

(2)常用的信道编码

①扰码　它是将原有的二进制序列以一定规律重新排列,从而改善码流的一些特性,如改变原有的"0"、"1"分布等。扰码的优点是不增加线路速率、适于高速系统,缺点是可减少但不能完全抑制较长的连"0"或"1"序列,可能会丢失定时信息。一般扰码与其他编码方式结合使用。

②mBnB 码　它是分组码的一种,它将原始码流以 m 个比特为一组,根据一定规则变为 n 个比特一组的码组输出,$n > m$。优点是加入冗余信息,可用于误码监测,定时信息丰富,而且频率特性好。缺点是不利用插入辅助通信信息。常用的有 5B6B,7B8B 码等。

③插入比特码　它将原码流的 m 比特为一组,在其后插入 1 个比特,构成新的码流。优点是插入的比特可以用做误码检测,辅助信道,改善"0"、"1"分布等多种用途。根据插入码的功能不同,常用的有 mB1P、mB1C、mB1H 等几种。

实际的光纤设备中,常把扰码与 mBnB 码或插入比特码结合使用,组成线路编码。扰码 +5B6B、扰码 +4B1H,即是两种常用的线路码型。

思　考　题

1.智能建筑中通信系统传输的信号有哪些,各具有什么特性?

2.什么是信道,调制信道和编码信道有何区别?

3.常用的传输介质有哪些,都有何种特性和应用?

4.通信系统抗干扰的基本方法有哪些?

5.信道容量如何计算,有什么含义?

6.传输性能如何度量?

7.模拟信号的调制技术有哪些,各有什么特点?

8.数字信号的调制技术有哪些,各有什么特点?

9.光信号传输采取的措施有哪些?

第5章　信号的数字化处理技术

信号是数据在通信传输过程中的电磁或电子的编码。在通信中,需要把数据变成可在传输介质上传送的信号来发送。通信系统中的信号可以分为模拟信号与数字信号两大类,模拟信号是连续变化的电磁波,用电信号模拟原有信息。数字信号是一系列的电脉冲,直接用两种电平表示二进制的 1 和 0。与模拟信号相比,由于数字信号在传输、交换、处理等过程中有极大的优越性,因此目前的通信系统普遍是以数字信号为主的数字通信系统。即使源信号是模拟信号,也要转换成数字信号再进行处理。信号的数字化处理技术研究数字信号的特性及其传输、交换、处理的原理,主要包括编码技术、多路复用技术、数字复接技术、同步技术、同步数字系列技术、数据信息处理技术、传输控制协议技术等。

5.1　传输编码技术

设计通信系统的目的就是把信源产生的信息有效可靠地传送到目的地。在数字通信系统中,为了提高数字信号传输的有效性而采取的编码称为信源编码;为了提高数字通信的可靠性而采取的编码称为信道编码。

1. 信源编码(模拟信号数字化编码)

信源可以有各种不同的形式,如在无线广播中,信源一般是一个语音源(话音或音乐);在电视广播中,信源主要是活动图像的视频信号源,这些信源的输出都是模拟信号,所以称之为模拟源。而数字通信系统是设计来传送数字形式的信息,因此这些模拟源如果想利用数字通信系统进行传输,就需要将模拟信息源的输出转化为数字信号,而这个转化构成就称为信源编码。

对于信源编码的研究,在通信领域受到了人们的广泛关注。特别在移动通信系统中,信源编码(语音编码)决定了接收到的语音的质量和系统容量。因为在移动通信系统中,带宽是很珍贵的,所以如何在有限的可分配的带宽内容纳更多的用户,已经成为经营者最为关心的问题。而低比特率语音编码提供了解决该问题的一种方法,在编码器能够传送高质量语音的前提下,如果比特率越低,就可以在一定的带宽内能容纳更多的语音通道,因此生产商和服务提供商不断地寻求新的编码方法,以便在低比特率条件下提供高质量的语音。

语音编码的目的就是在保持一定算法复杂程度和通信时延的前提下,运用尽可能少的信道容量,传送尽可能高的语音质量。目前较为常用的语音编码形式有脉冲编码调制(PCM)、差分脉冲编码调制(DPCM)、自适应差分脉冲编码调制(ADPCM)、增量调制(DM)、连续可变斜率增量调制(CVSDM)、自适应预测编码(APC)、自带编码(SBC)、码激励线性预测编码等等。

2. 信道编码(差错控制编码)

在实际信道传输数字信号的过程中,引起传输差错的根本原因在于信道内存在的噪声以及信道传输特性不理想所造成的码间串扰。为了提高数字传输系统的可靠性,降低信息传输的差错率,可以利用均衡技术消除码间串扰,利用增大发射功率、降低接收设备本身的噪声、选择好的调制制度和解调方法、加强天线的方向性等措施,提高数字传输系统的抗噪性能,但上述措施也只能将传输差错减小到一定程度。要进一步提高数字传输系统的可靠性,就需要采用差错控制编码,对可能或已经出现的差错进行控制。

差错控制编码是在信息序列上附加上一些监督码元,利用这些冗余的码元,使原来不规律的或规律性不强的原始数字信号变为有规律的数字信号;差错控制译码则利用这些规律性来鉴别传输过程是否发生错误,或进而纠正错误。

原始数字信号是分组传输的,如每 k 个二进制码元为一组(称为信息组),经信道编码后转换为每 n 个码元一组的码字(码组),这里 $n > k$,分组码通常表示为 (n, k)。可见,信道编码是用增加数码,利用"冗余"来提高抗干扰能力的,也就是以降低信息传输速率为代价来减少错误的,或者说是用削弱有效性来增强可靠性的。

5.1.1　模拟信号的数字化技术

通信中的电话、图像业务,其信源是在时间上和幅度上均为连续取值的模拟信号,要实现数字化的传输和交换,首先要把模拟信号通过编码变成数字信号。这一过程涉及数字通信系统中的两个基本组成部分,一个是发送端的信源编码器,它将信源的模拟信号变换为数字信号,即完成模拟/数字(A/D)变换——模拟信号的数字化过程;另一个是接收端的译码器,它将数字信号恢复成模拟信号,即完成数字/模拟(D/A)变换——模拟信号的还原过程,最后将模拟信号发送给信宿。

1.脉冲编码调制(PCM)

脉冲编码调制(PCM,Pulse-code modulation)是信源编码中最重要的一种方式。PCM 在光纤通信、数字微波通信、卫星通信中均获得了极为广泛的应用。从调制的观点来看,PCM 是以模拟信号为调制信号,以二进制脉冲序列为载波,通过调制改变脉冲序列中码元的取值将模拟信号数字化,其中要经过抽样、量化和编码三个步骤。抽样是指用每隔一定时间的信号样值序列来代替原来在时间上连续的信号,也就是在时间上将模拟信号离散化;量化是用有限个幅度值近似原来连续变化的幅度值,把抽样值在幅度进行离散化处理,使得量化后只有预定的 Q 个有限的值;编码是用一个 M 进制的代码表示量化后的抽样值,通常采用 $M = 2$ 的二进制代码来表示,然后转换成二进制或多进制的数字信号流。这样得到的数字信号可以通过数字线路传输。

数模转换是通过译码和低通滤波器完成的,其中译码是把代码变换为相应的量化值。采用脉码调制的模拟信号数字传输系统如图 5-1 所示。

(1)抽样

抽样定理:一个频带限制在 $(0, f_H)$ 内的时间连续信号 $x(t)$,如果以不大于 $1/(2f_H)$ 秒的间隔对它进行等间隔抽样,则 $x(t)$ 将被所得到的抽样值完全确定。也可以这么说,如果以 $f_S \geqslant 2f_H$ 的抽样速率进行均匀抽样上述信号,$x(t)$ 可以被所得到的抽样值完全确定。而最小抽样速率 $f_S = 2f_H$ 称为奈奎斯特速率;$1/(2f_H)$ 这个最大抽样时间间隔称为奈奎斯特间隔。

抽样定理告诉我们,如果对某一带宽有限的时间连续信号(模拟信号)进行抽样,且抽速率达到一定数值时,那么根据这些抽样值就能准确地确定原信号。也就是说,若要传输模拟信号,不一定要传输模拟信号本身,只需传输满足抽样定理要求的抽样值即可。例如要使话音信

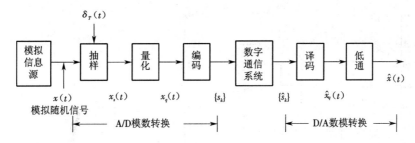

图 5-1 模拟信号的数字传输

号数字化并实现时分多路复用,首先要在时间上对话音信号进行离散化处理,这一过程即是抽样。话音通信中的抽样就是每隔一定的时间间隔 T,抽取话音信号的一个瞬时幅度值(抽样值),抽样后所得出的一系列在时间上离散的抽样值称为样值序列,只要 T 满足 $T \leqslant 1/(2f_H)$,则抽样后的样值序列可以不失真地还原成原来的话音信号。抽样过程如图 5-2 所示。

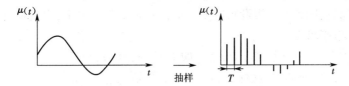

图 5-2 模拟信号的抽样过程

一路电话信号的频带为 300 ~ 3 400 Hz,$f_m = 3$ 400 Hz,则抽样频率 $f_s \geqslant 2 \times 3400 = 6$ 800 Hz。如果按 6 800 Hz 的抽样频率对 300 ~ 3 400 Hz 的电话信号抽样,则抽样后的样值序列可不失真地还原成原来的话音信号,话音信号的抽样频率通常取 $f_s = 8$ 000 Hz。对于 PAL 制电视信号。视频带宽为 6 MHz,按照 CCIR601 建议,抽样频率为 13.5 MHz。

(2)量化

抽样把模拟信号变成了时间上离散的脉冲信号,但脉冲的幅度仍然是连续的,显然对无限个样值——给出数字码组来对应是不可能的,还必须进行离散化处理,才能最终用离散的数值来表示。为了实现以数字码表示样值,必须采用"四舍五入"的方法把样值分级"取整",使一定取值范围内的样值由无限多个值变为有限个值。这一过程称为量化。量化有两种方式,如图 5-3 所示,横坐标表示采样输入信号幅度,V_q 为均匀量化间隔,纵坐标表示量化输出数据。图 5-3(a)所示的量化方式中,取整时只舍不入,即 $0 \sim V_q$ 间的所有输入电压都输出 0,量化编码数据为 000,$V_q \sim 2V_q$ 间所有输入电压都输出 V_q 量化编码数据为 001。采用这种量化方式,输入电压总是大于输出电压,因此产生的量化误差总是正的,最大量化误差等于两个相邻量化级的间隔 V_q。图 5-3(b)所示的量化方式在取整时有舍有入,即 $0 \sim 0.5V_q$ 间的输入电压都输出 0,$0.5V_q \sim 1.5V_q$ 间的输出电压都输出 V_q 等等。采用这种量化方式量化误差有正有负,量化误差的绝对值最大为 $V_q/2$,因此采用有舍有入法进行量化,误差较小。

量化过程如图 5-4 所示,图中模拟信号 $x(t)$ 按照适当抽样间隔进行均匀抽样,在各抽样时刻上的抽样值用"·"表示,第 k 个抽样值为 $x(tT_S)$,量化值在图上用符号 $\triangle$ 表示。Q 为量化等级数,抽样值在量化时转换为 Q 个规定电平 $m_1, m_2, \cdots, m_Q$ 中的一个,其中的任意值 m_i 为区间 x_{i-1} 到 x_i 范围所对应的量化电平值,如果抽样值落在此区间,则经过"四舍五入"后输出值为

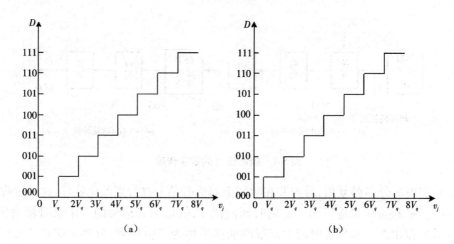

图 5-3　量化的两种方式

m_i。为作图简便起见,图 5-3 中假设只有 $m_1,m_2,\cdots,m_7$ 等 7 个电平,也就是有 7 个量化级。按照预先规定,量化电平可以表示为

$$x_q(nT_S)=m_i,\quad 如果\ x_{i-1}\leqslant x(nT_S)<x_i \tag{5-1}$$

因此量化器的输出是阶梯形波,这样 $x_q(t)$ 可以表示为

$$x_q(t)=x_q(nT_S),\quad 当\ nT_S\leqslant t<(n+1)T_S\ x_i \tag{5-2}$$

　　例如 $n=6$ 时,抽样时刻 $6T_S$ 的抽样值为 $x(6T_S)$,位于区间 $[x_5,x_6]$,此区间对应的量化电平为 m_6,故经过量化"四舍五入"后输出值为 m_6。结合图 5-3 以及上面的分析可知,量化后的信号 $x_q(t)$ 是对原来信号 $x(t)$ 的近似。当抽样速率一定时,随着量化级数目增加,可以使 $x_q(t)$ 与 $x(t)$ 近似程度提高。

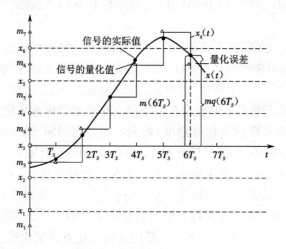

图 5-4　均匀量化过程示意图

　　实际信号可以看成量化输出信号与量化误差之和,因此只用量化输出信号来代替原信号就会有失真。一般说来,可以把量化误差的幅度概率分布看成在 $-\Delta/2\sim+\Delta/2$ 之间的均匀分布。可以证明,量化失真功率与最小量化间隔的平方成正比。最小量化间隔越小,失真就越

小；而最小量化间隔越小，用来表示一定幅度的模拟信号时所需要的量化级数就越多，因此处理和传输就越复杂。所以量化既要尽量减少量化级数，又要使量化失真尽量小，一般都用一个二进制数来表示某一量化级数，经过传输在接收端再按照这个二进制数来恢复原信号的幅值。所谓量化比特数是指要区分所有量化等级所需二进制数的位数。例如有 8 个量化等级，那么可用三位二进制数来区分，因为称 8 个量化等级的量化为 3 比特量化，8 比特量化则是指共有256 个量化等级的量化。

　　量化误差与噪声是有本质的区别的，因为任一时刻的量化误差是可以从输入信号求出，而噪声与信号之间就没有这种关系。可以证明，量化误差是高阶非线性失真的产物。但量化失真在信号中的表现类似于噪声，也有很宽的频谱，所以也被称为量化噪声并采用信噪比来衡量。

　　上面所述的采用均匀间隔量化级进行量化的方法称为均匀量化或线性量化，这种量化方式会造成大信号时信噪比有余而小信号时信噪比不足的缺点。如果使小信号时量化级间宽度小些，而大信号时量化级间宽度大些，就可以使小信号时和大信号时的信噪比趋于一致。这种非均匀量化等级的安排称为非均匀量化或非线性量化。实际的通信系统大多采用非均匀量化方式。

　　目前，实现对于音频信号的非均匀量化方法采用压缩、扩张的方法，即在发送端对输入的信号进行压缩处理、再进行均匀量化，在接收端再进行相应的扩张处理。目前国际上普遍采用容易实现的 A 律 13 折线压扩特性和 μ 律 15 折线压扩特性。我国规定采用 A 律 13 折线压扩特性。采用 13 折线压扩特性后，小信号时量化信噪比的改善量最大可达 24 dB，而这是靠牺牲大信号量化信噪比（损失约 12 dB）换来的。

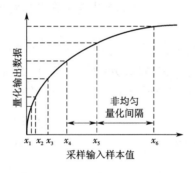

图 5-5　非均匀量化过程示意图

（3）编码

　　抽样、量化后的信号还不是数字信号，需要把它转换成数字编码脉冲，这一过程称为编码。最简单的编码方式是二进制编码。具体说来，就是用 n 比特二进制码来表示已经量化了的抽样值，每个二进制数对应一个量化值，然后把它们排列，得到由二值脉冲组成的数字信息流。用这样方式组成的脉冲串的频率等于抽样频率与量化比特数的乘积，称为所传输数字信号的码速率。

　　设 $x(t)$ 为低通信号，最高频率为 f_H，抽样速率 $f_S \geq 2f_H$，如果量化电平数为 Q，采用 M 进制代码，每个量化电平需要的代码数为 $n = \log_M Q$，因此码元速率 $f_b = nf_S$。如果 $M = 2$ 采用二进制，则量化电平数 Q 与量化比特数 n 的关系为 $Q = 2^n$。此时所具有的带宽有两种：对于理想低

通传输系统 $B_{PCM} = f_b/2 = nf_S/2$；对于升余弦传输系统 $B_{PCM} = f_b = nf_S$。例如对于电话传输系统，其传输模拟信号的带宽为 4 kHz，因此采样频率 $f_S = 8$ kHz，假设按 A 律 13 折线编成 8 位码，采用升余弦系统传输特性，那么传输带宽为 $B_{PCM} = f_b = nf_S = 8 \times 8000 = 64$ kHz。

显然，抽样频率越高、量化比特数越大，码速率就越高，所需要的传输带宽也就越宽。除了上述的自然二进制编码，还有其他形式的二进制编码，如格雷码和折叠二进制码等。

2. 增量调制(ΔM)

增量调制简称 ΔM，它是继 PCM 之后出现的又一种模拟信号数字化方法。最早是由法国工程师 De Lorraine 于 1946 年提出来的，其目的在于简化模拟信号的数字化方法。在以后的 30 多年间有了很大发展，特别是在军事和工业部门的专用通信网和卫星通信中得到广泛应用，不仅如此，近年来在高速超大规模集成电路中已被用作 A/D 转换器。

增量调制获得广泛应用的原因：

①在比特率较低时，增量调制的量化信噪比高于 PCM 的量化信噪比；

②增量调制的抗误码性能好，能工作于误码率为 $10^{-2} \sim 10^{-3}$ 的信道中，而 PCM 要求误比特率通常为 $10^{-4} \sim 10^{-6}$；

③增量调制的编译码器比 PCM 简单。

(1)简单增量调制

增量调制最主要的特点就是它所产生的二进制代码表示模拟信号前后两个抽样值的差别（增加、还是减少），而不是代表抽样值本身的大小，因此把它称为增量调制。在增量调制系统的发端调制后的二进制代码 1 和 0，只表示信号这一个抽样时刻相对于前一个抽样时刻是增加（用 1 码）还是减少（用 0 码）。收端译码器每收到一个 1 码，译码器的输出相对于前一个时刻的值上升一个量化阶，而收到一个 0 码，译码器的输出相对于前一个时刻的值下降一个量化阶。

假设一个模拟信号 $x(t)$（为作图方便起见，令 $x(t) \geq 0$)，可以用一时间间隔为 Δt，幅度差为 $\pm\sigma$ 的阶梯波形 $x'(t)$ 去逼近它，如图 5-6 所示。只要 Δt 足够小，即抽样频率 $f_s = 1/\Delta t$ 足够高，且 σ 足够小，则 $x'(t)$ 可以相当近似于 $x(t)$。在这里把 σ 称作量化阶，$\Delta t = T_S$ 称为抽样间隔。

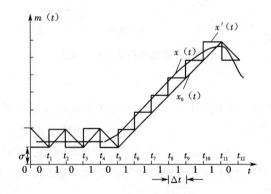

图 5-6 简单增量调制的编码过程

$x'(t)$ 逼近 $x(t)$ 的物理过程是这样的：在 t_i 时刻用 $x'(t_{i-})$ 与比较，倘若 $x(t_i) > x'(t_{i-})$，就让 $x'(t_i)$ 上升一个量阶段，同时 ΔM 调制器输出二进制"1"；反之就让 $x'(t_i)$ 下降一个量阶段，

同时 ΔM 调制器输出二进制"0"。根据这样的编码思路,结合图 5-4 的波形,就可以得到一个二进制代码序列 010101111110…除了用阶梯波 $x'(t)$ 去近似 $x(t)$ 以外,也可以用锯齿波 $x_0(t)$ 去近似 $x(t)$,而锯齿波 $x_0(t)$ 也只有斜率为正 $(\sigma/\Delta t)$ 和斜率为负 $(-\sigma/\Delta t)$ 两种情况,因此也可以用"1"码表示正斜率和"0"码表示负斜率,以获得一个二进制代码序列。

　　简单 ΔM 系统方框图如图 5-7 所示。发送端编码器由相减器、判决器、积分器及脉冲发生器(极性变换电路)组成的一个闭环反馈电路。判决器是用来比较 $x_0(t)$ 与 $x(t)$ 大小,在定时抽样时刻如果 $x(t)-x_0(t)>0$ 输出"1";$x(t)-x_0(t)<0$ 输出"0";$x_0(t)$ 由本地译码器产生。实际实用编码方框图比图 5-7 中所描述的要复杂得多。系统中收端译码器的核心电路是积分器,积分器可选用 RC 电路,可以得到近似锯齿波的斜变电压,还包含一些辅助性的电路,如脉冲发生器和低通滤波器等。ΔM 调制系统带宽与 PCM 相似。

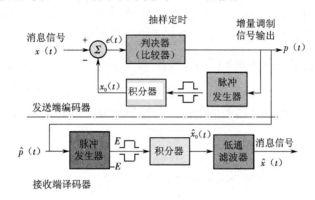

图 5-7　简单增量调制系统框图

(2)改进型增量调制

①总和增量调制($\Delta - \Sigma$)

　　在分析 ΔM 系统量化噪声时,通常假设信道加性噪声很小,不造成误码。在这种情况下,ΔM 系统中量化噪声有两种形式,一种是一般量化噪声,另一种则被称为过载量化噪声。如图 5-8 所示的量化过程,本地译码器输出与输入的模拟信号作差,就可以得到量化误差 $e(t)$,具体计算方法为 $e(t)=x(t)-x_0(t)$,$e(t) \sim t$ 的波形是一个随机过程。如果 $e(t)$ 的绝对值小于量化阶 σ,即 $|e(t)|=|x(t)-x_0(t)|<\sigma$,$e(t)$ 在 $-\sigma$ 到 σ 范围内随机变化,这种噪声被称为一般量化噪声。

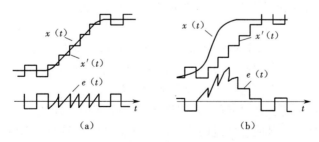

图 5-8　量化噪声

(a)一般量化误差;(b)过载量化误差

　　过载量化噪声(有时简称过载噪声)发生在模拟信号斜率陡变时,由于量化阶 σ 是固定的,而且每秒内台阶数也是确定的,因此阶梯电压波形就有可能跟不上信号的变化,形成了包含很大失真的阶梯电压波形,这样的失真称为过载现象,也称过载噪声。

当出现过载时,量化噪声将急剧增加,因此在实际应用中要尽量防止出现过载现象。对于 ΔM 系统,当采样频率和量化阶确定以后,输入信号的最大振幅与其工作频率成反比,由于话音信号的功率谱从 $700 \sim 800$ Hz 开始快速下降,因此这种特性正好与过载特性能很好地匹配。但是在实际应用时,为了提高话音的清晰度,通常要对语音信号高频分量进行提升,即预加重,加重后的语音信号功率谱密度在 $300 \sim 3\,400$ Hz 范围内接近于平坦特性,这样与 ΔM 系统的过载特性反而不匹配了,非常容易产生过载现象。

为了解决上述问题,人们提出了一种称为总和增量调制的编码方法,这种编码方法首先对 $x(t)$ 信号进行积分,然后再进行简单增量调制。如图 5-9(a)中,输入信号 $x(t)$ 的高低频成分都比较丰富,如果利用 ΔM 系统进行编码,在 $x(t)$ 急剧变化时,调制输出 $x_0(t)$ 跟不上 $x(t)$ 的变比,出现比较严重的过载,而在 $x(t)$ 缓慢变化时,如果幅度的变化在 $\pm\sigma$ 以内,将出现连续的"10"交替码,这段时间幅度变比的信息也将丢失。但如果对图 5-7(a)中的 $x(t)$ 进行积分,积分后的 $\int_0^t x(\tau)\mathrm{d}\tau$ 波形如图 5-9(b)所示。这时原来急剧变化时的过载问题和缓慢变化时信号丢失的问题都将得到克服。由于对 $x(t)$ 先积分再进行增量调制,因此在接收端解调以后要对解调信号进行微分,以便恢复原来的信号。这种先积分后增量调制的方法被称为总和增量调制。

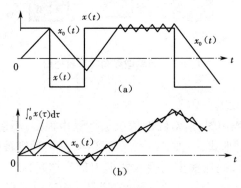

图 5-9 $(\Delta - \Sigma)$ 系统工作波形

②自适应增量调制($A\Delta M$)

在 PCM 系统中曾经利用压扩技术实现非均匀量化,以提高小信号时的量化信噪比,在增量调制系统中也可以利用类似的方法。也就是说根据信号斜率的不同采用不同的量化阶(对于类型相同的信号,小信号的斜率小,大信号的斜率大),因此当信号的斜率 $|\mathrm{d}x(t)/\mathrm{d}t|$ 增大时,量化阶 σ 也增大;反之当 $|\mathrm{d}x(t)/\mathrm{d}t|$ 减小时,σ 也减小。这种随着信号斜率的不同而自动改变量化阶 σ 的调制方法称为自适应增量调制($A\Delta M$)。

在 $A\Delta M$ 系统中,发端 σ 是可变的,收端译码时也要使用不同的 σ,这种可变的 σ 相当于 PCM 系统中的压扩技术。自适应增量调制中由于 σ 需要随信号的斜率的变化而改变,因此在方框图的构成上应该在 ΔM 的基础上,增加检测信号幅度变化(斜率大小)的电路(提取控制电压电路)和用来控制 σ 变化的电路。

提取控制电压通常有两种方法。其中第一种方法被称为前向控制,即控制电压直接从输入信号 $x(t)$ 中提取话音信号的斜率,实际上就是对话音信号 $x(t)$ 微分,微分电路的输出即为按话音信号斜率变化的电压。用这个电压去控制 σ 就可以使话音信号斜率大时 σ 增大,反之斜率小时 σ 减小,从而提高小信号的信噪比。但这种方法需要把控制电压与调制后的代码同时传输到接收端,以便使接收端利用这个控制电压对译码器的量化阶进行调整。由于这种方法在传输信码的同时还要传输控制电压,因此目前已经很少应用。

另一种方法是后向控制,控制电压从信码中提取,因此不需要另外把控制电压从发端传送到收端,这种方法目前用得最多。

控制 σ 变化的方法也有两种。一种是瞬时压扩式,另一种是音节压扩式。瞬时压扩式的 σ 随着信号斜率的变化立即变化,这种方法实现起来比较困难。另一种是在一段时间内取平均斜率来控制 σ 的变化,其中用得最多的适合于话音信号的就是音节压扩式。音节压扩是用话音信号一个音节时间内的平均斜率来控制 σ 的变化,即在一个音节内,σ 保持不变,而在不同音节内 σ 是变化的。音节是指话音信号包络变化的一个周期,这个周期不是固定的,但经大量统计分析后发现,这个周期趋于某一固定值,这里的音节就是指这个固定值。对于话音信号,一个音节一般约为 10 ms。

③脉码增量调制(DPCM)

对于有些信号(例如图像信号)由于信号的瞬时斜率比较大,很容易引起过载,因此不能用简单增量调制进行编码。除此之外,这类信号也没有像话音信号那种音节特性,因而也不能采用像音节压扩那样的方法,只能采用瞬时压扩的方法。但瞬时压扩实现起来比较困难,因此对于这类瞬时斜率比较大的信号,通常采用一种综合了增量调制和脉冲编码调制两者特点的调制方法进行编码,这种编码方式被简称为脉码增量调制,或称差值脉码调制,用 DPCM 表示。

这种调制方式的主要特点是把增量值分为 Q' 个等级,然后把 Q' 个不同等级的增量值编为 n' 位二进制代码($Q' = 2^{n'}$)再送到信道传输,因此它兼有增量调制和 PCM 的各自特点。如果 $n' = 1$,则 $Q' = 2$,这就是增量调制了。这里增量值等级用 Q' 表示,码位数用 n' 表示,这主要是为了与 PCM 中用的量化级 Q 和码位数 n 区别开来。

实验表明,经过 DPCM 调制后的信号,其传输的比特率要比 PCM 的低,相应要求的系统传输带宽也大大地减小了。此外,在相同比特速率条件下,DPCM 比 PCM 信噪比也有很大的改善。与 ΔM 相比,由于它增多了量化级,因此在改善量化噪声方面优于 ΔM 系统。DPCM 的缺点是易受到传输线路上噪声的干扰,在抑制信道噪声方面不如 ΔM。

为了保证大动态范围变化信号的传输质量,使得所传输信号实现最佳的传输性能,可以对 DPCM 采用自适应处理。有自适应算法的 DPCM 系统称为自适应脉码增量调制系统,简称 ADPCM。这种系统与 PCM 相比,可以大大降低码元传输速率和压缩传输带宽,从而增加通信容量。例如用 32 kbit/s 传信率传输 ADPCM 信号,就能够基本满足以 64 kbit/s 传输 PCM 话音质量要求,因此 CCITT 建议 32 kbit/s 的 ADPCM 为长途传输中的一种新型国际通用的语言编码方法。

5.1.2　差错控制技术

在数字信号传输中,由于信道不理想以及加性噪声的影响,被传输的信号码元波形会变坏,造成接收端错误判决。为了尽量减小数字通信中信息码元的差错概率,应合理设计基带信号,并采用均衡技术,以减小信道线性畸变引起的码间干扰;对于由信道噪声引起的加性干扰,应考虑采取加大发送功率、适当选择调制解调方式等措施。但是随着现代数字通信技术的不断发展，以及传输速率的不断提高，对信息码元的差错概率 P_e 的要求也在提高，例如计算机间的数据传输，要求 P_e 低于 10^{-9}，并且信道带宽和发送功率受到限制，此时就需要采用信道编码，又称为差错控制编码。

信道编码理论建立在香农信息论的基础上，其实质是给信息码元增加冗余度，即增加一定数量的多余码元(称为监督码元或校验码元)，由信息码元和监督码元共同组成一个码字，两者间满足一定的约束关系。如果在传输过程中受到干扰，某位码元发生了变化，就破坏了它们之间的约束关系。接收端通过检验约束关系是否成立，完成识别错误或者进一步判定错误位置并纠正错误，从而提高通信的可靠性。

1. 差错控制方式

在差错控制系统中，差错控制方式主要有三种。常用的差错控制方式主要有三种：前向纠错(简称 FEC)、检错重发(简称 ARQ)和混合纠错(简称 HEC)，它们的结构如图 5-10 所示。图中有斜线的方框图表示在该端进行错误的检测。

前向纠错系统中，发送端经信道编码后可以发出具有纠错能力的码字；接收端译码后不仅可以发现错误码，而且可以判断错误码的位置，并予以自动纠正。然而，前向纠错编码需要附加较多的冗余码元，影响数据传输效率，同时其编译码设备比较复杂。但是由于不需要反馈信道，实时性较好，因此这种技术在单工信道中普遍采用，例如无线电寻呼系统中采用的POGSAG 编码等。

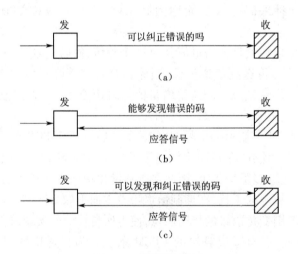

图 5-10　差错控制方式

(a)前向纠错(FEC)；(b)检错重发(ARQ)；(c)混合纠错检错(HEC)

检错重发方式中，发送端经信道编码后可以发出能够检测出错误能力的码字；接收端收到后经检测如果发现传输中有错误，则通过反馈信道把这一判断结果反馈给发送端。然后，发送端把前面发出的信息重新传送一次，直到接收端认为已经正确后为止。典型系统检错重发方式的原理方框图如图 5-11 所示，常用的检错重发系统有三种：停发等候重发、返回重发、选择重发。

停发等候重发系统的发送端在某一时刻向接收端发送一个码字，接收端收到后经检测若未发现传输错误，则发送一个认可信号(ACK)给发送端，发送端收到 ACK 信号后再发下一个码字;如果接收端检测出错误,则发送一个否认信号(NAK),发送端收到 NAK 信号后重发前一个码字,并再次等待 ACK 和 NAK 信号。这种方式效率不高,但工作方式简单,在计算机数据通信中仍在使用。

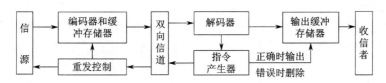

图 5-11　ARQ 系统组成方框图

在返回重发系统中,发送端无停顿的送出一个又一个码字,不再等待 ACK 信号,一旦接收端发现错误并发回 NAK 信号,则发送端从下一个码字开始重发前一段 N 组信号,N 的大小取决于信号传递及处理所带来的延迟,这种系统比停发等候重发系统有很大的改进,在许多数据传输系统中得到应用。

在选择重发系统中,发送端也是连续不断地发送码字,接收端发现错误发回 NAK 信号。与返回重发系统不同的是,发送端不是重发前面的所有码字,而是只重发有错误的那一组。显然,这种选择重发系统传输效率最高,但控制最为复杂。此外,返回重发系统和选择重发系统都需要全双工的链路,而停发等候重发系统只需要半双工的链路。

基于上述分析,检错重发(ARQ)的优点:

(1)只需要少量的冗余码,就可以得到极低的输出误码率;

(2)使用的检错码基本上与信道的统计特性无关,有一定的自适应能力;

(3)与 FEC 相比,信道编译码器的复杂性要低得多。

缺点:

(1)需要反向信道,故不能用于单向传输系统,并且实现重发控制比较复杂;

(2)当信道干扰增大时,整个系统有可能处在重发循环当中,因而通信效率低,不大适合于严格实时传输系统。

混合纠错方式是前向纠错方式和检错重发方式的结合。在这种系统中发送端不但具有纠正错误的能力,而且对超出纠错能力的错误有检测能力。遇到后一种情况时,系统可以通过反馈信道要求发送端重发一遍。混合纠错方式在实时性和译码复杂性方面是前向纠错和检错重发方式的折中。

在实际应用中,上述几种差错控制方式应根据具体情况合理选用。

2. 常用检错码

(1)奇偶监督码

奇偶监督码,也叫奇偶校验码,是奇监督码和偶监督码的统称,是一种最基本的检错码。它是由 $n-1$ 位信息元和 1 位监督元组成,可以表示成为$(n,n-1)$。如果是奇监督码,在附加上一个监督元以后,码长为 n 的码字中"1"的个数为奇数个;如果是偶监督码,在附加上一个监督元以后,码长为 n 的码字中"1"的个数为偶数个。设:如果一个监督码的码字用 $A = \left[a_{n-1},a_{n-2},\cdots,a_1,a_0\right]$ 表示,则

奇监督满足:　　　　　　$a_{n-1}\oplus a_{n-2}\oplus\cdots\oplus a_1\oplus a_0 = 1$　　　　　　(5-3)

偶监督满足:　　　　　　$a_{n-1}\oplus a_{n-2}\oplus\cdots\oplus a_1\oplus a_0 = 0$　　　　　　(5-4)

式中 a_0 为监督元;"$\oplus$"为模二和。利用式(5-3)或式(5-4),由信息元即可求出监督元。另外,如果发生单个(或奇数个)错误,就会破坏这个关系式,因此通过该式能检测码字中是否发生了单个或奇数个错误。

(2)行列监督码

行列监督码又称水平垂直一致监督码或二维奇偶监督码,有时还被称为矩阵码。它不仅对水平(行)方向的码元,而且还对垂直(列)方向的码元实施奇偶监督。一般 $L \times m$ 个信息元,附加 $L + m + 1$ 个监督元,由 $L + 1$ 行,$m + 1$ 列组成一个($Lm + L + m + 1, Lm$)行列监督码的码字。表 5-1 就是(66,50)行列监督码的一个码字($L = 5, M = 10$),它的各行和各列对 l 的数目都实行偶数监督。可以逐行传输,也可以逐列传输。译码时分别检查各行、各列的监督关系,判断是否有错。

表 5 - 1　(66,50)行列监督码的一个码字

1	1	0	0	1	0	1	0	0	0	0
0	1	0	0	0	0	1	1	0	1	0
0	1	1	1	1	0	0	0	0	1	1
1	0	0	1	1	1	0	0	0	0	0
1	0	1	0	1	0	1	0	1	0	1
1	1	0	0	0	1	1	1	1	0	0

这种码有可能检测偶数个错误,因为每行的监督位虽然不能用于检测本行中的偶数个错码,但按列的方向就有可能检测出来。可是也有一些偶数错码不可能检测出,例如构成矩形的四个错码就检测不出来。

这种二维奇偶监督码适于检测突发错码,因为这种突发错码常常成串出现,随后有较长一段无错区间,所以在某一行中出现多个奇数或偶数错码的机会较多,这种方阵码适于检测这类错码。前述的一维奇偶监督码一般只适于检测随机错误。

由于方阵码只对构成矩形四角的错码无法检测,故其检错能力较强。一些试验测量表明,这种码可使误码率降至原误码率的 $1/100 \sim 0.01/100$。

二维奇偶监督码不仅可用来检错,还可用来纠正一些错码,例如当码组中仅在一行中有奇数个错误时,则能够确定错码位置,从而纠正它。

(3)恒比码

恒比码又称等重码,这种码的码子中 1 和 0 的位数保持恒定比例。由于每个码字的长度是相同的,若 1、0 恒比,则码字必等重。

若码长为 n,码重为 w,则此码的码字个数为 C_n^w,禁用码字数为 $2^n - C_n^w$。该码的检错能力较强,除对换差错(1 和 0 成对的产生错误)不能发现外,其他各种错误均能发现。

目前我国电传通信中普遍采用 3:2 码,该码共有 $C_5^3 = 10$ 个许用码字,用来传送 10 个阿拉伯数字,如表 5-2 所示。这种码又称为 5 中取 3 数字保护码。因为每个汉字是以四位十进制数来代表的,所以提高十进制数字传输的可靠性,就等于提高汉字传输的可靠性。实践证明,采用这种码后,我国汉字电报的差错串大为降低。

表 5-2　3:2 数字保护码

数字	码　字				
0	0	1	1	0	1
1	0	1	0	1	1
2	1	1	0	0	1
3	1	0	1	1	0
4	1	1	0	1	0
5	0	0	1	1	1
6	1	0	1	0	1
7	1	1	1	0	0
8	0	1	1	1	0
9	1	0	0	1	1

目前国际上通用的 ARQ 电报通信系统中,采用 3:4 码即 7 中取 3 码,这种码共有 $C_3^7 = 35$ 个许用码字,93 个禁用码字。35 个许用码字用来代表不同的字母和符号。实践证明,应用这种码,使国际电报通信的误码率保持在 10^{-6} 以下。

(4)线性分组码

分组码是一组固定长度的码组,可表示为 (n, k),通常它用于前向纠错。在分组码中,监督位被加到信息位之后,形成新的码。在编码时,k 个信息位被编为 n 位码组长度,而 $n-k$ 个监督位的作用就是实现检错与纠错。当分组码的信息码元与监督码元之间的关系为线性关系时,这种分组码就称为线性分组码。

对于长度为 n 的二进制线性分组码,它有 2^n 种可能的码组 2^n,从种码组中,可以选择 $M = 2^k$ 个码组 $(k < n)$ 组成一种。这样,一个 k 比特信息的线性分组码可以映射到一个长度为 n 码组上,该码组是从 $M = 2^k$ 个码组构成的码集中选出来的,这样剩下的码组就可以对这个分组码进行检错或纠错。

线性分组码是建立在代数群论基础之上的,各许用码的集合构成了代数学中的群,它们的主要性质如下:

①任意两许用码之和(对于二进制码这个和的含义是模二和)仍为一许用码,也就是说,线性分组码具有封闭性;

②码组间的最小码距等于非零码的最小码重。

在上面介绍的奇偶监督码,就是一种最简单的线性分组码,由于只有一位监督位通常可以表示为 $(n, n-1)$,式(5-3)或式(5-4)表示采用奇偶校验时的监督关系。在接收端解码时,实际上就是在计算

$$S = b_{n-1} + b_{n-2} + \cdots + b_1 + b_0 \tag{5-5}$$

其中 $b_{n-1} + b_{n-2} + \cdots + b_1$ 表示接收到的信息位;b_0 表示接收到的监督位,若 $S = 0$,就认为无错;若 $S = 1$ 就认为有错。式(5-5)被称为监督关系式,S 是校正子。由于校正子 S 的取值只有"0"和"1"两种状态,因此它只能表示有错和无错这两种信息,而不能指出错码的位置。

设想如果监督位增加一位,即变成两位,则能增加一个类似于式(5-5)的监督关系式,计算出两个校正子 S_1 和 S_2,$S_1 S_2$ 而共有四种组合:00,01,10,11,可以表示四种不同的信息。除了用 00 表示无错以外,其余三种状态就可用于指示 3 种不同的误码图样。

同理,由 r 个监督方程式计算得到的校正子有 r 位,可以用来指示 2^r-1 种误码图样。对于一位误码来说,就可以指示 2^r-1 个误码位置。对于码组长度为 n、信息码元为 k 位、监督码元为 $r=n-k$ 位的分组码(常记作 (n,k) 码),如果希望用 r 个监督位构造出 r 个监督关系式来指示一位错码的 n 种可能,则要求:

$$2^r-1 \geqslant n \quad 或 \quad 2^r \geqslant k+r+1 \tag{5-6}$$

(5)循环码

循环码最大的特点就是码字的循环特性,所谓循环特性是指循环码中任一许用码组经过循环移位后,所得到的码组仍然是许用码组。若 $(a_{n-1},a_{n-2},\cdots,a_1,a_0)$ 为一循环码组,则 $(a_{n-2},a_{n-3},\cdots,a_0,a_{n-1}),(a_{n-3},a_{n-4},\cdots,a_{n-1},a_{n-2}),\cdots$ 还是许用码组。也就是说,不论是左移还是右移,也不论移多少位,仍然是许用的循环码组。表 $5-3$ 给出了一种 $(7,3)$ 循环码的全部码字。由此表可以直观地看出这种码的循环特性。例如表中的第 2 码字向右移一位,即得到第 5 码字;第 6 码字组向右移一位,即得到第 3 码字。

为了利用代数理论研究循环码,可以将码组用代数多项是来表示,这个多项式被称为码多项式,对于许用循环码 $A=(a_{n-1},a_{n-2},\cdots,a_1,a_0)$,可以将它的码多项式表示为

$$A(x)=a_{n-1}x^{n-1}+a_{n-2}x^{n-2}+\cdots+a_1x+a_0 \tag{5-7}$$

对于二进制码组,多项式的每个系数不是 0 就是 1,x 仅是码元位置的标志,因此这里并不关心 x 的取值,而表 5-3 中的任一码组可以表示为

$$A(x)=a_6x^6+a_5x^5+a_4x^4+a_3x^3+a_2x^2+a_1x+a_0$$

表 5-3　一种 $(7,3)$ 循环码的全部码字

| 序号 | 码字 | | | | | | | 序号 | 码字 | | | | | | |
| | 信息位 | | | 监督位 | | | | | 信息位 | | | 监督位 | | | |
	a_6	a_5	a_4	a_3	a_2	a_1	a_0		a_6	a_5	a_4	a_3	a_2	a_1	a_0
1	0	0	0	0	0	0	0	5	1	0	0	1	0	1	1
2	0	0	1	0	1	1	1	6	1	0	1	1	1	0	0
3	0	1	0	1	1	1	0	7	1	1	0	0	1	0	1
4	0	1	1	1	0	0	1	8	1	1	1	0	0	1	0

例如表中的第 7 码字可以表示为

$$A(x)=1\cdot x^6+1\cdot x^5+0\cdot x^4+0\cdot x^3+1\cdot x^2+0\cdot x+1$$
$$=x^6+x^5+x^2+1$$

6. 卷积码

在一个二进制分组码 (n,k) 当中,包含 k 个信息位,码组长度为 n,每个码组的 $(n-k)$ 个校验位仅与本码组的 k 信息位有关,而与其他码组无关。为了达到一定的纠错能力和编码效率 $(R_c=k/n)$,分组码的码组长度 n 通常都比较大。编译码时必须把整个信息码组存储起来,由此产生的延时随着 n 的增加而线性增加。

为了减少这个延迟,人们提出了各种解决方案,其中卷积码就是一种较好的信道编码方

式。这种编码方式同样是把 k 个信息比特编成 n 个比特,但 k 和 n 通常很小,特别适宜于以串行形式传输信息,减小了编码延时。

与分组码不同,卷积码中编码后的 n 个码元不仅与当前段的 k 个信息有关,而且也与前面 $(N-1)$ 段的信息有关,编码过程中相互关联的码元为 nN 个。因此,这 N 时间内的码元数目 nN 通常被称为这种码的约束长度。卷积码的纠错能力随着 N 的增加而增大,在编码器复杂程度相同的情况下,卷段积码的性能优于分组码。另一点不同的是:分组码有严格的代数结构,但卷积码至今尚未找到如此严密的数学手段,把纠错性能与码的结构十分有规律地联系起来,目前大都采用计算机来搜索好码。

5.2　多路复用技术

在数字通信中,复用技术的使用极大地提高了信道的传输效率,取得了广泛地应用。多路复用技术就是在发送端将多路信号进行组合,然后在一条专用的物理信道上实现传输,接收端再将复合信号分离出来。多路复用技术主要分为两大类:频分多路复用(简称频分复用)和时分多路复用(简称时分复用),波分复用和统计复用本质上也属于这两种复用技术。另外还有一些其他的复用技术,如码分复用、极化波复用和空分复用等。

5.2.1　频分复用(FDM)

1. 频分复用原理

所谓频分复用(Frequency division Multiplexing)技术,是指按照频率的不同来复用多路信号的方法。在频分复用中,信道的带宽被分成若干个相互不重叠的频段,每路信号占用其中一个频段,因而在接收端可以采用适当的带通滤波器将多路信号分开,从而恢复出所需要的信号。一个简单的频分复用系统如图 5-12 所示。

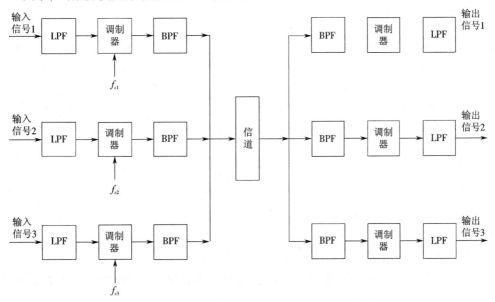

图 5-12　频分复用系统组成

图 5-12 中,各路基带信号首先通过低通滤波器(LPF)限制基带信号的带宽,避免它们的频谱出现相互混叠。然后,各路信号分别对各自的载波进行调制、合成后送入信道传输。在接收端,分别采用不同中心频率的带通滤波器分离出各路已调信号,解调后恢复出基带信号。频分复用是利用各路信号在频率域不相互重叠来区分的。若相邻信号之间产生相互干扰,将会使输出信号产生失真。为了防止相邻信号之间产生相互干扰,应合理选择各路信号的载波频率,并使各路已调信号频谱之间留有一定的保护间隔。若基带信号是模拟信号,则调制方式可以是 DSB-SC、AM、SSB、VSB 或 FM 等,其中 SSB 方式频带利用率最高。若基带信号是数字信号,则调制方式可以是 ASK、FSK、PSK 等各种数字调制方式。

2. 应用实例——调频立体声广播

调频立体声广播系统占用的频段为 88 ~ 108 MHz,采用 FDM 方式。在调频之前,首先采用抑制载波双边带调制将左右两个声道信号之差$(L-R)$与左右两个声道信号之和$(L+R)$实行频分复用。一路立体声广播信号的频谱结构如下图所示。图 5-13 中,0 ~ 15 kHz 用于传送$(L+R)$信号,23 ~ 53 kHz 用于传送$(L-R)$信号,59 ~ 75 kHz 用作辅助通道。在 19 kHz 处发送一个单频信号,用于接收端提取相干载波和立体声指示。

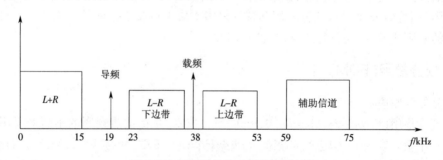

图 5-13　调频立体声广播的频谱结构

5.2.2　时分复用(TDM)

时分复用(Time division Multiplexing)技术是利用各信号的抽样值在时间上的不相互重叠来达到在同一信道中传输多路信号的一种方法。在 FDM 系统中,各信号在频域上是分开的而在时域上是混叠在一起的;在 TDM 系统中,各信号在时域上是分开的,而在频域上是混叠在一起的。时分复用方式将提供给整个信道传输信息的时间划分成若干时间片(简称时隙),并将这些时隙分配给每一个信号源使用,每一路信号在自己的时隙内独占信道进行数据传输。时分复用技术的特点是时隙事先规划分配好且固定不变,所以有时也叫同步时分复用。其优点是时隙分配固定,便于调节控制,适于数字信息的传输;缺点是当某信号源没有数据传输时,它所对应的信道会出现空闲,而其他繁忙的信道无法占用这个空闲的信道,因此会降低线路的利用率,但这一问题可以采用统计时分复用的方法解决。时分复用技术与频分复用技术一样,有着非常广泛的应用,电话通信中的 PCM 系统、SDH、ATM 就是其中最经典的例子。

与 FDM 方式相比,TDM 方式主要有以下两个突出优点:

(1)多路信号的复接和分路都是采用数字处理方式实现的,通用性和一致性好,比 FDM 的模拟滤波器分路简单、可靠;

(2)信道的非线性会在 FDM 系统中产生交调失真和高次谐波,引起信号间串扰,因此要求信道的线性特性要好,而 TDM 系统对信道的非线性失真要求可以降低。

5.2.3　码分复用(CDM)

码分复用系统为每路信号分配了各自特定的地址码,利用同一信道来传输信息。码分复用系统的地址码相互之间具有准正交性,以区别各路信号。码分复用的信号在频率、时间和空间上都可能重叠。也就是说,每路信号有自己的地址码,这个地址码用于区别每路信号,地址码彼此之间是互相独立的,也就是互相不影响的,但是由于技术等种种原因,我们采用的地址码不可能做到完全正交,即完全独立,相互不影响,所以称为准正交,由于有地址码区分各路信号,因此对频率、时间和空间没有限制,在这些方面完全可以重叠。在码分复用系统的接收端,必须有完全一致的本地地址码,用来对接收的信号进行相关检测。其他使用不同码型的信号因为和接收机本地产生的码型不相关而不能被解调。它们的存在类似于在信道中引入了噪声或干扰,通常称之为多址干扰。

在码分多址(CDMA)蜂窝通信系统中,用户之间的信息传输也是由基站进行转发和控制的。为了实现双工通信,正向传输和反向传输各使用一个频率,即通常所谓的频分双工(FDD)。无论正向传输或反向传输,除了传输业务信息外,还必须传送相应的控制信息。为了传送不同的信息,需要设置相应的信道。但是,CDMA 通信系统既不划分频道也不划分时隙,无论传送何种信息的信道都靠采用不同的码型来区分,这样的信道属于逻辑信道。逻辑信道无论从频域来看或从时域来看都是相互重叠的,或者说它们均占有相同的频段和时间。CDMA 数字蜂窝移动通信系统的各种信道的选择,可以采用正交 Walsh 函数来实现。正交 Walsh 函数可以生成正交 Walsh 码,作为地址码实现码分多路复用。

5.3　数字复接技术

5.3.1　数字复接的基本概念

在频分复用的载波系统中,高次群系统是由若干个低次群信号通过频谱搬移并叠加而成。例如 60 路载波是由 5 个 12 路载波经过频谱搬移叠加而成;1 800 路载波是由 30 个 60 路载波经过频谱搬移叠加而成。

在时分制数字通信系统中,为了扩大传输容量和提高传输效率,常常需要将若干个低速数字信号合并成一个高速数字信号流,以便在高速宽带信道中传输。数字复接技术就是解决 PCM、SDH 等系统中的传输信号由低次群到高次群的合成的技术。

扩大数字通信容量有两种方法。一种方法是采用 PCM30/32 系统(又称基群或一次群)复用的方法。例如需要传送 120 路电话时,可将 120 路话音信号分别用 8 kHz 抽样频率抽样,然后对每个抽样值编 8 位码,其码速率为 $8000 \times 8 \times 120 = 7\ 680$ kbit/s。由于每帧时间为 125 微秒,每个路时隙的时间只有 1 微秒左右,这样每个抽样值进行 8 位编码的时间只有 1 微秒时间,其编码速度非常高,对编码电路及元器件的速度和精度要求很高,实现起来非常困难。但这种对 120 路话音信号直接编码复用的方法从原理上讲是可行的。另一种方法是将几个(例如 4 个)经 PCM 复用后的数字信号(例如 4 个 PCM30/32 系统)再进行时分复用,形成容纳更多路信号的数字通信系统。显然,经过数字复用后的信号的码速率提高了,但是对每一个基群的编码速度没有提高,实现起来容易。目前广泛采用这种方法提高通信容量。由于数字复用是采用数字复接的方法来实现的,因此也称为数字复接技术。

5.3.2　数字复接系统的组成

数字复接系统由数字复接器和数字分接器组成,如图 5-14 所示。数字复接器是把两个或两个以上的支路(低次群)信号,按时分复用方式合并成一个单一高次群的数字信号设备,它由定时、码速调整和复接单元等组成。数字分接器的功能是把已合路的高次群数字信号,分解成原先的低次群数字信号,它由帧同步、定时、数字分接和码速恢复等单元组成。

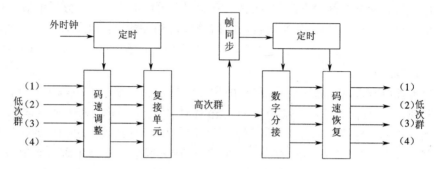

图 5-14　数字复接系统组成

定时单元给设备提供一个统一的基准时钟。码速调整单元是把速率不同的各支路信号,调整成与复接设备定时信号完全同步的数字信号,以便由复接单元把各个支路信号复接成一个数字流 。另外在复接时还需要插入帧同步信号,以便接收端正确接收各支路信号。分接设备的定时单元是由接收信号中提取时钟,并分送给各支路进行分接用。

5.3.3　数字信号的复接方法

1. 按位复接、按字复接、按帧复接

按位复接又叫比特复接,即复接时每支路依次复接一个比特。图 5-15(a)所示是 4 个 PCM30/32 系统时隙的码字情况。图 5-15(b)是按位复接后的二次群中各支路数字码排列情况。按位复接方法简单易行,设备也简单,存储器容量小,目前被广泛采用,其缺点是对信号交换不利。图 5-13(c)是按字复接,对 PCM30/32 系统来说,一个码字有 8 位码,它是将 8 位码先储存起来,在规定时间四个支路轮流复接,这种方法有利于数字电话交换,但要求有较大的存储容量。按帧复接是每次复接一个支路的一个帧(一帧含有 256 个比特),这种方法的优点是复接时不破坏原来的帧结构,有利于交换,但要求更大的存储容量。

2. 同步复接和准同步复接

同步复接是用一个高稳定的主时钟来控制被复接的几个低次群,使这几个低次群的码速统一在主时钟的频率上,这样就达到系统同步复接的目的。同步复接只需要进行相位调整就可以实施数字复接。确保各参与复接的支路数字信号与复接时钟严格同步,是实现同步复接的前提条件,这也是复接技术中的主要问题。同步复接的好处是明显的,例如:复接效率比较高,复接损伤比较小等。但只有在确保同步环境时才能进行同步复接。这种复接方法的缺点是主时钟一旦出现故障,相关的通信系统将全部中断。它只限于在局部区域内使用。

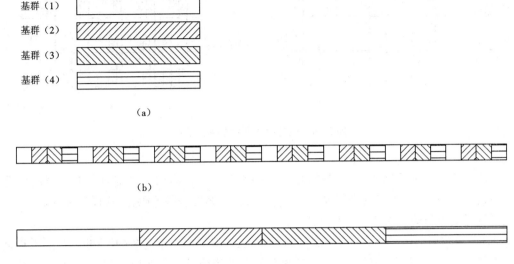

图 5-15　数字复接方法

(a)基群信号;(b)二次群信号:按位复接

　　准同步复接分接把标称速率相同,而实际速率略有差异,但都在规定的容差范围内的多路数字信号进行复接分接的技术。在准同步复接中,参与复接的各支路码流时钟的标称值相同,而码流时钟实际值是在一定的容差范围内变化。严格地说,如果两个信号以同一标称速率给出,而实际速率的容差都限制在规定的范围内,则这两个信号被称为是准同步的。例如,具有相同的标称速率和相同稳定度的时钟,但不是由同一个时钟产生的两个信号通常就是准同步。准同步复接分接相对于同步复接增加了码速调整及码速恢复的环节,使各低次群达到同步之后再进行复接。

　　准同步复接分接允许时钟频率在规定的容差域内任意变动,对于参与复接的支路时钟相位关系就没有任何限制,因此准同步复接分接不要求苛刻的速率同步和相位同步,只要求时钟速率标称值及其容差符合规定,就可以实现复接分接。正因如此,准同步复接分接有着广阔的应用空间。

5.3.4　数字复接中的码速调整

1. 码速调整的基本概念

　　几个低次群数字信号复接成一个高次群数字信号时,如果各个低次群(例如 PCM30 /32 系统)的时钟是各自产生的,即使它们的标称码速率相同,都是 2 048 kbit/s,但它们的瞬时码速率也可能是不同的。因为各个支路的晶体振荡器产生的时钟频率不可能完全相同(ITU-T 规定 PCM 30/32 系统的瞬时码速率在 2048 kbit/s ± 100 bit/s),几个低次群复接后的数字码元就会产生重叠或错位,如图 5-16 所示。这样复接合成后的数字信号流,在接收端是无法分接并恢复成原来的低次群信号的,因此码速率不同的低次群信号是不能直接复接的。在复接前要使各低次群的码速率同步;同时使复接后的码速率符合高次群帧结构的要求。由此可见,将几个低次群复接成高次群时,必须采取适当的措施,以调整各低次群系统的码速率使其同步。

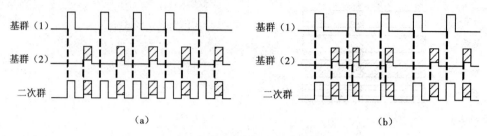

图5-16 码速率对数字复接的影响

(a)码速率相同的复接;(b)码速率不同的复接

不论同步复接或准同步复接,都需要进行码速调整。虽然同步复接时各低次群的码速率完全一致,但复接后的码序列中还要加入帧同步码、对端告警码等码元,这样码速率就要增加,因此仍然需要进行码速调整。

ITU-T 规定以 2 048 kbit/s 为一次群的 PCM 二次群的码速率为 8 448 kbit/s。如果只是简单的复接 4 路 PCM 基群的码流,PCM 二次群的码速率应该是 4×2048 kbit/s = 8 192 kbit/s。当考到 4 个 PCM 一次群在复接时插入了帧同步码、告警码、插入码和插入标志码等码元,这些码元的插入,使每个基群的码速率由 2 048 kbit/s 调整到 2 112 kbit/s,这样 4×2112 kbit/s = 8448 kbit/s。

2. 正码速调整

码速调整后的速率高于调整前的速率,称为正码速调整。正码速调整的结构图如图 5-17 所示。每一个参与复接的码流都必须经过一个码速调整装置,将瞬时码速率不同的码流调整到相同的、较高的码速率,然后再进行复接。码速调整装置的主体是缓冲存储器,此外还包括一些必要的控制电路。

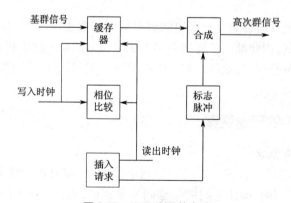

图5-17 正码速调整电路

设计正码速调整方法主要需要考虑"取空"的问题。假定缓存器中的信息原来处于半满状态,随着时间的推移,由于读出时钟大于写入时钟,缓存器中的信息势必越来越少,如果不采取特别措施,最终将导致缓存器中的信息被取空,再读出的信息将是虚假的信息,这就是取空现象。为了防止缓存器的信息被取空,一旦缓存器中的信息比特数降到规定数量时,就发出控制信号,这时控制门关闭,读出时钟被扣除一个比特,同时插入一个特定的控制脉冲(是非信息码)。由于没有读出时钟,缓存器中的信息就不能读出去,而这时信息仍往缓存器存入,因此缓存器中的信息就增加一个比特。如此重复下去,就可将码流通过缓冲存储器传送出去,而输出码速率增加的码流。插入脉冲在何时插入是根据缓存器的储存状态来决定的,可通过插入脉冲控制电路来完成。

在接收端,分接器先将高次群码流进行分接,分接后的各支路码元分别写入各自的缓存器。为了去掉发送端插入的插入脉冲,首先要通过标志信号检出电路检测出标志信号,然后通过写入脉冲扣除电路扣除标志信号。扣除了标志信号后的支路码元的顺序与原来码元的顺序一样,但在时间间隔上是不均匀的,因此在收端要恢复原支路码元,必须先从输入码流中提取时钟。已扣除插入脉冲的码流经鉴相器、低通滤波器之后获得一个频率等于时钟平均频率的读出时钟,再利用这一时钟从缓存器中读出码元。

5.4 同步技术

5.4.1 同步技术及分类

所谓同步是指收发双方在时间上步调一致,故也称为定时。在数字通信中,按照同步的功用可以将同步技术分为载波同步、位同步、帧同步和网同步。

(1)载波同步 载波同步是指在相干解调时,接收端需要提供一个与接收信号中的调制载波同频同相的相干载波。这个载波的获取称为载波提取或载波同步。在模拟调制以及数字调制过程中,要想实现相干解调,必须有相干载波,因此载波同步是实现相干解调的先决条件。

(2)位同步 位同步又称为码元同步。在数字通信系统中,任何消息都是通过一连串码元序列传送的,所以接收时需要知道每个码元的起止时刻,以便在恰当的时刻进行取样判决。这就要求接收端必须提供一个位定时脉冲序列,该序列的重复频率与码元速率相同,相位与最佳取样判决时刻一致。提取这种定时脉冲序列的过程即称为位同步。

(3)帧同步 在数字通信中,信息流是用若干码元组成一个帧。在接收这些数字信息时,必须知道这些帧的起止时刻,否则接收端无法正确恢复信息。对于数字时分多路通信系统,如PCM30/32电话系统,各路码元都安排在指定的时隙内传送,形成一定的帧结构。为了使接收端能正确分离各路信号,在发送端必须提供每帧的起止标记,在接收端检测并获取这一标志的过程,称为帧同步。

(4)网同步 在获得了以上讨论的载波同步、位同步、帧同步之后,两点间的数字通信就可以有序、准确、可靠地进行了。然而,随着数字通信的发展,尤其是计算机通信的发展,多个用户之间的通信和数据交换,构成了数字通信网。显然,为了保证通信网内各用户之间可靠地通信和数据交换,全网必须有一个统一的时间标准时钟,这就是网同步的问题。

另一方面,同步也可以看做是一种信息,按照获取和传输同步信息方式的不同,又可分为外同步法和自同步法。

(1)外同步法 由发送端发送专门的同步信息(常被称为导频),接收端把这个导频提取出来作为同步信号的方法,称为外同步法。

(2)自同步法 发送端不发送专门的同步信息,接收端设法从收到的信号中提取同步信息的方法,称为自同步法。自同步法是人们最希望的同步方法,因为可以把全部功率和带宽分配给信号传输。在载波同步和位同步中,两种方法都有采用,但自同步法正得到越来越广泛的应用。而帧同步一般都采用外同步法。

同步本身虽然不包含所要传送的信息,但只有收发设备之间建立了同步后才能开始传送信息,所以同步是进行信息传输的必要和前提。同步性能的好坏又将直接影响着通信系统的性能。如果出现同步误差或失去同步,就会导致通信系统性能下降或通信中断,因此同步系统应具有比信息传输系统更高的可靠性和更好的质量指标,如同步误差小、相位抖动小以及同步建立时间短,保持时间长等。

5.4.2　典型同步技术

1. 载波同步

当已调信号频谱中有载频离散谱成分时,可用窄带带通滤波器或锁相环来提取相干载波,若载频附近的连续谱比较强则提取的相干载波中会含有较大的相位抖动。当已调信号中不含有载波离散谱时,可以采用插入导频法和直接法来获得相干载波。

直接法也称为自同步法。这种方法是设法从接收信号中提取同步载波。有些信号,如抑制载波的双边带(DSB-SC)信号、相移键控(PSK)信号等,它们虽然本身不直接含有载波分量,但经过某种非线性变换后,将具有载波的谐波分量,因而可从中提取出载波分量来。

抑制载波的双边带(DSB-SC)信号本身不含有载波,而残留边带(VSB)信号虽含有载波分量,但很难从已调信号的频谱中把它分离出来。对这些信号的载波提取,可以用插入导频法(外同步法)。尤其是单边带(SSB)信号,它既没有载波分量又不能用直接法提取载波,只能用插入导频法。

2. 位同步

位同步是指在接收端的基带信号中提取码元定时信息的过程。它与载波同步有一定的相似和区别。载波同步是相干解调的基础,不论模拟通信还是数字通信只要是采用相干解调都需要载波同步,并且在基带传输时没有载波同步问题;所提取的载波同步信息是载频为 的正弦波,实现方法有插入导频法和直接法。位同步是正确取样判决的基础,只有数字通信才需要,并且不论基带传输还是频带传输都需要位同步;所提取的位同步信息是频率等于码速率的定时脉冲,相位则根据判决时信号波形决定,可能在码元中间,也可能在码元终止时刻或其他时刻。实现方法也有插入导频法和直接法。

目前最常用的位同步方法是直接法,即接收端直接从接收到的码流中提取时钟信号、作为接收端的时钟基准,去校正或调整接收端本地产生的时钟信号,使收发双方保持同步。直接法的优点是既不消耗额外的发射功率,也不占用额外的信道资源。采用这种方法的前提条件是码流中必须含有时钟频率分量,或者经过简单变换之后可以产生时钟频率分量,为此常需要对信源产生的信息进行重新编码。

3. 帧同步

帧同步的任务就是在位同步的基础上识别出这些数字信息帧的时刻,使接收设备的帧定时与接收到的信号中的帧定时处于同步状态。实现帧同步,通常采用的方法是起止式同步法和插入特殊同步码组的同步法。而插入特殊同步码组的方法有两种:一种为连贯式插入法,另一种为间隔式插入法。

(1)连贯式插入法　又称集中插入法,它是指在每一信息帧的开头集中插入作为帧同步码组的特殊码组,该码组应在信息码中很少出现,即使偶尔出现,也不可能依照帧的规律周期出现。接收端按帧的周期连续数次检测该特殊码组,这样便获得帧同步信息。A 律 PCM 基群、二次群、三次、四次群,以及 SDH 中各个等级的同步传输模块都采用连贯插入式同步。

(2)间隔式插入法　它是将 n 比特帧同步码分散地插入到 n 帧内,每帧插入 1 比持,μ 律 PCM 基群及增量调制(ΔM)系统采用分散插入式同步。

(3)帧同步码选择原则　具有尖锐单峰特性的自相关函数、漏同步概率小;便于与信息码区别、假同步概率小;码长适当,以保证传输效率。

符合上述要求的特殊码组有全 0 码、全 1 码、1 与 0 交替码、巴克码等。PCM 基群帧中采用的帧同步码为 0011011,巴克码也是目前常用的帧同步码组。

4. 网同步

在数字通信网中,如果在数字交换设备之间的时钟频率不一致,就会使数字交换系统的缓冲存储器中产生码元的丢失和重复,即导致在传输节点中出现滑码。在话音通信中,滑码现象的出现会导致"喀喇"声;而在视频通信中,滑码则会导致画面定格的现象。为降低滑码率,必须使网络中各个单元使用共同的基准时钟频率,实现各网元之间的时钟同步。常见的网同步方法包括主从同步法、相互同步法、码速调整法、水库法等。

(1)主从同步法　它是在通信网中某一网元(主站)设置一个高稳定的主时钟,其他各网元(从站)的时钟频率和相位同步于主时钟的频率和相位,并设置时延调整电路,以调整因传输时延造成的相位偏差。主从同步法具有简单、易于实现的优点,被广泛应用于电话通信系统中。实际引用中,为提高可靠性还可以采用双备份时钟源的设置。各站时钟的频率和相位也可以同步于其他能够提供标准时钟信号的系统,例如 CDMA 2000 系统的空中接口即是采用 GPS 信号进行同步。

(2)相互同步法　它在通信网内各网元设有独立时钟,它们的固有频率存在一定偏差,各站所使用的时钟频率锁定在网内各站固有频率的平均值上(此平均值将称为网频)。相互同步法的优点是单一网元的故障不会影响其他网元的正常工作。

(3)码速调整法　它有正码速调整、负码速调整、正负码速调整和正/零/负码速调整四大类。在 PDH 系统中最常用的是正码速调整。

(4)水库法　它是依靠通信系统中各站的高稳定度时钟,以及大容量的缓冲器,虽然写入脉冲和读出脉冲频率不相等,但缓冲器在很长时间内不会发生"取空"或"溢出"现象,无需进行码速调整。但每隔一个相当长的时间总会发生"取空"或"溢出"现象,因此水库法也需要定期对系统时钟进行校准。

5.5　同步数字系列技术

同步数字系列即 SDH(Synchronous digital hierarchy)是新一代的传输网体制,它的出现和发展并不是偶然的,是针对已有的准同步系统(PDH)的缺点,并考虑了对现有网络投资的保护而提出的。由于多用于以光纤为物理层媒质的传输网,因此也常称为光同步数字传输网(SDA/SONET 网)。

5.5.1 SDH 技术的产生

1. PDH(PCM)技术的缺点

SDH 从 20 世纪 90 年代开始得到了大规模的应用,在此之前,电信传输网是基于点对点传输的准同步系统的,即 PDH。最主要的 PDH 技术就是前面所讲的 PCM 系统,它的应用相当广泛,但随着电信业务要求的提高,开始暴露出了一些固有缺点。

(1)不存在世界性标准　如表 5-5 所示(以 PCM 数字信号速率为例)。

表 5-5　各国的 PDH 速率规范

	基群	二次群	三次群	四次群
北美	1.544 Mbit/s	6.312 Mbit/s	44.736 Mbit/s	274.176 Mbit/s
日本	1.544 Mbit/s	6.312 Mbit/s	32.064 Mbit/s	97.728 Mbit/s
欧洲、我国	2.048 Mbit/s	8.448 Mbit/s	34.368 Mbit/s	139.264 Mbit/s

此外在帧结构、开销比特、同步要求方面也存在着诸多不同,造成国际间相互通信的困难。

(2)没有统一的光接口规范　由于光纤通信廉价、宽带的特性,使之成为了电信传输网的主要传输媒质,但是没有世界性的光接口规范造成了互联互通的困难,也使得运营商被迫增加了大量非标准的转换设备,增加了运营成本。

(3)低次群/高次群之间的复接过程复杂　一般只有部分低速率等级的信号采用同步复用;其他高速率等级的信号由于同步调整的代价较大,多采用异步复用,即加入额外的开销比特使低速支路信号与高速信号同步。这样,从高速信号中提取低速信号就十分复杂,唯一的办法就是将整个高速信号一步步的解复用到所需要的低速支路信号等级,交换支路信号后,再重新复用到高速信号,既缺乏灵活性、又增加了设备的成本。

(4)缺乏 OAM 能力　OAM(operation, administer, maintenance)即运行、管理、维护能力。例如 PCM 仅有 TS0 和 TS16 供 OAM 使用,主要依靠人工的数字信号交叉连接和业务测试,不能满足日益复杂的上层业务的要求。

(5)网络基于点对点结构,设备利用率低　建立在点对点传输基础上的复用结构缺乏灵活性,使得数字传输设备的利用率较低。例如根据北美运营商的统计,仅有 23% 的 44.736 Mbit/s 信号是点对点传输的,而 77% 的 44.736 Mbit/s 信号需要一次以上的转接。

2. SDH 技术的特点

(1)世界统一的数字传输体制　SDH 实际上是在原有的 PDH 体系的链路层(PCM 技术)和物理层(光纤)之间又插入一层协议,它将原有的 PCM 技术中的 3 个地区性标准(美、日、欧)的 1.544 Mbit/s 和 2.048 Mbit/s 两种速率以 STM-1 帧的帧净荷的形式在 STM-1 的等级上获得了统一,这样数字信号在跨国界通信时,不再需要进行额外的转换。

(2)标准化的信息结构　速率为 155.520 Mbit/s 的同步传输帧模块 STM-1 作为基本的帧模块,而高速率的 STM-4、STM-16、STM-64 传输模块是将 STM-1 进行字节间插复用得到的,大大简化了骨干网和城域网级别的复用和解复用处理过程。

(3)丰富的开销比特,强大的网管能力　SDH 帧结构中的开销比特较丰富,约占全部比特数量的 5% 左右,大大增强了 SDH 网的 OAM 能力。例如 SDH 可实现按需动态分配带宽,这种特性非常适合于支持移动通信中的数据传输。

(4)同步复用　在 SDH 的复用体制中,各种不同等级的低速支流的码流通过标准容器进行打包,再置入 STM – 1 帧结构的净负荷中。这样这些码流在帧结构中的排列,就是规则的,而净负荷本身的比特位与网络时钟同步,只需很简单的操作就可以从高速信号中一次直接分插出低速支路信号。由此,SDH 的接口处理就可以用硬件实现,例如现有的单片 SDH 接口芯片仅通过工作方式的设置就可以从高速信号中解出任意低速支路的信号。

(5)统一的网络单元　SDH 定义了终端复接器(TM)、分插复用器(ADM)、再生中继器(REG)、数字枝权连接设备(SDXC)等遵从世界统一标准的设备,它们具体的功能与特点在后面述及。

SDH 还定义了网络节点接口(NNI,Network node interface)的概念。网络节点接口是传输网中的重要概念,是传输设备与网络节点间的接口。包括接口速率、帧结构、网络节点功能等多个方面。规范的网络节点接口,可以使传输设备与网络节点间相互独立,既有利于设备制造商的研发,也有利于运营商的灵活组网。

(6)标准的光接口　由于上述的网络单元均具有标准的光接口,因此可以简化系统设计,各个设备厂商不必自行开发光接口与线路码型。光接口成为了标准的开放型接口,不同厂商的设备可以直接在光路上互通,降低了网络成本。SDH 中的光接口按传输距离和所用的技术可分为三种,即局内连接、短距离局间连接和长距离局间连接。相应地对应有三套光接口参数。

(7)与现有信号完全兼容　除兼容各登记的 PCM 信号外,还兼容 FDDI、ATM 信元等。目前,以 POS(Packet over SDH)形式提供对 IP 包的传输日益成为构造数据通信网的主流技术。

(8)自愈网　在 SDH 中还提出了一个自愈网的新概念。因为一条光缆的容量往往是一条同轴电缆容量的十几倍至几十倍,所以当一条几十芯的光缆被切断时造成的损失是巨大的。为此 SDH 中应采用一种称为自愈网的结构,该结构示意图如图 5-18 所示。

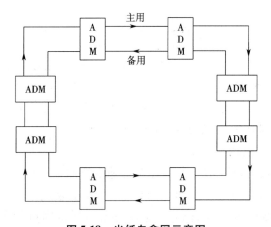

图 5-18　光纤自愈网示意图

光纤自愈网是由主用和备用环形网构成的。在正常情况下,信号能同时沿顺时针和逆时针方向在环形网中传送。在接收端收到两个方向传来的信号,根据传输质量选择一个为主用信号,另一个则为备用信号,一旦光缆中主用信号被切断,则可将备用信号变为主用信号,从而维持通信的正常进行。在环形网中接有一系列 SDH 的分插复用器(ADM),它具有上、下业务的功能,可进行业务量的疏导。

在以上特点中,(3)、(4)、(6)为 SDH 最核心的特点。SDH 同时也存在一些不足,如频带利用率不如传统的 PDH 系统,因为开销比特大约占 5%;而且为调整相位,即速率匹配使用指针指示净荷的相位差,这样在指针所指示的插入位置之前的字节就浪费了。

5.5.2　SDH 中的帧结构

SDH 中的帧结构以同步传输模块(STM,Synchronous transport module)的形式被定义和传输。在各种 STM-N 帧结构中,STM - 1 是 SDH 中最基本、最重要的帧结构信号,其速率为 155.520Mbit/s。STM - 1 信号经扰码和电/光转换之后直接在光接口上传输,速率不变。更高等级的 STM-N 信号是将低等级的 STM 信号进行同步字节间插复用得到的。目前,SDH 仅支持 $N=1,4,16,64$,其他等级的信号因其应用有限,将逐渐趋于消亡。

1. SDH 帧结构的物理结构

SDH 帧的结构为矩形块状帧结构。对于 STM-N 帧,有 $270\times N$ 列、9 行组成,共 $270\times9\times N$ 字节,如图 5-19 所示。

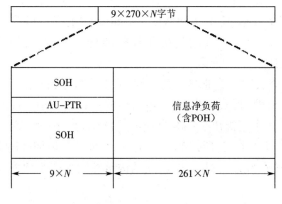

图 5-19　SDH 帧结构

以 STM - 1 帧为例,帧长为 $270\times9=2\,430$ 字节,相当于 $2430\times8=19\,440$ bit,帧时长为 $125\mu s$,帧速率即为 155.520 Mbit/s。帧中字节的顺序是按照从左到右、从上到下的顺序排列的。当 4 个 STM - 1 帧按字节间插复用到 STM - 4 时,相当于 4 个矩形帧结构的重叠,相应的开销区域和净荷区域分别为 9×4 和 261×4 列。

2. SDH 帧结构的逻辑结构

(1)信息净负荷区域(Payload)　装载由各低速支路而来的信息,这些信息经过了不同容器的封装,达到了 STM - 1 的速率。此外,此区域还包括少量用于通道性能监视、管理和控制的通道开销字节 POH(Path Overhead),它们也作为 SDH 帧的净负荷在网络中传输。

(2)段开销(Segmentation Overhead)　是在 STM 帧中为保证信息净负荷正常灵活传送所必须附加的字节,主要包括供网络运行、管理、维护使用的字节。段开销又可以分为再生段开销(RSOH)和复用段开销(MSOH)。在 STM - 1 帧中,最多可以有 4.608Mbit/s 用于段开销,提供了强大的 OAM 能力。

（3）管理单元指针（Administrator Unit Pointer）　管理单元指针用于指示信息净负荷的第一个字节在信息净负荷区域中的位置，以便在接收端正确分解净负荷。例如经过容器封装的支路信号与STM信号完全同步，支路信息从信息净负荷区域的第一个字节开始排列，则管理单元指针就指向信息净荷区域的第一个字节；如果支路信号比STM信号滞后一个比特，则支路信息从信息净荷区域的第二个字节开始，管理单元指针就指向信息净荷区域的第二个字节。采用指针方式完成准同步信号的同步和在STM–1帧中的定位是SDH的重要创新。这一方法消除了常规准同步系统中滑动缓存器引起的延时和性能损伤。如果STM–1帧中含有多块净荷，则此单元含有多个指针。

5.5.3　SDH的组网方式

SDH传输网是由一些SDH网络单元（NE）组成的，在光纤上进行同步信息传输、复用交叉连接的网路。

SDH的基本网络单元有终端复用器（TM）、分插复用器（ADM）和数字交叉连接设备（SDXC）。

（1）终端复用器　它的主要功台旨是将若干个PDH低速率的支路信号或若干个STM-n信号复用成STM-N（n < N）信号输出。例如4个STM–1信号复用成一个STM–4信号输出。此时在STM-N帧中各支路信号的位置可以是固定的，也可以灵活地分配给STM–N帧中的任何位置。

（2）分插复用器　分插复用器是SDH网络中最具特色也是应用最广泛的网络单元，它利用其内部时隙交换实现带宽管理，允许两个STM-N信号之间的不同VC实现互联，且能在无需解复用和完全终结STM-N信号的情况下接入各种STM-n和PDH支路信号。

（3）数字交叉连接设备　SDH网络中的DXC设备称为SDXC，它是一种具有一个或多个PDH或SDH信号端口，并且可对任何两个端口速率（和/或其子速率信号）之间进行可控连接和再连接的设备。SDXC的配置类型通常用SDXC X/Y来表示，其中X表示接入端口的数据流的最高等级，Y表示参与交叉连接的最低级别。数字1～4分别表示PDH体系中的1～4次群速率，其中4也代表SDH体系中的STM–1，数字5和6分别表示SDH体系中的STM–4和STM–16。例如SDXC 4/1表示接入端口的最高速率为140 Mbit/s或155 Mbit/s，而交叉连接的最低级别为一次群或VC–12（2Mbit/s）。

在PDH中也有DXC，但是它只能处理有限的几个PDH等级信号。目前开发的DXC设备在PDH和SDH环境中都能同步工作，因此以下我们将使用DXC这一术语（一般已包含SDXC在内）。

5.5.4　SDH的应用现状

1. 我国SDH传输网的结构

我国在20世纪90年代前期即提出了建设采用SDH技术的骨干传输网，共分为省际干线网、省内干线网、中继网、用户网4个层次。目前，骨干传输网中SDH设备的物理传输层均采用密集波分复用（DWDM）设备，SDH在城域网的构造和大企业专网的建设中也有着广泛的应用。

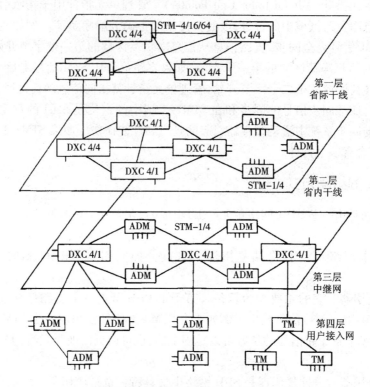

图 5-20　我国的 SDH 传输网结构

（1）省际干线网层面　这个层面的业务量比较大,网络结构以网孔形为主,并辅以少量线形网。网络单元主要是 DXC4/4,传输链路由 STM – 4/16(甚至是 STM – 64)组成。

（2）省内干线网层面　这一层面在业务量大,节点多的省内网络结构采用网孔形;业务量较大,节点数少的省内网络结构为环形。网络单元有 DXC 4/4,DXC 4/1 及 ADM,传输链路由 STM – 4/16 组成。

（3）中继网层面　该层面一般中等城市采用环形网,辅以少量线形;特大和大城市可采用环形网加 DXC 组网。基本网络单元为 DXC 4/1,ADM,传输链路由 STM – 4 和 STM – 1 组成,必要时采用 STM – 16。

（4）用户接入网层面　该层面网络结构可采用环形、线形及星形;基本网络单元为 ADM,TM,传输链路可由 STM-1 或者 Sub STM-N(相当于 STM-N 中的各 VC)组成。

今后 SDH 传输网的发展方向是将四个层面简化为两个层面:省际和省内层面融为一体,构成统一的长途网,中继网和接入网层面融为一体,构成统一的本地网。

2. SDH 技术的发展——多业务传送节点

基于 SDH 的多业务传送节点(MSTP)已成为目前讨论和应用的重点,它能够在 SDH 设备上支持多种宽带数据业务(主要是以太网业务和 ATM 业务)的传送,终结多种数据协议,并带有 2 层交换和汇聚功能,目前在传输网的接入层已经得到广泛的应用。MSTP 设备的主要优点在于该技术将业务节点与传输节点设备合二为一,既降低了设备成本,也降低了维护成本,同时加快了用户侧业务的提供速度。MSTP 技术在城域传输网的汇聚层和骨干层的应用方式可以根据运营商的网络规模和容量进行灵活地选择。

3. 未来发展趋势

未来在骨干传输网肯定要采用 DWDM 技术,而且大城市的城域网(如京、津、沪、穗等)也将采用 DWDM 技术。但 SDH 技术仍将在传输网中占有一席之地,例如在 SDH 产品的基础上集成对多种业务(主要是以太网业务和 ATM 业务)的支持功能,实现对城域网业务的汇聚,也就是 MSTP 设备。由于 MSTP 设备有着许多突出的优点因此受到了广泛的关注和研究,目前关于 MSTP 设备的研发项目纷纷上马,利用 MSTP 设备构建的成功工程应用也越来越多。SDH 技术在中小型城市城域网,以及企业专网中也仍将有着广泛的应用。另一方面,随着技术下移的趋势(即原属于高端用户的技术因更为先进的技术出现而向低端用户转移),SDH 进行适当的简化应用于接入网也是可能的,这些简化包括为了降低成本用单纤传输取代双纤传输;相应的双环拓扑变成单环或线型拓扑连接;简化 SDH 开销以简化管理提高效率等。

5.6 数据信息处理技术

在通信系统中,业务主要包括模拟与数字视音频业务、数据通信业务、多媒体业务等。不管采用什么样的传送网结构以及什么样的业务网承载,最后真正的目的是要为用户提供他们所需的各类通信业务,满足他们对不同业务服务质量的需求。因此,数据业务的应用是最直接面向用户的,对数据信息处理技术包括音频、视频数据压缩编码技术、信号处理与识别技术等。

5.6.1 频、视频数据压缩编码技术

音频、视频信息的信息量通常都很大,特别是视频信息,在不压缩的条件下,其传送速率可在 140 Mbit/s 左右,至于高清晰度电视(High Definition Television,HDTV)则高达 1 000 Mbit/s。为了节约带宽,让更多的多媒体信息在网络中传送,必须对多媒体信息进行高效的压缩。比如 PAL 制彩色电视信号,其带宽为 5 MHz,帧速率为 25 帧/s,样本宽度是 24bit,而采样频率至少应为 10 MHz。一帧这样的视频图像数字化后为

$$(10 \text{ MHz}/25) \times 24 = 9.6 \text{ Mbit} = 1.2 \text{MByte}$$

1 秒钟的视频图像为

$$1.2 \times 25 = 30 \text{MByte}$$

这样,常见的 CD-ROM 光盘(容量 650 MB,700 MB)只能存放 20 多秒的原始视频图像。

音频信号也存在类似的问题。模拟音频信号的带宽为 22 kH,采样速率至少为 44 kHz,若样本宽度为 16 bit,则 1 秒钟的音频信号数字化后将有

$$44 \times 16 = 704 \text{ kbit} = 88 \text{ kByte}$$

而目前 PSTN 的传输速度最高才有 33.6 kbit/s,因此为了有效地对多媒体信息特别是图像和音频信息进行高效率的传输、存储和处理,必须对图像和声音等多媒体信息进行适当的处理。这些处理既包括常规的信号采集、数字化、滤波、重建等过程,还包括信息压缩、编码、存储等处理,这些处理对通信尤为重要。在保证所需的传输质量的条件下,压缩比越大,则传输成本越小,效率越高。

经过近 20 年的不懈努力,语音信号压缩技术、视频压缩技术有了重大的发展,出现了 H.261、H.263、MPEG-1、MPEG-2、DivX、Xvid 等一系列的视频压缩的国际标准,经压缩后的 HDTV 信息速率只有 20Mbit/s。64 Mbit/s 的语音信号经压缩后可降到 32kbit/s,甚至 5 ~

6kbit/s。为了提高信道利用率,视频与音频压缩编码作为多媒体信源编码技术必须首先解决,如表5-6所示。

表 5-6　常见数据的码率

媒　　体	传输码率	压缩后码率	突发性峰值/平均峰值
数据、文本、静止图像	155bit/ ~ 12Gbit/s	< 1.2Gbit/s	3 ~ 1000
语言、音频	64kbit/s ~ 1.536Mbit/s	16 ~ 384kbit/s	1 ~ 3
视频、动态图像	3 ~ 166Mbit/s	56kbit/s ~ 35Mbit/s	1 ~ 10
HDTV	1Gbit/s	20Mbit/s	

1. 数据压缩的依据——数据冗余

我们知道,直接对业务信息数字化后得到的数据量是巨大的,现有的存储、处理及传输设备都无法对如此巨大的数据量进行管理和操作。所幸的是,在原始的数据中除有用信息外,还有大量的无用信息,这就是数据冗余。将这些无用的信息去除,就可以达到压缩数据的目的,因而数据压缩技术的核心是利用最短的时间和最小的空间,传输和存储多媒体数据信息。多媒体数据中的数据冗余一般有以下六种。

(1)空间冗余　图像中统一色彩区域中的相邻像素,其色彩信息将是相同的。这种相邻像素色彩信息的相关性产生了数字化图像中的数据冗余。

(2)时间冗余　如前一幅图像和后一幅图像有很多相同之处,存在有很大的相关性,这些都属于时间冗余。

(3)信息熵冗余(编码冗余)　信息熵指的是一组数据所携带的信息量。在数据编码过程中,码元的长度通常与信息出现的概率相对应,但码元长度按概率对应的数据量往往大于信息量,由此产生了信息熵冗余。

(4)结构冗余　某些图像存在结构上的一致,如一堵砖墙或网格状的麦田,构成了图像数据结构冗余。

(5)知识冗余　许多图像的理解与某些知识有很大的相关性。如人脸的图像有固定的结构,其结构规律是我们所熟知的,这就是知识冗余。

(6)视觉、听觉冗余　人眼对色差信号的变化不敏感,允许在数据压缩和量化过程中引入噪声,只要图像的变化在允许的阈值范围内,这就是视觉冗余。听觉冗余也类似。

在一定质量要求的前提下,将多媒体数据中的这些冗余减少到尽可能少,是数据压缩所要完成的工作。

2. 数据压缩的类型

数据压缩消除了以数据形式存在的冗余度,减少了存储这些多媒体信息(特别是图像信息)的空间,便于有效地对这些信息数据进行管理。但在消除冗余度时,一些真正的信息也可能被消除。数据压缩处理包括编码和解码两个过程。编码就是为了达到某种目的(如减少数据量)而将原始数据进行某种变换的过程。解码则是编码的逆过程,将变换后的数据还原成可用的数据。

根据解码后的数据与原始数据是否一致,数据压缩方法可划分为两类:

(1)无损压缩　数据在压缩或解压过程中不会改变或损失,解压缩后的数据与原来的数据完全相同。

(2)有损压缩　指压缩引起了一些信息的损失,解压缩后的数据与原来的数据有所不同,但不会使人们对原始资料表达的信息产生误解。有损压缩的前提是人耳听到声音和人眼在看到景物(或图像)时,人类感官的自然本性,会将播放中的某些间断连接起来,即填入丢失的信息,当然丢失的信息必须少于人眼或人耳不能将信息中的间断连起来之前允许损失的信息量。有损压缩技术主要用于解压后的信号不一定非要与原始信号完全相同的场合,如音频、彩色图像和视频等数据的压缩中。

3. 常用的数据压缩方法

压缩编码算法就是要减少冗余信息,在允许一定程度失真的前提下,对数据进行很大的压缩。压缩编码通常采用以下几种方法。

(1)预测编码　预测编码根据离散信号之间存在的关联性,利用信号的过去值对信号现在值进行编码,达到数据压缩的目的,预测编码包括差分脉码调制(Differential Pulse Code Modula-tion,DPCM)及自适应差分脉码调制(Adaptive Differential Pulse Code Modulation, AD-PCM)等。

(2)变换编码　变换编码先对信号按某种函数进行变换,从一种信号域交换到另一种信号域,再对变化后的信号进行编码。变换编码主要有离散傅里叶变换、离散余弦变换(Discrete Co-sine Transfonn,DCT)、Walsh-Hadamar 变换(WHT)、Karhumen-Love 变换(KLT)。

(3)统计编码　统计编码利用消息出现概率的分布特性来进行数据压缩编码。当信息数据符号出现的概率不同时,就存在信息熵冗余。对出现概率大的信息数据符号用短的码字表示,反之则用较长的码字表示,就可减少符号序列的冗余度,从而提高码字符号的平均信息量。统计编码是一种无损编码。

(4)子带编码(Subband Code,SBC)　子带编码是根据人的感官对于时频组合信号敏感程度不同的特性来进行数据压缩编码的。根据这一特点,将输入信号用某种方法划分成不同频段(时段)上的子信号,然后区别对待,根据各子信号的特性,分别编码;对信号中有重要影响的部分分配较多的码字,反之则分配较少的码字。

(5)行程编码　行程编码是最简单、最早开发的数据压缩方法,特别适用于 0、1 成片出现时的数据压缩。当数据中 0 出现较多,1 出现较少时,可以对 0 的持续长度进行编码,1 保持不变,反之亦然。

(6)结构编码　编码时首先将图像中的边界轮廓、纹理等结构特征求出,然后保存这些参数信息。解码时根据结构和参数信息进行合成,恢复出原图像。

(7)基于知识的编码　对于像人脸等可用规则描述的图像,可利用人们已知的知识形成一个规则库,即可将人脸等的变化用一些参数进行描述。联合使用参数和模型就可实现图像的编码和解码。结构编码和基于知识的编码方法均属于模型编码,被称为第二代编码,具有很高的压缩比。

4. 音频压缩技术

根据国际电信联盟 ITU(International Telecommunication Union)关于服务质量的规定,可将音频信号分为以下三类:

电话质量的语音,其频率范围在 300 Hz ~ 3.4 kHz;

调幅广播质量的音频,其频率范围在 50 Hz~7 kHz,又称"7 kHz 音频信号";

高保真立体声音频,其频率范围在 20 Hz ~20 kHz

上述的音频信号都是模拟信号。为了使信号既具有较强的抗干扰能力,又便于多媒体通信系统存储处理和传输,需要首先将其转换为数字信号,即量化,然后再对数字信号进行压缩编码。

根据不同的质量要求,国际电联和国际标准组织制定了一系列有关音频压缩编码的标准。

(1)G.711 标准　该标准是 1972 年制定的电话质量的 PCM 语音压缩标准,其数据率为 64kbit/s,使用非线性量化技术。因为电话频率范围为 300 Hz~3.4 kHz,采用抽样频率 8 kHz,一个量化电平对应 8 位二进制码,所以数据率为 $8k \times 8 = 64$ kbit/s。

(2)G.721 标准　该标准是 1984 年制定的被称为 32kbit/s 自适应差分脉冲编码(32kbit/s Adaptive Differential Pulse Code Modulation)的标准。这个标准提供了 64kbit/s A 律或 μ 律 PCM 速率和 32kbit/s 速率之间的相互转换,提供了一种对中等质量音频信号进行高效编码的有效算法,同时适用于语言压缩、调幅广播质量的音频压缩以及 CD-1 音频压缩等应用。

在 G.721 的基础上还制定了 G.721 的扩充推荐标准 G.723,使用该标准的编码器的数据率可降低到 40kbit/s 和 24kbit/s。

(3)G.722 标准(7kHz 音频压缩标准)　该标准是 1988 年为调幅广播质量的音频信号压缩制定的标准。它使用子带自适应差分脉码调制(SB-ADPCM)方案;具有数据插入功能,使音频码流与所插入的数据一起形成比特流。G.722 能将 224kbit/s 的调幅广播质量的音频信号压缩为 64kbit/s,主要用于视听多媒体和会议电视等。

(4)G.728 标准　该标准是 1991 年制定的,它使用基于短延时码本激励线性预测编码(LD-CEIP)算法,数据率为 16kbit/s,质量与 C.721 标准相当,主要用于综合业务数字网(IS-DN)。

(5)MPEG 音频压缩标准　这是国际上制定的高保真立体声音频编码标准。此标准按不同算法分为三个层次,层次 1 和层次 2 具有基本相同的算法。输入音频信号经过 48、44.1 和 32kHz 频率采样后,通过滤波器组分成 32 个子带。编码器利用人耳的掩蔽效应,控制每一个子带的量化阶数,完成数据压缩。MPEG 音频压缩标准的层次 3,其全称是动态影像专家压缩标准音频层次 3(Moving Picture Experts Group Audio Layer III),简称为 MP3,进一步引入了辅助子带、非均匀量化和摘编码等技术,可进一步压缩数据,MPEG 音频的数据率为每声道 32.448kbit/s。用 MP3 形式存储的音乐就叫做 MP3 音乐。

(6)AC-3 系统　AC-3(Audio Code Number 3)系统不是国际标准,而是由 Dolby(杜比)公司开发的新一代高保真立体声音频编码系统,它不仅具有变换编码、自适应量化和比特分配、人耳的听觉特性等传统优点,还采用了指数编码、混合前/后向自适应比特分配及耦合等新技术,测试结果表明 AC-3 系统的总体性能要优于目前的 MPEG 标准。AC-3 系统正在成为"事实上"的音频标准。

5.图像数据压缩技术

人类所获得的信息中有 60% 以上是通过视觉获得的,而这中间又包括了大量的图像、动画等信息。一般来说,图像、动画等能够比单纯的文字更直观地体现信息的内涵,更易于被别人接受。但在通信过程中,传输图像、特别是动态图像需要占据更宽的带宽,存储时也需要更大的存储空间。在目前的设备条件下,对图像信号所生成的数据信号进行压缩是非常必要的。

　　目前,图像压缩标准化工作主要由国际标准化组织 ISO (lnternational Standards Orgmmation)和国际电联(ITU-T)在进行。对静止彩色图像,ISO 有 JPEC 标准,ITU-T 有 T.81 标准;对于不同速率的彩色视频图像,ISO 有 MPEG－1 和 MPEC－2 标准,ITU-T 有 P×64kbit/s 的 H.261 标准;对于用于多媒体通信的极低码率的图像编码,ISO 有 MPEG－4 和 MPEG－7 标准,ITU-T 有 H.263、H.264 标准。

　　(1)静止图像压缩标准 JPEG

　　静止图像压缩编码在彩色传真、电话会议、卫星图片、图像文献资料、医疗图像及新闻图片等的传输与保存中有着广泛的应用。ISO 和 ITU-T 于 1986 年成立了联合专家组 JPEG(Joint Photo-graphic Experts Group),致力于国际标准化方案的制定工作。1991 年推出了连续色调(彩色)静止图像压缩标准。JPEG 是一个适用范围很广的静态图像数据压缩标准,既可用于灰度图像又可用于彩色图像。

　　JPEG 标准有两种基本的压缩算法。一种是有损压缩算法,先用 8×8 像素的离散余弦变换(DCT)进行标量量化顺序编码,然后用哈夫曼编码(基本系统)或算术编码(增强系统)进行压缩。另一种是无损压缩算法,采用帧内预测编码及哈夫曼编码,可保证重建图像与原始图像数据完全相同。使用有损压缩算法时,在压缩比为 25:1 的情况下,重建图像与原始图像的差别很小,只有图像专家才能发现。因此在 VCD 和 DVD-Video 电视图像压缩等众多方面被用来取消空间方向上的冗余数据。JPEG 具有以下四种运行模式:

　　①顺序编码　从上到下,从左到右扫描信号,为每个图像元素编码;

　　②累进编码　使图像经过多重扫描进行编码,可连续观察图像形成的细节,对图像建立过程进行监视;

　　③分层编码　按多种分辨率进行图像编码,低分辨率图像应在高分辨率的图像之前进行处理;

　　④无损编码　能精确地恢复图像。

　　除了上面讨论的图像编码标准之外,视频压缩标准是另一类应用非常广泛的标准。根据质量不同,视频可大致分为低质量视频、中等质量视频和高质量视频。针对这三种视频,制定了相应的视频压缩标准 H.261、MPEG 系列标准。

　　(2)H.261 标准

　　①ITU-T 于 1988 年提出电视电话/会议电视的 H.261 建议,也称为 $P×64kbit/s$ 视频编码解码标准。标准中 P 为一个可变参数,当 $P=1$ 或 2 时适用于桌面电视电话,当 $P=6\sim30$ 时,支持通用中间格式,每秒帧数较高的电视会议。

　　②H.261 适合于各种实时视觉应用,H.261 视频压缩算法采用的是 8×8DCT 和带有运动预测的 16×16 DPCM 相结合的混合编码方案。DCT 用于帧内编码,DPCM 是对当前宏块与该宏块预测值的误差进行编码。

　　③H.261 的图像有两种格式,一是通用中介格式(Common Intermediate Format,CIF)这种格式为 352×288×29.7,即每行 352 个像素,288 行,帧频为 29.7 帧每秒,色度最低速率为 320kbit/s,色度信号分辨率为 180×144,亮度信号分辨率为 360×228;另一个是 1/4 屏格式(Quarter CIF,QCIF)176×144×29.7,色度最低速率为 64kbit/s,色度信号分辨率为 90×72,亮度信号分辨率为 180×114。当 P=I 或 2,并且 QCIF 格式、帧频为 10～15 帧每秒时,常用于可视电话;当 $P=6$ 或更高,取 CIF 格式,帧频为 15 帧每秒,可用于会议电视。当取不同的码率

时,该标准可提供质量良好、中等及一般的图像。

另外,作为第一个国际视频压缩标准,其许多技术(包括视频数据纠错等)都被后来的 MPEC-1、MPEG-2所借鉴和采用。

(3)MPEG-1标准

①MPEG是活动图像专家组(Moving Picture Expert Group)的简称,成立于1988年,是 ISO/IEC信息技术联合委员会下的一个专家组。主要任务是制定活动及相应语音的压缩编码标准。"用于高至1.5Mbit/s的数字存储媒体的活动图像和相应的音频编码",即MPEG-1标准,于1991年11月正式公布。这个标准主要是针对当时的CD-ROM和网络开发的,用于在 CD-ROM上存储数字影视和在网络上传输数字影视。

该标准包括MPEG系统、MPEC视频和MPEG音频三部分。MPEG-1视频部分采用了与 H.261类似的通用编码方法,即采用帧间DPCM和帧内DCT相结合的编码方法。

②MPEG-1系统将压缩后的视频、音频及其他辅助数据划分为一个个188字节长的分组,以适应不同的传输或存储方式。在每个分组的字头设置时间标志,为解码提供"图声同步"。MPEC-1的音频部分规定了高质量音频编解码方法。基本编码方法是子带编码,采样速率有32kHz、44.1kHz及48kHz三种。MPEG-1的图像及声音质量基本上达到或略有超过 VHS的水平,码率不超过1.5Mbit/s。

③MPEG-1不仅极大地推动了VCD的发展和普及,还用于通信和广播。其压缩数据能以文件的形式传送、管理和接收。例如视频电子邮件、视频数据库等,通过视频服务器和多媒体通信网,客户能访问视频服务器中的视频信息。

(4)MPEG-2标准

1993年11月正式公布了MPEG-2标准,这是一个直接与数字电视广播有关的高质量图像和声音的编码标准。MPEC-2也包括MPEG-2系统、MPEG-2视频、MPEG-2声音等几部分。MPEC-2和MPEG-1的基本编码算法相同,但增加了许多新功能,如隔行扫描电视编码、支持可调节性编码,因而取得了更好的压缩效率和图像质量。MPEG-2要达到的最基本目标是位率为4~9Mbit/s,最高可达15Mbit/s。

为了适应不同应用的要求,并保证数据的可交换性,MPEC-2视频定义了5个不同的功能档次,依功能增强顺序为:

①简单型(simple);

②基本型(main);

③信噪比可调型(SNR scalable);

④空间可调型(spatial scalable);

⑤增强型(high)。

每个档次又分为四个等级:

①低级(Low) 352×288×29.79,面向VCR并与MPEG-1兼容;

②基本级(Main) 720×460×29.79或720×576×25,面向NTSC制式的视频广播信号;

③高1440级(High-1440) 1440×1080×30或1440×1152×25,面向HDTV;

④高级(High) 1920×1080×30或1920×1152×25,面向HDTV。

MPEG-2音频与MPEG-1音频兼容,可以是5.1也可以是7.1通道的环绕立体声。

MPEG-2适用于更广泛的领域,主要包括数字存储媒体、广播电视和通信,如普通电视和高清晰度电视、广播卫星服务、有线电视、家庭影院及多媒体通信等。

(5) H. 263 标准

H. 263 是 ITU-T 为低比特率应用而特定的视频压缩标准。这些应用包括在 PSTN(公共电话网)上实现可视电话或会议电视等。H. 263 标准采用的图像格式为 QCIF 或 subQCIF (128 ×96)。为了降低码率,H. 263 以 H. 261 的压缩算法为基础,增加了双向预测,运动矢量的估计和运动补偿都精确到半个像素等等。

(6) H. 264 (MPEG – 4)

①MPEG – 4 是为视听数据的编码和交互播放而开发的,是一个速率很低的多媒体通信标准,MPEG – 4 的目标是在异构网络环境下工作,并具有很强的交互功能。

②MPEG – 4 采用了分形编码、基于模型编码,合成对象/自然对象混合编码等新编码方法,在实现交互功能和对象重构中引入了组合、合成和编排等重要概念。

③MPEG – 4 可用于移动通信和公用电话交换网,支持可视电话、视频邮件、电子报纸和其他低数据传输速率场合下的应用。

(7) DivX, Xvid

微软开发了包括 MS MPEG4VI、MS MPEG4V2、MS MPEG4V3 的 MPEC4 系列编码内核。其中前面两种都可以用来制作 AVI 文件,但编码质量不太好,MS MPEC4V3 的画面质量有了显著的进步。这个视频编码内核 MS MPEG4V3 被封闭在 Windows Media 流媒体技术,也就是不可被再编辑的 ASF 文件之中,不再能用于 AVI 文件。很快有小组修改了 MS MPEG4V3,解除了不能用于 AVI 文件的限制,并开放了其中一些压缩参数,于是诞生了 MPEC4 编解码器 DivX3. 11。

DivX 广泛流行,却无法进行更广泛的产品化,更无法生产硬件播放机。在这种情况下,一些精通视频编码的程序员(包括原 DivX 3. 11 的开发者)成立了一家名为 DivX Networks Inc. 的公司,简称 DXIN。DXN 发起一个开放源码项目 Project Mayo,目标是开发一套开放源码的、完全符合 ISO MPEG4 标准的 OpenDivX 编码器和解码器。以后又开发出更高性能的编码器 EnCore2 等。Projet Mayo 虽然是开放源码,但不是依据 CPL(通用公共许可证,一种开放源码项目中常用的保障自由使用和修改的软件或源码的协议)。2001 年 7 月,Encore2 基本成型, DXN 封闭了源码,发布了 DivX4。DivX4 的基础就是 OpenDivX 中的 Encore2。由于 DXN 不再参与,Project Mayo 陷于停顿,Encore2 的源码也被撤下。最后,DXN 承认 Encore2 在法律上是开放的,但仍然拒绝把它放回服务器。

OpenDivX 尚不能实际使用,而 DivX 4(以及后续的收费版本——DivX 5)等等都成了私有财产。一些开发者在最后一个 OpenDivX 版本的基础上,发展出了 Xvid。Xvid 重写了所有代码,并吸取前车之鉴依照 GPL 发布。不过,因为 MPEG4 还存在专利权的问题,所以 Xvid 只能仿照 IAME 的做法,仅仅作为对如何实现 ISO MPEG – 4 标准的一种研究交流,网站上只提供源码,如果要使用就要自己编译源码或者到第三方网站下载编译好的可运行版本。

(8) MPEG – 7 多媒体内容描述接口

MPEG – 7 的工作于 1996 年启动,名称为多媒体内容描述接口(Multimedia Content Description Interface),目的是制定一套描述符标准,用来描述各种类别的多媒体信息它们之间的关系,以便更有效地检索信息。这些媒体材料包括静态图像、3D 模型、声音、电视及其在多媒体演示中的组合关系。MPEC – 7 的应用领域包括数字图书馆、多媒体目录服务、广播媒体的选择、多媒体编辑等。

（9）AVS

为适应中国信息产业发展的需要，2002 年成立了中国音视频标准化工作组，负责制定中国自己的音视频编码标准称为 AVS，内容包括系统、视频、音频、数字版权保护、文件格式、标准的一致性、参考软件等多个部分。目前，其第二部分的视频已经获准成为国家标准。AVS视频部分的特点是高效，低复杂度，其系统级和 MPEG2 兼容，许可费比较低，AVS 的编码效率比 MPEG2 高两倍，接近于 H.264。

5.6.2 信号处理与识别技术

除了前面已经提到的视频、音频数据压缩编码等对多媒体信息的处理之外，为了适应长距离地传输信号，还必须对信号进行纠错编码、采用适当的调制技术和一定的数字滤波技术。

1. 语音识别技术

语音识别技术，也被称为自动语音识别（Automatic Speech Recognition，ASR），其目标是将人类的语音中的词汇内容转换为计算机可读的输入，例如按键、二进制编码或者字符序列。与说话人识别及说话人确认不同，后者尝试识别或确认发出语音的说话人而非其中所包含的词汇内容。语音识别技术的应用包括语音拨号、语音导航、室内设备控制、语音文档检索、简单的听写数据录入等。语音识别技术与其他自然语言处理技术如机器翻译及语音合成技术相结合，可以构建出更加复杂的应用，例如语音到语音的翻译。

语音识别技术所涉及的领域包括信号处理、模式识别、概率论和信息论、发声机理和听觉机理、人工智能等等。

一个完整的基于统计的语音识别系统可大致分为三部分：

（1）语音信号预处理与特征提取 语音识别一个根本的问题是合理的选用特征。特征参数提取的目的是对语音信号进行分析处理，去掉与语音识别无关的冗余信息，获得影响语音识别的重要信息，同时对语音信号进行压缩。在实际应用中，语音信号的压缩率介于 10 ~ 100 之间。语音信号包含了大量各种不同的信息，提取哪些信息，用哪种方式提取，需要综合考虑各方面的因素，如成本、性能、响应时间、计算量等。非特定人语音识别系统一般侧重提取反映语义的特征参数，尽量去除说话人的个人信息；而特定人语音识别系统则希望在提取反映语义的特征参数的同时，尽量也包含说话人的个人信息。

（2）声学模型与模式匹配 声学模型通常是将获取的语音特征使用训练算法进行训练后产生。在识别时将输入的语音特征同声学模型（模式）进行匹配与比较，得到最佳的识别结果。

（3）语言模型与语言处理 语言模型包括由识别语音命令构成的语法网络或由统计方法构成的语言模型，语言处理可以进行语法、语义分析。

2. 图像识别技术

图像识别技术可能是以图像的主要特征为基础的。每个图像都有它的特征，如字母 A 有个尖，P 有个圈，而 Y 的中心有个锐角等。对图像识别时眼动的研究表明，视线总是集中在图像的主要特征上，也就是集中在图像轮廓曲度最大或轮廓方向突然改变的地方，这些地方的信息量最大。而且眼睛的扫描路线也总是依次从一个特征转到另一个特征上。由此可见，在图像识别过程中，知觉机制必须排除输入的多余信息，抽出关键的信息。同时，在大脑里必定有一个负责整合信息的机制,它能把分阶段获得的信息整理成一个完整的知觉映象。图像识别的基本过程如图 5-21 所示。

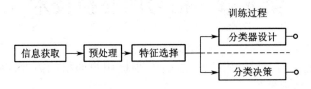

图 5-21 图像识别的基本过程

(1)信息的获取 是通过传感器,将光或声音等信息转化为电信息。信息可以是二维的图像如文字,图像等;可以是一维的波形,如声波、心电图、脑电图,也可以是物理量与逻辑值。

(2)预处理 包括 A\D,二值化,图像的平滑、变换、增强、恢复、滤波等, 主要指图像处理。

(3)特征抽取和选择 在模式识别中,需要进行特征的抽取和选择,例如一幅 64×64 像素的图像可以得到 4096 个数据,这种在测量空间的原始数据通过变换获得在特征空间最能反映分类本质的特征。这就是特征提取和选择的过程。

(4)分类器设计 分类器设计的主要功能是通过训练确定判决规则,使按此类判决规则分类时,错误率最低。

(5)分类决策 在特征空间中对被识别对象进行分类。

思 考 题

1.简述信源编码与信道编码的区别?

2.脉冲编码调制分为哪几个过程,各个过程的主要作用是什么?

3.增量调制与脉冲编码调制的区别是什么?

4.差错控制方式有哪些? 列举常用的检错码,并简述其特点。

5.多路复用技术分为哪几种形式,各自都有什么特点?

6.典型的同步技术有哪些,各自具有什么特点?

7.SDH 技术的帧结构和组网方式是什么?

8.简述常用的音、视频压缩技术的国际标准?

第6章 信号的交换技术

"交换"即是在通信网大量的用户终端之间,根据用户通信的需要,在相应终端设备之间互相传递话音、图像、数据等信息。

业务节点设备主要包括各种交换机(电路交换、X.25、以太网、帧中继、ATM 等交换机)、路由器和数字交叉连接设备(DXC)等,其中交换设备是构成业务网的核心要素,它的基本功能是完成接入交换节点链路的汇集、转接接续和分配,实现一个呼叫终端(用户)和它所要求的另一个或多个用户终端之间的路由选择的连接。

要形成不同类型的业务网,关键在于该业务网使用的节点交换技术,因此我们将目前主要的业务网种类、各种业务网提供的主要业务、使用的节点交换设备及节点交换技术列在表6-1 中。

表6-1 业务网分类

业 务 网	主要提供业务	节点交换设备	节点交换技术
公用电话交换网(PSTN)	普通电话业务 POTS	数字电话程控交换机	电路交换
分组交换网 (PSPDN;CHINAPAC)	X.25 低速数据业务 <64 kbit/s	分组 X.25 交换机	分组交换
帧中继网 (FR;CHINAFRM)	租用虚电路 (局域网互联等)	帧中继交换机	快速分组交换
数字数据网 (DDN;CHINADDN)	数据专线业务 $N \times 64 kbit/s \sim 2 Mbit/s$	数字交叉连接和 复用设备	电路交换
综合业务数字网(N-ISDN)	窄带综合业务	ISDN 交换机	电路交换 + 分组交换
宽带综合业务数 字网(B-ISDN)	宽带综合业务	ATM 交换机	ATM 交换
因特网(Internet)	数据	路由器	分组交换
有线电视网	视频 数据	分支、分配器 交换机	电路交换 分组交换
移动通信网	移动语音 移动数据	移动交换机	电路交换 分组交换

6.1 交换技术概述

6.1.1 基本概念

1. 交换

交换即是在通信网大量的用户终端之间,根据用户通信的需要,在相应终端设备之间互相传递话音、图像、数据等信息。使得各终端之间可以实现点到点、点到多点、多点到点或多点到多点等不同形式的信息交互。

通信网络中显然会存在相当数量的用户终端,若将所有的用户终端实现一一互联,并使用开关加以控制,就能实现任意两个用户之间的通信,这种连接方式称为直接相连,如图 6-1 所示。

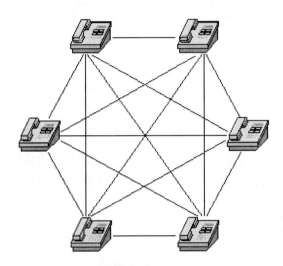

图 6-1   直接相连方式

采用这种连接方式,当有 N 个用户时,就需要设置 $N \times (N-1)$ 对连接线路。若用户数量有微小增加将导致连接线路数量急剧增加,且由于线路对每个用户是专用的使得线路利用率不高。同时,为了实现通信过程的可控性,每个用户终端处还需要设 $(N-1)$ 个开关施加控制,因此这种互联方式既不经济又很难操作,仅适应于极其简单、规模很小的通信网络,不具有实用价值。

针对上述问题,一个可行的办法是给为数众多的用户引入一个公用的互联设备——交换机,所有的用户终端均各自通过一对专用线路连接到交换机上,这条连接线路称为用户线或用户环路。交换机的作用是通过本身的控制功能实现任意两个用户终端的自由连接,交换机所在的位置即称为交换节点。通过设置交换机,一方面大量减少了用户线路的使用数量,降低了网络建设的成本;另一方面由于呼叫接续、选路等功能均由交换机实现,因此也降低了控制的复杂度、提高了网络的可靠性。这一方式如图 6-2 所示。

2. 交换网络

显然,当用户数量较多、分布地域较广时,就需要设置多个交换节点。各节点的交换机通过传输线路按照一定的拓扑结构(如星形网、环形网、树形网、混合型网络等)互联,即组成交换网络,如图 6-3 所示。

图 6-3 中交换设备之间的连接线路称为中继线。此时交换节点的地位即类似于上文中的用户终端,多个交换节点之间也不能直接相连,需要引入汇接交换节点,该节点的交换设备称为汇接交换机。而交换网络中凡是直接与用户话机或终端相连接的交换机称为本地交换机。在话音通信网络中,本地交换机相应的交换局被称为市话局或端局;装有汇接交换机的局被称为汇接局,通信距离比较远的汇接交换机也叫长途交换机,相应的交换局所也称为长途局。在

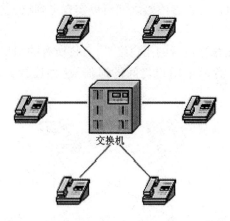

图 6-2　交换相连方式

分组交换网络,如常见的 IP 网络中,本地交换机对应的设备是边缘路由器(交换机),汇接交换机对应的设备是核心路由器(交换机)、或者称为骨干路由器(交换机)。

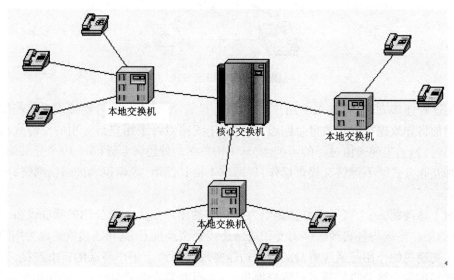

图 6-3　交换网络

电话通信网一般采用等级网络结构,对网络中每个交换节点分配一个等级,除最高级以外其他级的每个交换节点必须要连接到更高一级交换节点。网络等级越多接通一次呼叫需要转接的次数越多,这样的网络既占用了大量线路又增加了网络管理的复杂程度,所以必须根据通信网络服务的地域范围和用户数量合理规划交换网络的结构与网络拓扑。

3. 交换设备的基本功能

以常见的话音通信网为例,电话交换机应能够实现以下呼叫接续方式:

(1)本局接续　同一交换机两条用户线之间的连接;

(2)出局接续　在交换机用户线与出中继线之间的连接;

(3)入局接续　在交换机入中继线与用户线之间的连接;

(4)转接接续　在交换机入中继线与出中继线之间的连接。

要实现上述各种接续控制,电话交换设备必须具有的基本功能如下:

(1)及时并正确地接收、识别沿着用户线或中继线送来的呼叫信号和目的地址信号;

(2)根据目的地址正确选择路由,将通信双方终端设备连接起来,这一过程称为呼叫建立;

(3)启动计费系统,监视用户状态的变化,准确统计通信时长;

(4)通信结束后根据收到的释放信号及时拆除连接,这一过程称为连接释放。

把电话交换机的例子推广到一般的电信交换系统,具有接口功能、互联功能、信令功能和控制功能是电信交换系统的四项基本技术功能。

(1)接口功能　接口分为用户接口和中继接口,其作用是分别将用户线和中继线连接到交换设备。采用不同交换技术的设备具有不同的接口。例如程控数字电话交换设备要具有适配模拟用户线、模拟中继线和数字中继线的接口电路;而 N-ISDN 交换设备要有适配 2B + D 的基本速率接口和 30B + D 的基群速率接口;ATM 交换设备要有适配不同码率、不同业务的各种物理媒体接口;IP 交换设备则需要提供各种能够承载 IP 帧的传输媒体接口,如双绞线以太网接口、光纤以太网接口等。

(2)互联功能　交换系统中采用互联网络(也称交换网络)实现任意入线与任意出线之间的连接,对于不同交换方式其连接可以是物理的(磁石式交换、数字程控交换、光交换)也可以是虚拟连接(分组交换、信元交换)。互联网络的拓扑结构及网络内部的选路原则直接影响互联网络的服务质量。除了尽力设计无阻塞的网络拓扑结构还要配置双套冗余结构,以增强互联网络的故障恢复能力。

(3)控制功能　有效的控制功能是交换系统实现信息自动交换的保障。控制方式有集中和分散控制两种基本方式,差别在于微处理机的配置方案,现代电信交换系统多数采用分散控制且控制功能大多以软件实现。例如程控电话交换机的地址信号识别和数字分析程序、ATM 交换机的呼叫接纳控制和自动路由控制等等、IP 交换中的路由协议 BGP、OSPF 等。

(4)信令功能　信令是电信网中的接续控制指令,通过信令使得不同类型的终端设备、交换节点设备和传输设备协同运行。信令的传递需要通过规范化的一系列信令协议实现,由于交换技术的不断发展,信令协议和信令方式也根据不同的应用有所不同。

6.1.2　交换技术的发展

交换技术最早源于电话通讯,是现代通信网中最普通与常见的技术之一。交换技术从上个世纪初出现开始,一直到现在仍然在持续演进,交换技术的发展在很大程度上地反映了现代通信技术从人工到自动、从模拟到数字的发展。

1. 模拟交换技术

第一个研究发明交换设备的人是一个名叫阿尔蒙 B 史端乔的美国人,他是美国堪萨斯一家殡仪馆的老板。他发觉,电话局的话务员不知是有意还是无意,常常把他的生意电话接到他的竞争者那里,使他的多笔生意因此丢掉。为此他大为恼火,发誓要发明一种不要话务员接线的自动接线设备。1889 ~ 1891 年,他潜心研究一种能自动接线的交换机,结果他成功了。1891 年 3 月 10 日,他获得了发明"步进制自动电话接线器"的专利权。1892 年 11 月 3 日,用史端乔发明的接线器制成的"步进制自动电话交换机"在美国印第安纳州的拉波特城投入使用,这便是世界上第一个自动电话局,从此电话通信跨入了一个新时代。但是自动电话的大踏步发展是在 20 世纪。到 20 世纪 20 年代,世界上还只有 15% 的电话是自动电话。随着自动电话技术的发展和进步,到 20 世纪 50 年代,世界上已有 77% 的电话是自动电话了。

史端乔发明的自动电话交换机的制式,为什么叫做"步进制"? 这是因为它是靠电话用户拨号脉冲直接控制交换机的机械作一步一步动作的。例如,用户拨号"1",发出一个脉冲(所谓"脉冲",就是一个很短时间的电流),这个脉冲使接线器中的电磁铁吸动一次,接线器就向前动作一步。用户拨号码"2",就发出两个脉冲,使电磁铁吸动两次,接线器就向前动作两步,由此类推。所以,这种交换机就叫做"步进制自动电话交换机"。

1919 年,瑞典的电话工程师帕尔姆格伦和贝塔兰德发明了一种自动接线器,叫做"纵横制接线器",并申请了专利。1929 年,瑞典松兹瓦尔市建成了世界上第一个大型纵横制电话局,拥有 3 500 个用户。"纵横制"的名称来自纵横接线器的构造,它由一些纵棒、横棒和电磁装置构成,控制设备通过控制电磁装置的电流可吸动相关的纵棒和横棒的动作,使得纵棒和横棒在某个交叉点接触,从而实现接线的工作。

"纵横制"和"步进制"都是利用电磁机械动作接线的,所以它们同属于"机电制自动电话交换机"。但是纵横制的机械动作很小,又采用贵重金属的接触点,因此比步进制交换机的动作噪声小、磨损和机械维修工作量也小,而且工作寿命也较长。

另外,纵横制与步进制的控制方式也不同。步进制是由用户拨号直接控制它的机械动作的,叫做直接控制式;而纵横制是用户拨号要通过一个公共控制设备间接地控制接线器动作,因而叫做间接控制式。间接控制方式比直接控制方式有明显的优点。例如它的工作比较灵活,便于在有多个电话局组成的电话网中实现灵活的交换,便于实现长途电话自动化,还便于配合使用新技术、开放新业务等等。因而,它的出现使自动电话交换技术提高到一个新的水平。

纵横制与步进制交换机在话路部分与控制部分均采用机械技术,被称为模拟交换机。随着电子技术、特别是半导体技术的发展,人们开始在交换机内部引入电子技术。最初引入电子技术的是在交换机的控制部分,而对于话音质量要求较高的话路部分仍然使用模拟技术,因此出现了空分式电子交换机和时分式电子交换机等准电子交换机。它们一般在话路部分采用机械触点,而在控制部分采用电子器件,一般也归类为模拟交换机。

2. 电路交换

电路交换是最早发展的一种针对电话业务传输的交换技术。这种交换方式的最大特点是:在通话之前即为通话双方建立一条通道,在通话过程中保持这条通道,一直到通话结束后拆除。

电路交换技术的主要代表是程控交换。20 世纪 70 年代初,在数字 PCM 传输大量应用的基础上,法国成功地发展了对 PCM 数字信号直接交换的交换机,它在控制方面采用程控方式,通话接续则采用电子器件实现的时分交换方式,由于控制部分和接续部分都采用了电子器件,也就实现了全数字交换。这种全数字时分式程控交换技术,表现出种种优点,促使世界各国都竞相发展这种程控数字交换技术。其实现技术不断得到改进而使得性能更加优越,成本却不断下降,到了 80 年代中期,已取代空分模拟程控交换而处于发展全盛时期,程控数字电话交换机开始在世界上普及。在数字程控交换技术之后发展起来的分组交换、报文交换等技术也均属于数字交换技术的范畴。

3. 分组交换

电路交换技术主要适用于传送和话音相关的业务,这种网络交换方式对于数据业务而言,有着很大的局限性。首先数据通信具有很强的突发性,峰值比特率和平均比特率相差较大,如果采用电路交换技术,若按峰值比特率分配电路带宽则会造成资源的极大浪费;如果按照平均比特率分配带宽,则会造成数据的大量丢失。其次是和语音业务比较起来,数据业务对时延没有严格的要求,但需要进行无差错的传输,而语音信号可以有一定程度的失真但实时性一定要高。早期的 X.25 技术以及现在的以太网交换技术、IP 交换技术,均属于典型的分组交换技术。

分组交换技术就是针对数据通信业务的特点而提出的一种交换方式,它的基本特点是面向无连接而采用存储转发的方式,将需要传送的数据按照一定的长度分割成许多小段数据,并在数据之前增加相应的用于对数据进行选路和校验等功能的头部字段,作为数据传送的基本单元即分组。采用分组交换技术,在通信之前不需要建立连接,每个节点首先将前一节点送来的分组收下并保存在缓冲区中,然后根据分组头部中的地址信息选择适当的链路将其发送至下一个节点,这样在通信过程中可以根据用户的要求和网络的能力来动态分配带宽。分组交换比电路交换的电路利用率高,但时延较大。从发送终端发出的各个分组,将由分组交换网根据分组内部的地址和控制信息被传送到与接收终端连接的交换机,但对属于同一数据帧的不同分组所经过的传输路径却不是唯一的,即各分组交换机通信时能够根据交换网的当前状态为各分组选择不相同传输路径,以免线路拥挤造成网络阻塞。与此相反,电路交换只能在建立通信的最初阶段进行路径选择。当分组通过分组交换网被传送到接收端的交换机之后,由分组交换机组装功能根据各个分组内所携带的分组顺序编号,对分组进行排列,并通过用户线把按顺序排列好的分组恢复为原来的数据传送给相应的接收终端。

4. 报文交换

报文交换技术和分组交换技术类似,也是采用存储转发机制,但报文交换是以报文作为传送单元,由于报文长度差异很大,长报文可能导致很大的时延,并且对每个节点来说缓冲区的分配也比较困难,为了满足各种长度报文的需要并且达到高效的目的,节点需要分配不同大小的缓冲区,否则就有可能造成数据传送的失败。在实际应用中报文交换主要用于传输报文较短、实时性要求较低的通信业务,如公用电报网。报文交换比分组交换出现的要早一些,分组交换是在报文交换的基础上,将报文分割成分组进行传输,在传输时延和传输效率上进行了平衡,从而得到广泛的应用。

5. ATM 交换

分组交换技术的广泛应用和发展,出现了传送话音业务的电路交换网络和传送数据业务的分组交换网络共存的局面。语音业务和数据业务的分别传送,促使人们思考一种新的技术来同时提供电路交换和分组交换的优点,并且同时向用户提供统一的服务,包括话音业务、数据业务和图像信息。由此,在 20 世纪 80 年代末由原 CCITT 提出了宽带综合业务数字网的概念,并提出了一种全新的技术——异步传送模式(ATM)。ATM 技术将面向连接机制和分组机制相结合,在通信开始之前需要根据用户的要求建立一定带宽的连接,但是该连接并不独占某个物理通道,而是和其他连接统计复用某个物理通道,同时所有的媒体信息,包括语音、数据和图像信息都被分割并封装成固定长度的分组在网络中传送和交换。

ATM 另一个突出的特点就是提出了保证 QoS 的完备机制,同时由于光纤通信提供了低误码率的传输通道,所以可以将流量控制和差错控制移到用户终端,网络只负责信息的交换和传送,从而使传输时延减少,ATM 非常适合传送高速数据业务。从技术角度来讲,ATM 几乎无懈可击,但 ATM 技术的复杂性导致了 ATM 交换机造价极为昂贵,并且在 ATM 技术上之上没有推出新的业务来驱动 ATM 市场,从而制约了 ATM 技术的发展。目前 ATM 交换机主要用在骨干网络中,主要利用 ATM 交换的高速特性和 ATM 传输对 QoS 的保证机制,并且主要是提供半永久的连接。

6. 光交换

由于光纤传输技术的不断发展,目前在传输领域中光传输已占主导地位。光传输速率已在向每秒太比特的数量级进军,其高速、宽带的传输特性,使得以电信号分组交换为主的交换方式已很难适应,而且在这一方式下必须在中转节点经过光电转换,无法充分利用底层所提供的带宽资源。在这种情况下一种新型的交换技术——光交换便诞生了。光交换技术也是一种光纤通信技术,它是指不经过任何光/电转换,在光域直接将输入光信号交换到不同的输出端。光交换技术的最终发展趋势将是光控制下的全光交换,并与光传输技术完美结合,即数据从源节点到目的节点的传输过程都在光域内进行。

6.2　数字程控交换技术

6.2.1　呼叫处理的一般过程

首先我们以用户主叫的情况为例,说明数字程控交换机进行呼叫接续处理的一般过程。

(1)当用户摘机时,由于线路电压的变化,用户电路即会检测到这一动作,交换机调查用户的类别,以区分一般电话、投币电话、小交换机等,寻找一个空闲收号器,并向用户传送拨号音频。

(2)用户拨号时,停送拨号音,启动收号器进行收号并对收到的号码按位存储。

(3)在预处理中分析号首,以决定呼叫类别(本局、出局、长途、特服等),并决定一共该收几位号;当收到一个完整有效的号码后,交换机即根据此号码进行号码分析。

(4)根据号码分析的结果向被叫所在的本地交换局查找是否存在空闲线路,以及被叫状态。如果条件都满足,则占用资源,并向主叫用户送回铃音,以及向被叫用户振铃。

(5)被叫用户摘机之后,话音即在分配的线路上传输,同时启动计费设备开始计费,并监视主、被叫用户状态。

(6)当一方挂机之后,即拆线,释放资源,停止计费操作,并向另一方传送忙音。此时就完成了一个完整的正常呼叫流程。

6.2.2　数字交换网络的工作原理

数字程控交换机的核心组成部分即是交换网络,它具有以下特点。

(1)直接交换数字信号　在多被叫用户的用户电路之间,用户话音都是以数字信号的形式存在,因此不必像模拟交换机那样进行多次数/模和模/数的转换。而且数字信号,可以方便在集成电路中进行处理,所以可以设计复杂度更高,规模更大的交换网络。

(2)根据主被叫号码进行交换　在收号完成之后,控制电路会进行号码分析,并根据号码分析的结果产生相应的信息来选择呼叫接续的路由,而经过各交换机建立呼叫路由的过程即是交换的过程,早期的步进式交换机是根据用户的拨号脉冲来选择交换路由。

(3)时隙交换　交换实际上就是将不同线路,不同时隙上的信息进行交换,对这些不同空间和不同时间信号进行搬移,例如将入中继线 1 上的 TS5 与出中继线 4 上的 TS18 进行交换,如图 6-4 所示。

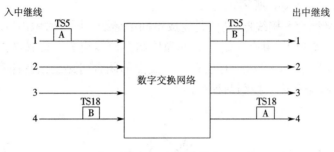

图 6-4　时隙交换

程控交换机的交换网络根据交换网络的组织形式可以分为时分交换网络、空分交换网络以及混合型交换网络几种类型。

1. 时分交换

时分交换的原理如图 6-5 所示。

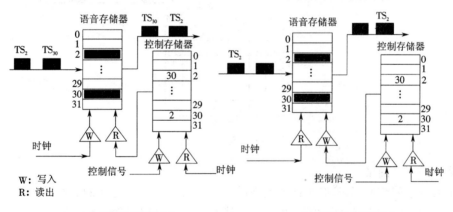

（a）顺序写入控制读出　　　　　（b）控制写入顺序读出

图 6-5　时分交换方式

(1)时分交换对应的是 T 接线器,它完成的是同一中继线上不同时隙之间的交换。

(2)组成　T 接线器由话音存储器和控制存储器完成,话音存储器用于存储输入复用线上,各话路时隙的 8bit 编码数字话音信号;控制存储器用于存储话音存储器的读出或写入地址,作用是控制话音存储器各单元内容的读出或写入顺序。

(3)依据对话音存储器的读写控制方式不同,又可以分为顺序写入控制读出和控制写入顺序读出两种。

①顺序写入控制读出　话音存储器中的内容是按照时隙到达的先后顺序写入的,但它的读出受到控制存储器的控制,根据交换的要求来决定话音存储器中的内容在哪一个时隙被

读出；

②控制写入顺序读出　话音存储器的写入受控制存储器的控制,即根据出中继线的目的时隙来决定入中继线各个时隙中内容被写入话音存储器的位置,而读出则是从话音存储器中顺序依次读出。

2. 空分交换

空分交换的原理如图 6-6 所示。

(1)空分交换又称为 S 接线器,功能是完成不同中继线的同一时隙内容的交换。

(2)组成　空分交换器,由交叉结点矩阵和控制存储器组成。交叉结点矩阵为每一入中继线提供了和任一出中继线相交的可能,这些相交点的闭合时刻就由控制存储器控制。空分交换器也包括输出控制和输入控制两种类型。

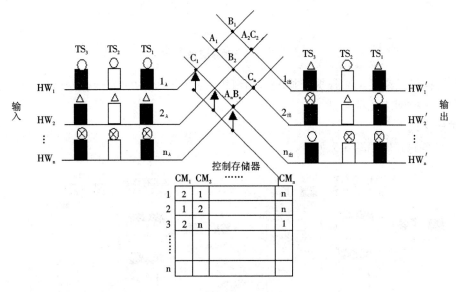

图 6-6　空分交换方式

3. 复合型交换网络

对于大规模的交换网络,必须即能实现同一中继线不同时隙之间的交换又能实现不同中继线相同时隙之间的交换,因此需要将时分交换和空分交换相结合组成复合型交换网络。

(1)TST 型交换网络　这是大规模交换网络中应用最为广泛的一种形式。其中采用输入 T 接线器完成同一入中继线不同时隙之间的交换;S 接线器负责不同母线之间的空分交换;输出 T 接线器负责同一出中继线不同时隙之间的交换。各接线器采用哪一种控制方式可以任意选择,而输入/输出 T 接线器都需要利用交换机内部的空闲时隙来完成交换。

(2)STS 交换网络　首先输入的 S 接线器将时隙信号交换到内部的空闲链路;然后 T 接线器将这一链路上的信号交换到需要的时隙;最后再由输出 S 接线器将此信号交换到需要的链路。

(3)多级交换网络　除了以上两种三级交换网络以外还存在着多级交换网络。例如 TSST 组成的四级网络,TSSST 组成的五级网络等。

（4）交换网络的集成化　随着数字交换技术的发展，一些芯片厂商推出了交换网络的集成芯片，目前 2048×2048、4096×4096 交换规模的交换芯片已经是非常成熟的商用芯片。

6.2.3　程控交换机的组成

1. 基本组成

电话交换机主要由话路设备和控制设备两部分组成。

（1）话路设备　完成主被叫之间的呼叫接续，具体传递用户之间的话音信号。用户电路、交换网络、出中继电路、入中继电路均属于话路设备。

（2）控制系统　控制系统控制以上这些呼叫接续动作，程控交换机的控制是通过运行在中央处理器中的软件完成的。控制系统的功能包括两个方面：一方面是对呼叫进行处理；另一方面对整个交换系统的运行进行管理、监测和维护。控制系统的硬件由三部分组成：一是中央处理器（CPU），它可以是一般数字计算机的中央处理芯片，也可以是交换系统专用芯片；二是存储器，它存储交换系统的常用程序和正在执行的程序以及执行数据；三是输入输出系统，包括键盘、打印机、外存储器等，可根据指令打印出系统数据，存储非常用运行程序，在程序运行时刻调入内存储器。

2. 用户电路的组成

用户电路是交换网络和用户线间的接口电路，它的作用是：一方面把语音信息（模拟或数字）传送给交换网络；另一方面把用户线上的其他信号（如铃流等）和交换网络隔离开来，以免损坏交换网络。用户电路的功能可以用 BORSCHT 概括，相应的分别对应不同的功能模块，以下分别说明。

（1）馈电 B　向用户话机供电，在我国馈电电压为 –48V 或 –60V，如果用户线距离较长，则馈电电压还可能提高。

（2）过压保护 O　用户线是外线，可能遭到雷电袭击或与高压线相碰，因此必须设置过压保护电路以保护交换机内部。通常用户线在配线时已经设置了气体放电装置，但经过气体放电装置的电压仍可能有上百伏，过压保护电路主要针对的是这个电压。

（3）振铃 R　由于振铃电压较高，我国规定为（75±15）V，因此还是采用由电子元件控制振铃继电器来实现，铃流的产生由继电器接点的通断控制。也有交换机采用高压电子器件来实现振铃功能。

（4）监视 S　通过监视用户线的直流电流来确定用户线回路的通断状态，进而检测摘机、挂机、拨号、通话等用户状态。

（5）编译码与滤波 C　完成模拟话音信号和数字信号之间的转换，包括抽样、量化、编码三个步骤。此外还负责滤除话音频带以外的频率成分。

（6）混合电路 H　混合电路完成二线/四线之间的转换功能，用户线的模拟信号是二线双向的，但 PCM 中继线的信号是四线单向的，因此在编码之前，或是译码之后要完成二线/四线的转换。

（7）测试 T　负责将用户线接到测试设备以便对用户线进行测试。

除去以上七项基本功能之外，用户电路还具有极性倒换、衰减控制、计费脉冲发送，特殊话机控制（如投币电话）等功能。

6.2.4　程控交换机的分类

（1）根据所服务的范围不同　可以分为局用交换机和用户交换机。前者在多个本地交换局或汇接局之间完成交换。通过出入中继线与其他交换局相连。后者直接与用户通过本地用户线相连，将这些用户的呼叫汇接之后，再通过中继线与其他交换局相连。

（2）根据交换方式的不同　可以分为空分交换和时分交换。这实际上是交换网络的工作方式。实用的大规模电话交换机，也经常采用混合交换方式。

（3）根据交换的话音信号不同　可以分为模拟交换机和数字交换机，前者包括机电式交换机，空分式交换机。后者交换的对象都是经过编码之后的数字信号。

6.3　ATM 交换技术

6.3.1　ATM 交换原理

相对于数字程控交换中以时隙为基本处理单位的时隙交换，ATM 交换以信元为基本处理单位，完成信元交换。

1. 信元交换

由于 ATM 信号是异步时分复用信号，以虚电路标识区分各路输入信号占用子信道。因此，ATM 交换不能像数字程控话音信号那样，通过对时隙的操作实现信息交换。在 ATM 网络中，信元的交换是根据存储的路由选择表，并利用信头中提供的路由信息（VPI/VCI），将信元从输入逻辑信道转发到输出逻辑信道上。

ATM 交换机的核心是 ATM 交换网络，它具有 N 条入线和 N 条出线，每条入线和出线上传送的都是 ATM 信元流。ATM 交换的基本任务就是：将占用任意一个输入线任一逻辑信道的信元，交换到所需要的任意一个输出线的任一逻辑信道上去。因此，信元交换包含两项工作，第一是将信元从一条入线传送到另一条出线的空间交换，第二是将信元从一个输入逻辑信道传送到另一个输出逻辑信道的时间位置交换（这是因为同一物理线路上的各个逻辑信道以时分复用的方式共享物理线路）。

ATM 交换系统中以信头的虚电路标识（VPI/VCI）表示信元所占用的输入逻辑信道号，通过翻译表（路由选择表）查找出该虚电路对应的出线及新的虚电路号，并以新的虚电路号取代原有的虚电路号，从而完成了信元信息的修改，因此 ATM 信元交换实际上就是根据翻译表变换信头值（VPI/VCI）。翻译表反映了所有入线的虚电路标识与出线的虚电路标识的对应关系，是在连接建立阶段写入的。翻译表的内容、生成和更新方式等与路由选择的控制方法（自选路由、表格控制选路）有关。

2. 信元排队

由于输入、输出线上的信元是异步时分复用的，有可能在同一时刻多条入线上的信元需要去往同一出线或抢占交换结构的同一内部链路，这时就会产生竞争。为了避竞争引起的信元丢失，交换结构应在适当位置设置缓冲器以供信元排队。根据信元的不同优先级别，当出现争抢资源时优先级低的信元要在缓冲器中等待。

根据交换结构中缓冲器的物理位置不同，交换结构缓冲方式分为三种：输入排队、输出排队和中央排队。分别把缓冲器设置在交换结构的输入端、输出端和交换网络内部,无论哪种方式,目的都是对发生竞争的信元通过缓冲器存储,等候对它们"放行"的时机。但是,当缓冲器被充满时,仍然会产生信元丢失,此时需要根据信元的优先级首先丢弃那些优先级低的信元。适当加大缓冲器的存储空间,可减少信元的丢失概率。

6.3.2　ATM 交换机的结构

ATM 交换机一般由入线处理部件、出线处理部件、交换结构和接续控制单元等模块组成,如图 6-7 所示。

1. 入线处理部件

用于接收输入信元,将其转换成为适合送入 ATM 交换结构的形式,主要的处理功能如下。

(1)将串行码的光信号转换成并行码的电信号。

(2)信元的定界和分离,因为输入信元是嵌入到某种传输帧格式中的,例如 PDH 或 SDH 的帧结构。入线处理部件需从信元所在的帧结构中,定界各个信元并将其从帧结构中分离出来。还要处理帧结构携带的线路 OAM 信息以判断线路状况,一旦发现故障应产生告警。

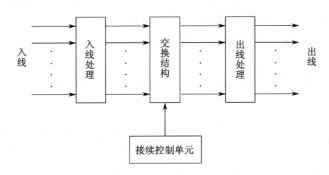

图 6-7　ATM 交换机结构

(3)信元的有效性检验和类型分离。信元在线路传送过程中可能产生误码,应对分离出来的信元进行 HEC 检验以便抛弃损坏的信元。还要根据 PTI 对信元分类,挑出不需要交换的信元。例如对空闲信元应该抛弃、对 OAM 信元应该处理其中的维护管理信息。

(4)为信元通过交换结构进行路由选择,确定输出信道、检查 VPI/VCI 的有效性等。

2. 出线处理部件

出线处理部件与入线处理部件的功能相反,它将 ATM 交换结构输出的信元转换成为适合在线路上传输的形式。主要的处理功能如下。

(1)与 OAM 信元流的复合　交换结构输出的信元流应与有关的 OAM 信元流合成,形成送往出线的带有维护管理信息的信元流。

(2)速率适配　当 ATM 信元流的传输速率比输出线上的传输速率低时,需要添加空闲信元;当比输出线上的传输速率高时,应该设置缓冲存储器对信元进行缓存。

(3)形成线路码流　产生特定的传输帧结构(如 PDH 或 SDH),将信元嵌入,并产生传输帧结构中需要的 OAM 信息。

经以上处理后,即获得可以送往线路传输的二进制码流。

3. 交换结构

交换结构执行信元交换的任务。根据路由选择信息修改输入信元的 VPI/VCI 值、将信元从入线处理部件传送到指定的出线处理部件。除路由选择功能之外,交换结构还要完成信元缓冲、拥塞监测、广播发送等工作。ATM 交换结构有多种类型。

4. 接续控制单元

接续控制单元通过处理信令信息。对交换结构进行接续控制,完成连接的建立、释放、带宽的分配以及维护和管理功能。例如当收到一个建立虚通路的信令信元时,经过分析后若确定可以建立,则向交换结构发出建立连接的控制信号,并通知交换结构,以后凡是来自这一虚通路的信元均被送到某一指定的出线上,上述过程都由是接续控制单元完成的。

6.3.3　ATM 交换结构

与数字程控交换类似,ATM 交换结构也可以分为时分和空分两种类型。

1. 时分交换结构

所有的输入、输出端口共享一条高速的信元流通路,共享的这条高速通路可以是共享媒体(总线、环形网络)也可以是共享存储器型的。交换结构的交换容量受总线速度、存储器容量和存取速度的限制。这种结构容易实现点到多点的操作。

2. 空分交换结构

是指输入和输出端口之间有多条信元通路,不同 ATM 信元流通过选路,可以在不同信元通路上并行的通过交换结构。选的方法可以是自选路由也可以是表选路由(预先设计好路由选择数据表,以供查阅)。这种结构的交换容量受每条通路的带宽和同时传送信元的通路平均数限制。空分结构根据一对输入、输出端口之间的路径数多少又有单路径和多路径结构之分,多路径结构应付突发业务的应变能力较单路径结构优越。

6.4　以太网交换技术

6.4.1　交换式以太网的发展

1. 传统以太网技术的缺陷

传统以太网是基于 CSMA/CD 网络协议的,这一技术是以共享传输介质为基础、各个主机之间采用竞争的方式获得网络的使用权。当主机发现网上另一主机正在发送时,只能放弃发送并转入等待状态;只有在网络空闲时,主机才可以立即开始发送。也就是说所有的主机抢占同一个带宽,在任一给定时刻只有一个主机能够获得网络的使用权,如果有多个主机同时需要传送数据,那么将由媒体访问控制协议来解决这一冲突。这将导致网络流量高峰期间出现拥塞,随着主机数目的增加,每台主机仅能获得很少的局域网带宽,而总的可用带宽也可能因为发生碰撞而损失一部分。

此外,计算机性能的不断提高也要求在网络上有更高的带宽、更快的通信支持,如果由于带宽不足,在某些情况下将使得主机的高性能被大大地削弱;而实时性强的多媒体应用以及高速数据应用的大量出现,使网络通信流量迅速增长,也要求极高的网络性能。

2. 交换式以太网的工作原理

在上世纪 90 年代初期,开始出现了交换式以太网技术。它的工作原理非常简单:以太网交换机检测从以太端口来的数据包的源 MAC 地址和目的 MAC 地址,然后与系统内部的动态查找表进行比较,若数据包的 MAC 层地址不在查找表中,则将该地址加入查找表中,并将数据包发送给相应的目的端口;若数据包的 MAC 层地址已存在于查找表中,则直接向相应的目的端口转发。

可见,交换式以太网解决了传统以太网技术的媒体共享问题,数据包仅向特定的端口进行转发,不仅提高了链路带宽的利用率,也使得多个用户可以同时访问网络。

6.4.2　交换式以太网的特点

1. 交换式以太网不需要改变网络其他硬件,包括电缆和用户的网卡,仅需要用交换式交换机替换原有的共享式 HUB,节省用户网络升级的费用。

2. 可在高速以太网与低速以太网之间转换,实现不同网络之间的互联。目前大多数交换式以太网都具有 100Mbit/s 的端口,通过与之相对应的 100Mbit/s 的网卡接入到服务器或路由器上,可以解决 10Mbit/s 以太网的带宽瓶颈问题,成为低速局域网升级时首选的方案。

3. 同时提供多个通道,比传统的共享式集线器提供更多的带宽,传统的共享式 10Mbit/s/100Mbit/s 以太网采用广播式通信,每次只能在一对用户间进行通信,如果发生碰撞则需要在退避时间之后进行重传,而交换式以太网允许不同用户间进行通信。例如一个 16 端口的以太网交换机最多可以允许 16 个主机同时在 8 条链路上通信。

4. 与路由器相比,以太网交换机在用于局域网互联时可以提供更宽的带宽、更小的响应时间、同时具有更低的成本。

6.4.3　以太网交换技术的类型

交换式以太网的交换方式有直通式(cut-through)和存储转发式(store-and-forward)两种类型。

1. 直通式

直通式以太网交换机的内部类似于采用空分交换矩阵的电话交换机。它在输入端口检测到一个数据包时,检查该包的包头,获取包的目的 MAC 地址,启动内部的动态查找表转换成相应的输出端口,在输入与输出的交叉处接通,把数据包直接交换到相应的输出端口,实现了交换功能。由于不需要存储,交换延迟非常小。而其缺点是因为数据包的内容并没有被以太网交换机保存下来,所以无法检查所传送的数据包内容是否发生了误码,不能提供错误检测能力;由于没有缓存,不能将具有不同速率的输入/输出端口直接接通;而且当以太网络交换机的端口增加时,交换矩阵的规模与控制复杂度均迅速增长,实现起来有一定的难度。

2. 存储转发式

存储转发方式是计算机网络领域应用最为广泛的方式,它把输入端口的数据包先存储起来,然后进行数据校验,在对发生误码的数据包进行处理后才取出数据包的目的地址,通过查找表转换成相应输出端口并转发此数据包。因此,存储转发方式的数据处理时延较大,但是可以对进入交换机的数据包进行错误检测,尤其重要的是它可以支持不同速度的输入/输出端口之间的转换,同时兼容高速端口与低速端口。

6.4.4　　虚拟局域网技术

　　交换技术的发展,允许区域分散的组织在逻辑上成为一个新的工作组,而且同一工作组的成员能够改变其物理地址而不必重新配置节点,这就是所谓的虚拟局域网(VLAN)。由于交换式以太网改变了以太网通信中广播的寻址方式,因此可以很好的支持虚拟局域网技术的实现。利用以太网交换机建立虚拟网即是使原来的一个广播式的局域网(交换机的所有端口)在逻辑上被划分为若干个子区域,在子区域里的数据包只会在该区域内传送,其他的区域是无法收到的。虚拟局域网技术通过交换技术将通信量进行有效分离,从而更好地利用带宽,并可从逻辑的角度出发将实际的局域网设施分割成多个子网,它允许各个局域网运行不同的应用协议和拓扑结构。此外不同子区域之间的数据传输被物理分割,因此也提高了数据传输的安全性。

6.5　　光交换技术

6.5.1　光交换的基本概念

1. 背景

　　现代通信网中,密集波分复用(DWDM)光传送网络充分利用光纤的巨大带宽资源来满足各种通信业务爆炸式增长的需要。然而,高质量的数据业务的传输与交换仍然采用如 IP over ATM 、IP over SDH 等多层网络结构方案,不仅开销巨大,而且必须在中转节点经过光电转换,无法充分利用底层 DWDM 所提供的带宽资源和可能的波长路由能力。为了克服光网络中的电信号处理瓶颈,具有高度实用性的全光网络成为宽带通信网未来发展目标。而光交换技术作为全光网络系统中的一个重要支撑技术,它在全光通信系统中发挥着重要的作用,可以这样说,光交换技术的发展在某种程度上也决定了全光通信的发展。

2. 定义

　　光交换技术是指不经过任何光/电转换,在光域直接将输入光信号交换到不同的输出端。光交换系统主要由输入接口、光交换矩阵、输出接口和控制单元四部分组成。

　　由于目前光逻辑器件的功能还较简单,不能完成控制部分复杂的逻辑处理功能,因此现有的光交换控制单元还要由电信号来完成,即所谓的电控光交换。在控制单元的输入端进行光电转换,而在输出端需完成电光转换。随着光器件技术的发展,光交换技术的最终发展趋势将是光控光交换,即全光交换。

　　随着通信网络逐渐向全光平台发展,网络的优化、路由、保护和自愈功能在光通信领域中越来越重要。采用光交换技术可以克服电子交换的容量瓶颈问题,实现网络的高速率和协议透明性,提高网络的重构灵活性和生存性,大量节省建网和网络升级成本。

6.5.2　光交换的实现方式

1. 光电交换

　　光电交换的原理是利用光电晶体材料(如锂、铌、钡、钛)的波导组成输入输出端之间的波导通路。两条通路之间构成干涉结构,其相位差由施加在通路上的电压控制。当通路上的驱动电压改变两通路上的相位差时,利用干涉效应就可以将信号送到目的输出端。这种结构可以实现 1×2 和 2×2 的交换配置,特点是交换速度较快(达到 ns 级),但是它的介入损耗、极化损耗和串音较严重,对电漂移较敏感,通常需要较高的工作电压。

2. 光机械交换

光机械交换是通过移动光纤终端或棱镜将光线引导或反射到输出光纤,原理十分简单,成本也较低,但只能实现 ms 级的交换速度。

3. 热光交换

热光交换采用可调节热量的聚合体波导,由分布于聚合堆中的薄膜加热元素控制。当电流通过加热器时,改变了波导分支区域内的热量分布,从而改变折射率,这样就可将光耦合从主波导引导至目的分支波导。这种光交换的速度可达 μs 级,实现体积也非常小,但介入损耗较高、串音严重、消光率较差、耗电量较大、并需要良好的散热器。

4. 液晶光交换

这种光交换通过液晶片、极化光束分离器或光束调相器来实现。液晶片的作用是旋转入射光的极化角。当电极上没有电压时,经过液晶片光线的极化角为 90 度,当电压加在液晶片的电极上时,入射光束将维持其极化状态不变。极化光束分离器或光束调相器起路由器作用,将信号引导至目的端口。对极化敏感或不敏感的矩阵交换机都能利用此技术。这种技术可以构造多通路交换机,缺点是损耗大、热漂移量大、串音严重、驱动电路也较昂贵。

5. 声光交换

它是在光介质中加入横向声波,从而将光线从一根光纤准确地引导至另一根光纤。声光交换可以达到 μs 级的交换速度,可用于构建端口数较少的交换机。用这种技术制成的交换机的衰耗随波长变化较大,驱动电路也较 昂贵。

6. 采用微电子机械技术(MEMS)的光交换

这种光交换的结构实质上是一个二维镜片阵,当进行光交换时,通过移动光纤末端或改变镜片角度,把光直接送到或反射到交换机的不同输出端。采用微电子机械系统技术可以在极小的晶片上排列大规模机械矩阵,其响应速度和可靠性大大提高。这种光交换实现起来比较容易、插入损耗低、串音低、消光比好、偏振和基于波长的损耗也非常低、对不同环境的适应能力良好、功率和控制电压较低、并具有闭锁功能,缺点是交换速度只能达到 ms 级。

7. 光交换中的其他关键技术

(1)光缓存器件 光缓存器件对光信号进行缓存,为实现光分组交换中的光信号存储转发提供了可能,是实现光分组交换的关键技术,目前还没有全光的随机存储器,只能通过无源的光纤延时线(FDL)或有源的光纤环路来模拟光缓存功能。常见的光缓存结构有:可编程的并联 FDL 阵列、串联 FDL 阵列和有源光纤环路。

(2)光逻辑器件 该类器件由光信号控制它的状态,用来完成光信号的各类布尔逻辑运算,是实现光控光交换的关键技术。目前光逻辑器件的功能还较简单,比较成熟的技术有对称型自电光效应(S-SEED)器件、基于多量子阱(DFB)的光学双稳器件和基于非线性光学的与门等。

(3)波长变换器 全光波长转换器实现光信号传输波长的变换,是在波分复用光网络中实现全光交换的关键部件。波长转换器有多种结构和机制,目前研究较为成熟的是以半导体光放大器(SOA)为基础的波长转换器,包括交叉增益饱和调制型(XGM SOA)、交叉相位调制型(XPM SOA)以及四波混频型波长转换器(FWM SOA)等。

6.5.3　光交换机的分类

目前从交换技术的角度来看,光交换技术可分成光的电路交换(OCS)和光分组交换(OPS)两种主要类型。

1. 光电路交换

光的电路交换类似于现存的电路交换技术,采用 OXC、OADM 等光器件设置光通路,中间节点不需要使用光缓存,目前对 OCS 的研究已经较为成熟。根据交换对象的不同 OCS 又可以分为。

(1)光时分交换技术　时分复用是通信网中普遍采用的一种复用方式,时分光交换就是在时间轴上将复用的光信号的时间位置 t_1 转换成另一个时间位置 t_2;

(2)光波分交换技术　是指光信号在网络节点中不经过光/电转换,直接将所携带的信息从一个波长转移到另一个波长上;

(3)光空分交换技术　即根据需要在两个或多个点之间建立物理通道,这个通道可以是光波导也可以是自由空间的波束,信息交换通过改变传输路径来完成;

(4)光码分交换技术　光码分复用(OCDMA)是一种扩频通信技术,不同用户的信号用互成正交的不同码序列填充,接受时只要用与发送方相同的码序列进行相关接受,即可恢复原用户信息。光码分交换的原理就是将某个正交码上的光信号交换到另一个正交码上,实现不同码字之间的交换。

2. 光分组交换

未来的光网络要求支持多粒度的业务,其中小粒度的业务是运营商的主要业务,业务的多样性使得用户对带宽有不同的需求,OCS 在光子层面的最小交换单元是整条波长通道上数 Gbit/s 的流量,很难按照用户的需求灵活地进行带宽的动态分配和资源的统计复用,所以光分组交换应运而生。光分组交换系统根据对控制包头处理及交换粒度的不同,又可分为以下几种。

(1)光分组交换(OPS)技术　它以光分组作为最小的交换颗粒,数据包的格式为固定长度的光分组头、净荷和保护时间三部分。在交换系统的输入接口完成光分组读取和同步功能,同时用光纤分束器将一小部分光功率分出送入控制单元,用于完成如光分组头识别、恢复和净荷定位等功能。光交换矩阵为经过同步的光分组选择路由,并解决输出端口竞争。最后输出接口通过输出同步和再生模块,降低光分组的相位抖动,同时完成光分组头的重写和光分组再生。

(2)光突发交换(OBS)技术　它的特点是数据分组和控制分组独立传送,在时间上和信道上都是分离的,它采用单向资源预留机制,以光突发作为最小的交换单元。OBS 克服了 OPS 的缺点,对光开关和光缓存的要求降低,并能够很好地支持突发性的分组业务,同时与 OCS 相比,它又大大提高了资源分配的灵活性和资源的利用率。被认为很有可能在未来互联网中扮演关键角色。

(3)光标记分组交换(OMPLS)技术　也称为 GMPLS 或多协议波长交换(MPλS)。它是 MPLS 技术与光网络技术的结合。MPLS 是多层交换技术的最新进展,将 MPLS 控制平面附着到光波长路由交换设备的顶部就组成了具有 MPLS 能力的光节点。由 MPLS 控制平面运行标签分发机制,向下游各节点发送标签,标签对应相应的波长,由各节点的控制平面进行光开关的倒换控制,建立光通道。2001 年 5 月 NTT 开发出了世界首台全光交换 MPLS 路由器,结合 WDM 技术和 MPLS 技术,实现全光状态下的 IP 数据包的转发。

6.5.4 光交换技术未来的发展

市场和用户是决定光网络去向何方的重要因素。目前光的电路交换技术已发展的较为成熟,进入实用化阶段。而光分组交换将是更加高速、高效、高度灵活的交换技术,其能够支持各种业务数据格式,包括分组数据、视频数据、音频数据以及多媒体数据的交换。自 19 世纪 70 年代以来,分组交换网经历了从 X.25 网、帧中继网、信元中继网、ISDN 到 ATM 网的不断演进,以至今天的光分组交换网成为被广泛关注和研究的热点。超高带宽的光分组交换技术能够实现 10Gbit/s 速率以上的交换操作,且对数据格式与速率完全透明,更能适应当今快速变化的网络环境,能为运营商和用户带来更大的收益。在更加实用化的光缓存器件和光逻辑器件产生以前,对二者要求不是很高的光突发交换以及光标记分组交换技术作为光分组交换的过渡性解决方案,将会成为市场的主流。

光网络已经由过去的点到点的 WDM 链路发展到今天面向连接的 OADM/OXC 和自动交换光网络(ASON),并将演进到未来在 DWDM 基础之上的宽带电路交换与分组交换融合的智能光网络。光交换技术的发展将会在其中起到决定性的作用。

思　考　题

1. 什么是交换,交换设备的基本功能有哪些?
2. 交换技术是如何发展的,经历了哪些阶段?
3. 程控交换呼叫处理的一般过程是什么? 数字交换网络的工作原理是什么?
4. 简述程控交换机由哪些部分组成?
5. ATM 交换结构有哪些?
6. 以太网交换的类型有哪些?
7. 什么是虚拟局域网技术?
8. 光交换的实现方式是什么?

第7章 智能建筑外部公用通信网络技术

在信息化社会中,语言、数据、图像等各类信息,从信息源开始,经过搜索、筛选、分类、编辑、整理等一系列信息处理过程,加工成信息产品,最终传输给信息消费者,而信息流动是围绕高速信息通信网进行的,智能建筑只是其中的节点,这个高速信息通信网是以光纤、微波、卫星等骨干通信网为传输网基础,由公用交换电话网、公用数据网、智能网、移动通信网、有线电视网等业务网组成,并通过各类信息应用系统延伸到智能建筑的每个用户,从而真正实现信息资源的共享和信息流动的快速与畅通。

智能建筑作为通信节点,内部的通信系统与网络不能仅仅孤立地运作,它必须与外界进行通信,通过接入网将智能建筑内部通信系统与外部公用通信网络相连。对智能建筑来说,建筑外部公用通信网络是其与外界沟通的桥梁,提供通信所需传输途径和业务支撑等。

7.1 公用交换电话网技术

公用交换电话网(Public Switched Telephone Network PSTN),是最早建立起来的一种通信网,它是以电路交换为信息交换方式,以电话业务为主要业务的电信网。当前电话网中开放的业务主要有电话、数据、传真、电视电话会议、各类移动通信、遥测报警等,如图7-1所示。

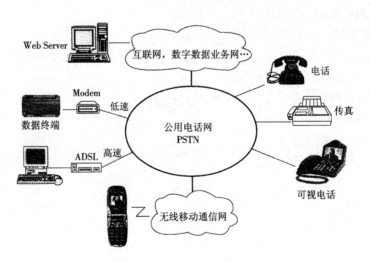

图 7-1 电话网中开放的业务

7.1.1 PSTN 网的组成

电话网提供的是一个模拟的专有通道,通道之间经由若干个电话交换机连接而成。如果需要在两部话机之间进行通话,只需用一对线将两部话机直接相连即可。如果有成千上万部话机需要互相通话,就需要将每一部话机通过用户线连到电话交换机上。一个 PSTN 网由以下几个部分组成。

（1）传输系统　以有线（电缆、光纤）为主，有线和无线（卫星、地面和无线电）交错使用，传输系统主要为 SDH、DWDM。

（2）交换系统　设于电话局内的交换设备——交换机，已程控化、数字化，由计算机控制接续过程。

（3）用户系统　包括电话机、传真机等终端以及用于连接它们与交换机之间的一对导线（称为用户环路），用户终端已逐步数字化、多媒体化和智能化，用户环路数字化、宽带化。

（4）信令系统　为实现用户间通信，在交换局间提供以呼叫建立、释放为主的各种控制信号。

交换机是 PSTN 网的核心，交换机根据用户信号（摘机、挂机、拨号等）自动进行话路的接通与拆除。一个城市只装一台交换机称为单局制，大城市需建立多个电话机分局，分局间使用局间中继线互联。与用户线不同，中继线是由各用户共用的。分局数量太多时，就需要建立汇接局，汇接局与所属分局以星型连接，汇接局间是全互联的。分局间通话需经汇接局转接。为了使不同城市用户能互相通话，城市内还需建立长话局，长话局与市话分局（或市话汇接局）间以长市中继线相连。不同城市的长话局、长话汇接局间用长途中继线相连。

7.1.2　PSTN 网络结构

按所覆盖的地理范围，PSTN 可以分为本地电话网、国内长途电话网和国际长途电话网。

1. PSTN 本地电话网

PSTN 网是一个设计用于话音通信的网络，采用电路交换与同步时分复用技术进行话音传输，PSTN 的本地环路级是模拟和数字混合的，主干级是全数字的；其传输介质以有线为主。本地电话网包括大、中、小城市和县一级的电话网络，处于统一的长途编号区范围内，一般与相应的行政区划一致，由若干端局或由若干个端局和汇接局及局间中继线和话机终端等组成的电话网。本地网用来疏通本长途编号区范围内，任何两个用户间的电话呼叫和长途发话、去话业务。

本地网内可以设置端局和汇接局。端局通过用户线和用户相连，其职能是负责疏通本局用户的去话和来话话务。汇接局与所管辖的端局相连，以疏通这些端局间的话务；汇接局还与其他的汇接局相连，疏通不同汇接区间的端局的话务。根据需要，汇接局还可与长途交换中心相连，用来疏通本汇接区内的长途转接话务。

由于各中心城市的行政地位、经济发展及人口的不同，扩大的本地网交换设备容量和网络规模相差很大，所以网络结构可以分成以下两种。

（1）网状网

网状网中所有端局彼此互联，端局之间设置直达电路，如图 7-2 所示。这种网络结构适用于本地网内交换局数目不是太多的情况。

（2）二级网

本地网若采用网状网，其电话交换局之间通过中继线相连。中继线是公用的，利用效率较高，通过的话务量也比较大，因此提高了网络利用率，降低了线路成本。当交换局数量较多时，采用网状网结构导致局间中继线数量急剧增加。此时采用分区汇接制，把电话网分为若干个"汇接区"，在汇接区内设置汇接局，下设若干个端局，端局通过汇接局汇集，构成二级本地电话网，如图 7-3 所示。

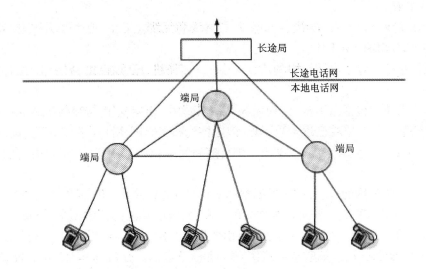

图7-2　本地电话网的网状网结构

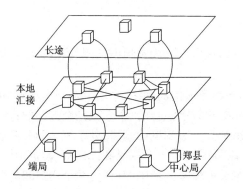

图7-3　本地二级网

2. PSTN 国内长途电话网

国内长途电话网提供城市之间或省之间的电话业务,一般与本地电话网在固定的几个交换中心完成汇接。我国的长途电话网中的交换节点又可以分为省际(包括直辖市)交换中心以 DC1 表示和地(市)级交换中心以 DC2 表示两个等级,它们分别完成不同等级的汇接转换。长途两级网的等级结构如图7-4 所示。DC1 构成长途两级网的高平面网(省际平面);DC2 构成长途网的低平面网(省内平面)然后逐步向无级网和动态无级网过渡。DC1 以网状网相互联接,与本省各地市的 DC2 以星形方式连接;本省各地市的 DC2 之间以网状或不完全网状相连,同时辅以一定数量的直达电路与非本省的交换中心相连。DC1 的职能主要是汇接所在省的省际长途来去话话务,以及所在本地网的长途终端话务;DC2 的职能主要是汇接所在本地网的长途终端来去话话务。

3. PSTN 国际长途电话网

国际长途电话网提供国家之间的电话业务,一般每个国家设置几个固定的国际长途交换中心。

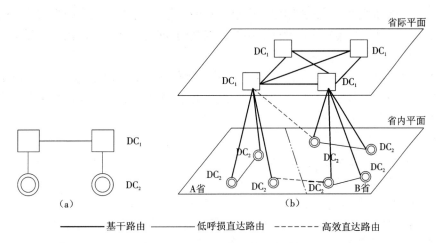

图 7-4　两级长途电话网的等级结构

(a)基干结构;(b) 实际结构

7.1.3　PSTN 编号计划

编号计划是指本地网、国内长途网、国际长途网、特种业务以及一些新业务等的各种呼叫所规定的号码编排和规程。电话网中的编号计划是使电话网正常运行的一个重要的规程,交换设备应该适应上述各项接续的编号需求。编号计划主要包括本地电话用户编号和长途电话用户两部分内容。

1. 本地电话用户编号方法

同一长途编号范围内的用户均属于同一个本地网。在一个本地网内,号码的长度要根据本地电话网的长远规划容量来确定。

本地电话网的一个用户号码由两部分组成:

$$\boxed{\text{局号 + 用户号}}$$

局号可以是 1 位(用 P 表示)、2 位(用 PQ 表示)、3 位(用 PQR 表示)或 4 位(用 PQRS 表示);用户号为 4 位(用 ABCD 表示),因此如果号长为七位,则本地电话网的号码可以表示为"PQRABCD",本地电话网的号码长度最长为 8 位。

2. 长途电话用户编号方法

长途电话包括国内长途电话和国际长途电话。国内长途电话号码的组成为

$$\boxed{\text{国内长途字冠 + 长途区号 + 本地号码}}$$

国内长途字冠是拨国内长途电话的标志,在全自动接续的情况下用"0"代表。长途区号是被叫用户所在本地网的区域号码,全国统一划分为若干个长途编号区,每个长途编号区都编上固定的号码,这个号码的长度为 1~4 位长。如果从用户所在本地网以外的任何地方呼叫这个用户,都需要拨这个本地网的固定长途区域号。

国际长途电话号码的组成为

$$\boxed{\text{国际长途字冠 + 国内长途字冠 + 长途区号 + 本地号码}}$$

国际长途呼叫除了拨上述国内长途号码中的长途区号和本地号码外,还需要增拨国际长途字

冠和国家号码。国际长途字冠是拨国际长途电话的标志,在全自动接续的情况下用"00"代表。国家号码为1~3位。如果从用户所在国家以外的任何地方呼叫这个用户,都需要拨这个国家的国家号码。

从上面可以看出,长途区号、国家号码都采用了不等位编号方式。这不但可以满足对于号码容量的要求,而且可以使长途电话号码的长度不超过10位,国际长途电话号码的长度不超过12位(不包括国际长途字冠)。

3. 举例

下列逻辑寻址起到了建立连接的作用,该连接起端在美国一个物理地点,终端位于中国北京海淀区学院路某大学:0086 – 010 – 6225 – 1111

– 0086:00表示该呼叫是跨国呼叫,86是中国的国家号码;

– 010:表示该呼叫的长途区域号,010是北京的长途区号;

– 6225:表示一个特定的海淀区交换局的交换机;

– 1111:表示端口及电路标识,与本地环路(用户线)有关,该用户线与位于北京某大学校园内某个物理位置的终端设备有关。

7.2　公用数据网技术

公用数据网是根据数据通信的突发性和允许一定时延的特点,采用了存储转发分组(包)交换技术。公用数据网包括分组交换网(PSPDN)、帧中继网(FR)、数字数据网(DDN)、智能网(IN)、综合业务数字网(ISDN)、宽带综合业务数字网(B-ISDN)等。随着计算机联网用户的增长,数据网带宽不断拓宽,网络节点设备几经更新,在这个发展过程中不可避免出现新老网络交替,多种数据网并存的复杂局面。在这种情况下,一种能将遍布世界各地各种类型数据网联成一个大网的TCP/IP协议应运而生,从而使采用TCP/IP协议的国际互联网——因特网(Internet或IP网)一跃而成为目前全世界最大的信息网络。

7.2.1　分组交换网(PSPDN)

分组交换网(Packet Switched Public Data Network,PSPDN)是以分组交换方式向用户提供数据传输的业务网。分组交换网是第一个面向连接的网络,也是第一个公共数据网络。分组交换是一种存储转发的交换方式,它以X.25协议为基础,它将用户的报文划分成一定长度的分组,以分组为存储转发,因此它比电路交换的利用率高,比报文交换的时延小,而且具有实时通信的能力。其数据分组包含3字节头部和128字节数据部分,它运行10年后,20世纪80年代被无错误控制、无流控制、面向连接的新的叫做帧中继的网络所取代。

分组交换网可以满足不同速率、不同型号终端与终端、终端与计算机、计算机与计算机间以及局域网间的通信,实现数据库资源共享。分组交换网是数据通信的基础网,利用其网络平台可以开发各种增值业务,如电子信箱、电子数据交换、可视图文、传真存储转发、数据库检索。分组交换网的突出优点是可以在一条电路上同时开放多条虚电路,为多个用户同时使用,网络具有动态路由功能和先进的误码纠错功能,网络性能最佳。

分组交换网的组成如图7-5所示,由分组交换机、远程集中器、分组拆装设备、网路管理中心、传输设备组成。

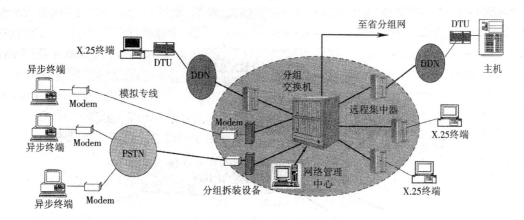

图 7-5　分组数据交换网的组成

X.25 本质上是 ITU-T 制定的用户设备和分组交换网络之间的标准接入协议。它定义了分组模式的终端通过专用电路接入到公共数据网络的接口。它定义了物理层、数据链路层、分组层(即网络网)三层协议,分别对应于 ISO/OSI 七层模型的下三层。非标准 X.25 终端需要通过一个分组拆装设备(PAD)连接到一个 X.25 网络。PAD 完成协议的转换,生成 X.25 标准规定的分组,这样数据才能通过 X.25 网络传送。这些 PAD 可以放在用户侧,也可以放在网络侧。

分组交换网提供的基本业务有交换型虚电路(SVC),其可同时与不同用户进行通信;还有永久型虚电路(PVC),其可以建立一个或多个用户间的固定连接。

所谓交换虚电路(SVC)就是面向网络连接的两个数据终端要通信时先用呼叫程序建立电路(即虚电路),因为它是将路径放在路由表中所以在用户主机之间建立虚拟的逻辑连接,而不是建立物理连接然后发送数据,并且保证在其上传送信包的正确性和顺序性,通信结束后用拆线程序拆除虚电路。永久虚电路(PVC)能经受计算机的重新自举或电源的波动,从是一种在网络初始化时建立的虚电路,并且该虚电路一直保持。

可选业务有 VPN(虚拟专网)、闭合用户群等。CHINAPAC 由国家骨干网和各省(市、区)的省内网组成。目前骨干网之间覆盖所有省会城市,省内网覆盖到有业务要求的所有城市和发达乡镇。通过和电话网的互联,CHINAPAC 可以覆盖到电话网通达到的所有地区。CHINA-PAC 在北京和上海设有国际出入口,广州设有到港、澳地区的出入口,以完成与国际数据的联网。和 DDN、帧中继相比较,分组业务资费比较便宜,它是用户构架其内部广域网最经济的一种选择。

7.2.2　帧中继网(FR)

帧中继(Frame Relay,FR)是在分组交换网的基础上,结合数字专线技术而产生的数据业务网络,是一种用于连接计算机系统的面向分组的通信方法,是第二代分组交换网络,它是在 1991 年引入的。它以帧为单位(帧中继的帧信息长度远比 X.25 分组长度要长,最大帧长度可达 1600B/帧,适合于封装局域网的数据单元),在网络上传输,并将流量控制等功能全部交由智能终端设备处理的一种新型高速网路接口技术。

帧中继不采用存储转发技术,时延小、传输速率高、数据吞吐量大;兼容 X.25、TCP/IP 等多种网络协议,可为各种网络提供快速、稳定的连接。和 X.25 网络相比,节点的延时大大降低,吞吐量大大提高。帧中继主要应用在局域网(LAN)互联、高清晰度图像业务、宽带可视电话业务和 Internet 连接业务等。当用户数据通信的带宽要求为 64Kbit/s ~ 2Mbit/s 及更高或当通信距离较长时,尤其是城际或省际电路时,用户可优选帧中继;当数据业务量为突发性时,由于帧中继具有动态分配带宽的功能,选用帧中继可以有效地处理突发性数据;当用户出于经济性的考虑时,帧中继的灵活计费方式和相对低廉的价格是用户的理想选择。

帧中继的标准是 ITU-T 制定的。它的定义为"一种由子网提供的会话式通信业务,用于传送高速突发性数据"。从定义可以看出,帧中继的传输能力是双向的(因为它是"会话式的"),它不是一个端到端的解决方案(因为它是一个"子网"),因此没有帧中继电话之类的帧中继终端设备,相反,我们应该将帧中继看做网络云,也就是说,它是一种广域网解决方案,可以将分布在全国或世界各地的计算机网络连接起来。此外,"高速突发性数据"表明,帧中继最初是用于传送数据,特别是用来支持 LAN 和 LAN 之间的互联。

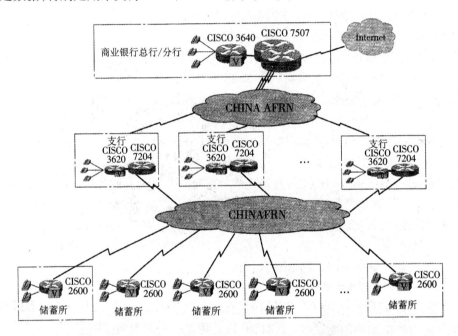

图 7-6 某商业银行利用 CHINAFRN 构建其广域网的组成结构

CIHINAFRN 是中国电信经营管理的中国公用帧中继网。目前网络已覆盖到全国所有省会城市,绝大部分地市和部分县市,是我国的中高速信息国道。帧中继网络提供的基本业务有:永久虚电路(PVC)和交换虚电路(SVC)。利用 CHINAFRN 进行局域网互联是帧中继业务最典型的一种应用。图 7-6 所示为某商业银行利用 CHINAFRN 构建其广域网的组成结构。

7.2.3 数字数据网(DDN)

随着数据通信业务的发展,相对固定的用户之间业务量比较大,并要求时延稳定、实时性较高。在市场需求的推动下,介于永久性连接和交换式连接之间的半永久性连接方式的数字数据网(DDN)产生了。

数字数据网是利用数字信道传输数据的一种传输网络。它的传输媒介有光缆、数字微波、卫星信道,用户端可用普通的电缆和双绞线。DDN 为用户提供全数字、全透明(不对用户数据做任何改动,直接传送)、高质量的网络连接,传递各种数据业务。用户端设备(主要为网关路由器)一般通过基带 Modem 或 DTU(Data Terminal Unit)利用市话双绞线实现网络接入。

DDN 的结构示意图如图 7-7 所示,它由数据用户终端、用户线传输系统、复用及交叉连接系统、局间传输及同步时钟供给系统、网路管理系统组成。

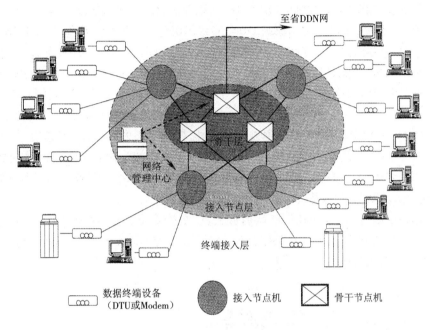

图 7-7　DDN 的结构示意图

从组网功能上分,DDN 节点可分为 2 兆节点、接入节点和用户节点三种类型。2 兆节点用于网上的骨干节点,执行网络业务的转换功能,并提供 2 Mbit/s(E_1)接口,对 $N \times 64$ kbit/s 的信号进行复用和交叉连接;接入节点主要为 DDN 各类业务提供接入功能,对小于 $N \times 64$ kbit/s 子速率信号复用和交叉连接,并提供帧中继业务和压缩语音/G3 传真用户入网;用户节点主要为 DDN 用户入网提供接口,并进行必要的协议转换。

DDN 网若从纵向分隔,其功能层次结构可为 3 层,即传输层、接入层和用户层。传输层负责传输从接入层来的数字信号,一般采用数字交叉连接设备;接入层采用带宽管理器实现用户的多种业务接入,提供数字交叉连接和复用功能,具有 64kbit/s 和 $N \times 64$kbit/s 速率的交叉连接能力和低于 64 kbit/s 的零次群子速率交叉连接和复用能力;用户层是指进网的用户终端设备及其链路的功能。DDN 具有下列优点:

(1) DDN 是同步数据传输网,不具备交换功能,通过数字交叉连接设备可向用户提供固定的或半永久性信道,并提供多种速率的接入;

(2)传输速率高,网络时延小,目前提供 $N \times 64$ kbit/s ～2 Mbit/s 的数据业务;

(3) DDN 为全透明网。DDN 是任何协议都可以支持,不受约束的全透明网,从而可满足数据、图像、声音等多种业务的需要。

DDN 的主要作用是向用户提供永久性和半永久性连接的数字数据传输信道,既可用于计算机之间的通信,也可用于传送数字化传真、数字语音、数字图像信号或其他数字化信号。永久性连接的数字数据传输信道是指用户间建立固定连接,传输速率不变的独占带宽电路。半永久性连接的数字数据传输信道对用户来说是非交换性的。但用户可提出申请,由网络管理人员对其提出的传输速率、传输数据的目的地和传输路由进行修改。

中国公用数字数据骨干网(CHINADDN)于 1994 年正式开通,并已通达全国绝大多数县以上地方以及部分发达地区的乡镇。它是由中国电信经营的、向社会各界提供服务的公共信息平台。可向各界用户提供灵活方便的数字电路出租业务,供各行业构成自己的专用网。

CHINADDN 网络结构可分为国家级 DDN、省级 DDN、地市级 DDN。国家级 DDN 网(各大区骨干核心)主要功能是建立省际业务之间的逻辑路由,提供长途 DDN 业务以及国际出口。省级 DDN(各省)主要功能是建立本省内各市业务之间的逻辑路由,提供省内长途和出入省的DDN 业务。地市级 DDN(各级地方)主要是把各种低速率或高速率的用户复用起来进行行业业务的接入和接出,并建立彼此之间的逻辑路由。这样,把国内、国外用户通过 DDN 专线互相传递信息。各级网管中心负责用户数据的生成,网络的监控、调整,告警处理等维护工作。

DDN 适用于业务量大、实时性强的数据通信用户使用,如金融业、证券业、外资机构等各种固定用户的联网通信;为各种电信增值业务(各种专用网、无线寻呼系统等)用户提供中继或用户数据通道;为局域网间提供中继连接。

在智能建筑中的专用广域网(例如政府办公网、公安金盾网等)互联方案中,通常采用租用 DDN 专线的方式。图 7-8 所示是某银行的广域网拓扑结构。在公用信息网与 Internet 连接的方案中,DDN 经常也是首选的方式。

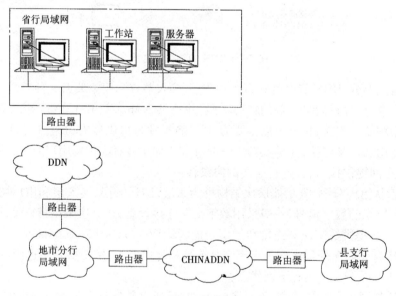

图 7-8　某银行的广域网拓扑结构

7.2.4　综合业务数字网(ISDN)

ISDN 技术的出现与发展是与社会经济和文化的发展分不开的。社会经济和文化的发展往往对通信服务提出新的需求,而这些需求又反过来促进生产的发展。许多国家的电信部门和电子工业部门为了适应社会经济发展的需要,也为了其自身的发展,不断开拓新技术和新服务。然而原有的网络往往不能满足使用新技术和提供新服务的需要。解决这一问题的途径,一个是利用原有的网络开放新业务,另一个是开发新的网络。前者往往受旧网络体制的限制,人们不得不建设新的网络,因此诞生了一系列针对传真、用户电报、数据交换、专用通信等不同业务的各种网络。然而多种网络的繁殖给用户和通信经营者带来了不少新的问题。网络多、设备多、接口种类多和规范多等问题对使用与经营管理都带来了很多不便,而且从通信发展的总体来看也并不经济。人们开始意识到为某种业务设立新网络的做法不宜继续下去,应该有长远的,通盘的考虑,建立一个提供多种综合业务的网络,这种网络就是 ISDN。

归纳起来,在 ISDN 技术出现之前,通信网络的发展主要存在以下几个方面的问题。

(1)从 20 世纪 80 年代中期开始,国外发达国家数字程控电话交换机广泛采用,电话普及率达到较高的程度,因此电话业务趋于饱和,用户业务量的发展曲线相对平稳。

(2)用户对非电话业务的要求逐步提高,如用户电报、数据通信、传真、图像、可视电话和会议电视等。

(3)当时并存的各种网络包括:电话通信网、本地用户网、数据通信网、传真网、有线电视传输网等。这些网络在物理上可能是部分重叠的,但在逻辑上是分离的。

(4)网络运营商和用户均要求对已有的业务与网络进行综合。

(5)未来通信业务的多样化以及人们对新业务的需求是不可预见的。

在这一背景下,经过十几年的发展,ISDN 的实施技术和相关国际标准已经发展成熟,在世界范围内也得到了一定程度的应用。ISDN 的英文全称是 Integrated Services Digital Network。CCITT(ITU-T 前身)对 ISDN 是这样定义的:"ISDN 是以综合数字电话网(IDN)为基础发展演变而成的通信网,能够提供端到端的数字连接,用来支持包括话音在内的多种电信业务,用户能够通过有限的一组标准化的多用途用户——网络接口接入网内。"ISDN 是基于公共电话网的数字化网络、专为高速数据传输和高质量语音通信而设计的一种高速、高质量的通信网络。它能够利用普通的电话线双向传送高速数字信号,广泛地进行各项通信业务,包括话音、数据、图像等。因为它几乎综合了目前各单项业务网络的功能,所以也被形象地称作"一线通"。其结构示意图如图 7-9 所示。

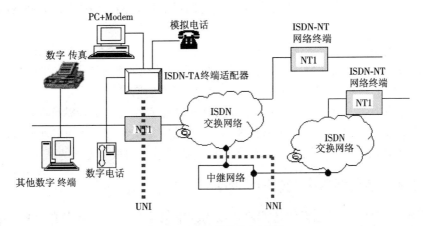

图 7-9　ISDN 的结构示意图

ISDN 能提供端到端的数字连接,可承载话音和非话音业务,用户能够通过多用途用户 –

网络接口接入网络。ISDN采用数字传输和数字交换技术,将电话、传真、数据、图像等多种业务综合在一个统一的数字网络进行传输和处理,向用户提供PCM基本速率(2B+D,144kbit/s)和一次群速率(30B+D,2Mbit/s)两种接口。基本速率接口包括两个能独立工作的B信道(64kbit/s)和一个D信道(16kbit/s)。其中B信道一般用来传输话音、数据和图像,D信道用来传输信令或分组信息。ISDN技术的主要特点如下。

(1)多种业务的兼容　利用一对用户线可以提供电话、传真、可视图文用数据通信等多种业务。若用户需要更高速率的信息,可以使用一次群用户接口,连接用户交换机、可视电话、会议电视或计算机局域网。此外ISDN用户在每一次呼叫时,都可以根据需要选择信息速率、交换方式等。

(2)数字传输　ISDN能够提供端到端的数字连接,即终端到终端之间的通道已完全数字化,具有优良的传输性能,而且信息传送速度快。

(3)标准化的接口:ISDN能够提供多种业务的关键在于使用标准化的用户接口。该接口有基本速率接口和一次群速率接口。基本速率接口有两条64kbit/s的信息通路和一条16kbit/s的信令通路,简称2B+D(144kbps);一次群接口有30条64kbit/s的信息通路和一条64kbit/s的信令通路,简称30B+D(2Mbps)。标准化的接口能够保证终端间的互通。1个ISDN的基本速率用户接口最多可以连接8个终端,而且使用标准化的插座,易于各种终端的接入。

(4)使用方便　用户可以根据需要,在一对用户线上任意组合不同类型的终端,例如可以将电话机、传真机和PC机连接在一起,可以同时打电话,发传真或传送数据。

(5)终端移动性　ISDN的终端可以在通信过程中暂停正在进行的通信,然后在需要时再恢复通信。这一性能给用户带来了很大的方便,用户可以在通信暂停后将终端将移至其他的房间,插入插座后再恢复通信。同时还可以设置恢复通信的身份密码。

(6)费用低廉　ISDN是通过电话网的数字化发展而成的,因此只需在已有的通信网中增添或更改部分设备即可以构成ISDN通信网,ISDN能够将各种业务综合在一个网内,以提高通信网的利用率,此外ISDN节省了用户线的投资,可以在经济上获得较大的利益。

(7)网络互通性强　ISDN能与电话网、分组交换网、因特网、局域网等多种网络进行互联互通。

ISDN能够向用户提供三大类业务:承载业务(与用户终端类型无关);用户终端业务(如数字电话、四类传真、数据通信、视频通信等);丰富的补充业务(如主/被叫用户号码识别显示/限制、呼叫等待、呼叫转移、多用户号码、子地址、三方通信等)。

ISDN为用户提供端到端的数字通信线路,其传输速率可以达到128kbps,而且传输质量可靠,可以提供高品质的语音、传真、可视图文、可视电话等多项业务。单机和小型局域网都适合使用ISDN与ISP相连,在同等速率下,设备投资与通信费用都低于专线方式。

7.2.5　宽带综合业务数字网(B-ISDN)

前面介绍的ISDN是只能提供基群速率以内的电信业务的综合业务数字网,更精确的应被称为窄带ISDN(N-ISDN)。N-ISDN是以电话通信网为基础发展起来的,基本保持了电话通信网的结构和特性,其主要业务是64kbit/s电路交换业务,虽然它综合了分组交换业务,但这种综合仅在用户——网络接口上实现,其网络内部仍由独立分开的电路交换和分组交换实体来提供不同的业务。N-ISDN 通常只能提供 PCM 基群速率以内的电信业务,这种业务的特点使得 N-ISDN 对技术的发展适应性较差,也使得 ISDN 存在固有的局限性,具体表现在以下几方面。

(1)N-ISDN 采用传统的铜线来传输,使用户接入网络处的速率不能高于 PCM 基群的速率,这种速率不可能用于传送高速数据或图像业务(如视频信号等),因此不能适应新业务发展的需求;

(2)N-ISDN 的网络交换系统相当复杂,虽然它在用户——网络接口上提供了包括分组交换业务在内的综合业务,其网络内部实际上是电路交换和分组交换并存的单一网络,在用户环路只能获得 B 信道和 D 信道两种标准通信速率以及它们的组合;

(3)N-ISDN 对新业务的引入有较大的局限性,由于 N-ISDN 只能以固定的速率(如 64kbit/s、84kbit/s、920kbit/s 等)来支持现有的电信业务,这将很难适应未来电信业务的突发特性、可变速率的特性以及多种速率的要求。

此外,随着社会经济的发展和人们物质生活水平的不断提高,用户对各种通信业务的需求日益增加,对通信质量的要求也不断提高;同时先进的用户终端设备已具有较强的数据、图像处理能力,这一切均使得现有的网络和基于 64kbit/s 的 N-ISDN 已无法满足用户的需求。

为了克服 N-ISDN 的局限性,人们开始寻求一种新型的网络,这种网络即可以提供 PCM 基群速率的传输信道,也可以适应全部现有的和将来可能出现的业务,无论速率低至几 bit/s 或高到几百 Mbit/s 的业务,都以同样的方式在网络中被交换和传送,共享网络的资源;这是一种灵活、高效、经济的网络,它可以适应新技术、新业务的需要,并能充分、有效地利用网络资源。CCITT 将这种网络命名为宽带 ISDN,也称为 B-ISDN(Broadband ISDN),由于采用 ATM 交换方式实现,也叫做异步转移模式(ATM)网技术。其结构示意图如图 7-10 所示。B-ISDN 具有以下显著的特点。

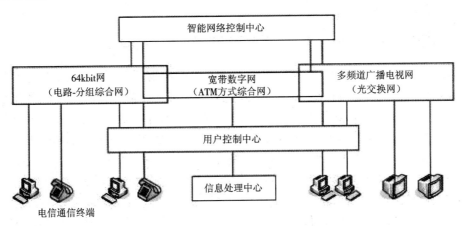

图 7-10　B-ISDN 的结构示意图

(1)B-ISDN 主要以光纤作为传输媒体　光纤的传输质量高,这保证了所提供的业务质量,同时减少网络运行中的差错诊断、纠错、重发等环节,提高了网络的传输速率,带来了高效率,因而 B-ISDN 可以提供多种高质量的信息传送业务,充分利用现有的网络终端、用户环路等网络资源。

（2）B-ISDN 以信元为传输、交换的基本单位　信元是固定格式的等长分组，以信元为基本单位进行信息转移，给传输和交换带来极大的便利；而以前的通信网通常以时隙为交换单元。

（3）B-ISDN 利用了虚信道和虚通道　也就是说 B-ISDN 中可以做到"按需分配"网络资源，使传输的信息动态地占用信道，这使得 B-ISDN 呈现开放状态，具有很大的灵活性。

B-ISDN 除了能够提供 N-ISDN 的各种业务外，还能提供两大类的宽带通信业务：交互型业务和分配型业务。前者的特点是通信双方采用问答式的方式；后者的特点是以网络向用户方向的通信量为主，近乎是单向性通信。

（1）交互型宽带通信业务

①可视化会话性业务　可视化会话性业务是用户与用户之间或用户与业务提供者之间双向的、实时的对话通信，如高质量的可视电话、电话会议等。

②消息性业务　这种业务要经过存储转发，与会话性业务而言，它不必是实时的、不要求通信双方都是可用的，如视频邮件、正文邮件等。

③检索性业务　它是向网络的信息中心检索公用信息的一种通信业务，如影片、高分辨率图像、电视节目、声音、信息、文字档案等。

（2）分配型宽带通信业务

①用户不能干预控制的分配型业务　这是一种广播性业务，由网络内的节目源向数量不限的获准用户接收器分配连续的信息流，但用户不能控制信息的次序和开始时间，如电视广播、声音广播节目，以及文件分配、高速数据分配、视听信息分配等业务。

②用户可以干预控制的分配业务　这种业务也是从网络的节目源向众多用户分配信息的，但是这种信息被组织成一个个周期性重复的信息实体（即较短的帧）进行传送，因此用户可以控制信息演示的起点和次序，如点播式的广播电视、教育和培训节目的分配、以及新闻检索和计算机软件的分发等。

7.2.6　因特网（Internet）

因特网（Internet）是一个典型的互联网，是一个世界范围的互联网，它被广泛地用于连接大学、政府机关、公司和个人用户。因特网是成千上万信息资源的总称，这些资源以电子文件的形式，在线地分布在世界各地的计算机上；因特网上开发了许多应用系统，供接入网上的用户使用，网上的用户可以方便地交换信息，共享资源。因特网是各种使用 TCP/IP 协议（传输控制协议/网间协议）互相通信的数据网络的集合。

因特网是起源于美国，现在已连通全世界的一个超级计算机互联网络。凡是采用 TCP/IP 协议并且能够与因特网中的任何一台主机进行通信的计算机，都可以看成是因特网的一部分。因特网采用了目前分布式网络最为流行的客户机/服务器（C/S）或浏览器/服务器（B/S）方式，大大增强了网络信息服务的灵活性。

因特网由于其信息丰富、收费低廉，目前已成为服务于全社会的通用信息网络。因特网采用自适应（即动态的）、分布式路由选择协议。由于因特网规模大且部分用户不希望外界了解自己单位网络的布局细节等信息，因此因特网采了层次路由选择方法。因特网将整个互联网划分为许多较小的自治系统，简称 AS。一个自治系统有权自主地决定在本系统内应采用何种路由选择协议。这样，因特网的协议就分为两大类。

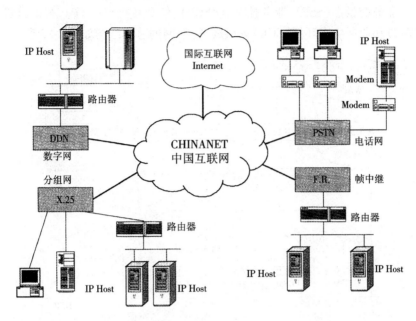

图 7-11　中国公用计算机互联网连接示意图

（1）内部网关协议（IGP）　在一个 AS 内部使用的路由选择协议，这与在互联网中的其他 AS 选用什么路由选择协议无关。目前这类路由协议有 RIP 和 OSPF。

（2）外部网关协议（EGP）　若源结点和目的结点处在不同的 AS 中，当数据报传到本节点所在 AS 的边界时，就需要使用一种协议将路由选择信息传递到另一个 AS 中。这类协议称为外部网关协议。目前这类路由协议使用得最多的是 BGP – 4。

CHINANET 是中国电信经营管理的中国公用 Internet 网，其核心层由北京、上海、广州三地的节点组成，并与国际 Internet 网相连，如图 7 – 11 所示。CHINANET 提供的业务功能有信息浏览（www）、电子邮件（E-mail）、文件传输（FTP）、网上商业应用、新闻讨论组（Ne-wsgroup）、实时聊天、网上实时广播、在线游戏、企业主页、虚拟专用网等。

7.3　智能网技术

智能网（IN）是在通信网上快速、经济、方便、有效地生成和提供智能业务的网络体系结构。它是在原有通信网络的基础上为用户提供新业务而设置的附加网络结构，它的最大特点是将网络的交换功能与控制功能分开。由于在原有通信网络中采用智能网技术可向用户提供业务特性强、功能全面、灵活多变的移动新业务，具有很大市场需求，因此智能网已逐步成为现代通信提供新业务的首选解决方案。智能网的目标是为所有通信网络提供满足用户需要的新业务，包括 PSTN、ISDN、PLMN、Internet 等，智能化是通信网络的发展方向。

在智能网中，智能业务主要由位于交换中心之外的独立业务点来完成。业务请求通过 SS7 网络（SS7：Signaling System #7，NO.7 信令网）被发送到这些业务点（SCP）。业务的创建和管理只由这些业务点来完成。由于只要做一个业务点的开发工作，就可以为全网提供这些业务，所以开发周期会比较短。业务的创建是和交换中心系统提供商无关的。

智能网由业务交换点(SSP)、业务控制点(SCP)、信令转接点(STP)、智能外设(IP)、业务管理系统(SMS)和业务生成环境(SCE)等组成,智能网的总体结构如图7-12所示。

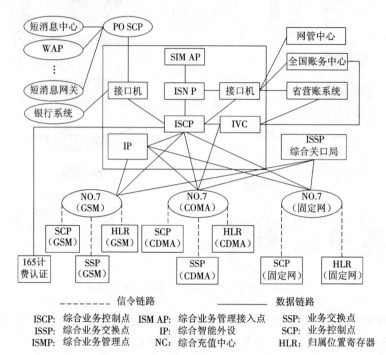

ISCP: 综合业务控制点	ISM AP: 综合业务管理接入点	SSP: 业务交换点
ISSP: 综合业务交换点	IP: 综合智能外设	SCP: 业务控制点
ISMP: 综合业务管理点	NC: 综合充值中心	HLR: 归属位置寄存器

图7-12 智能网的总体结构图

业务交换点(SSP)具有呼叫处理功能和业务交换功能。呼叫处理功能接收用户呼叫;业务交换功能接收、识别智能业务呼叫,并向SCP报告,接收SCP发来的控制命令。SSP一般以原有的数字程控交换机为基础,升级软件,增加必要的硬件以及NO.7信令网的接口。目前中国智能网采用的SSP一般内置IP,SSP通常包括业务交换功能(SSF)和呼叫控制功能(CCF),还可以含有一些可选功能,如专用资源功能(SRF)、业务控制功能(SCF)、业务数据功能(SDF)等。

其中NO.7信令网是一种公共信道信令网,它的基本特点是传输话音的通道和传送信令的信道相分离,将这些单独传送信令的通道组合起来就成为了信令网。信令指通信网中的控制指令,是控制交换机动作的信号和语言,是一种特殊的数据,专门用来控制电话网呼叫接续。信令系统是完成上述控制过程的控制信号的产生、发送、接受的硬件及操作程序的全体。信令网是由NO.7信令本身的传输和交换设备构成的,是一个专门用来传输信令的计算机网络。它的控制对象是一个电路交换的电话网,并且叠加在这个电话网络之上。因此有人将信令网比喻成电话网的神经系统,可以满足多种通信业务的要求,目前主要的用途有:传送电话网的局间信令、传送电路交换的数据网的局间信令、传送ISDN网的局间信令、传送智能网信令、传送移动通信网信令、传送管理网信令。NO.7信令网由信令点(SP:Signaling Point)、信令转接点(STP:Signal Transfer Point)和信令链路(SL:Signaling Link)组成。

业务控制点(SCP)是智能网的核心。它存储用户数据和智能网业务逻辑,主要功能是接收SSP送来的查询信息,并查询数据库,进行各种译码。它根据SSP送来的呼叫事件启动不同的业务逻辑,根据业务逻辑向相应的 SSP 发出呼叫控制指令,从而实现各种各样的智能呼叫。SCP 一般由大、中型计算机和大型实时高速数据库构成,要求具有高度的可靠性,双备份配置。若数据库作为独立节点设置,则称为业务数据点(SDP)。目前中国智能网采用的 SCP 一般内置 SDP,一个 SCP 含有业务控制功能(SCF)和业务数据功能(SDF)。

信令转接点(STP)实际上是 NO.7 信令网的组成部分。在智能网中,STP 双备份配置,用于沟通 SSP 与 SCP 之间的信令联系,其功能是转接 NO.7 信令。

智能外设(IP)是协助完成智能业务的特殊资源,通常具有各种语音功能,如语声合成、播放录音通知、进行语音识别等。IP 可以是一个独立的物理设备,也可以是 SSP 的一部分。它接受 SCP 的控制,执行 SCP 业务逻辑所指定的操作。IP 含有专用资源功能(SRF)。

业务管理系统(SMS)是一种计算机系统。具有业务逻辑管理、业务数据管理、用户数据管理,业务监测和业务量管理等功能。在 SCE 上创建的新业务逻辑由业务提供者输入到 SMS 中,SMS 再将其装入 SCP,就可在通信网上提供该项新业务。一个智能网一般仅配置一个 SMS。

业务生成环境(SCE)的功能是根据客户需求生成新的业务逻辑。

根据通信发展的实际情况,原邮电部颁布了智能网上开放智能网业务的业务标准,定义了 7 种智能网业务的含义及业务流程。它们是记账卡呼叫(ACC)、被叫集中付费(FPH)、虚拟专用网(VPN)、通用个人通信(UPT)、广域集中用户交换机(WAC)、电话投票(VOT)及大众呼叫(MAS)。我们熟知的 400 或 800 电话就是其中的业务。此外在一些经济发达地区可以根据用户的需要开放一些比较新颖的智能网业务,如广告业务、点击拨号业务、点击传真业务等。

7.4　移动通信网技术

所谓移动通信(Mobile communication)是指通信双方或至少一方是在运动中进行信息交换的,例如固定点与移动体(汽车、轮船、飞机)之间,移动体与移动体之间、人与人或人与移动体之间的通信,都属于移动通信。移动通信中至少有一方处于移动状态下通信,所以必须使用无线信道,即靠无线电波传送信息。

移动通信网依靠先进的移动通信技术可为用户提供灵活的移动业务,如蜂窝公用陆地移动通信系统、集群调度移动通信系统、无绳电话系统、无线电寻呼系统、卫星移动通信系统等。

各种移动通信网络在结构组成是具有一定的共性,一般来说,移动通信网由以下三部组成。

(1)移动交换中心(MSC)完成交换功能,与固定电话网或其他通信网连接,负责呼叫控制、移动性管理等功能。

(2)基站(BS)与移动终端、MSC 通信,完成移动终端的接入功能。

(3)移动终端(MS)即用户设备。

系统的管理功能一般由移动交换中心和基站分担实现,基站与移动终端之间是无线链路;移动交换中心与基站之间是有线传输链路,以上三部分即组成了一个最小化的移动通信网络,如下图 7 – 13 所示。

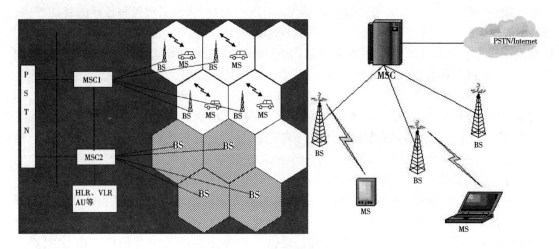

图 7-13   移动通信网络基本组成

由于应用环境和业务需求的不同,各种移动通信的技术体制各不相同,但由于移动通信本身的特点,某些技术是共有的,最主要的有话音编码技术和无线资源管理技术、移动性管理技术。

(1)话音编码技术   通信中一般均对话音进行编码,这属于信源编码的范畴。在 PCM 系统中,一路话音在编码之后需要 64K 带宽,这对于移动通信显然过于奢侈,因此必须采用效率更高的话音编码技术。在移动通信中应用话音编码技术的目的有:通过模拟信号的数字化传输来提高纠错能力,改善误码率,提高通话质量;对模拟信号的带宽进行压缩以提高频谱利用率;提高系统容量。

(2)无线资源管理技术   在移动通信中,频谱、信道等资源都是极为有限和紧张的,特别是在话音业务与数据业务并存的情况下,必须从系统整体的角度出发,统一对空、时、频、码、功率等无线资源进行分配和管理,采用多址技术。特别是在 CDMA 这样的自干扰系统,优秀的无线资源管理措施能够有效地提高系统容量。

(3)移动性管理技术   在移动通信系统中,移动终端会处于连续移动中,网络侧若要保持与移动终端的通信(包括业务通信与信令通信)就必须保持对移动终端的位置信息进行更新。一般的过程是由移动终端定时上报自身的位置信息,在网络侧由相应的功能实体完成这一功能。当移动终端从一个小区移动至相邻小区时,需要由新的小区接管与移动终端之间的通信,同时对移动终端的位置信息、呼叫控制信息等进行更新,这一过程即是移动性管理中的越区切换功能。据统计表明,在 GSM 系统中,90% 以上的掉话都是在越区切换过程中发生的,CDMA系统的软切换过程即成为其相对于 GSM 系统的最大优点。

7.4.1   GSM 移动通信系统

GSM(Global system of Mobile Communication),即全球移动通信系统,又称泛欧数字蜂窝系统,是应用最为广泛的第二代移动通信系统。蜂窝系统,即所谓小区制,各小区相接连如蜂窝状,由于实现了频率再用,大大提高了系统容量,保证了终端的移动性,并具有越区切换和跨本地网自动漫游功能。GSM 移动通信系统技术特点如下。

(1)采用时分多址/频分多址相结合的多址方式   频分多址用于不同小区之间分享频段,

时分多址用于在同一频点上区分不同用户所使用不同的时隙。

（2）采用数字化语音和数字化调制技术　GSM 系统采用基本速率为 13kbit/s 的 RPE-LTP 编码，在保证话音质量的前提下，有效地改善了误码率（相对于第一代模拟移动通信）。GSM 采用最小高斯频移键控 GMSK 的调制方式，具有包络恒定、带外辐射少、抗噪声性能较好等优点。

（3）以话音业务为主，也支持数据业务　GSM 技术已经基本满足了移动话音业务的需求，但由于标准制定较早，对数据业务的支持比较有限。

我国规定 GSM 的基本频段为 900 MHz 频段：上行：905～915 MHz；下行：950～960 MHz。随着用户数量的增长，可扩展使用 1 800 MHz 频段：1 800 MHz 频段：上行：1 710～1 785 MHz；下行：1 805～1 880 MHz。

频道划分以 900 MHz 频段为例，在上/下行的各 10 MHz 带宽内划分为 49 个频点，相邻频道间隔为 200 kHz，每个频点又划分为 8 个时隙，相当于每个信道占用 25 kHz 的带宽。目前中国移动使用低频的 4 MHz，加上占用模拟网频段的 2 MHz，共 6 MHz；中国联通使用 10 MHz 中高频的 6 MHz。采用频率复用，频率复用是指在不同的地理区域上采用相同的频率进行覆盖，这些区域必须保持足够的间隔，以抑制干扰，实际使用是将所有可用频点分为若干组，每一组供一组蜂窝小区使用，这些组数越多，同频复用距离越大，干扰水平就越低，但每组的频率数也就越少，系统容量也就越低。

7.4.2　GPRS——GSM 系统的业务扩展

GPRS（General Packet Radio Service），即通用无线分组业务，是基于 GSM 系统的数据业务增强技术，已经大规模商用。它在 GSM 技术的基础之上，叠加了一个新的网络，同时在网络上增加一些硬件设备并进行了软件升级，形成了一个新的网络逻辑实体，提供端到端的、广域的无线 IP 连接，把分组交换技术引入了现有 GSM 系统，通过对 GSM 原有时隙的动态分配使用，每个用户可同时占用多个无线信道，同一无线信道又可以由多个用户共享，增强了 GSM 系统的数据通信能力，是在第三代移动通信尚未完全成熟之前的过渡性技术。GPRS 具有以下特点。

（1）永远在线　GPRS 采用分组交换技术，不需用户进行额外的拨号连接，用户在进行例如收发电子邮件业务时，底层协议会动态地要求基站为其分配信道，而且上/下行之间的信道分配是相互独立的，当数据通信完成之后即释放此信道。

（2）GPRS 按流量计费，而不是以使用网络的时间计费，对移动用户更为合理。

（3）支持中、高速率数据传输，在同时捆绑同一频率的 8 个时隙时，可提供最高达 160 kbit/s 的传输速率。

（4）GPRS 的核心网络层采用 IP 技术，底层则可使用多种传输技术，可以方便地实现与高速发展的 IP 网络的无缝连接。

（5）存在与话音业务争抢信道资源的问题。GPRS 底层是通过多个话音业务信道的捆绑来实现高速数据通信的，这必然会使有限的无线资源更加紧张。如果 GPRS 的信道分配优先级较低的话，那么在某些热点地区、特别是话音业务话务量较大的地区，它的接通率与传输速率是很低的。

7.4.3 CDMA 移动通信系统

CDMA(Code Division Multiple Access),是码分多址的缩写,是用唯一的地址码来标识用户的多址通信方式。CDMA 为每一用户分配一个唯一的码序列(扩频码),并用它对所承载信息的信号进行编码。知道该码序列用户的接收机对收到的信号进行解码,并恢复出原始数据,这是因为该用户码序列与其他用户码序列的互相关性远小于码本身的自相关性。由于码序列的带宽远大于所承载信息信号的带宽,编码过程扩展了信号的频谱,所以也称为扩频调制,其所产生的信号也称为扩频信号。CDMA 是扩频通信的一种,通常也被称为扩频多址,因为其对所传信号频谱的扩展给予了 CDMA 以多址能力,在提供多址接入的同时还获得了频谱的扩展。特别说明的是,从扩频通信的角度来看,CDMA 由于采用直接序列扩频的方式扩展了信号的频谱、获得了系统性能的提高;而从多址方式的角度来看,又是通过不同的扩频码来标识不同的用户和信道的。CDMA 的关键技术还包括:功率控制技术、伪随机码的选择技术、软切换技术、RAKE 接收技术、话音激活编码技术等。CDMA 技术的特点如下。

(1)抗干扰性强 CDMA 系统通过增大信号传输所需的带宽从而降低了对信噪比的要求,因此具有良好的抗干扰性,而且由于 CDMA 是一个自干扰系统,有效的无线资源规划的策略还可以进一步降低对信噪比的要求。

(2)抗多径衰落 多径衰落是影响无线通信质量的重要因素,多径在 CDMA 信号中即表现为伪随机码的不同相位,因此可以用本地伪随机码的不同相位去解扩这些多径信号,从而获得更多的有用信号。

(3)保密性好 由于扩频码一般长度较长,如 IS-95 中,以周期为 $2^{42}-1$ 的长码实现扩频,对其进行窃听或是穷举求解以获得有用信息几乎是不可能的。

(4)系统容量大 在 CDMA 系统中,话音激活技术、前向纠错技术、扇区划分等动态无线资源管理技术均可以有效地增加系统容量。理论上,在使用相同频率资源的情况下,CDMA 移动网比模拟网容量大 20 倍,实际使用中比模拟网大 10 倍,比 GSM 网络大 4~5 倍。

(5)系统配置灵活 在 CDMA 系统中,用户数的增加相当于背景噪声的增加,会造成话音质量的下降。但对用户数量并无绝对限制,网络运营商可在容量和话音质量之间折中考虑。另外,多小区之间可根据话务量和干扰情况自动均衡。

7.4.4 3G 技术

第三代移动通信技术(3rd-generation,3G),是指支持高速数据传输的蜂窝移动通讯技术。3G 服务能够同时传送声音(通话)及数据信息(电子邮件、即时通信等)。3G 的代表特征是提供高速数据业务,速率一般在几百 kbps 以上。3G 规范是由国际电信联盟(ITU)所制定的 IMT-2000 规范的最终发展结果。原先制定的 3G 远景,是能够以此规范达到全球通信系统的标准化。第三代移动通信系统(移动 3G)的特点如下:

(1)能实现全球漫游 用户可以在整个系统、甚至全球范围内漫游,且可以在不同速率、不同运动状态下获得有质量保证的服务;

(2)能提供多种业务 提供话音、可变速率的数据、移动视频会话等业务,特别是多媒体业务;

(3)能适应多种环境 可以与现有的公众电话交换网(PSTN)、综合业务数字网、无绳系统、地面移动通信系统、卫星通信系统进行互联互通,提供无缝隙的覆盖。

目前 3G 存在三种标准:CDMA2000(美国版),WCDMA(欧洲版),TD-SCDMA(中国版)。其中 TD-SCDMA 由中国的大唐电信联合西门子提出,采用 TDD 方式。核心网和无线接入网与 WCDMA 相同。空中接口采用 TD-SCDMA,码片速率为 1.28Mcp/s,信号带宽为 1.6MHz,基站间要求同步。可以提供最高达 384kbit/s 的各种速率的数据业务。

7.4.5 4G 技术

第四代通信技术(4rd-generation,3G)的系统能够以 100Mbps 的速度下载,比目前的拨号上网快 2000 倍,上传的速度也能达到 20Mbps,并能够满足几乎所有用户对于无线服务的要求。而在用户最为关注的价格方面,4G 与固定宽带网络在价格方面不相上下,而且计费方式更加灵活机动,用户完全可以根据自身的需求确定所需的服务。此外,4G 可以在 DSL 和有线电视调制解调器没有覆盖的地方部署,然后再扩展到整个地区。2013 年 12 月 4 日,工业和信息化部正式发放 4G 牌照,宣告我国通信行业进入 4G 时代。

3G 移动通信系统主要是以 CDMA 为核心技术,4G 则以正交多任务分频技术(OFDM)最受瞩目,利用这种技术可以实现例如无线区域环路(WLL)、数字音讯广播(DAB)等方面的无线通信增值服务。4G 不再局限于电信行业,还可以应用于金融、医疗、教育、交通等行业,使局域网、互联网、电信网、广播网、卫星网等能够融为一体组成一个通播网,无论使用什么终端,都可享受高品质的信息服务,向宽带无线化和无线宽带化演进。可以应用于实时移动视频、在线游戏、基于云计算的应用、应用增强现实技术导航、应急响应和远程医学的需要大数据量的场所。

2012.1.20 ITU 正式审议通过的 4G(IMT-Advanced)标准:LTE-Advanced 和 WirelessMAN-Advanced(802.16m)。而 TD-LTE 作为 LTE-Advanced 标准分支之一入选,这是由我国主要提出的。LTE-Advanced 的入围,包含时分双工(TDD)和频分双工(FDD)两种制式,其中 TD-SC-DMA 将能够进化到 TDD 制式,而 WCDMA 网络能够进化到 FDD 制式。中国移动运营商主导的 TD-SCDMA 网络能够直接绕过 HSPA + 网络而直接进入到 LTE。

LTE-Advanced 的带宽为 100 MHz;峰值速率为下行 1 Gbps,上行 500 Mbps;峰值频谱效率为下行 30 bps/Hz,上行 15 bps/Hz;并针对室内环境进行优化,有效支持新频段和大带宽应用。

WiMAX(Worldwide Interoperability for Microwave Access),即全球微波互联接入,WiMAX 的另一个名字是 IEEE 802.16。WiMAX 的技术起点较高,WiMAX 所能提供的最高接入速度是 70M,这个速度是 3G 所能提供的宽带速度的 30 倍。WiMAX 具有以下优点:

(1)对于已知的干扰,窄的信道带宽有利于避开干扰,而且有利于节省频谱资源;

(2)灵活的带宽调整能力,有利于运营商或用户协调频谱资源;

(3)WiMAX 所能实现的 50km 的无线信号传输距离是无线局域网所不能比拟的,网络覆盖面积是 3G 发射塔的 10 倍,只要少数基站建设就能实现全城覆盖,能够使无线网络的覆盖面积大大提升。

不过 WiMAX 网络在网络覆盖面积和网络的带宽上优势巨大,但是其移动性却有着先天的缺陷,无法满足高速(≥50km/h)下的网络的无缝链接。

7.5　有线电视网技术

有线电视(cable television network,CATV)网是高效廉价的综合网络,它具有频带宽,容量大,多功能、成本低、抗干扰能力强、支持多种业务连接千家万户的优势,它的发展为信息高速公路的发展奠定了基础。有线网络未来的发展与其业务内容的丰富有着密切的关系,通常我们把有线电视网络的业务分为三大类,基本业务、扩展业务、增值业务。

1. 基本业务

基本业务是有线电视网络的传统业务,包括了公共广播电视频道节目的信号传输、新装用户的安装服务以及卫星节目落地服务等。其收入包括初装费、节目收视费、节目传输维护费、广告费、增加传输频道费等。目前,基本业务收入(主要是电视节目的收视费)是我国有线电视网收入的主要部分。

2. 扩展业务

扩展业务是有线网在电视节目服务方面进一步开发而带来的业务,包括专业频道、数据广播、视频点播(VOD)等。这些业务虽然仍围绕着电视,但服务的对象却是特定的观众,观众从单纯的被动接收节目变为具有一定的选择性,这类业务的收费标准较基本业务要高得多。

(1)专业频道　专业频道是对电视用户的收视需求进行细分,并针对用户细分的需求专门提供某一类节目的电视频道。有线电视网络具有750 M的入户带宽,可以同时传输60套以上模拟电视节目或300套数字电视节目,这为有线电视网络提供大量的专业频道节目带来了可能。在美英等发达国家,有线电视公司除了为社会提供少量综合电视节目之外,还为社会提供大量体育、金融、教育、娱乐等其他类型节目,并单独收费,其收入规模十分巨大。比如美国有线电视的基本业务提供二十几个频道,每月收费19美元左右,其他的专业频道有几百个,用户根据自己需要定若干个专业频道,平均每户月消费30多美元,专业频道收费在总量上达基本业务收费的两倍。

(2)视频点播(VOD)　目前,我们在有线电视网上收看到的节目都是由电视台播放的,电视台播放什么,我们只好看什么,观众除了在选台方面略有自由外,在节目的选择上是没有自由的。然而,视频点播业务的开通,将完全改变这一局面,观众可以通过视频点播系统,将自己选看的节目上传到播控中心,播控中心再将用户所选中的节目播放出来,这种崭新的视频业务可以灵活地满足用户个性化的需求,未来发展空间极大。

(3)高速数据广播　高速数据广播是利用现有的有线电视网,通过单向数据广播的方式,下行传输各类信息(电子报刊、教学信息、股市行情、互联网信息等),传输速率高达2Mbps,系统提供商可租用专用卫星信道覆盖全国,实现规模经济。开展此项业务,有线电视网络无须改造,可以充分利用现有的网络资源,用户端接入成本只有700元左右,并且信息费用低廉,普通用户完全能够承受,该业务现已在各地有线电视台广泛开展。

3. 增值业务

增值业务属于有线网上开发的多功能业务,包括Internet接入、IP电话、电视会议、带宽出租、电视商务等。这些新业务将使有线网的服务内容由电视拓宽到语音与数据通信、金融、教育等领域,大大拓展了有线网络的业务发展空间。目前,有线网的增值业务在各地区还处开发试验的阶段,收入还极少,但其未来的潜力却是难以估量的。

（1）Internet 宽带接入　随着互联网和企业广域网的迅猛发展，人们对于网络的依赖性不断增强，对网络的带宽和接入服务速度的要求也不断提高。有线电视网络在进行双向改造之后，可以通过 Cable Modem 提供上行速率达 10M、下行速率达 36M、24 小时在线的廉价 Internet 接入服务或高速以太网接入服务。目前，利用 Cable Modem 通过有线电视网络进行接入是宽带市场占有率最高的接入方式，在全球宽带接入市场上占 45% 以上的份额（另一种主要宽带接入技术是 XDSL 技术）。

（2）IP 电话　在有线电视网络升级改造之后，利用 VOIP 技术，可以提供价格十分低廉的 IP 电话服务，使电话的收费降到目前普通电话收费的数十分之一。传统上人们对 Cable 提供话音业务的质量存在担心，但 DOCSIS 技术的发展已大大改善有线网络对时延较敏感的业务的支持，提高了服务的 QoS（服务品质保证），目前美国许多新的有线电视运营商已可提供电信级的话音服务。未来该业务将对电信的基于电路交换的电话业务产生较大冲击，但有望成为有线网络的一个重要收入来源。

（3）电视商务　电视作为当今最重要的信息媒体之一，一旦与金融机构和企业联网，就具备了开展商务的初步条件。与电子商务相比，电视商务更具有现实可行性，具备更大的发展空间，诸多咨询机构预测十年之内，电视商务将成为万亿级的产业。中国拥有世界最大的有线电视网络和最多的有线电视用户，在开展电视商务方面具有得天独厚的条件，十年内这一业务的收入预计也将达到千亿以上。

（4）视频会议　利用有线电视网络，通过专门信道及录放设备，可以提供声音和图像非常流畅的视频会议，实现多点之间有效的实时交流，达到传统技术下无法实现的沟通效果。

除了以上业务之外，有线电视网络的增值业务还包括远程教育、远程医疗、远程证券交易、电子自动化抄表和家庭保安监控、电视游戏等，这些业务未来也有巨大的发展空间。

就我国最近几年 CATV 网发展来看，全国已建有线电视台超过 1 500 座，有线电视光缆、电缆总长超过 200 万千米，用户数达 8 000 多万，在全国覆盖面达 50%，并且每年仍以 30% 的速度增长。电视机已成为我国家庭入户率最高的信息工具之一，CATV 网也成最贴近家庭的多媒体渠道，只不过它还是靠同轴电缆向用户传送电视节目，还处于模拟水平。宽带双向的点播电视（VOD）及通过 CATV 网接入 Internet 进行电视点播、CATV 通话等是 CATV 网的发展方向，最终目的是使 CATV 网走向宽带双向的多媒体通信网。

有线电视网络开展的公共电视频道传输、收费电视、VOD、数据通信、IP 电话等业务均有多种技术实现手段，如无线电视、卫星电视、电信网等，有线网未来在这些领域将面临着它们的竞争。

思　考　题

1. PSTN 网的结构是如何划分的，又是如何编号的？
2. 列举公用数据网包括哪些网络，并简述各网络的特点。
3. 移动通信网的主要技术有哪些？
4. GSM 和 CDMA 有何区别？
5. 3G 和 4G 移动通信技术的区别是什么？
6. 列举有线电视网支持的业务类型？

第8章 智能建筑内部通信系统技术

智能建筑的通信系统是建筑智能化的基础,其目标是能支持建筑物内部各类用户的多种业务通信需求,同时应具备相当的面向未来传输业务的冗余。各类用户的含义是要能适应各类智能建筑物(智能住宅、智能学校/校园、智能医院、智能体育场馆、智能文博场馆、智能媒体建筑、智能办公楼、智能商用楼等)的用户需求。多种业务通信需求的含义是要面对用户以任何方式、在任何地域范围、以任何质量要求、任何业务类型的通信需求。

智能建筑的通信系统的功能需求包括以下内容。

(1)支持建筑自动化、办公自动化、系统集成等业务需求的数据通信。

(2)支持建筑物内部电话、计算机、有线电视、公共广播、电视会议等语音和视频图像通信。

(3)支持各种广域网连接,包括具有与国际互联网、公用电话网、公用数据网、移动通信网、电视传输网等的接口。应用了多种网络技术成果,是一个通信网络集成系统,目前还是多网并存的格局(电话网、计算机网、电视传输网),相互既有竞争又有融合。也支持各种专用广域网连接,例如政府办公网、金盾网、金税网等。

(4)支持建筑物内部多种业务通信需求,支持多媒体通信需求,具备相当的面向未来传输业务的冗余。

智能建筑通信相关系统包括电话交换系统、信息网络系统、综合布线系统、室内移动通信覆盖系统、卫星通信系统、有线电视及卫星电视接收系统、广播系统、会议系统、通信接入系统等。

8.1 电话交换系统技术

电话是人与人通信的首选工具,智能建筑内电话交换系统是信息设施系统之一,是公用电信网的延伸。公用电信网是全球大的网络,在不发达的地区可能没有计算机网络,但是一般会有电话网,因此通过电话网以与世界各地的人们联系。电话网可以支持多种通信业务,用户终端能通过电话网与公用通信网互通,实现语音、数据、图像、多媒体业务的通信。电话网极高的可靠性是目前的计算机网络尚不能达到的,由此可见智能建筑内电话交换系统的重要性。智能化建筑内电话交换系统应符合下列要求:

(1)宜采用本地电信业务经营者所提供的虚拟交换方式、配置远端模块或设置独立的综合业务数字程控用户交换机系统等方式,提供建筑物内电话等通信使用。

(2)综合业务数字程控用户交换机系统设备的出入中继线数量,应根据实际话务量等因素确定,并预留裕量。

(3)建筑物内所需的电话端口应按实际需求配置,并预留裕量。

(4)建筑物公共部位宜配置公用的直线电话、内线电话和无障碍专用的公用直线电话和内线电话。

智能建筑内的电话交换系统相关的新技术主要包括 PABX 技术、VoIP 技术和 CTI 技术。PABX 是当前构建智能建筑内电话网的主流技术。VoIP 是利用计算机网络进行语音（电话）通信的技术，是一种有广阔前景的数字化语音传输技术。CTI 技术有十分广泛的应用：呼叫中心、报警中心、求助中心、自动语音应答系统、自动语音信箱、自动语音识别系统、故障服务、声讯台等。

8.1.1　建筑内电话交换系统的构建方式

目前建筑内电话交换系统有两种构建方式：程控用户交换机（PABX）方式和虚拟用户交换机（Centrex）方式。这两种构建方式如图 8-1 所示。

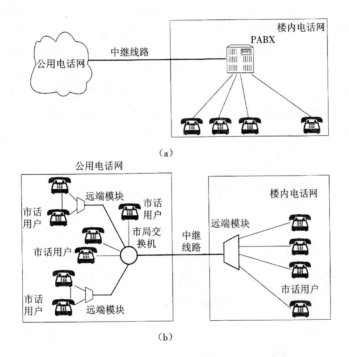

图 8-1　智能化建筑内的电话网两种构建方式
（a）采用 PABX 组网的方式；（b）当地市话网延伸组网的方式

1. 程控用户交换机方式

程控用户交换机（Private Automatic Branch eXchange，PABX），也可称为集团电话，是机关、工矿企业等单位内部进行电话交换的一种专用交换机，它采用计算机程序控制方式完成电话交换任务，主要用于用户交换机内部用户与用户之间，以及内部用户通过用户交换机中继线与外部电话交换网上各用户之间的通信。程控用户交换机是市话网的组成部分，是市话交换机的一种补充设备，它为市话网承担了大量的单位内部用户间的话务量，减轻了市话网的话务负荷。

用户自行购置 PABX 构成一个星形网，并负责运行、管理和维护。由于交换机的产权归用户，因此，用户可根据需要对系统进行配置和升级，例如通过增加 IP 语音网关建立建筑内部 IP 电话网，实现楼内电话/传真零花费。由于用户交换机在各单位分散设置，靠近用户，缩短了用户线距离，因而节省用户电缆，同时用少量的出入中继线接入市话网，起到话务集中的作用。

与数字市话交换机相比,数字程控用户交换机结构简单、容量小、处理能力强、应用范围广、使用灵活、支持建筑物或建筑群中语音及综合业务通信。

采用程控用户交换机(PABX)构建智能建筑内的电话交换系统是常用的方案,PABX 的基本功能包括呼出外线、外线呼入、转接外线来话和内部通话等,内部通话不经过市话网,故不发生电话费用。建筑内的用户之间是分机对分机的免费通信。它既可以连接模拟电话机,也可以连接计算机、终端、传感器等数字设备和数字电话机,不仅要保证建筑内的语音、数据、图像的传输,而且要方便地与外部的公用通信网络如公用电话网、公用数据网、用户电报网、无线移动电话网等网络连接,达到与国内外各类用户实现话音、数据、图像的综合传输、交换、处理和利用。PABX 的支持的业务如图 8-2 所示。

面向智能建筑的 PABX,目前已有不少产品,容量从几百至上万门,以适应不同规模的智能楼宇。一些 PABX 产品采用分布式结构,包括一个本体部分和若干远端模块,后者可安装在靠近用户的地方,这样可提高电缆布设的灵活性,也可能减少电缆费用。随着 Internet 的流行和 VoIP 的成功,基于 IP 协议的 IP PBX 应运而生,有望解决传统 PABX 的不足。IP PBX 电话交换机系统实现计算机网与电话交换机的功能合一,将会在将来的通信业中起着重要的作用。IP PBX 网络系统内各电话终端采用 IP 方式进行数据通信,不仅能进行通话,还能实现文本、数据、图像的传输,将电话网和计算机网统一成一个整体。

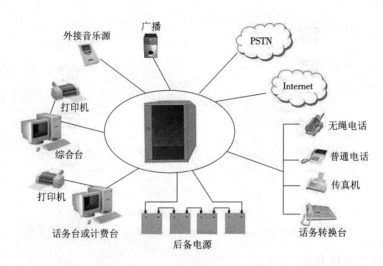

图 8-2　PABX 的支持的业务

2. 虚拟用户交换机方式

虚拟用户交换机(centrex)是一种利用局用程控交换机的资源为公用网用户提供用户交换机功能的新业务,是将用户交换机的功能集中到局用交换机中,用局用交换机来替代用户小交换机,它不仅具备所有用户小交换机的基本功能,还可享用公网提供的电话服务功能。实质上就是在电信局交换机上将若干用户终端划为一个用户群,为其提供用户小交换机的功能,该用户群的用户同时拥有普通市话用户和用户小交换机的功能。虚拟用户交换机的用户群拥有一长一短两个电话号码:长号即外线直拨电话号码,短号即群内分机号码。长短号并存分别使用。内部通话经过市话网,但不发生电话费用。建筑内的电话网由当地的电信部门投资建造,这时的系统结构是以电信交换机(当地市话网的交换机)的远端模块或端局级的交换机为核心构成一个星形网,楼内的用户直接是当地市话网的用户。由于交换机的产权归电信局,除了基本电话功能外,用户无法根据自身特定需求灵活地对系统进行升级。

图 8-1(b)可以看出包括公用电话网和楼内电话网两部分,它们之间通过数字中继线路相连。公用电话网中的市局交换机是完成交换功能的核心部分,被称为"母局"。在楼内电话网中,与用户直接连接的部分为用户模块,它的基本任务是把从用户电话机发出的呼叫集中,并将模拟话音信号变成为数字话音信号(如 PCM),然后通过中继线送到公用电话网,用户模块一般由普通用户板、ISDN 用户板、铃流板、电源板、控制板等组成,用户电缆接在用户模块上。

远端用户模块是母局的程控数字交换机提供的一种远端连接用户设备,远端模块方式是指把母局程控交换机的用户模块通过光缆放在远端(远离电话局的电话用户集中点),这样可以使许多电话用户就近接入"远端用户模块",就好像在远端设了一个"电话分局"一样,因此远端模块又称模块局。模块局把用户话务量集中后,通过中继线与母局连接,节省线路的投资,扩大了程控交换机的覆盖范围。通常模块局没有交换的功能,模块局本身所接的用户之间的相互通话,也需要通过中继线到母局一往一返才能实现。有些远端用户模块增设了交换的功能,使本模块的用户之间的相互通话可以不通过母局,而直接在模块局进行。远端模块局的数据制作、计费信息及用户信息等均在母局完成。

远端模块是一种解决铜线费用高、传输效果差的方案。它采用光纤传输方式,使用户设备尽可能地靠近用户。随着交换设备的发展,远端模块综合考虑了远端接入的实际情况,集成了一个模块局通常所需的各种设备,由于这种小模块对环境的要求低,对机房条件没有特殊的要求,因而应用比较方便。

虚拟用户交换机网的话务系统功能十分完善,话务台可以根据用户的需求设立在用户端或不设立,话务台设置只需利用一部电话,并对外公布这一号码,用于转接各种来话和去话,操作简单。虚拟交换机除具有交换机公网提供的呼叫转移、热线电话、呼叫等待、三方通话等所有程控新业务功能外,还有话务转接、呼叫代答以及呼叫转接等特色业务功能。呼叫代答功能是指群外或群内用户呼叫群内 A 用户时,A 用户不在,群内的 B 用户可以就近使用电话通过拨号操作帮助其代为应答。呼叫转接功能是群内用户在接到一个群外或群内用户呼入的电话后,可根据情况(如拨错号或找错人),通过在话机上拨号操作把该电话转接到群内其他电话上。另外,虚拟交换机还具有查号、话间插入(如有紧急外线或内线要求转入可在一定时间后强行插入通话)、列队显示(显示目前尚有多少来话等待呼入,便于及时处理)、话单采集(可实时取得分机用户通话的话单)、立即计费(能提供多种类型的计费提示,方便计费)、权限管理(设定分机的国际、国内、本地网、市话以及虚拟网内部五个级别的拨打权限)、话费限制(限定某一分机通话费用,如超支将自动取消其长途拨叫权限,直到再次要求开通)等功能。

虚拟交换机的最大特点是节省投资,用户不需要增加附加设备和维护人员,可以节省设备投资和机房占地面积及维护人员的费用;其次由于虚拟用户交换机由局用交换机代其执行维护和管理,简化了网络管理的层次,维护管理方便,可靠性高,而且技术与公网同步发展,不存在制式及更新的问题,用户不仅使用 PBX 的特有功能,而且与公网用户一样可以使用局用交换机增加的新业务;由于虚拟交换机的用户是直接接入公用网,所以虚拟交换机还具有接通率高,用户分布范围广的特点,用户不受地域限制,扩容、移机和改号等很方便。

8.1.2　PABX 技术

1. PABX 的结构

PABX 的硬件一般由外围接口电路、信令设备、数字交换网络、控制设备、话务台及维护终端(计算机)组成,如图 8-3 所示。

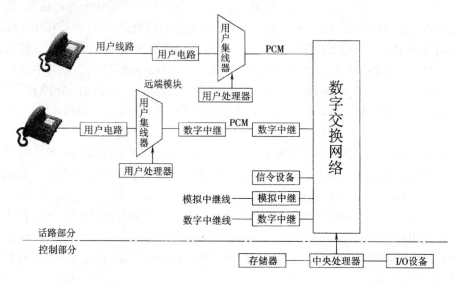

图 8-3　PABX 的结构

(1)控制设备

控制设备主要由处理器和存储器组成。处理器执行交换机软件,指示硬件、软件协调操作。存储器用来存放软件程序及有关永久和中间数据。控制设备有单机配置和多机配置,其控制方式可分为集中控制和分散控制两种。

(2)交换网络

交换网络的基本功能是根据用户的呼叫请求,通过控制部分的接续命令,建立主叫与被叫用户之间的连接通路。

(3)外围接口

外围接口是交换系统中的交换网络与用户设备、其他交换机或通信网络之间的接口。根据所连设备及其信号方式的不同,外围接口电路有多种形式。

①模拟用户接口电路　模拟用户接口电路所连接的设备是传统的模拟话机,它是一个 2 线接口,线路上传送的是模拟信号。

②数字用户电路(ISDN)　数字用户电路是数字交换机和数字话机、数据终端等设备的接口电路,其线路上传输的是数字信号,它可以是 2 线或 4 线接口,使用 2B + D 信道传送信息。其中 2B 是两个 64 kbit/s 速率的信道,用来传送两路的用户信息,用户信息可以是话音,也可以是计算机数据。D 信道是一个 16kbit/s 速率的信道,用来传送控制信号,信号方式使用 HDLC 规程。2B + D 接口的基本速率是 $2 \times 64 \text{kbit/s} + 16 \text{kbit/s} = 144 \text{kbit/s}$。

③模拟中继电路　它是数字交换系统为适应局间模拟环境而设置的终端接口,用来连接模拟中继线,和其他交换机(步进、纵横、程控模拟、数字交换机等)之间可以使用模拟中继线

相连。模拟中继模块具有监视和信令配合、编译码等功能。目前,随着全网的数字化进程的推进,数字中继设备已经普及应用,而模拟中继设备正在逐步被淘汰。

④数字中继电路　数字中继电路是数字交换系统与数字中继线之间的接口电路,可适配一次群或高次群的数字中继线。数字中继电路具有码型变换、时钟提取、帧同步与复帧同步、帧定位、信令插入和提取、告警检测等功能。

数字中继接口一般采用的 PCM 群路为基群或者高次群,基群接口通常使用双绞线或同轴电缆传输信号,而高次群接口则正在逐步采用光缆传输方式。我国采用 PCM30,即2.048Mbit/s 作为一次群(基群)的数据速率,它同时传输 30 个话路,又称一个 E1 中继接口,其传输介质有三种:同轴电缆、电话线路、光纤,如图 8-4 所示。

在使用同轴电缆时,其传输距离一般不超出 500m,当距离较远时可采用光纤,这时需要两端配置光端机,也可用 HDSL(High-data-rate Digital Subscriber Line)设备在两对普通电话线路上传输 E1 数字中继信号。

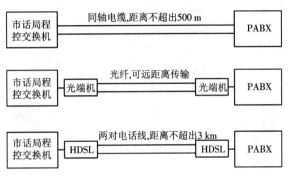

图 8-4　三种 E1 数字中继线路

(4)信号设备

信号设备主要有回铃音、忙音、拨号音等各种信号音发生器、双音多频信号接收器、发送器等。

2. PABX 的功能

(1)组网功能　提供多种接口(E1、E/M、载波、磁石、环路、ISDN、VOIP 等),支持多种信令(中国 NO.1、NO.7、R2、ISDN 等)。具有强大的组网能力:自动 IP 出局、热线出局、汇接出局、二次拨号出局等。用户线路能连接普通话机、专用多功能话机、通用来电显示话机、短信话机等各种终端,更换接入终端时无须更换交换机软硬件配置,交换机自动识别不同终端用户,如图 8 - 5 所示。

(2)业务控制管理功能　分机级别管理、分时段等级控制、账号密码管理、通话限时、来电转移、无接听转移、遇忙转移、热线呼叫、来电显示、循环振铃、总机互答、转接催挂、转接强插、监听、催挂、强插等业务管理以及多种方式的计费管理。

(3)话务功能　内外转接、代拨外线、强插、强拆、催挂、呼叫退出、插话、监听、内外线保留、三方通话、内外线保持、转外线留言等。

(4)分机业务　自设等级、来话转移、遇忙转移、无应答转移、来话代接、遇忙回叫、被叫号码替换、呼叫铃流区分、分机定时/非定时叫醒、分机免打扰、分机恶意追查、分机话费查询、分机序号、号码、级别查询、分机录音电话、分机来话提示音、分机高分贝催挂音、分机来电主叫显示、群呼等。

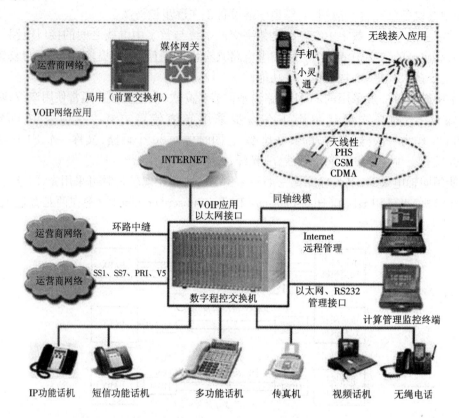

图 8-5　PABX 具有强大的组网能力

由于现在的 PABX 功能非常多,参数设置/校验/通话计费等操作一般通过配置一台专用的系统维护管理计算机来完成,所有的参数设置/功能配置均可在 WINDOWS 图形化操作界面下进行。许多产品具有多 PC 终端维护与控制功能。用户可以通过本地 LAN 进行终端维护、话费查询等各种操作,也可以通过 Internet 联网,进行远程维护与话费查询等操作。典型的PABX 系统维护方案如图 8-6 所示。

另外,PABX 的所有内外线均需有可靠安全保护的防雷击措施。机内设有自诊断系统及外界强电干扰自动复原等保护装置,具有较强的环境适应能力。具有自检功能,检查电话网络故障。可以由厂家异地通过电话网为用户编程或排除软件故障。所有参数断电保护。配有专用电源和 48 V 蓄电池接口,市电正常情况下,机器给蓄电池充电,市电断电后由蓄电池供电,相互之间自动切换。

3. PABX 的主要技术参数

(1)容量

内线容量表明可装设的内线用户数量,一般从几十线(门)到几千线(门)不等,这是作为选型的重要指标,同时要考虑是否能进行扩充。外线(中继)容量表明连接其他交换机的中继线路数量,这是作为选型的重要指标,同时要考虑是否能进行扩充。其中又分环路中继数量、载波中继数量、E&M 中继数量、E1 中继数量(E1 中继信令应符合中国 NO. 1、NO. 7、R2 或Q931 协议)等。

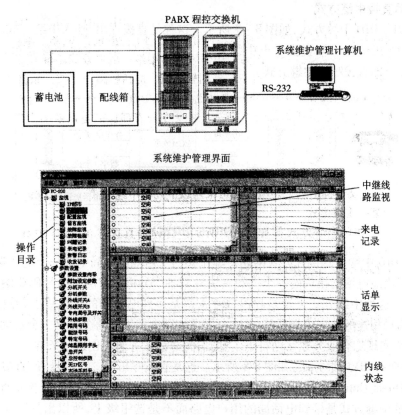

图 8-6　典型的 PABX 系统维护方案

（2）中继接口类型

①环路中继　环路中继是模拟中继线路,它是用市话的用户线路作为 PABX 连接市话网的中继线路,每路中继端口含有铃流检测、音频通道及反极信号检测、脉冲发码回路等。入中继时,接收对方端局的振铃信号,完成入中继功能,出中继时提供用户环路、转发号盘脉冲,并对 a、b 线环路极性进行监视,以提供计费起始时间。环路中继接收主叫号码有两种制式,即双音频 DTMF 制式和频率键控调制 FSK 制式。

②E1 中继　El 中继是数字中继线路,它有中国 NO.1、中国 NO.7、R2、ISDN 多种信令之分,在选用时要与当地的电信网交换机相配合。一个 E1 中继包含 30 路中继线路,可以指定其中每一条中继线路的方向(是作为入中继或是出中继,或者双向中继)。一个 E1 的传输速率是 2.048 Mbit/s,其传输介质有三种:同轴电缆、电话线路、光纤,如图 8-4 所示。

③E&M 中继　E&M（Ear and Mouth）中继也是模拟中继线路,一般用于与专网的连接,例如将高频无线对讲机连接到电话网以实现互通(在公安部门的电话系统中经常采用此种方式)。

4. PABX 的入网方式

数字程控用户交换机中继入网的方式,应根据用户交换机的呼入、呼出话务量和本地电信业务经营者所具备的入网条件,以及建筑物(群)拥有者(管理者)所提的要求确定。数字程控用户交换机进入公用电话网可采用以下几种中继方式:

1. 全自动直拨中继方式

(1) DOD1 + DID 中继方式,如图 8 - 7 所示。这种是直拨呼出/呼入中继方式。DOD1(Direct Outward Dialling-one)即直拨呼出中继方式,1 为含有只听一次拨号音之意。DID(Direct Inward Dialling)即直拨呼入中继方式。

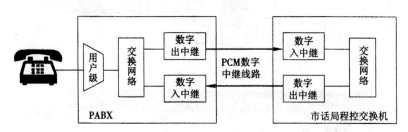

图 8-7　DOD1 + DID 接入方式

DOD1 + DID 中继方式接入方式的用户单位相当于当地电话局中的一个电话支局(这时的 PABX 相当于当地电话交换局的一个远端模块),其各个分机用户的电话号码要纳入当地电话网的编号中。这种中继方式无论是呼出或呼入都是接到电话局的选组级上,并根据规定,在 PABX 和电话局相连的数字中继线路(E1)上要求使用中国 1 号信令方式。全自动接入方式的最大优点是为实现综合业务数字网打下了基础,为非话业务通信创造了条件。

(2) DOD2 + DID 中继方式,如图 8-8 所示。这是直拨呼出听二次拨号音、直拨呼入中继方式。DOD2(Direct Outward Dialling-two)即直拨呼出听二次拨号音方式,2 为含有听二次拨号音之意。呼出的中继方式是接到电话局的用户电路而不是选组级上,所以出局呼叫要听二次拨号音(PABX 通过设定在机内可以消除从电话局送来的二次拨号音)。呼入时仍采用 DID 方式。这种中继方式在出局呼叫公用电话网时要加拨一个字冠,一般都用"9"或"0"。

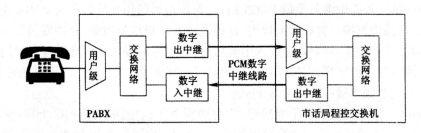

图 8-8　DOD2 + DID 接入方式

2. 半自动中继方式

(1) DOD1 + BID 中继方式,如图 8 - 9 所示。呼出采用 DOD1 方式,呼入采用半自动中继方式,即 BID(Board Inward Dialling)方式。DOD1 + BID 中继方式的特点是,呼出时直拨进入公用电话网。呼入时经电话局的用户级接入到 PABX 的话务台上,由话务员转接至各分机 (PABX 在机内可送出附加拨音号或语音提示以及附加计算机话务员来实现外线直接拨打被叫分机号码)。

(2) DOD2 + BID 中继方式,如图 8-10 所示。呼出采用 DOD2 方式,呼入采用 BID 方式。DOD2 + BID 中继方式的特点是,呼出时接入电话局的用户级,听二次拨音(现 PABX 在机内可

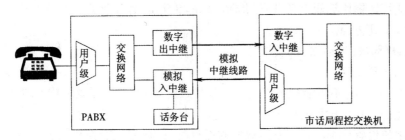

图 8-9　半自动接入方式

消除从电话局送来的二次拨号音,直接加拨字冠号进入公用电话网)。呼入时经电话局的用户级接入到 PABX 的话务台上,由话务员转接至各分机(现 PABX 在机内可送出附加拨音号或语音提示以及附加计算机话务员来实现外线直接拨打被叫分机号码)。

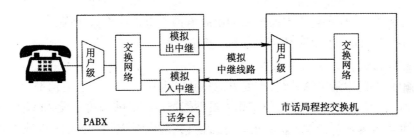

图 8-10　半自动接入方式

(3)混合中继方式,即 DOD1 + DID + BID 中继方式,如图 8-11 所示。

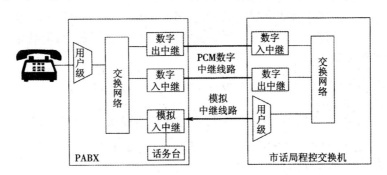

图 8-11　混合中继方式

　　PABX 采用数字中继电路以全自动直拨方式(DOD1 + DID)为主,同时辅以半自动接入方式(BID),增加呼入的灵活性和可靠性。

　　PABX 接入公用电话网的中继方式可有多种选择,其依据是设备容量的大小、与公用网话务密切程度、智能楼宇的业务类型(通用型、办公自动化型、旅馆型等)以及接口端局的设备制式等因素。选择入网方式的原则是:有利于长远发展;节约投资;提高接口端局和设备的利用率;保证信号传输指标等达到技术要求,从而保证全程全网通话质量。

5. PABX 系统设计要点和实例

　　PABX 系统设备应根据使用需求,设置在行政机关、金融、商场、宾馆、文化、医院、学校等建筑物内。应可以提供普通电话业务、ISDN 通信和 IP 通信等业务。电话通信系统的设计往往应该包括以下几方面。

(1)电话机部数(电话站)的设计

①电话用户量设计

A. 一个建设单位,不可能把最终的用户数量敲定,随着工作环境和技术的发展,用户数量是在不断变化的。具体设计时应考虑以下几点:

a. 建设单位设有详细的近期发展规划的资料时,设计程控交换机的容量可按城市远期电话普及率指标确定,也可按近期容量的 15% ~ 200% 设计。

b. 如果按工作区两个电话接口点设计,程控交换机容量应加 20% 余量;如果按当前电话用户数加近期发展容量设计,程控交换机容量应加 30% 余量。

B. 电话用户量一般以建设单位提供的要求为依据,但仅这一点是不够的:

a. 如果是初装,对最终状态不清楚应考虑增大 50% 的容量设计。

b. 如果是办公区,应以每个工作区 8 ~ 10 m² 有两个电话接口点计算。

c. 18 ~ 20 m² 的办公室应考虑安装四个电话接口点。

②外线使用量的设计

过去向电信部门申请电话外线,难度大,费用高,现在情况变了。电信部门是免费送到用户楼内,只收电话线路使用服务费,但工作人员不能都使用外线。可在设计时采取领导办公室每一个人一部内线、一部外线电话;一般工作人员一部内线电话(可通过内线电话打外线)。在考虑交换机外线端口数时,按照内线电路总数除以 5,加上领导者所需外线电话总数就是交换机端申请外线的总数(这是经验值)。

③工作区电话接口位置设计

工作区电话接口应考虑放置在房间的两边(各有两个端口),距离地面 30 cm 以上。电缆线缆可使用 4 对三类非屏蔽双绞线或 4 对五类非屏蔽双绞线,其优点:节约布线槽的工作量;节约线缆布槽的使用量。

(2)机房使用设备数量的计算

①交换设备话务量的计算

模拟电话每门按 0.16 Erl(话务量)计算;数字电话每门按 0.2 Erl(话务量)计算。

②模拟用户单元(ALU)的计算

每个模拟用户单元可容纳 16 个用户。

③数字用户单元(DLU)的计算

每个数字用户单元可容纳 16 个用户。

④出入中继单元的数量计算

出入中继单元电路板每块合计装 8 条中继线。

⑤话务台的计算

每个话务台可接入 20 条中继器。

⑥外围设备模块的计算

每个外围模块有 256 个端口。

⑦公共控制模块的计算

每个用户占一个端口,每个中继器占 2 个端口。

⑧机柜的数量计算

1 个公共控制机柜可装 2 个控制模块单元,1 个外围设备机柜可装 3 个外围模块单元。计算所需设备时可参照上述计算方法进行。

(3)电话机房的设计

在实际的电话系统工程中,一般根据用户的门数来决定是否需要设置机房。机房如图 8-12 所示。

图 8-12　机房示意图

设计的方式也是多样的,大致分为集团电话系统(在 200 部电话机内)、部门电话系统(通常由 20 部、30 部、50 部、100 部电话)、大厦(单位)电话系统(大于 1 000 部电话机),一般情况下,集团电话系统、部门电话系统可不设专门的电话机房(在计算机网络设备间增设机柜即可)。大厦、大的单位因电话门数多,应设专门的机房。

根据国家标准,对电话机房的设计应考虑以下几点。

①原则

电话总机房的位置通常安排在一楼或二楼,并邻近大道,以便利电缆和接地线的敷设。为防止电话设备受潮,不能把电话总机房设在地下室。电话总机站需要设置交换机室、蓄电池室、传输设备室、维修室、话务员室等。应尽量远离嘈杂、振动、较多尘垢、散发有害气体及有电磁干扰的地点。电话机房之间要紧密相连,这样既便于维护管理,又节省布线电缆。电话机房通往室外的窗和门都应严密防尘。程控交换机室对室内空气洁净度有要求,并要求室内环境恒温恒湿。

②机房建筑面积要求

程控交换机房应根据系统的容量及最终容量来考虑使用面积。200 门以下的部门可以不考虑设立专门的机房,程控交换机放置在计算机网络的设备间,一般仅占用两个 2.2 m 高的机柜;大于 200 门以上应设机房。机房应设交换机室、话务室和维修室等。机房面积的一般情况依据表 8-1 考虑。

表 8-1　程控数字交换机房面积的估算　　　　　　　　单位:m²

技术用房名称	800 门以下	800～2000 门	2000～3000 门	3000 门以上
交换机室	20	25	30	40～50
话务台室	15	15	20	25

表 8-1（续）

技术用房名称	800 门以下	800～2000 门	2000～3000 门	3000 门以上
配线室	设于交换机房	10	15	20
蓄电池室	10	15	20	25
电力室	设于蓄电池室	10	15	20
电缆进线室	设于交换机房	设于配线室	10	15
配件配品维修室	10	15	20	25
值班室	10	15	20	25
总面积	70	100	150	200

③机房建筑要求

由于程控交换机高度不等,设计机房时要提出的建筑的具体要求见表 8-2。

表 8-2　机房建筑要求

机房名称		室内净高/m（梁下或网管下）	地面等效均布活荷载/(kN/m²)	地面材料	温度/℃		相对湿度/%	
					长期	短期	长期	短期
程控交换机房	低架	3.0	4.5	活动地板或塑料地板	10～28	10～35	30～75	10～90
	高梁	3.5	5.0					
控制室		3.0	4.5		10～39		40～80	
话务员室		3.0	3.0		0～32	10～40	20～80	10～90
传输设备室		3.5	6.0	塑料地面	10～32		20～80	
总配线室		3.5	6.0					

防静电活动地板距地面一般为 30 cm 左右,同时要有良好的接地。

机柜排放要求要符合标准规范。柜架面对面时,净距离为 1～1.2 m,机柜与墙体的间距为 0.8 m,便于安装和维修。

④电话机房的供电设计

电话机房的电源设备包括交流配电、整流、直流配电及蓄电池四部分。中小容量的电话机房通常采用整流配电组合电源柜,它将交流配电、整流、直流配电合为一体,因此其需要配 UPS 电源。交换机所需的工作电源主要是直流电源。程控电话交换机使用 48V 直流电。

⑤电话机房的接地设计

A. 接地类型

a. 工作接地　程控交换机房的工作接地主要用于以下五个方面。

站内蓄电池正极接地:它的作用足以使中继线单线上传送各种直流控制信号,起到旁路噪声干扰电流和串话电流的作用。

总配线架的工作接地:它的作用是当外线遭受雷击或高压电力线的感应而出现过电压等

情况时,通过避雷器利用总配线架上的地线将过电压引导入地,以避免交换设备被击毁。

程控交换机机盘的工作接地:它的作用是给交换机提供一个基点零电位,起到工作稳定的作用。

程控交换机房电缆的接地:它的作用是电缆进线室铁架与敷设在铁架上的电缆处于同一电位,这样可以起到屏蔽、过电压保护和防止电缆外皮腐蚀的作用。

防静电活动板和 MDF 的接地。

b.保护接地　保护接地是指整流设备外壳、不间断电源外壳的接地。它的作用是防止设备带电导线的绝缘损坏而漏电到外壳或框架上产生危害电压,防止可能由雷电或高压电的直击或感应产生的过电压。

c.防雷接地　防雷接地用于建筑物的防雷,通常由建筑物整体防雷设计负责考虑。

系统单元接地时,接地电阻一般不应大于4Ω;系统联合接地时,接地电阻不应大于1Ω。

(4)电话管线设计

根据邮电部规定,凡接入国家通信网使用的程控用户交换机,必须有邮电部颁发的进网许可证。程控用户交换机除了单位用户相互通话外还要通过出、入中继线实现与公用电话网上的用户进行话务交换,为此一般采用用户交换机进网中继方式。程控用户交换机作为公众电话网的终端设备与公众电话网相连,一般有以下四种进网中继方式:

a.全自动直拨中继方式;

b.半自动直拨中继方式;

c.混合自动直拨中继方式

d.人工中继方式。

(5)线路容量的计算

目前,我国广泛采用程控用户交换机,按邮电部门规定,将程控用户交换机的容量分成三类:

小容量　250 门以下;

中容量　250 ~ 1 000 门;

大容量　1 000 门以上。

交换机容量的设计,首先确定内线数量,然后再由此确定中继线数(局线数)等的分配。内线数的计算方法有很多,常见的方法有以下三种:

按照所有电话机数计算;

按照建筑物面积计算;

按照人员数计算。

有关局线数与内线数的估算见表8-3。

表 8-3 局线数与内线数的估算

	业　种	局线数	内线数
每 10 m² 建筑面积	事务所 政府机关 商贸公司 证券公司	0.4	1.5
	广播电视台 新闻报社	0.4	1.3
	银行	0.3	1.0
	医院	0.2	1.3
每户	住宅	1	1

有关按照人员数的计算法见表 8-4。

表 8-4 每线的工作人员数

业　种	每线的工作人员数
政府机关	1.9
公司	1.7 ~ 3.5
事务所	1.7 ~ 3.5
旅馆	1.9 + 客房数
新闻报社	4.6
百货商店	20

内线数确定以后,再确定局线数(中继线数),局线数的计算也有多种方法。有按话务量计算,有按总容量的 8% ~ 10% 比例配分,还有按邮电部门规定确定。

当容量小于 500 线的用户交换机接入公用网时,一般可不进行中继线的计算,直接依据国家邮电部 1997 年发布的《集中式用户交换机(CENTREX)业务管理办法》的规定。

在确定交换机的容量时,应该考虑满足将来终期的容量需要,并备有维修裕量。表 8 – 5 是根据我国国民经济状况和一些城市高层建筑的实用数据,进行通信业务预测的参考标准。

表 8-5　预测通信业务发展的参考标准

通信业务预测发展分期 ╲ 高层建筑分类	机关、办公用高层建筑	饭店、宾馆高层建筑	财经商业服务大楼
近期(5 年左右)	每自然间 1.1 个电话,对于银行、办公性质的楼层应根据实际需要分布估算	高级宾馆应考虑用户电报、数据终端、电话等多种业务。目前可按每套客房 1.2 ~ 2.0 的系数考虑	按办公用户和营业厅分布估算: 1. 办公用户同办公楼 2. 营业厅每个专业售货柜台有一个电话,其面积约为 20 ㎡左右
远期(15 ~ 20 年)	每自然间 2.0 个电话,对于银行、办公性质的楼层应根据实际需要分布估算	要求同上,可按每套客房 2.0 ~ 3.0 的系数考虑	要求同上,并应适当增加数量

交换机的初装容量和终装容量计算如下:

$$初装容量 = 1.3 \times [\,目前所需门数 + (3 \sim 5)\,年内的近期增容数\,]$$

$$终装容量 = 1.3 \times [\,目前所需门数 + (10 \sim 20)\,年后的远期发展增容数\,]$$

中继线数量按照总机容量的 8% ~ 10% 考虑确定。交换机的实装分机限额约为交换机容量的 80%。

(6)电话线路的进户设计

①配电方式

建筑物的电话线路包括主干电缆(或干线电缆)、分支电缆(或配线电缆)和用户线路三部分,其配线方式应根据建筑物的结构及用户的需要,选用技术先进、经济合理的方案,做到便于施工和维护管理、安全可靠。

干线电缆的配电方式有单独式、复接式、递减式、交接式和合用式,如图 8-13 所示。

a. 单独式

采用这种配线方式时,各个楼层的电缆采取分别独立的直接供线,因此各个楼层的电话电缆线对之间无连接关系。各个楼层所需的电缆对数根据需要来定,可以相同或不同。

优点:各楼层的电缆线路互不影响,如发生故障时涉及范围较小(只是一个楼层);由于楼层都是单独供线,发生故障时容易判断和检修;扩建或改建较为简单,不影响其他楼层。

缺点:单独供线,电缆长度增加,工程造价较高;电缆线路网的灵活性差,各层的线对无法充分利用,线路利用率不高。

适用范围:单独式适用于各楼层需要的电缆线对较多且较为固定的场合,如高级宾馆的标准层或办公大楼的办公室等。

b. 复接式

采用这种配线方式时,各个楼层之间的电缆线对部分复接或全部复接,复接的线对根据各层需要来决定。每对线的复接次数一般不得超过两次。各个楼层的电话电缆由同一条上伸电

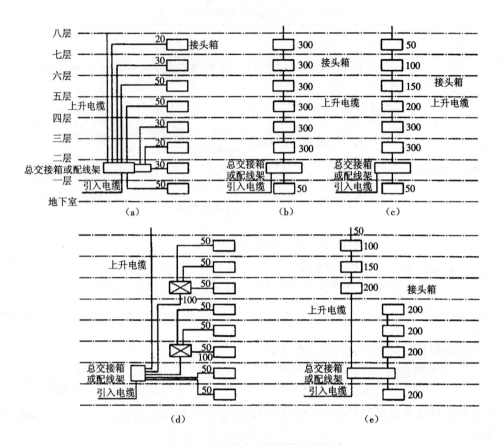

图 8-13 层建筑电话电缆的配线方式
(a)单独式;(b)复接式;(c)递减式;(d)交接式;(e)合用式

缆接出,不是单独供线。

优点:电缆线路网的灵活性较高,各层的线对因有复接关系,可以适当调度;电缆长度较短,且对数集中,工程造价较低。

缺点:各个楼层电缆线对复接后会互相影响,如发生故障,涉及范围较广,对各个楼层都有影响;各个楼层不是单独供线,如发生障碍不易判断和检修;扩建或改建时,对其他楼层有所影响。

适用范围:复接式适用于各层需要的电缆线对数量不均匀、变化比较频繁的场合,如大规模的大楼、科技贸易中心或业务变化较多的办公大楼等。

c. 递减式

这种配线方式各个楼层线对互相不复接,各个楼层之间的电缆线对引出使用后,上升电缆逐段递减。

优点:各个楼层虽由同一上升电缆引出,但因线对互不复接,故发生故障时容易判断和检修;电缆长度较短,且对数集中,工程造价较低。

缺点:电缆线路网的灵活性较差,各层的线对无法充分使用,线路利用率不高;扩建或改建较为复杂,会影响其他楼层。

适用范围:递减式适用于各层所需电缆线对数量不均匀且无变化的场合,如规模较小的宾馆、办公楼及高级公寓等。

d. 交接式

这种配线方式将整个高层建筑的电缆线路网分为几个交接配线区域,除离总交接箱或配线架较近的楼层采用单独式供线外,其他各层电缆均分别经过有关交接箱与总交接箱(或配线架)连接。

优点:各个楼层电缆线路互不影响,如发生障碍则涉及范围小,只是相邻楼层;提高了主干电缆心线使用率,灵活性较高,线对可调度使用;发生障碍时容易判断、测试和检修。

缺点:增加了交接箱数量和电缆长度,工程造价较高;对施工和维护管理等要求较高。

适用范围:交接式适用于各层需要线对数量不同且变化较多的场合,如规模较大、变化较多的办公楼、高级宾馆、科技贸易中心等。

e.合用式

这种方式即将上述几种不同配线方式混合使用,因而适用场合较多,尤其适用于规模较大的公共建筑等。

②进户管线的方式

a.地下进户方式

地下进户方式是为了市政管网美观要求而将管线转入地下。地下进户管线又分为两种敷设形式。第一种是建筑物设有地下层,地下进户管直接进入地下层,采用的是直进户管;第二种是建筑物没有地下层,地下进户管只能直接引入设在底层的配线设备间或分线箱,这时采用的进户管为弯管。地下进户管应埋在建筑物散水坡处 1 m 以下,户外埋设深度在自然地坪下 0.8m。

b.外墙进户方式

外墙进户方式是在建筑物第二层预埋进户管至配线设备间或配线箱内。进户管应呈内高外低倾斜状,并做防水弯头,以防雨水进入管中;在有用户电话交换机的建筑物内,一般设置配线架于电话站的配线室内;在不设用户交换机的较大型建筑物内,于首层或地下一层电话引入点设置电缆交接间,内置交接箱。配线架和交接箱是连接内外线的汇集点。

楼房电话线路的引入位置应选择在便于连接楼内电话线路和汇接集中的地方,使内外线路的长度最短。这些线路汇接点应尽量邻近楼层通信业务的负荷中心,以便通信线路引入后能够就近与之连接。

塔楼的高层住宅建筑电话线路的引入位置,一般选在楼底层电梯间或楼梯间附近,这样可以利用电梯间或楼梯间附近的空间或管线竖井敷设电话线路。

③交接间

电话交接间就是设置电缆交接设备的技术性房间. 每幢住宅建筑内必须设置一专用电话交接间。电话交接间一般设在建筑物底层,靠近竖向电缆管路的上升点。并应设在线路网中心,靠近电话局或室外交接箱一侧。

电话交接间使用面积,高层建筑不应小于 6 m^2,多层建筑不应小于 3 m^2,室内净高不小于 2.4 m;通风应良好,有保安措施,设置宽度为 1m 的外开门。

电话交接间内应设置照明灯及 220 V 电源插座。电话交接间内通信设备可用建筑物综合接地线作保护接地,其综合接地时电阻不宜大于 1 Ω,独自接地时其接地电阻应不大于 5 Ω。

④进户管的敷设

民用建筑的电话通信地下进户管焊接点应预埋出距离建筑物外墙 2 m,埋深 0.8 m,以便与邮电局地下通信管道连接,并应向外倾斜不小于 4% 的坡度。选择电话线路引入的具体位置时,应考虑以下几点。

a. 不能靠近其他地下管线的引入位置。电缆管道、直埋电缆与其他地下管线和建筑物的最小净距见表 8-6。

表 8-6 电缆管道、直埋电缆与其他地下管线和建筑物的最小净距　　　　　单位:m

其他地下管道及建筑物名称		平衡净距		交叉净距	
		电缆管道	直埋电缆	电缆管道	直埋电缆
给水管	75 ~ 150 mm	0.5	0.5	—	0.5
	20 ~ 400 mm	1.0	1.0	0.15	0.5
	400 mm 以上	1.5	1.5	0.15	0.5
排水管		1.0	1.0	0.15	0.5
热力管		1.0	1.0	0.25	0.5
煤气管	压力≤300 kPa	1.0	1.0	0.15	0.5
	300 kPa<压力≤800 kPa			0.15	0.5
10 kV 以下电力电缆		0.5	0.5	0.5	0.5
建筑物的散水边缘			0.5		
建筑物(无散水时)			1.0		
建筑物基础		1.5			

b. 电话线路的引入位置不应选择在邻近易燃、易爆、易受机械损伤的地方,如锅炉房、汽车加油处、货物搬运的出入口处等。

c. 电话线路的敷设路内和引入位置,不应选择在需要穿越高层建筑的伸缩缝,主要结构或承重墙等关键部分,以免建筑物沉降或承重不同而对电话线路产生外力影响,使电话电缆外护套受伤,引入管道发生错口。

d. 引入高层建筑的各种地下管线采用公共隧道的方式时,电话线路的引入部分应尽量利用公共隧道,但尽量不与电力电缆同侧敷设。必须同侧敷设时.电话电缆在隧道托架上的位置要尽量远离电力电缆。公共隧道内的通信电缆应与其他管线之间有一定距离。

e. 电话线路的引入位置应尽量选择在高层建筑的后面或侧面,引入处的人孔或手孔,不应设在高层建筑的正面出入口或交通要道上,以免检修电话线路影响交通。

f. 直埋电缆穿越车行道时,应加钢管或铸铁管等保护,在设计穿管保护时,应将管径规格增大一级选择,并留一二条备用管。直埋电缆不得直接埋入室内。如需引入建筑物内分线设备时,应换接或采取非铠装方法穿管引入。如果引至分线设备的距离在 10m 以内时,则可将铠装层脱去后穿管引入。

g. 地下电话电缆引入管道在靠近高层建筑处的埋设深度,不宜小于 0.7 m。如果穿越绿化地带,则要适当加大埋设深度。在引入管道的外面,应用 8cm 厚度混凝土包封,以增加管道的机械强度和防水效能。

h. 引入管道穿越墙壁时,为了防止污水或有害气体由管孔中进入高层建筑内部,应采取防水和堵气措施。防水措施除采用密闭性能好的钢管等管材外,还应将引入管道由室内向室外稍有倾斜铺设,以防水流入室内。堵气措施通常是对已占用管孔的电缆四周用环氧树脂等填充剂堵塞。对主闲管孔用麻丝等堵口,再用防水水泥浆堵封严密,使外界有害气体无隙可入。

i. 室内管路敷设。室内管路敷设应随土建施工预埋,应避免在高温、高压、潮湿及有强烈振动的位置敷设。暗配管与其他管线的最小净距应符合表8-7的规定。

表8-7　暗配线管与其他管线最小净距　　　　　　　　　　单位:mm

其他管线 相互关系	电力线路	压缩空气管	给水管	热力管 (不包封)	热力管 (包封)	煤气管	备　注
平行净距	150	150	150	500	300	300	间距不足时 应加绝缘层, 应尽量避免 交叉
交叉净距	50	20	20	500	300	20	

室内管路敷设要考虑以下几点:

a. 直线敷设电缆和用户线管,长度超过30 m应加装过路箱,管路弯曲敷设两次也应加装过路箱,以方便穿线施工;

b. 过路箱应设置在建筑物内的公共部分,底边距地0.3~0.4 m或距顶0.3 m;

c. 入线箱至用户电话出线盒,应敷设电话线暗管,暗管管内每项应在15~20 mm间选用,穿放平行用户线的管子截面利用率为25%~30%,存放用户线的管子截面利用率为20%~25%;

$$电缆管径利用率 = \frac{电缆的外径(mm)}{电缆管内径(mm)} \times 100\%$$

$$用户线管截面积利用率 = \frac{管内导线总截面积(mm^2)}{用户线管内截面积(mm^2)} \times 100\%$$

d. 暗配管长度超过30 m时,电缆暗管中间应加装过路箱,用户电话线暗管中间应加装过路盒;暗配管需要弯曲敷设时,其路由长度应小于15 m,且该段内不得有S弯,连接弯曲超过两次时,应加装过路箱;

e. 管子的弯曲出应安排在管子的端部,管子的弯曲角度不应小于90°,电缆暗管弯曲半径不应小于该管外径的10倍,用户电话线管弯曲半径不应小于该管外径的6倍;

f. 分线箱至用户的暗配管不宜穿越非本户的其他房间,如必须穿越时,暗管不得在其房内开口;暗配管的出入口必须在墙内镶嵌暗线箱,管的出入口必须光滑、整齐。

⑤使用的材料

a. 电缆

电话系统的干线使用电话电缆。室外埋地敷设时使用铠装电缆,架空敷设时用钢丝绳悬挂普通电缆,或使用带自承钢丝绳的电缆,室内使用普通电缆。常用电缆有HYA型综合护层塑料绝缘电缆和HPVV铜心全聚氯乙烯电缆,电缆规格标注为HYA10×2×0.5,其中HYA为型号,10 表示电缆内有 10 对电话线,2 × 0.5 表示每对线为 2 根直径 0.5 mm 的导线。电缆的对数为 5 ~ 2 400 对,线心有直径 0.5 mm 和 0.4 mm 两种规格。

在选择电缆时,电缆对数要比实际设计用户数多 20% 左右,以作为线路增容和维护使用。

b. 光缆

光导纤维通信是一种崭新的信号传输手段,它利用激光通过超纯石英(或特种玻璃)拉制成的光导纤维进行通信。光缆由多心光纤、铜导线、护套等组成。光缆既可用于长途干线通信,传输近万路电话以及高速数据,又可用于中小容量的短距离市内通信、市局间交换机之间以及闭路电视、计算机终端网络的线路中。光纤通信不但通信容量大、中继距离长,而且性能稳定,可靠性高,缆心小,质量轻,曲挠性好,便于运输和施工,并且可根据用户需要插入不同信号线或其他线组,组成综合光缆。光缆的标准长度为(1000 ± 100) m。

c. 电话线

管内暗敷设使用的电话线,常用的是 RVB 型塑料并进行软导线或 RVS 型双绞线,规格为 $2 \times (0.2 \sim 0.5)$ mm²。要求较高的系统适用 HPW 型并行线,规格为 2×0.5 mm²,也可使用 HBV 型绞线,规格为 2×0.6 mm²。

d. 分线箱

电话系统干线电缆与进户连接要使用电话分线箱,也叫电话组线箱或电话交换箱。电话分线箱按要求安装在需要分线的位置,建筑物内的分线箱暗装在楼道中,高层建筑安装在电缆竖井中。分线箱的规格为 10 对、20 对、30 对等,应按所需分线数量选择适当规格的分线箱。

e. 用户出线盒

室内用户要求安装暗装用户出线盒。出线盒面板规格与其前面的开关插座面板规格相同,如 86 型、75 型等。面板分为无插座型和有插座型两种。无插座型出线盒面板只是一个塑料面板,中央留 10 mm 的圆孔,线路电话线与用户电话机线在盒内直接连接,适用于电话机位置较远的用户,用户可以用 RVB 导线做室内线连接电话机接线盒。有插座型出线盒面板分为单插座和双插座,面板上为通信设备专用插座,要使用专用插头与之连接。现在常用的电话机都使用这种插头进行线路连接,如话筒与机座的连接。使用插座型面板时,线路导线直接接在面板背面的接线螺钉上。

(7)住宅楼及综合楼电话系统分析

①住宅楼电话工程图(图 8-14)

从系统图中可以看到,进户使用 HYA – 50(2 × 0.5)型电话电缆,电缆为 50 对线,每根线心的直径为 0.5 mm,穿直径 50 mm 焊接管埋地敷设。电话组线箱 TP – 1 – 1 为一只 50 对线电话组线箱,型号为 STO – 50。箱体尺寸为 400 mm × 650 mm × 160 mm,安装高度距地 0.5 m。进线电缆在箱体内与本单元分户线和分户电缆及到下一单元的干线电缆连接。下一单元的干线电缆为 HYV – 10(2 × 0.5)型电话电缆,电缆为 30 对线,每根线的直径 0.5 mm,穿直径 40 mm 焊接钢管埋地敷设。

二层用户线从电话组线箱 TP – 1 – 1 引出,各用户线使用 RVS 型双绞线,每根直径为 0.5 mm,穿直径 15 mm 焊接钢管埋地、沿墙暗敷设(SC15 – FC-WC),从 TP – 1 – 1 至三层电话组线箱用一根 10 对线电缆连接,电缆线型号为 HYV – 10(2 × 0.5),穿直径 25 mm 焊接钢管沿墙暗敷设。在三层和五层各设一只电话组线箱,型号为 STO – 10,箱体尺寸为 200 mm × 280 mm × 120 mm,均为 10 对线电话组线箱,安装高度距地 0.5 m。三层到五层也使用一根 10 对线电缆

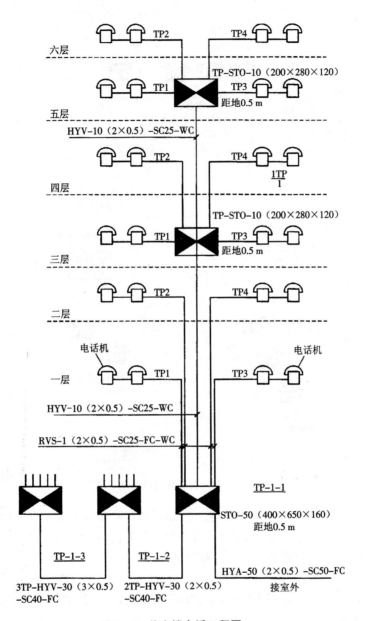

图8-14　住宅楼电话工程图

连接。三层和五层电话组线箱分别连接上下层四户的用户电话出线口,均使用 RVS 型双绞线,每根直径为 0.5 mm。各层每户内有两个电话出线口。

电话电缆从室外埋地敷设,穿直径 50 mm 的焊接钢管引入建筑物(SC50),钢管连接至一层 TP－1－1 箱,到另外两个单元组线箱的钢管横向埋地敷设。

单元干线电缆 TP 从 TP－1－1 箱向左下到楼梯对面墙,干线电缆沿墙从一楼上到五楼,三层和五层装有电话组线箱,从各层的电话组线箱引出本层和上一层的用户电话线。

②综合楼电话系统工程图

某市公安局电话通信系统方案如图 8－15 所示,与上级公安局程控交换机的连接采用

E&M 中继方式。

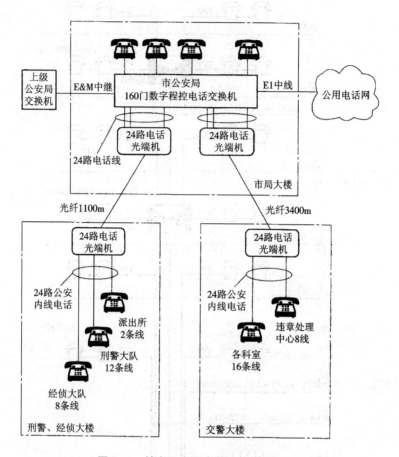

图 8-15 某市公安局电话通信系统方案

350M 无线集群可通过 E&M 中继与程控交换机联网,实现有线与无线的无缝连接。

通过 E1 的 PCM 数字中继(30 路)与当地邮电公网连接。"110"占用 12 外线(6 进 6 出)、6 内线(接警热线)。其余的外线供办公和生活区电话使用。

由于交警大队、刑警大队、经侦大队不在市局大楼办公,分别在 3km 和 1km 之外的建筑内办公,为了方便公安工作,需要将公安内线电话延伸到这些单位部门。解决的方案是采用电话光端机加光缆传输的技术来扩展用户线路。综合楼内电话系统工程图如图 8-16 所示。

本楼电话系统没有画出电缆进线,首层为 30 对线电话组线箱(TSO - 30),箱体尺寸为 400 mm ×650 mm ×160 mm。首层有 3 个电话出线口,箱左边线管内穿一对电话线,而箱右边线管内穿两对电话线,到第一个电话出线口分出一对线,再向右边线管内穿剩下的一对电话线。

二三层各为 10 对线电话组线箱(STO - 10),箱体尺寸为 200 mm ×280 mm ×120 mm。每层有 2 个电话出线口。电话组线箱之间使用 10 对线电话电缆,电缆线型号为 HYV - 10(2 × 0.5),穿直径 25mm 的焊接钢管埋地、沿墙暗敷设(SC25 - FC,WC)。到电话出线口的电话线均为 RVB 型并行线[RVB - (2 ×0.5) - SC15 - FC],穿直径 15 mm 的焊接钢管埋地敷设。

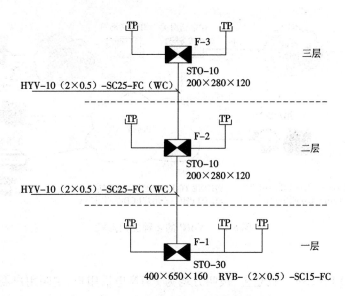

图 8-16　综合楼电话系统工程图

8.1.3　VoIP 技术

VoIP(Voice over Internet Protocol)是将模拟声音信号数字化、以 IP 数据包的形式在计算机网络上进行传输的技术,它不同于一般的数据通信,对传输有实时性的要求,是一种建立在 IP 技术上的分组化、数字化语音传输技术。

1. VoIP 的基本原理与形式

(1)VoIP 的基本原理(图 8-17)

第一步是将发话端的模拟语音信号进行数字编码,目前主要是采用 ITU – T G.711 语音编码标准来进行。第二步是将语音数据包加以压缩,同时并添加地址及控制信息。下一步是将数据包在 IP 网络中传输到目的端。到了目的端,IP 数据包会进行译码还原的作业,最后转换成扬声器、听筒或耳机能播放的模拟语音信号。

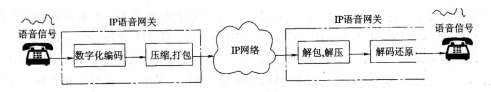

图 8-17　VoIP 的基本原理

(2)VoIP 的应用形式(图 8-18)

①PC TO PHONE　主叫方是 PC 终端上网,利用 VoIP 语音软件进行通话,被叫方是普通电话用户,代表软件有 Skype 等。其特点是发话端是互联网用户,受话端是 PSTN(Public Switched Telephone Network,公共交换电话网)电话用户,即"INTERNET + PSTN"形式。目前已出现了很多功能很好的网络电话机,电话机本身即提供 PPPOE 拨号功能、配置静态 IP 地址功能和动态获得 IP 地址功能。只要接入 INTERNET 就可以打电话,这种情况也还算此类应用

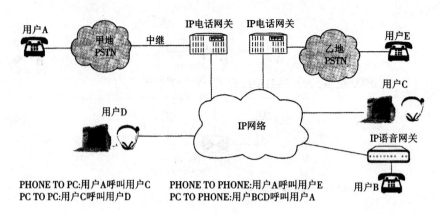

图 8-18　VoIP 的 4 种应用形式

范畴。

②PHONE TO PHONE　就是主、被叫方均为 PSTN 电话用户,主叫用户需拨打短号码并进行卡号和密码认证。这种应用形式出现较早,当前各大电信运营商都提供此类服务,如 IP 电话卡等。特点是发、受话端均是 PSTN 电话用户,在主、被叫端之间经有 IP 网络(既可是专用 IP 网也可是互联网),即"PSTN + IP 网络 + PSTN"形式。

③PC TO PC　就是主、被叫方均为 PC 终端上网,利用即时通信软件的语音功能进行语音通话。代表软件有 QQ、MSN、ICQ、Skype 等。

④PHONE TO PC　主叫方是普通电话用户,被叫方是 PC 终端上网(或者是 IP 电话端)。即"PSTN + INTERNET"形式。不同于 PC TO PHONE,目前的困难是 PC 端没有统一的号码资源,在一个小的专网中可以实现。

2. VoIP 的关键技术

IP 电话的工作原理是先将语音信号进行模数转换、编码、压缩和打包,然后通过 Internet 网络传输,到接收端则相应进行拆包、解压、译码和数模转换,从而恢复出语音信号。与 VoIP 通话质量有关的关键技术可以归纳为以下几个方面。

(1)语音编码技术

IP 电话的技术基础是语音编码技术,目前用于 IP 电话的标准是 ITU-T 发布的宽带语音编解码标准 G. 711. 1,支持 50Hz ~ 7kHz 的宽带语音音频信号。G. 711 使用 64kbps 的带宽,可将 14bit/s 转换成 8bit/s。目前 G. 711 有两个编码方式,一种是 u-law 又称 mu-law,主要运用于北美和日本;另一种是 a-law,主要运用于欧洲和世界其他地区。其中 a-law 编码方式是为方便计算机处理而特别设计的。

语音压缩技术主要有 ITU-T 定义的 G. 729、G. 723 等技术,其中 G. 729 提供了将原有 64kbit/s PSTN 模拟语音,压缩到只有 8bit/s,而同时符合不失真需求的能力。

(2)静噪抑制技术

静噪抑制技术又称语音激活技术,是指检测到通话过程中的安静时段即停止发送语音包的技术。大量研究表明,在一路全双工电话交谈中,只有 36% ~ 40% 的信号是活动的或有效的。当一方在讲话时,另一方在听,而且讲话过程中有大量显著的停顿。通过静噪抑制技术,可以大大节省网络带宽。

（3）回声抵消技术

在 PBX 或局用交换机侧,有少量的电能未被充分转换而沿原路返回,形成回声。如果打电话者离 PBX 或局用交换机不远,回声返回很快,人耳就听不出来;但当回声返回时间超过 10 ms 时,人耳就可以听到明显的回声了。为了防止回声,一般采用回声抵消技术。因为一般 IP 网络的延时很容易达到 40 ~ 50 ms,所以回声抵消技术对 IP 电话系统十分重要。

（4）语音抖动处理技术

IP 网络的一个特征就是网络延时与网络抖动,它们可以导致 IP 通话质量明显下降。网络延时是指 IP 包在网络上平均的传输时间,网络抖动是指 IP 包传输时间的长短变化。当网络上的语音延时超过 200 ms 时,通话双方更倾向于采用半双工通信。另一方面,如果网络抖动较严重,那么有的话音包因迟到而被丢弃,会产生话音的断续及部分失真,严重影响语音质量。为了防止这种抖动,人们采用抖动缓冲技术,即在接收端设置一个缓冲池,语音包到达时首先进行缓存,然后系统以稳定平滑的速率将语音包从缓冲池中取出并处理,再播放给受话者。

（5）语音优先技术

语音通信对实时性要求较高,在宽宽不足的 IP 网络中,一般需要语音优先技术,即在 IP 网络路由器中必须设置语音包的优先级最高,这样网络延时和网络抖动对语音的影响均将得到明显改善。

（6）IP 包分割技术

有时网络上有长数据包,一个包上千字节,这样的长包如不加以限制,在某些情况下也会影响语音质量。为了保证 IP 电话的通话质量,应将 IP 包的大小限制为不超过 2556 字节。

（7）VoIP 前向纠错技术

为了保证语音质量,有些先进的 VoIP 网关采用信道编码以及交织等技术。IP 包在传送过程中有可能损坏或被丢失,采用前向纠错技术可以减少传输过程中的错码积累。当然,对丢、错包率均较低的内部网络,可以不必采用该技术。

（8）实时传输技术

在实时传输技术方面,目前网络电话主要支持 RTP 传输协议。RTP 协议是一种能提供端点间语音数据实时传送的一种标准。该协议的主要工作在于提供时间标签和不同数据流同步化控制作业,收话端可以借用 RTP 重组发话端的语音数据。除此之外,在网络传输方面,尚包括了 TCP、UDP、网关互联、路由选择、网络管理、安全认证及计费等相关技术。

3. VoIP 控制协议

在传统电话系统中,一次通话从建立系统连接到拆除连接都需要一定的信令来配合完成。同样,在 IP 电话中,如何寻找被叫方、如何建立应答、如何按照彼此的数据处理能力发送数据,也需要相应的信令系统,一般称为协议。目前,可用来实现 VoIP 的协议有 H. 323、SIP、H. 248、MCCP、P2P 类语音协议。国内产品支持的主要是 H. 323、SIP 协议,这两个协议在呼叫建立与控制方面有着不同方案。

（1）H. 323 协议

H. 323 提供的集中管理和处理的工作模式与电信网的管理方式是匹配的,目前大多数商用 VoIP 网络都是基于 H. 323 协议构建的。H. 323 是国际电信联盟 ITU 多媒体通信系列标准 H. 32x 的一部分,该系列标准使得在现有通信网络上进行视频会议成为可能,其中 H. 323 为现有的分组网络 PBN（如 IP 网络）提供多媒体通信标准,即 H. 323 标准并不是为 IP 电话专门提出的,它涉及的范围比 IP 电话宽。但由于目前 IP 电话发展很快,为了适应 IP 电话的应用,H.323 也专为 IP 电话增加了一些新内容(如呼叫的快速建立过程等)。

基于 H.323 协议的 IP 电话网络由网关(Gateway)、网守(Gatekeeper)和多点控制单元(Multipoint Control Unit,MCU)组成,其组网结构如图 8-19 所示。

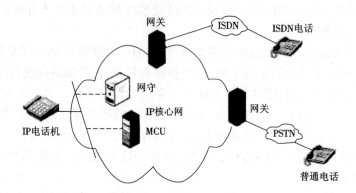

图8-19　基于 H.323 协议的 IP 电话组网结构图

①网关　网关是 Internet 网络与电话网之间的接口设备,用于连接 H.323 网络与非 H.323 网络(比如综合业务数字网 ISDN,公共交换电话网络 PSTN),是通过 IP 网络提供电话到电话连接、完成话音通信的关键设备。主要包括传输格式的转换(如 H.225.0 到 H.221),通信控制过程的转换(如 H.245 到 H.242)。另外还完成音视频格式的转换和呼叫建立,因此如果要建立异种网络间的通话(如 PSTN 到 IP),网关是必须的,否则网关可以省略。

网关接收到标准电话信号以后,经数字化、编码、压缩处理,按 IP 打包到 Internet 上,根据传输路由,通过 Internet 发送到接收端网关,接收端网关接收到 Internet 传送来的 IP 包,经解压缩处理后还原成模拟语音信号再转往电话网系统。网关可以同时接入和转出电话语音信号,实现全双工通信。网关的基本组成模块包括数据处理主机、语音模块、数据处理模块、数据接续模块和管理软件模块等。网关具有路由管理功能,它把各地区电话区号映射为相应地区网关的 IP 地址,这些信息存放在一个数据库中。数据接续模块完成呼叫处理、数字语音打包、路由管理等功能。在用户拨打长途电话时,网关根据电话区号数据库资料,确定相应网关的 IP 地址,并将此 IP 地址加入 IP 数据包中,同时选择最佳路由以减少传输延迟,IP 数据包经 Internet 到达目的网关。

②网守　它相当于 PSTN 中的电话交换机,完成集中用户管理,计费管理,认证管理,通话管理,号码管理等任务。当两台 PC 需要通话前,需连接至 Gatekeeper,经过认证确认后,再进行通话,使用者需预先在 Gatekeeper 上登记,使用时就可按照 PSTN 的一些规则(如按人名、电话号码而不是 IP 地址等)进行呼叫通话等。

③多点控制单元(MCU)　H.323 提供了多点会议的能力,MCU 即提供了支持三点或多点的功能。MCU 包含一个多点控制器,有时也包含一个多点处理器。如果一个网络不需要进行多点会议,那么可以不含 MCU。

(2)SIP 协议

SIP(Session Initiation Protocol,会话发起协议)是由 IETF(The Internet Engineer-ing Task Force,互联网工程任务组)提出的 IP 电话信令协议。SIP 是基于文本编码的 IP 电话/多媒体

会议应用层控制协议。用于建立、修改并终止多媒体会话。由于 SIP 的简单,以及事先考虑习的一些互联网语音应用,所以有着许多优点,在兼容,可扩展,支持"个人移动"等方面有显著特点,目前美国、日本及欧洲等国家,SIP 已成为主流。SIP 目前在国内同样发展较快。

　　SIP 会话使用 SIP 用户代理、SIP 注册服务器、SIP 代理服务器和 SIP 重定向服务器四个组件。SIP 用户代理(UA)是终端用户设备,比如用于创建和管理 SIP 会话的移动电话、多媒体手持设备、PC、PDA(Personal Digital Assistant,个人数码助理,一般是指掌上电脑等),用户代理客户机发出消息,用户代理服务器对消息进行响应。SIP 注册服务器是包含域中所有用户代理的位置数据库,在 SIP 通信中,这些服务器会检索参与方的 IP 地址和其他相关信息,并将其发送到 SIP 代理服务器。SIP 代理服务器接受 SIP UA 的会话请求并查询 SIP 注册服务器,获取收件方 UA 的地址信息,并将会话邀请信息直接转发给收件方 UA(如果它位于同一域中)或代理服务器(如果 UA 位于另一域中)。SIP 重定向服务器若判定自身不是目的地址,则向用户响应下一个应访问服务器的地址。在同一域中建立 SIP 会话过程如图 8-20 所示,在不同域中建立 SIP 会话过程如图 8-21 所示。

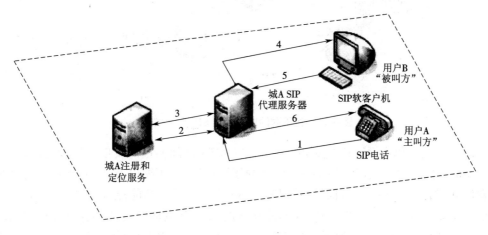

图 8-20　在同一域中建立 SIP 会话过程

4. VoIP 主要产品设备

　　VoIP 最早是以软件的形态问世的,也就是纯粹 PC to PC 功能的产品。为了能贴近过去传统模拟电话的使用习惯及经验,之后才渐渐有电话形态的产品出现。对于企业而言,为了追求成本、语音及网络的整合、多媒体增值功能、更方便的集中式管理,而陆续出现了 VoIP 网关、IP PBX 或其他整合型的 VoIP 设备等解决方案。以下就这几种类型的 VoIP 产品设备做一简单介绍。

　　(1)VoIP 网络电话

　　VoIP 网络电话分为有线、无线 VoIP 网络电话,以及提供影像输出的 VoIP 视讯会议设备等不同类型的产品。由于 VoIP 网络电话机上具备 RJ45 网络端口,所以不需借用计算机主机,即可透过 IP 网络进行通话,同时使用习惯上与传统电话相似,一般人很难分辨出其中的差异。VoIP 网络电话较少用于个人家庭,常作为企业 VoIP 网络建设中的终端设备。

　　(2)IP 电话网关(媒体网关)

　　IP 电话网关是 PSTN 网络与 IP 网络之间的接口,透过它就可用传统的电话设备(乃至

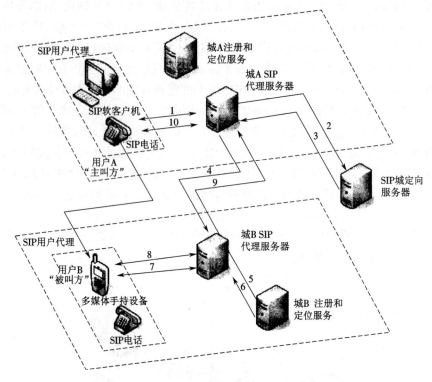

图 8-21　在不同的域中建立 SIP 会话过程

PABX 系统)来打网络电话。IP 电话网关功能：与 PSTN 之间的接口及信令接续功能；与 IP 网的接口及信令接续功能；信令翻译功能；语音的压缩编码/解压缩以及 IP 包封装解包功能；采集计费信息；双音多频(DTMF)信号检测和生成功能；回音消除功能；录音通知功能等。

　　如图 8-22 所示，用户 A 通过 PSTN 本地环路连接到 IP 电话网关，网关负责把模拟信号转换为数字信号并压缩打包，成为可以在计算机网络上传输的 IP 分组语音信号，然后通过计算机网络传送到被叫用户的网关端，由被叫端的网关对 IP 数据包进行解包、解压和解码，还原为可被识别的模拟语音信号，再通过 PSTN 传到被叫方 B 的终端。这样，就完成了一个完整的电话到电话的 IP 电话的通信过程。

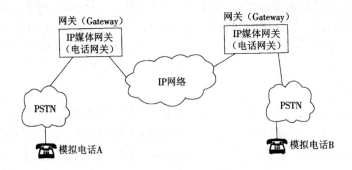

图 8-22　PSTN 到 PSTN 的 IP 电话通信过程

IP 电话网关基本组网如图 8-23 所示，其支持的业务如下。

①传统的 Internet 电话业务　即通话双方均是普通电话用户。用户 A 拨打 Internet 电话接入码后,在进行用户验证后,再拨打用户 B 的电话号码,A 端的电话网关将根据 B 的电话号码查找出 B 端用户所在的电话网关的 IP 地址;然后,A 端电话网关将与 B 端电话网关建立 Internet 电话连接,之后 B 端电话网关将呼叫用户 B,这样整个呼叫就接通了。

②Click to Dial　当 PC A 用户上网时(如上 Internet 浏览),如果 A 想和电话用户 B 通话,A 只需点击 B 的热点,PC 将通过 Internet 拨打 B 的电话,实行通话。另外,该功能还包括 PC 用户可在上网期间通过 PC 接收电话 A 的呼叫及 PC 用户和 PC 用户间的通话。该功能目前需要完成一个 PC 端的软件。

③来电指示及呼叫等待　假设 PC A 用户正在上网或通话,如果用户 B 呼叫 A,那么屏幕上将显示一个信息表示 A 收到来话,这时 A 可通过点击鼠标选择接收还是拒绝接收来话。如果接收,那么来话将被转移到用户 B 的电话或 PC 上。

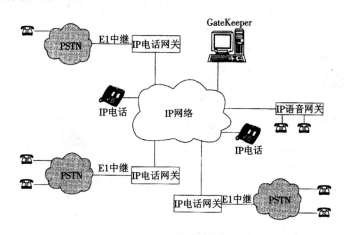

图 8-23　IP 电话网关基本组网

(3)IP 语音网关

IP 语音网关是将模拟电话机接入 VoIP 的设备,将模拟话音转化为 IP 网络上传输的信息,从而利用 IP 网络传输话音。一般具备多部话机接入的功能。同时为了提高通话的可靠性,IP 语音网关也提供 PSTN 的接口路由,这样做的目的是当 IP 网络故障时,仍可经 PSTN 网络保障通信。FXS(Foreign Exchange Station)端口用于连接普通电话到 VOIP 网络,FXO(Foreign Exchange Office)端口用于连接 PSTN 线路到 VOIP 网络,如图 8-24 所示。

IP 语音网关不同于 IP 电话机,也不同于 IP 电话网关。IP 语音网关支持语音在 IP 上及 PSTN 上的双重保护,自由切换。即语音网关 FXS 接电话机,FXO 接 PSTN 用户线,正常情况下拨打市话可以仍然走 PSTN,当拨打长途时可以根据号码智能地选择 IP 网。如果断电或是 IP 网络中断时网关可以自动切换至 PSTN 或通过配置选择拨打 PSTN。另一方面,每一个电话机都被赋予两个电话号码,PSTN 电话号码及 IP 语音电话号码,你可以从容接听来自 IP 网及原 PSTN 电话来电,形成一机双号。一机双号本质上是在完全不改变用户习惯的基础上完成 IP 网上电话同 PSTN 传统电话的自由使用,同时让用户真正安全使用 IP 电话,如图 8-25 所示。

目前国内有众多品牌的 IP 语音网关产品,在选用时应注意以下几点。

①能支持的协议　目前在国内电信市场,H.323 仍是主流,SIP 发展较快,所以在选择 IP

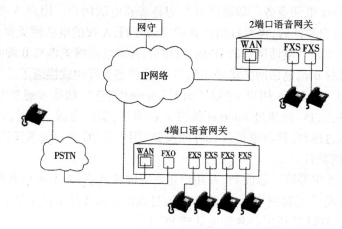

图 8-24　IP 语音网关将模拟电话机接入 VoIP

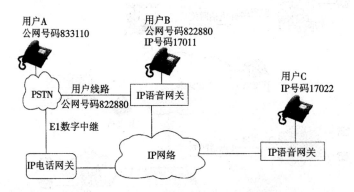

用户A(833110)拨打用户B(822880):通过PSTN完成，无需VOIP
用户A(833110)拨打用户C(17022):通过PSTN–IP电话中继网关–IP网络–IP语音网关完成
用户B(17011)拨打用户C(17022:)通过IP语音网关–IP网络–IP语音网关完成，无需PSTN

图 8-25　IP 语音网关一机双号原理

语音网关产品时,最好考虑眼前利益也得顾及长远利益,选择支持 H. 323,SIP 均能支持的语音网关产品。

②IP 语音网关的功能是否完善　功能较差的语音网关一般不支持传真,或在互联网上传真质量不高,包括不能连续传真,信息产业部的测试明确要求需要 7 页纸的连发来检测传真质量。另外对于一些电话领域的功能包括来电显示、来电识别、反极检测、反极识别、轮选、热线等功能是否具备、是否有较好的忙音检测及识别能力等。

③IP 语音网关的性能是否优良　语音网关的性能严格来说还是有比较大的区别,包括连续速度,各种压缩算法的语音质量,在丢包、抖动、延时等情况下的语音质量等均有较大区别。另外,回音消除的能力参数、语音网关稳定性、电源是否能支持瞬间断电、对雷击、电磁干扰的防护能力等,均需作较好的判断及检查。

(4)IP 电话网守

IP 电话网守是一个能够为局域网或广域网的 H. 323 终端、电话网关或一些多点控制单元提供地址解析、访问控制、身份验证、安全检查、域管理、呼叫控制信令以及呼叫管理等的

H.323 实体,有时它也具有带宽控制和管理、路由控制和计费等功能。在一个由网守管理的域内,对所有的呼叫来说,网守不仅提供呼叫控制业务并且起到了中心控制点的作用,在许多场合下可称之为一个虚拟交换机。

(5) IP PBX

和传统的 PABX 不同,IP PBX 不仅能够解决语音通信问题,而且还能实现文本、数据、图像的传输,是一个将数据和话音完全融合的多媒体 IP 网络系统,如图 8-26 所示。

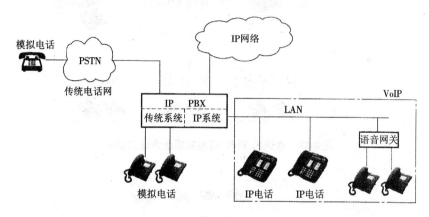

图 8-26　IP PBX 的组网功能

在 IP 电话网络架构中,IP PBX 是一个可促使语音流量顺利传至所指定终端的设备。IP 电话将语音信号转换为 IP 封包后,由 IP PBX 透过讯号控制决定其封包的传输方向,当终点为一般电话时,其 IP PBX 便将 IP 封包送至 VoIP 网关,然后由 VoIP 网关转换 IP 封包,再回传到一般 PSTN 电路交换网。

(6) IP 语音网络管理系统

IP 语音网络管理系统实现对 VoIP 网络体系中各种组件的管理工作,使网管人员可以方便地控制所有的系统组件,包括网关、网守等。功能包括设备的控制及配置、数据配给、拨号方案管理及负载均衡、远程监控等。语音网管系统通过 SNMP 协议对全网设备进行端口级管理和控制。通过应用网络拓扑自动生成、通话质量动态监测、批量配置与自动下发、故障监测与告警等特性,网络管理人员能够高效地处理复杂的网络配置与维护工作。

5. VoIP 系统设计

智能建筑内的 VoIP 电话网根据功能的区别有两类系统方案:其一是建筑内不设 PABX,完全通过 VoIP 网络实现话音通信功能,方案如图 8-27 所示;其二是在建筑内已设有 PABX 网络的前提下,再构建一个 VoIP 网络作为 PABX 网的补充和改进,达到大幅降低通信费用的目的,方案如图 8-28 所示。当然,选用 IP PBX 组网也是一个很好的方案。

实例:某市公安局 VoIP 语音网络系统设计

建设的主要任务和目标是通过采用 VoIP 技术和产品在数据网上实现各乡镇派出所与市局公安电话通信系统的互联,其设计原则如下:

• VoIP 系统应该具有高度的可管理和可控制特性;

• VoIP 系统应该具有高度的安全性、可靠性、稳定性和实用性;

• VoIP 系统应该支持公安系统现有的内部电话拨号规则和电话号码分配方案;

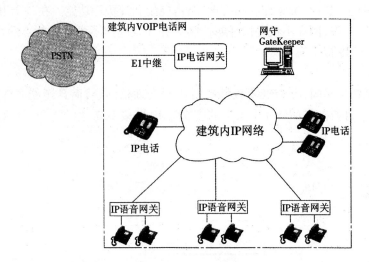

图 8-27 建筑内 VoIP 网络实现话音通信功能

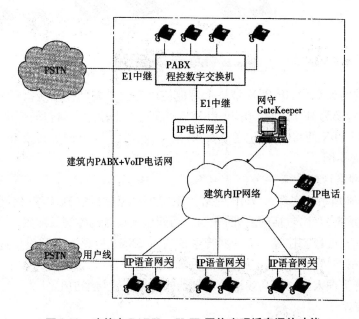

图 8-28 建筑内 PABX + VoIP 网络实现话音通信功能

- VoIP 系统应该支持"等位拨号"功能;
- VoIP 系统应该具有较好的可扩展性;
- VoIP 系统应该具有结构简单、便于维护、投资少的特点;
- 实现"一机双号"功能,实现 PSTN 市话和 VOIP 专网电话共用拨号,自动呼叫路由,用户拨打市话号码时接入 PSTN,拨打专网电话接入 IP 网络,IP 数据网故障时,呼叫可自动跳转到 PSTN 市话网;
- 支持 IP 电话会议系统,在公安数据网的防火墙内可正常通信,支持保密传真;
- 在中心节点可配置数字中继网关(带 E1 接口)。

根据上述原则,某市公安局 VOIP 语音网络系统方案如图 8-29 所示。

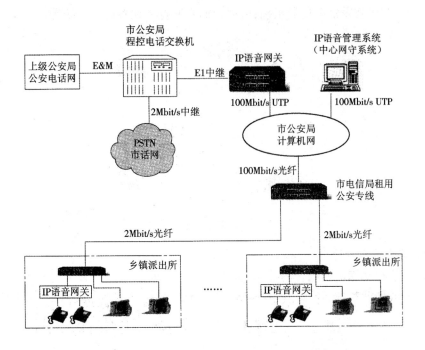

图 8-29　某市公安局 VOIP 语音网络系统方案

在市局使用 IP 语音数字中继网关通过 E1 与 PABX 连接,实现通信网的互通和延伸。派出所的语音网关全部要求支持电话和传真,能够实现分机与分机、分机与市话(包括移动)的语音通话和 FAX 功能。另外为了网络的安全性、可靠性、可管理性,整个 VOIP 系统配置关守和网络管理系统。

市局下面的各个县支局,根据需求可以配置 4 或 8 口或更高密度的 IP 语音网关,通过已有的 IP 网络与市局中心节点的 IP 语音数字中继网关实现互联。在派出所安装模拟接口的语音网关,派出所使用 2 - 8 口的 IP 语音网关,端口号码编号方案遵照原有内部通信系统的编号方案。除了在 VOIP 系统内部可以呼叫其他网关的端口外,还可以拨打原有通信网的各分机的电话,并且实现等位拨号功能。

8.1.4　CTI 技术

CTI(Computer Telephony Integration,计算机电话集成,现已发展为 Computer Telecommunication Integration,计算机通信集成)是一种能提供人与计算机之间通过电话系统进行通信的技术,如图 8 - 30 所示。PSTN 网络是提供人与人通信的网络,IP 网络是提供机与机通信的网络,有了 CTI 技术,就为我们提供了一个人与机通信的桥梁。CTI 使用计算机来处理许多以往需要人工处理的电话通信业务,从而开辟了一类广泛而且是新型的应用领域。

CTI 技术内容十分广泛,但概括起来,至少有如下的一些应用技术和内容:电子商务;呼叫中心(客户服务中心);客户关系管理(CRM)与服务系统;自动语音应答系统;自动语音信箱,自动录音服务;基于 IP 的语音、数据、视频的 CTTI 系统;综合语音、数据服务系统;自然语音识别 CTI 系统;有线、无线计费系统;专家咨询信息服务系统;传呼服务、故障服务、秘书服务;多媒体综合信息服务等。例如采用 CTI 技术的 114 查号台;电话银行;电话委托股票交易系统;

高考查分系统;110公安报警接警系统;电视台的有奖竞答比赛电话系统等。

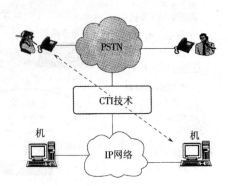

图 8-30　CTI 是人一机通信的桥梁

1. CTI 基本技术原理

　　CTI 是电信与计算机相结合的技术,它们的结合点就是电话语音卡。各类电话语音卡是 CTI 应用系统的硬件基础,其作用就相当于计算机针对 PSTN 的专用接口,如图 8-31 所示。

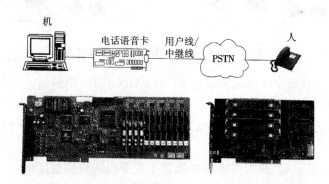

图 8-31　电话语音卡相当于计算机针对 PSTN 的专用接口

　　电话语音卡大致分为三类:模拟接口语音卡、数字中继语音卡、其他专用功能卡。

　　(1)模拟接口语音卡

　　模拟接口语音卡是连接 PC 与 PSTN 的接口部件,通过电话网用户线路与 PSTN 接口,用户线路接口容量有 2 线、4 线、8 线、16 线不等,一台计算机可插装多块模拟语音卡。每一块卡都具有互相独立的多个通道,各通道根据不同的需求,可选用不同的功能模块:外线、内线、录音、放音、搭线模块、声控录音模块等。以上几种功能的模块可以按应用系统的不同要求而互相灵活配置。外线模块主要用于自动查询、催缴、通知、自动寻呼、自动语音等不需人工参与的系统,实现用机器代替人来与人通信的功能;内线模块主要用于实现人工接听、坐席的功能;搭线、声控模块及放音模块主要用于录音监听等领域;录音模块、放音模块可实现非电话设备的语音输入与输出。

　　(2)数字中继语音卡

　　数字中继语音卡是连接 PC 与 PSTN 的接口部件,通过 E1 数字中继线路与 PSTN 公用电话网接口的。通过数字中继卡将计算机作为 PSTN 上的一个节点,从而拓展出一系列新的电信业务,如 168 声讯服务、语音信箱、带留言功能的无线寻呼业务、200 号密码记账长途业务、电话银行、证券交易与查询等。

（3）其他专用功能卡

传真卡性能特点：实现 C3 类传真收发，支持 CCITT 传真协议；卡上自动识别传真信号；多路传真可以同时收发；与模拟电话语音卡、数字中继语音卡配合使用，实现多路语音与传真共享。

（4）TTS（Text To Speech）文本到语音合成

TTS 是语音合成应用的一种，它将计算机中的文本数据转换成自然流畅的语音输出（可以合成到声卡/文件），实现计算机能朗读文本的功能。支持包括 PCM Wave，uLaw/aLaw

Wave，ADPCM，Dialogic Vox 等语音格式，支持主流语音板卡。支持 GBK、BIG5 字符集的文本阅读。优秀的 TTS 不是对文字到语音的简单映射，还包括了对文字的理解，以及对语音的韵律处理，其目的是为合成语音规划出字段特征，如音高、音长和音强等，使合成语音能正确表达语意，听起来更加自然悦耳。关键的问题是中文韵律处理、符号数字、多音字、构词方面，需要不断研究，使得中文语音合成的自然化程度较高。

TTS 使计算机具有了人工智能的"说话"功能，应用这项技术后，CTI 可以实现"机"和人在语音层次的交互，从而提供诸如：电话听 E-MAIL、语音查询天气、股票行情查询、航班查询等多种通过语音取代按键操作的自动语音播放信息查询业务。

（5）ASR（Automatic Speech Recognition）自动语音识别

ASR 是一种将人的语音转换为文本的技术，它使计算机具有了人工智能的"听"功能。语音识别是一个多学科交叉的领域，它与声学、语音学、语言学、数字信号处理、信息论、计算机科学等众多学科紧密相连。由于语音信号的多样性和复杂性，目前的语音识别系统只能在一定的限制条件下获得满意的性能，或者说只能应用于某些特定的场合。

由于中文同音字很多，人们的发音千差万别，再加上方言和习语等因素，ASR 要比 TTS 困难许多，目前还达不到普通实用的水平。有一些对普通话的识别软件有较好的识别率，应用 ASR 技术有广泛的前景。综合应用 ASR 和 TTS 的技术，可望在不久的将来 CTI 能实现机器语音在线翻译，如图 8-32 所示。

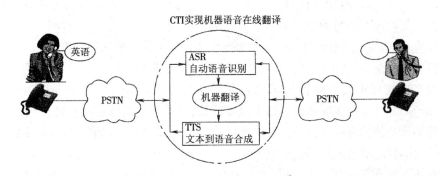

图 8-32　CTI 实现在线翻译

2. CTI 技术应用系统

（1）多通道电话数字录音系统

多通道电话数字录音系统是一种能同时进行多路电话实时录音及语音播放的系统。由于采用了先进的数码录音技术,并借助大容量计算机硬盘作为存储介质,完全突破了传统的电话录音概念,可实现自动记录主叫号码和被叫号码,同时对多路语音通道录音或监听、自动备份以及灵活的录音查询方式。多通道电话数字录音系统由多通道电话语音卡、计算机系统和应用软件组成,如图 8-33 所示。

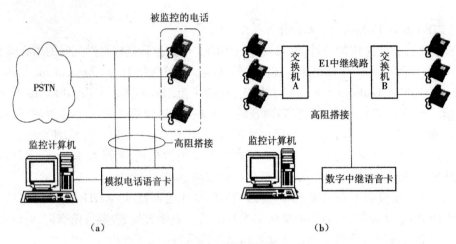

图 8-33　多通道电话数字录音系统的组成
(a)模拟线路的数字录音系统;(b)E1 线路的数字录音系统

多通道电话数字录音系统广泛应用于销售热线电话、售后服务电话、调度电话、咨询电话、办公电话等场合。在电力、交通、石油等行业的指挥调度部门,机场、港口、公安、安全、司法、军事等要害部门,为及时查询和发现事故原因以及提供准确可靠的原始录音记录,发挥了巨大作用。数字录音系统具有如下功能:

①可同时录音多路电话,而且各通道之间互不干扰,对通话质量没有影响。可以自动录音(采用声控或压控),也可手动录音(键控)。

②自动识别和记录主叫号码、被叫号码。

③可以按照通道号、时间、电话号码、通话时长、通话备注、操作员等多种条件组合对录音资料进行查询和播放。通过网络,用户可利用 Intranet(企业内部网)远程查听。

④可设置自动备份的时间、备份介质(如硬盘、CD-R、MO 等数据存储设备)。

⑤支持多种压缩方式:A-law、μ – law、ADPCM。采用 ADPCM 压缩方式,录音时间比无压缩方式的录音时间长 4 倍。一个 100G 硬盘大约可保存 17000h 的录音数据。可采用标准的WAV 格式录音文件,可在多媒体计算机上直接播放,也可通过网络远程播放。

⑥为增加系统使用弹性,除选择 24 h 录音外,系统可设定多个工作时段,在工作时段范围工作,在非工作时段系统停止录音。

⑦语音压缩处理在录音卡上完成,大大地减少了对计算机资源的占用,由于采用先进的语音处理技术,录制的语音清晰、噪声小。

(2)IVR 交互语音应答系统

IVR(Interactive Voice Response,交互式语音应答)是一种通过电话实现人机交互的系统,机器的一端是具有人工智能的能"说"和能"听按键数字"的 CTI 应用系统。IVR 提示用户按键输入选择,并根据选择完成对数据库的操作,主要用于查询数据、读或写数据库完成交易、或者完成自动电话"交谈"。典型的 IVR 应用系统有 168 声讯台、股市行情和证券电话委托交易系统、电话银行、电话预约系统、考试成绩电话查询系统等。最新的 IVR 还加入了语音识别功能,能支持语音和双音频按键两种输入方法。

自动语音系统是由电话语音卡、TTS、ASR、数据库、自动语音应答软件组成的,如图 8-34 所示。系统通过电话网络,接收电话用户的按键指令,并通过 CTI 服务器将接收到的指令传递给信息处理服务器,信息处理服务器返回客户所需的文字信息给语音处理服务器,语音处理服务器将这些文字信息转换成语音信息,然后回送给 CTI 服务器,CTI 服务器将语音信息播报给用户。IVR 的主要功能如下:

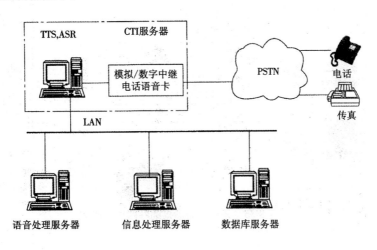

图 8-34 IVR 系统的组成

①自动语音应答用户访问 IVR 系统,可以通过电话从该系统中获得预先录制的语音信息或系统通过 TTS 技术动态合成的语音信息。自动语音应答功能可以实现全天候自助式服务。通过系统的交互式应答服务,用户可以很容易的通过电话机键盘输入他们的选择,从而得到 24 h 的服务。

②自动传真系统用户可以通过电话按键选择某一特定的传真服务,传真服务器会自动根据客户的输入动态的生成传真文件(包括根据数据库资料动态生成的报表),并自动发送传真给用户,而不需要人工干预。例如在自动交易中请求传真确认。

③统计分析功能 IVR 能够对呼入及响应的数据进行存储、统计,并且生成各种统计报表输出。统计分析功能包括对各时期(实时、天、月、年)的话务特征的统计,对各时期、各专项业务特征的统计,对各业务代理的工作特征的实时或历史的统计,对统计数据的分析等。

④语音信箱功能用户在查询信息的同时,也可留言。将用户的需求和建议录下来,以便对查询系统的内容进一步改进与提高。

如今,IVR 已经成为 CTI 技术的重要应用系统,并且可以作为一个完整的模块集成到呼叫中心系统里面。

(3)呼叫中心系统

呼叫中心(Call Center),是指以电话接入为主的呼叫响应中心,又称客户服务中心(Customer Service Center),为客户提供各种电话响应服务。呼叫中心是 CTI 技术的一项重要应用。目前,呼叫中心已经广泛地应用在市政、公安、交管、邮政、电信、银行、保险、证券、电力、IT 和电视购物等行业,以及所有需要利用电话进行产品营销、服务与支持的大型企业,使企业的客户服务与支持和增值业务得以实现,并极大地提高了相应行业的服务水平和运营效率。

中小型呼叫中心一般以电话语音卡为基础构建,系统组成如图 8-35 所示。大型呼叫中心一般以数字调度机为核心,如图 4-31 所示。呼叫中心的建设首先是构建基础框架,然后在基础框架之上建立实际的应用系统。基础框架包括那些提供基本服务的子系统,如 ACD、IVR 辅助处理、FAX、录音、外拨、呼叫管理监控等。这些子系统的功能独立于业务系统,在实际应用中,按需配置后即可运行,并提供其功能服务。而系统中的 IVR 业务受理、坐席子系统、后台业务系统访问、客户信息管理、业务统计分析等,则与实际业务密切相关,这些子系统应根据不同呼叫中心的需要进行应用生成和功能扩展。

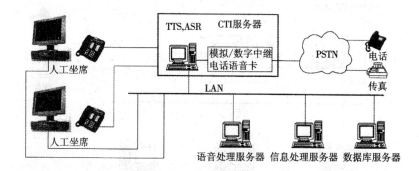

图 8-35　语音卡为基础的呼叫中心组成

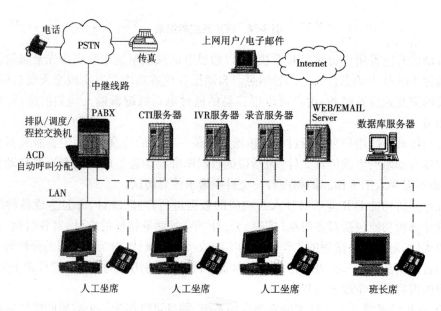

图 8-36　大型呼叫中心的组成

呼叫中心系统功能包括:

①IVR 自动语音应答。IVR 为客户提供灵活的交互式语音应答服务,其中包括语音导航、资讯查询、信息定制、语音留言、转接入工坐席等。这里以客户自助式服务为主,完全可以根据语音提示进行相应的操作,从而得到自己需要的相关信息,使原来需要坐席员解答的一些信

息,直接在 IVR 中完成,在一定程度上减轻了转人工操作的工作量。

②ACD 自动呼叫分配。ACD(Automatic Call Distribution)实现自动话务分配功能(线性排队、循环排队、按 ACD 优先级排队、按最少接答次数排队、按最大空闲时间排队、按呼叫记忆功能分配等),它将需要人工接听服务的电话,分配到人工坐席。

③呼叫控制。实现来电弹屏,来电客户资料弹屏、弹跳网页、弹跳页面编辑功能,使客户的信息显示在话务员的屏幕上;呼叫跟踪管理;呼叫与信息的同步转移;基于计算机的电话智能路由选择;个性化问候语;来话和去话管理;坐席终端的"软电话"功能;呼叫录音的精确控制等。

④电话数字录音功能。呼叫中心系统对于客户与坐席的通话进行全程录音,并保存录音文件,以方便日后对其进行查询,达到回顾通话信息和考核坐席的目的。坐席计算机、局域网计算机查询/播放电话录音。可在通电话过程中播放以前的相关电话录音给用户听。

⑤坐席班长监管。坐席班长则可以对普通坐席员进行耳语、监听、抢接、强制示闲、强制挂断等操作,这样,便于对服务质量和服务监督进行审查,也完全可以满足客户提出请求时可能发生的各种情况的应对操作。系统提供监控画面,可实时监控系统的运行状态、坐席状态、外线状态等。

⑥智能外拨功能。智能外拨功能(Intelligent Dialer)主要应用于客户关怀或信息告知,系统自动拨打客户电话并播放回访语音或直接向客户手机发送短信。有多种自动外拨方式:坐席外拨、语音文件外拨(电话语音通知)、语音架构(IVR 流程)外拨、外拨短信、外拨传真等。

⑦语音留言功能、自动传真、呼叫/业务处理统计数据的分析等。对来电和去电的详细情况进行有效统计,包括客户在线等待时间、来电记录、IVR 查询记录、收发短信息记录等,并且形成各种统计图形。

8.2 信息网络系统技术

智能建筑内的计算机网是信息网络系统的核心,是大量的信息传输、交换的主干通道。通过宽带接入技术可以实现与互联网和各种广域网的连接。例如,医院建筑内的计算机网络系统为医院信息管理系统(HIS)、临床信息系统(CIS)、医学影像系统(PACS)、放射信息系统(RIS)、远程医疗系统等提供支持。学校建筑内的计算机网络系统支持教学、科研、办公和学习业务应用管理系统、数字化教学系统、数字化图书馆系统、门户网站、校园资源规划管理系统、建筑物业管理系统、校园智能卡应用系统、校园网安全管理系统以及各类学校建筑根据业务功能需求所设的其他应用系统。

智能建筑内的计算机网络的技术是局域网(LAN)技术,传输速率达 10Gbit/s,目前的技术主流可保证到端点的传输速率为 100Mbit/s,因此智能楼宇内的计算机网络是一个宽带 IP 网络。结合无线局域网(WLAN)技术,可以提供 300Mbit/s 到端点的移动数据通信业务。

计算机网可以实现数字设备之间的高速数据通信,也可以实现多媒体通信。例如 VoIP 可以支持传统的电话通信业务,IPTV 可以支持有线电视业务。人们通过多种接入在一个智能建筑内实际上构建了多个 LAN,每一个 LAN 完成一类通信服务,例如,有控制专网、安防专网、涉密办公网、公用信息网等。这样原因是:隔离带来了安全,降低了网络通信流量。LAN 和 LAN 之间,人们可以有目的其互联起来,网络的安全性得到了控制。计算机网络系统为管理与维护提供相应的网络系统,并提供高密度的网络端口,可满足用户容量分批增加的需求。

智能建筑内对信息传输网络系统有下列应用需求:

(1)应以满足各类网络业务信息传输与交换的高速、稳定、实用和安全为规划与设计的原则。

(2)宜采用以太网等交换技术和相应的网络结构方式,按业务需求规划二层或三层的网络结构。

(3)系统桌面用户接入宜根据需要选择配置 10/100/1000 Mbit/s 信息端口。

(4)建筑物内流动人员较多的公共区域或布线配置信息点不方便的大空间等区域,宜根据需要配置无线局域网络系统。

(5)应根据网络运行的业务信息流量、服务质量要求和网络结构等配置网络的交换设备。

(6)应根据工作业务的需求配置服务器和信息端口。

(7)应根据系统的通信接入方式和网络子网划分等配置路由器。

(8)应配置相应的信息安全保障设备。

(9)应配置相应的网络管理系统。

此外网络系统设备应考虑冗余性、稳定性及系统扩容的要求。

8.2.1　计算机局域网技术

在智能建筑内构建信息网络系统主要是应用计算机局域网以及局域网互联技术。计算机局域网通常由网络接口卡、电缆(光缆)系统、交换机、服务器以及网络操作系统等部分组成;而决定局域网特性的技术要素包括网络拓扑结构、传输介质类型、介质的访问控制以及安全管理等。

1. 以太网技术

IEEE802 标准是局域网的技术标准。局域网在通信方面有自己的特点:第一,其数据是以帧为单位传输的。第二,局域网内部一般不需中间转接,所以也不要求路由选择。因此,局域网的参考模型相对应于 OSI 参考模型中的最低两层,实现了 OSI 模型最低两层的功能。其中,物理层用来建立物理连接,数据链路层把数据构成帧进行传输,并实现帧顺序控制、错误控制及流量控制功能,使不可靠的链路变为可靠的链路。

以太网是目前全球使用最广泛的局域网技术,成功的关键在于以太网标准一直随着需求而不断改进。从 10M/100M 到 1G 以及目前正在走向成熟的 10G,以太网的传输速率不断提高;在从共享式、半双工、利用 CSMA/CD 机制到交换式、点对点、全双工以及流量控制、生成树、VLAN、QoS 等机制的采用,以太网的功能和性能逐步改善;从电接口 UDP 传输到光接口光纤传输,以太网的覆盖范围大大增加;从企业和部门的内部网络,到公用电信网的接入网、城域网,以太网的应用领域不断扩展。以太网标准的最新发展是 100 G 以太网。目前在实验室已经实现了 100 G 以太网 1 000 km 的无纠错传输试验。

以太网技术有如下优势:扩充性能好、灵活的部署距离(支持从 100 m 短程局域网应用到 40 km 城域网的各种网络应用)、低成本、易于使用和管理。智能建筑内构建计算机网络优先采用以太网技术和相应的网络结构方式,常用以太网性能表如表 8-8 所示。

表8-8　常用以太网性能表

名　称	标　准	传输介质类型	最大网段长度/m	传输速率/bit·s⁻¹	使用情况
以太网	10Base-T	2 对 3/4/5 类 UTP 或 FTP	100	10M	不常用
快速以太网	100Base-TX	2 对 5 类 UTP 或 FTP	100	100M	十分常用
	100Base-T4	4 对 3/4/5 类 UTP 或 FTP	100	100M	升级用
	100Base-FX	62.5/125μm 多模光缆	2000	100M	不常用
千兆以太网	1000Base-CX	150ΩSTP	25	1000M	设备连接
	1000Base-T	4 对 5 类 UTP 或 FTP	100	1000M	常用
	1000Base-TX	4 对 6 类 UTP 或 FTP	100	1000M	常用
	1000Base-LX	62.5/125μm 多模光缆或 9μm 单模光缆,使用长波长激光	多模光缆:550 单模光缆:5000	1000M	长距离骨干网段常用
	1000Base-SX	62.5/125μm 多模光缆,使用短波长激光	220	1000M	骨干网段十分常用
万兆以太网	10GBase-S	50/62.5μm 多模光缆,使用 850nm 波长激光	300	10G	可用于汇聚层和骨干层网段
	10GBase-L	9μm 单模光缆,使用 1310/1550nm 波长激光	10km	10G	可用于长距离骨干层网段
	10GBase-E	9μm 单模光缆,使用 1550nm 波长激光	40km	10G	可用于长距离骨干层网段和 WAN

（1）100Base-T 快速型以太网

100BASE-T 是十分常用的快速型以太网,有三个不同的 100Base-T 物理层规范,其相关标准见表 7-1。100Base-TX 物理层支持快速以太网运行在 5 类 2 对 UTP 或 1 类 STP 上。100Base-T4 物理层支持快速以太网运行在 3、4 或 5 类的 4 对 UTP 上。100Base-FX 支持多模或单模光缆布线,这样快速以太网就能在 2 km 的距离内传输信息,而 100Base-T4 为大量的、现正在运行的 10Mbit/s 以太网向 100Mbit/s 快速以太网过渡提供了极大方便,即大部分情况下只需要更换网卡和集线器,而不需要重铺电缆线。

（2）千兆位以太网标准

千兆位以太网与快速以太网和标准以太网完全兼容,并利用原以太网标准所规定的全部技术规范,其中包括 CSMA/CD 协议、帧格式、流量控制以及 IEEE802.3 标准中所定义的管理对象等。为了实现高速传输,千兆位以太网定义了千兆位介质专用接口（GMII）,从而将介质子层和物理层分开,使得当物理层的传输介质和编码方式变化时不会影响到介质子层。

千兆位以太网可采用四类介质:1000Base-SX（短波长光纤）、1000Base-LX（长波长光纤）、1000Base-CX（短距离铜缆）、1000Base-T（100 m,4 对 6 类 UTP）。其中 1000Base-SX 使用短波

长 850 nm 激光的多模光纤,1000Base-LX 使用长波长 1300 nm 激光的单模和多模光纤。使用长波长和短波长的主要区别是传输距离和费用。不同波长传输时信号衰减程度不同,短波长传输衰减大、距离短,但节省费用。长波长可传输更长的距离,但费用昂贵。1000Base-CX 为 150Ω、平衡屏蔽的特殊电缆集合,线速为 1.25Gbit/s,使用 8B/10B 编码方式。1000Base-T 是 100Base-T 的自然扩展,与 10Base-T、100Base-T 完全兼容。1000Base-T 规定可以在 5 类 4 对平衡双绞线上传送数据,传输距离最远可达 100m。1000Base-T 的重要性在于:可以直接在 100Base-TX 快速以太网中通过升级交换机和网卡实现千兆到桌面,而不需要重铺电缆线。

千兆以太网的光纤连接方式,解决了楼层干线的高速连接,1000Base-T 千兆以太网技术,就是用来解决桌面之间的高速连接。千兆位以太网可用于高速服务器之间的连接、建筑物内的高速主干网、内部交换机的高速链路以及高速工作组网络。

(3)万兆以太网的标准

万兆以太网标准 IEEE802.3ae,定义了三种物理层标准:10GBase-X、10GBase-R、10GBase-W。

10GBase-X、并行的 LAN 物理层,采用 8B/10B 编码技术,只包含一个规范:10GBase-LX4。为了达到 10Gbit/s 的传输速率,使用稀疏波分复用 CWDM 技术,在 1310nm 波长附近以 25nm 为间隔,并列配置了 4 对激光发送器/接收器组成的 4 条通道,每条通道的 10B 码的码元速率为 3.125Gbit/s。10GBase-LX4 使用多模光纤和单模光纤的传输距离分别为 300m 和 10 km。

10GBase-R,串行的 LAN 类型的物理层,使用 64B/66B 编码格式,包含三个规范:10GBase-SR、10GBase-LR、10GBase-ER,分别使用 850nm 短波长、1310nm 长波长和 1550nm 超长波长。10GBase-SR 使用多模光纤,传输距离一般为几十米,10GBase-LR 和 10GBase-ER 使用单模光纤,传输距离分别为 10 km 和 40 km。

10Gbase-W,串行的 WAN 类型的物理层,采用 64B/66B 编码格式,包含三个规范:10Gbase-SW、10Gbase-LW 和 10Gbase-EW,分别使用 850 nm 短波长、1310 nm 长波长和 1550 nm 超长波长。10Gbase-SW 使用多模光纤,传输距离一般为几十米,10Gbase-LW 和 10Gbase-EW 使用单模光纤,传输距离分别为 10 km 和 40 km。

除上述三种物理层标准外,IEEE 还制定了一项使用铜缆的称为 10 GBase-CX4 的万兆位以太网标准 IEEE802.3ak,可以在双心同轴电缆上实现 10 Gbit/s 的信息传输速率,提供数据中心的以太网交换机和服务器群的短距离(15m 之内)10Gbit/s 连接的经济方式。10GBase-T 是另一种万兆位以太网物理层,通过 6/7 类双绞线提供 100 m 内的 10Gbit/s 的以太网传输链路。万兆以太网的介质接口标准如表 8-9 所示。

表 8-9　万兆以太网介质标准

接口类型	应用范围	传输距离	波长/nm	介质类型
10GBase-LX4	局域网	300 m	1 310	多模光纤
10GBase-LX4	局域网	10 km	1 310	单模光纤
10GBase-SR	局域网	300 m	850	多模光纤
10GBase-LR	局域网	10 km	1 310	单模光纤

表 8-9（续）

接口类型	应用范围	传输距离	波长/nm	介质类型
10GBase-ER	局域网	40 km	1 550	单模光纤
10GBase-SW	广域网	300 m	850	多模光纤
10GBase-LW	广域网	10 km	1 310	单模光纤
10GBase-EW	广域网	40 km	1 550	单模光纤
10GBase-CX4	局域网	15 m	——	4 根 Twinax 线缆
10GBase-T	局域网	25～100 m	——	双绞铜线

万兆位以太网仍采用 IEEE802.3 数据帧格式,维持其最大、最小帧长度。由于万兆位以太网只定义了全双工方式,所以不再支持半双工的 CSMA/CD 的介质访问控制方式,也意味着万兆位以太网的传输不受 CSMA/CD 冲突域的限制,从而突破了局域网的概念,进入广域网范畴。

以太网下一代的标准叫 IEEE802.3ba,将包含有两个速度的规范。每种速度将提供一组物理接口。

40Gbit/s 将有 1m 交换机背板链路、10 m 铜缆链路和 100 m 多模光纤链路标准。

100Gbit/s 将有 10 m 铜缆链路、100 m 多模光纤链路和 10 km、40 km 单模光纤链路标准。

2. 交换式局域网技术

交换式局域网的核心是交换机(Switch),其主要特点是:所有端口平时都不连通;当站点需要通信时,交换机才同时连通许多对的端口,使每一对相互通信的站点都能像独占通信信道那样,进行无冲突地传输数据,即每个站点都能独享信道速率;通信完成后就断开连接,如图 8-37 所示。因此,交换式网络技术是提高网络效率、减少拥塞的有效方案之一。

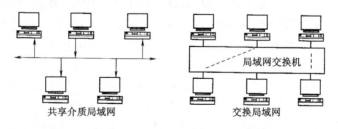

图 8-37　交换式局域网参考模型

(1)对称和不对称的交换机

对称交换机:根据交换机每个端口的带宽来描述 LAN 交换方法,它用相同的带宽在端口之间提供交换连接,例如全部为 10 Mbit/s 端口或全部为 100 Mbit/s 端口。交换机的实际吞吐量为端口数与带宽的乘积。

不对称交换机:大多应用于 Client/Server 网络中,在不同带宽的端口间提供了交换连接,例如 10Mbit/s 端口与 100Mbit/s 端口通信。它可以为服务器分配更多的带宽满足网络需求,防止在服务器端产生流量瓶颈。

（2）交换方式

目前比较主流的交换方式有存储转发方式（Store-and-Forward）和直通方式（Cut Through）。直通方式的交换机可以理解为在各端口间是纵横交叉的线路矩阵电话交换机。它在输入端口检测到一个数据包时，检查该包的包头，获取包的目的地址，启动内部的动态查找表转换成相应的输出端口，在输入与输出交叉处接通，把数据包直通到相应的端口，实现交换功能。

存储转发方式是计算机网络领域应用最为广泛的交换方式，它把输入端口的数据包先存储起来，然后进行 CRC 检查，在对错误包处理后才取出数据包的目的地址，通过查找表转换成输出端口送出包。正因如此，存储转发方式在数据处理时延时大，这是它的不足，但是它可以对进入交换机的数据包进行错误检测，尤其重要的是它可以支持不同速度的输入输出端口间的转换，保持高速端口与低速端口间的协同工作。

（3）三层交换技术

三层交换（也称多层交换技术，或 IP 交换技术）是相对于传统交换概念而提出的。传统的交换技术是在 OSI 网络标准模型中的第二层——数据链路层进行操作的，而三层交换技术是在网络模型中的第三层实现了数据包的高速转发。三层交换技术的出现，解决了局域网中网段划分之后，网段中子网必须依赖路由器进行管理的局面，解决了传统路由器低速、复杂所造成的网络瓶颈问题。

三层交换机并不等于路由器，同时也不可能取代路由器。三层交换机与路由器之间还是存在着非常大的本质区别的。第三层交换机无法适应网络拓扑各异、传输协议不同的广域网络系统。第三层交换机非常适应局域网环境，而路由器可在广域网中尽显英雄本色。

在第三层交换机面世之前，交换机所提供的 VLAN 划分方式只有两种：基于端口和基于 MAC 地址划分方式。基于端口 VLAN，即提供把某个或某几个端口上的机器划分为一个 VLAN 的方法，缺点在于无法实现位置无关的虚拟网配置；基于 MAC 地址 VLAN，即将子网以 MAC 地址来划分，可实现位置无关的虚拟网，缺点在于子网中节点的增删不方便。第三层交换技术提供了一种全新的 VLAN 划分法：基于 IP 及策略的 VLAN，即不管节点处于哪一个物理网段，都可以以它们的 IP 地址为基础或根据报文协议不同来划分子网，这使得网络应用变得更加方便。

例如在某校园网 VLAN 的划分中，利用第三层交换技术，使得校园网的 VLAN 划分很容和校内各部门一致起来，尽管校内某一部门站点分布在不同物理位置，但基于 IP 地址划分子网，能使得同一部门在不同物理网段的节点可被设为同一逻辑子网，实现与物理位置的关联；对于网络中心、财务部门等要害部门，可采用基于传统的 MAC 地址的 VLAN 划分技术，以防止非授权节点在该子网中的出现；对于学生宿舍等比较分散、物理子网比较多、难有效管理的地方，可采用混合策略，如在同一端口细分不同的逻辑虚拟子网或基于 MAC 地址划分子网，以尽量减少 IP 地址盗用和其他安全问题。

（4）其他辅助设备

①集线器

由于集线器是共享型网络设备，通过它的端口接收输入信息并通过所有端口转发出去，在共享用户信息量集中的时刻会存在信息阻塞或冲突现象，因此多用于多个末端终端用户共享同一交换机高速端口的场合。因集线器比交换机便宜许多，在数据量不大、投资受限制的中小型网络中也可采用集线器。

②路由器

路由器的主要作用是在网络层(第3层)上将若干个LAN连接到主干网上,如局域网与广域网的连接,局域网中不同子网(以太网或令牌环)的连接。

路由器与交换机相比,交换机比路由器的运行速率更高、价格更便宜。使用交换机虽然可以消除许多子网,建立一个托管所有计算机的统一网络,但是当工作站生成广播时,广播消息会传遍由交换机连接的整个网络,浪费大量的带宽。用路由器连接的多个子网可将广播消息限制在各个子网中,而且路由器还提供了很好的安全性,因为它使信息只能传输给单个子网。为此,导致了两种新技术的诞生:一是虚拟局域网(VLAN)技术,二是第3层交换机(使用路由器技术与交换机技术相结合的产物),在局域网中使用了有第3层交换功能的交换机时可不再使用路由器。

③中继器和网桥

传统的网络连接部件还有中继器和网桥。由于集线器已经取代了中继器,交换机比网桥有更高的性价比,因此现在的局域网中已基本上不再使用中继器和网桥,但在无线网络中仍常用无线网桥连接两个网段。

交换机目前已成为网络的主流连接部件,绝大多数新建的局域网都是以各种性能的交换机为主,只是少量或局部使用集线器和路由器。

3. 建筑内以太网结构设计

(1)以太网的二层网络结构

对大部分的楼内计算机网络系统采用二层结构的以太网就能满足其应用需求,如图8-38所示,由核心层和接入层组成。接入层通过带三层路由功能的核心交换机实现互联。网络系统以1000Mbit/s或10Gbit/s以太网作为主干网络,用户终端速率10/100Mbit/s。核心层的主要目的是进行高速的数据交换、安全策略的实施以及网络服务器的接入。接入层用于用户终端的接入。对于稳定性和安全性要求特别高的场合,核心层交换机宜冗余配置,接入层和核心层交换机之间宜采用冗余链路连接,可以采用如图8-38b所示的双冗余二层结构。

(2)以太网的三层网络结构

三层网络结构适用于特大型的楼内计算机网络系统(如大学校园网等)应用需求,如图8-39所示,由核心层、汇聚层和接入层组成。核心层和汇聚层通过带三层路由功能的交换机实现互联。网络主干以10Gbit/s以太网为主,用户终端速率10/100Mbit/s。

对于稳定性和安全性要求特别高的大型楼内计算机网络场合,可以采用如图8-40所示的三层冗余结构,汇聚层和核心层交换机冗余配置,接入层、汇聚层和核心层交换机之间采用冗余链路连接。

8.2.2　无线局域网技术

无线局域网(Wireless Local Area Networks,WLAN)采用的技术主要有Wi-Fi技术、HomeRF技术、IrDA技术、蓝牙技术、Zigbee技术。

1. Wi-Fi技术

Wi-Fi(wireless fidelity)原先是无线保真的缩写,在无线局域网的范畴是指"无线相容性认证",是一个无线网路通信技术的品牌,由Wi-Fi联盟(Wi-FiAlliance)所持有。Wi-Fi实质上是

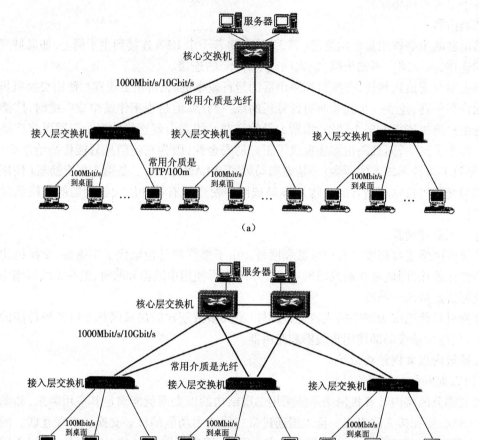

图 8-38　以太网的二层典型网络结构图

(a)常用二层结构；(b)核心层及干线双冗余的二层结构

一种商业认证,同时也是当今使用最广的一种无线网络传输技术,是一种能够将个人电脑、手持设备(如 Pad、手机)等终端以无线方式互相连接的技术,手机如果有 Wi-Fi 功能的话,在有 Wi-Fi 无线信号的时候就可以不通过移动联通的网络上网,省掉了流量费。

　　Wi-Fi 目的是改善基于 IEEE802.11 标准的无线网路产品之间的互通性。使用 IEEE 802.11 系列协议的局域网就称为 Wi-Fi,甚至把 Wi-Fi 等同于无线网际网路(Wi-Fi 是无线局域网中的一大部分)。

　　IEEE802.11 系列标准,其工作于微波频段,它是由美国电气与电子工程师协会 IEEE 标准委员会制定的关于无线局域网物理层和链路层协议。目前 802.11 主要有 4 个标准广泛使用,分别为 802.11a、802.11b、802.11g、802.11n,见表 8-10。无线局域网的组成包括无线网卡(NIC)和无线接入点(AP,Access Point)。无线网卡把计算机同无线 AP 连接起来;AP 就是无线网络的一个基站,将多个带有无线网卡的计算机聚合到有线的网络上。802.11n 协议标准传输速率更高、覆盖半径更大,提高到 300Mbps 甚至高达 600Mbps,得益于将 MIMO(多入多

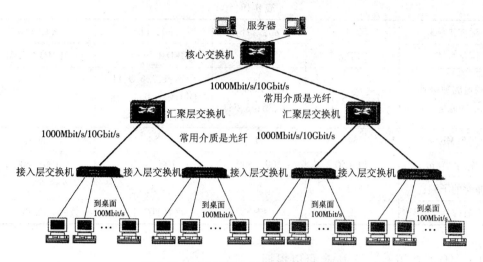

图 8-39　以太网的三层典型网络结构图

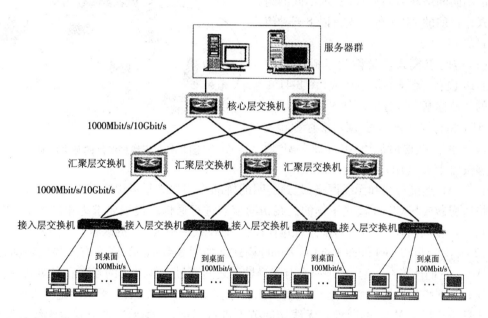

图 8-40　以太网的三层冗余网络结构图

出)与 OFDM(正交频分复用)技术相结合,使用多个发射和接收天线提高了无线传输质量,也使传输速率得到极大提升,此外还有 CCA(空闲频道检测)技术,可自动避开频道干扰并充分利用频道捆绑优势。例如某网络设备厂商的无线 AP 路由器的参数中有 2×2MIMO 架构,表示的意思是这个 AP 有 2 个发送天线和 2 个接收天线。

表 8-10　IEEE 802.11 系列无线局域网对比表

标准指标	802.11a	802.11b	802.11g	802.11n
工作频带/GHz	5	2.4	2.4	2.4/5

表 8-10（续）

标准指标	802.11a	802.11b	802.11g	802.11n
调制方式	OFDM	CCK	OFDM 和 CCK	MIMO-OFDM
每子频道的数据速率/Mbit/s	1,2,5.5,11	6,9,12,18,24,36,48,54	CCK:1,2,5.5,11 OFDM:6,9,12,18 24,36,28,54	
带宽/Mb/s	54	11	54	300
传输距离/m	20~50	100~400	100~400	100~400
不重叠的子频道	12	3	3	13
兼容性	无	无	兼容 802.11b	兼容 802.11a/b/g

根据 AP 的功用不同,WLAN 可以根据用户的不同网络环境的需求,实现不同的组网方式。目前的 AP 一般可支持以下五种组网方式。

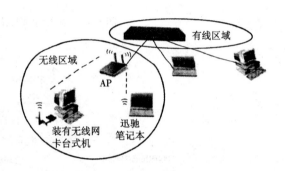

图 8-41　无线局域网的基本构成

（1）访问点模式。又称为基础架构模式,由 AP 设备、无线工作站构成(图 8-41),覆盖的区域称基本服务区。其中 AP 用于在无线 STA 和有线网络之间接收、缓存和转发数据,所有的无线通信都经 AP 完成。AP 通常能够覆盖十几个用户至几十个用户。在该模式中,AP 连接有线和无线网络,起到透明的桥的作用,AP 只可以在其覆盖范围内连接无线网络适配器或与 Client 模式工作的无线访问节点进行通信。设置要求为相同的 ESSID(服务区别号)、相同网段(IP 地址不同)、相同信道。此模式一般为 AP 的缺省工作方式。

（2）点对点桥接(Wbridge Point to Point)模式。如图 8-42 所示,两个有线局域网间,通过两台 AP 将它们连接在一起,实现两个有线局域网之间通过无线方式的互联和资源共享,也可以实现有线网络的扩展。如果是室外的应用,由于点对点距离较远,一般采用定向天线。此工作方式只能与指定 MAC 的同模式无线访问节点进行通信,一概无法再与其他无线计算机通信。配置要求为:相互设置为对端 AP 的 MAC 地址(特别需要注意的是相互设置为对端 AP 的 MAC 地址时,需要设置的是对端 Ethernet 口的 MAC 地址,而不是 Wireless 口的 MAC 地址),不同的 IP,相同的信道,相同的点对点应用模式。

（3）点对多点桥接(Wbridge Point to Multi-point)模式。如图 8-43 所示,点对多点的无线网桥能够把多个远程网络连成一体,通常以一个网络为中心点发送无线信号,其他接收点进行信号接收。此模式与 Wbridge Point to Point 模式的 AP 配合使用组建点对多点的网络。中心点为全向天线或一定角度的天线,其他点为定向天线。设置要求:中心点为 Wbridge Point to Multi-point 模式,其他点设置为 Point to Point 模式,并且将 BSSID 设置为中心点的 MAC。

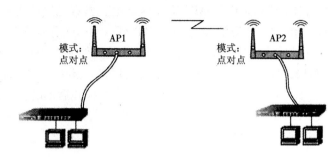

图 8-42　点对点桥接模式

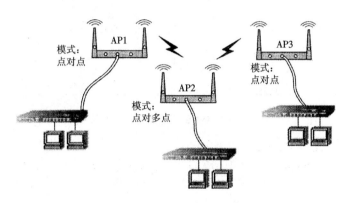

图 8-43　点对多点桥接模式

（4）客户端（AP Client,Access Poin Client）模式。如图 8-44 所示,该模式看起来比较特别,中心点的 AP 设置成为 AP 模式,可以提供有线局域网络的连接和自身无线覆盖区域的无线终端接入;远端有线局域网络或单台 PC 机所连接的 AP 设置成 AP Client 模式,远端有线局域网络计算机便可访问中心 AP 所连接的局域网络了。与桥接方式不同的是设置为 AP 模式的 AP1 仍然可以覆盖无线客户的接入,而若以桥接方式工作,AP1 则无法提供对无线客户的接入。此工作方式的 AP2 与无线客户处于同等位置,不同的是此 AP2 连接了有线网络。中心网络与多个远端网络连接,可以使用此种模式。设置要求:AP Client 必须与主 AP 设置成相同信道,同时输入主 AP 的 MAC。

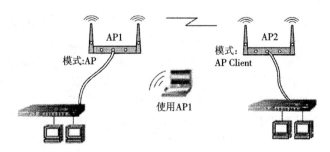

图 8-44　客户端模式

（5）无线中继（Wireless Repeater）模式或 WDS 模式。有些产品的无线中继模式相当于 WDS 所具有的功能,如图 8-45 所示。其中的每个 AP 都能支持无线用户的接入,同时通过

AP2可以将AP3连接到超出覆盖范围的AP1所在网络中。具有无线分布式系统WDS(Wireless Distribution System)功能的AP设备,即表明该AP可以同时工作在两种工作模式状态,即桥接模式 + AP模式。也就是说在桥接的同时并不影响其无线AP覆盖的功能。如果将多个WDS功能的AP接力布局,可以形成大的无线网络覆盖区域。还有一些产品的无线中继模式并不具有WDS的功能,如图8-46所示。图中AP2设置中继模式后不能支持无线用户的接入,只具有桥接功能,通过AP2可以将AP3连接到超出AP1覆盖范围的网络中,AP3需要设置成AP Client模式,也只能连接有线网络。

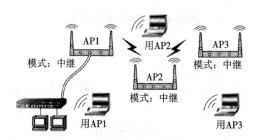

图 8-45   具有 WDS 功能的无线中继模式

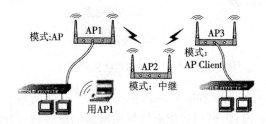

图 8-46   不具有 WDS 功能的无线中继模式

Wi-Fi实际上就是把有线网络信号转换成无线信号。一般Wi-Fi信号接收半径约95米,但会受墙壁等影响,实际距离会小一些,但办公室自不用说,就是在整栋大楼中也可使用,因为距离也不是很远。无线上网虽然数据安全性能比蓝牙差一些,传输质量也有待改进,但传输速度非常快,可以达到54mbps以上,符合个人和社会信息化的需求。Wi-Fi最主要的优势在于不需要布线,可以不受布线条件的限制,因此非常适合移动办公用户的需要,并且由于发射信号功率低于100mw,低于手机发射功率,所以Wi-Fi上网相对也是最安全健康的。

2. HomeRF 技术

HomeRF是专门为家庭用户设计的一种无线局域网技术标准,利用跳频扩频方式,既可以通过时分复用支持语音通信,又能通过CSMA/CA协议提供数据通信服务。HomeRF还提供了与TCP/IP协议良好的集成,支持广播、组播和IP地址。目前,HomeRF标准工作在2GHz的频段上,跳频带宽为1 MHz,最大传输速率为2Mbit/s,传输范围超过100 m。

3. IrDA 技术

IrDA是红外数据标准协会(Infrared Data Association)的简称。IrDA是一种利用红外线进行点对点通信的技术,频率在850~950 nm范围内,主要优点是体积小、功率低,适合设备移动的需要;传输速率高,传可达16Mbit/s;成本低,应用普遍。但是IrDA技术也有局限性。首先它是一种视线传输技术,两个具有IrDA端口的设备在传输数据时,中间不能有阻挡物。其次,

IrDA 设备使用红外线 LED 器件作为核心部件,不十分耐用。如果经常用 IrDA 端口联网,可能不堪重负。

4. 蓝牙技术

蓝牙(Bluetooth)技术是一种近距离无线通信连接技术,用于各种固定与移动的数字化硬件设备之间通信。蓝牙同样采用了跳频技术,但与其他工作在 2.4GHz 频段的系统相比,蓝牙跳频更快,数据包更短,这使蓝牙比其他系统都更稳定。蓝牙技术理想的连接范围为 0.1～10 m,但是通过增大发射功率可以将距离延长至 100 m。蓝牙可以支持异步数据通道、多达 3 个的同时进行的同步语音信道,还可以用一个信道同时传送异步数据和同步语音。异步信道可以支持一端最大速率为 721kbit/s 而另一端速率为 57.6kbit/s 的不对称连接,也可以支持 43.2kbit/s 的对称连接。

蓝牙技术面向的是移动设备间的小范围连接,本质上说,它是一种代替电缆的技术,可以应用于任何可以用无线方式替代线缆的场合,适合用在手机、掌上型计算机等简易数据传递中。

5. Zigbee 技术

Zigbee 是 IEEE802.15.4 协议的代名词,是一种新兴的近距离、低复杂度、低功耗、低数据传输速率、低成本的无线网络技术。在蓝牙技术的使用过程中,人们发现蓝牙技术尽管有许多优点,但仍存在许多缺陷。对工业自动化、家庭自动化和遥测遥控领域而言,蓝牙技术显得太复杂、功耗大、距离近、组网规模太小等。而工业自动化对无线数据通信的需求越来越强烈,并且对于工业现场,这种无线数据传输必须是高可靠的,同时能抵抗工业现场的各种电磁干扰。因此,经过人们长期努力,Zigbee 协议在 2003 年正式问世。

Zigbee 是一种经济、高效、低数据速率(<250kbit/s)、工作在 2.4GHz 和 868/928MHz 的无线技术,用于个人区域网和对等网络,主要用于近距离无线连接。它依据 IEEE802.15.4 标准,在数千个微小的传感器之间相互协调实现通信。这些传感器只需要很少的能量,以接力的方式通过无线电波将数据从一个传感器传到另一个传感器,所以它们通信效率非常高。

8.3　综合布线系统技术

建筑物与建筑群综合布线系统 GCS (Generic Cabling Systems for Building and Campus)是建筑物或建筑群内的传输网络,由支持信息电子设备相连的各种缆线、跳线、接插软线和连接器件组成,支持语音、数据、图像、多媒体等多种业务信息的传输。

计算机及通信网络均依赖布线系统作为网络连接的物理基础和信息传输的通道。传统的基于特定的单一应用的专用布线技术因缺乏灵活性和发展性,已不能适应现代智能建筑网络应用飞速发展的需要。而建筑物与建筑群综合布线系统采用开放式的体系、灵活的模块化结构、符合国际工业标准的设计原则,支持众多系统及网络,不仅可获得传输速度及带宽的灵活性,满足信息网络布线在灵活性、开放性等诸多方面的要求,而且可将话音、数据、图像及多媒体设备的布线组合在一套标准的布线系统上,用相同的电缆与配线架、相同的插头与模块化插座传输话音、数据、视频信号,以一套标准配件,综合了建筑及建筑群中多个通信网络,故称之为综合布线系统。

对综合布线系统的功能要求:

（1）应成为建筑物信息通信网络的基础传输通道,能支持语音、数据、图像和多媒体等各种业务信息的传输。

（2）应根据建筑物的业务性质、使用功能、环境安全条件和其他使用的需求,进行合理的系统布局和管线设计。

（3）应根据缆线敷设方式和其所传输信息符合相关涉密信息保密管理规定的要求,选择相应类型的缆线。应根据缆线敷设方式和其所传输信息满足对防火的要求,选择相应防护方式的缆线。

（4）应具有灵活性、可扩展性、实用性和可管理性。应符合现行国家标准《建筑与建筑群综合布线系统工程设计规范》GB/T 503 11 的有关规定。

综合布线系统采用模块化设计和分层星形网络拓扑结构。

1.综合布线系统的模块化设计

在传统的布线方式中,各个系统是封闭的,其体系结构固定,迁移设备或增加设备相当困难。而采用模块化设计的综合布线系统除去敷设在建筑物内的电缆或光缆外,其余所有的接插件都是模块化的标准件,不仅维护人员管理和使用方便,而且易于扩充及重新配置,为传输语音、数据、图文、图像以及多媒体信号提供了一套实用、灵活、可扩展的模块化通道。

综合布线系统由七个独立的功能模块组成,其模块化结构图如图8-47 所示。由图可见这七个功能模块分别为工作区、配线子系统(水平子系统)、干线子系统(垂直子系统)、建筑群子系统、进线间、设备间及管理。

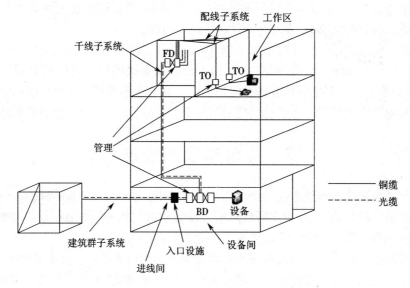

图8-47　综合布线系统的模块化结构图

（1）工作区（Work Area）

一个个独立的需要设置终端设备(TE)的区域划分为一个工作区。目的是实现工作区终端设备与水平子系统之间的连接,工作区由配线子系统的信息插座模块(TO)延伸到终端设备处的连接缆线及适配器组成。一个工作区的服务面积及信息点的数量,按不同建筑物的应用功能确定。设置的信息插座可支持电话机、数据终端及监视器等终端设备。设备的连接插座应与连接电缆的插头匹配,不同的插座与插头之间可加装适配器。

（2）配线子系统（Horizontal Subsystem）

配线子系统由工作区的信息插座模块、信息插座模块至电信间配线设备（FD）的配线电缆和光缆、电信间的配线设备及设备缆线和跳线等组成，目的是实现信息插座和管理子系统（跳线架）间的连接，将用户工作区引至管理子系统，并为用户提供一个符合国际标准，满足语音及高速数据传输要求的信息点出口。水平子系统一般采用4对UTP（非屏蔽双绞线），它能支持大多数现代通信设备，并根据速率要去灵活选择线缆：在速率低于10M时一般采用4类或是5类双绞线；在速率为10~100M时一般采用5类或是6类双绞线；在速率高于100M时，采用光纤或是6类双绞线，即光纤到桌面。配线子系统要求在90m范围内，它是指从楼层电信间的配线架至工作区的信息点的实际长度。配线子系统最常见的拓扑结构是星形结构，该系统中的每一点都必须通过一根独立的线缆与管理子系统的配线架连接。

（3）干线子系统（Backbone Subsystem）

干线子系统由设备间至电信间（楼层接线间）的干线电缆和光缆、安装在设备间的建筑物配线设备（BD）及设备缆线和跳线组成，其功能是提供设备间至各楼层接线间的干线电缆路由。建筑物干线大对数电缆、干线光缆直接接到有关的楼层配线架，中间不应有转接点或接头。

（4）建筑群子系统（Campus Subsystem）

建筑群子系统由连接多个建筑物之间的主干电缆和光缆、建筑群配线设备（CD）及设备缆线和跳线组成，其功能是将一个建筑物中的通信电缆延伸到建筑群中另外一些建筑物内的通信设备和装置上。

（5）进线间（Incoming Feeder Room）

进线间是建筑物外部通信和信息管线的入口部位，并可作为入口设施和建筑群配线设备的安装场地。进线间主要作为室外电、光缆引入楼内的成端与分支及光缆的盘长空间位置，如果不具备设置单独进线间或入楼电、光缆数量及入口设施容量较小，建筑物也可以在入口处采用挖地沟或使用较小的空间完成缆线的成端与盘长，入口设施则可安装在设备间，但应单独地设置场地，以便功能分区。

（6）设备间（Equipment Room）

设备间是在每幢建筑物的适当地点进行网络管理和信息交换的场地。对于综合布线系统，设备间主要安装建筑物配线设备（BD）。电话交换机、网络交换机、计算机主机设备及入口设施也可与配线设备安装在一起。

（7）管理（Administration）

管理是指对工作区、电信间、设备间、进线间的配线设备、缆线、信息插座模块等设施按一定的模式进行标识和记录。规模较大的综合布线系统可采用计算机进行管理，简单的综合布线系统一般按图纸资料进行管理。

2. 综合布线系统的分层星形物理拓扑结构

综合布线系统采用分层星形物理拓扑结构如图8-48所示。由图可见建筑物内的综合布线系统分为两级星形，即垂直主干部分和水平部分。垂直主干部分的星形配线中心通常设置在设备间，通过建筑物配线设备BD（Building Distributor）辐射向各个楼层，介质使用大对数双绞线以及多模光缆；水平部分的星形配线中心通常设置在电信间（安装楼层配线设备的房间，也叫楼层接线间），通过楼层配线设备FD（Floor Distributor）引出水平双绞线到各个信息点TO

（Telecommunications Outlet）。可在楼层配线设备与工作区信息点之间水平缆线路由中设置集合点 CP（Consolidation Point），即楼层配线设备与工作区信息点之间水平缆线路由，中的连接点，用于经常移动、添加和改变的结构化布线系统而不必从电信间引出新的水平线缆，也可不设置。

　　由多幢建筑物组成的建筑群或小区，其综合布线系统的建设规模较大，通常在建筑群或小区内设有中心机房，机房内设有建筑群配线设备 CD（Campus Distributor），其综合布线系统网络结构为三级星形结构，如图 8-48 及图 8-49 所示。为了使综合布线系统网络结构具有更高的灵活性和可靠性，且能适应今后多种应用系统的使用要求，可以在同一层次的配线架（如 BD 或 FD）之间用电缆或光缆连接，如图 8-49 中 BD 和 BD 之间或 FD 与 FD 之间的线缆 L，构成三级有迂回路由的星形网络拓扑结构。

　　在星形结构的各配线中心均设有管理环节，通过点对点方式实现整个布线系统的连接、配置及灵活的应用。

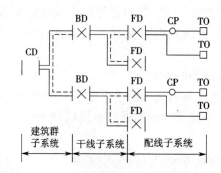

图 8-48　综合布线系统的分层星形物理拓扑结构

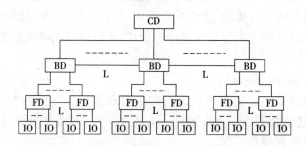

图 8-49　三级有迂回路由的星形网络拓扑结构

8.4　室内移动通信覆盖技术

　　室内移动通信覆盖系统的工作原理是将基站的信号通过有线的方式直接引入到室内的每一个区域，再通过小型天线将基站信号发送出去，同时也将接收到的室内信号放大后送到基站，从而消除室内覆盖盲区，保证室内区域拥有理想的信号覆盖，为楼内的移动通信用户提供稳定、可靠的室内信号，改善建筑物内的通话质量，从整体上提高移动网络的服务水平。室内移动通信覆盖系统示意图如图 8-50 所示。

　　对室内移动通信覆盖系统的要求为：

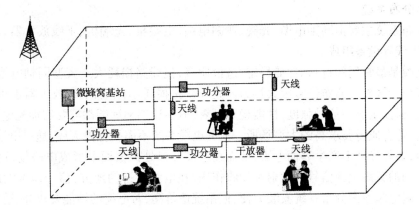

图 8-50　室内移动通信覆盖系统示意图

(1)应克服建筑物的屏蔽效应阻碍与外界通信。

(2)应确保建筑的各种类移动通信用户对移动通信使用需求,为适应未来移动通信的综合性发展预留扩展空间。

(3)对室内需屏蔽移动通信信号的局部区域,宜配置室内屏蔽系统,应符合现行国家标准《国家环境电磁卫生标准》GB 9175 等有关的规定。

8.4.1　室内移动通信覆盖系统的组成

1. 信号源

信号源设备主要为微蜂窝、宏蜂窝基站或室内直放站。

以室内微蜂窝系统作为室内覆盖系统的信号源,具有以下优点:一是对外通过有线方式与蜂窝网络的其他基站连接,信号纯度高,避免同频干扰和通话阻塞,提高接通率;二是微蜂窝基站提供空闲信道,增加网络信道容量,因而适用于覆盖范围较大且话务量相对较高的建筑物内。微蜂窝作室内覆盖系统的信号源的缺点是工程一次性投资大,要解决传输线路问题,且受宏蜂窝基站地理位置条件的限制。

以室外宏蜂窝作为室内覆盖系统的信号源是无线接入方式,其优点在于成本低、工程施工方便,占地面积小;缺点是对宏蜂窝无线指标影响明显,通话质量相对微蜂窝较差,因而适用于低话务量和较小面积的室内覆盖盲区。

直放站系统主要通过施主天线(朝向基站的天线,用于基站和直放站之间的链路,比较常见的是八木天线)采用空中耦合的方式接收基站发射的下行信号,然后经过直放机进行放大,再通过功分器将一路信号均分为多路信号,最后由重发天线将放大之后的下行信号对楼内的通信盲区进行覆盖,直放站不需要基站设备和传输设备,安装简便灵活,在移动通信中正扮演越来越重要的角色,不足之处是信号稳定性较差,容易产生同频干扰,只能覆盖较小面积的区域,不能解决网络信道容量问题,适合应用于话务量不高的室内环境中。

2. 信号分布系统

信号分布系统主要由同轴电缆、光缆、泄漏电缆、电端机、光端机、干线放大器、功分器、耦合器、室内天线等设备组成。

同轴电缆是最常用的材料,性能稳定、造价便宜,但线路损耗大。大型同轴电缆分布系统通常需要多个干线放大器作信号放大接力。光纤线路损耗小,不加干线放大器也可将信号送到多个区域,保证足够的信号强度,性能稳定可靠,但在近端和远端都需要增加光电转换设备,系统造价高,适合质量要求高的大型场所。泄漏电缆系统不需要室内天线,通过电缆外导体的一系列开口,在外导体上产生表面电流,从而在电缆开口处横截面上形成电磁场,这些开口就相当于一系列的天线起到信号的发射和接收作用,在电缆通过的地方,信号即可泄漏出来,完成覆盖。泄漏电缆室内分布系统安装方便,但系统造价高,对电缆的性能要求高,适用于隧道、地铁、长廊等地形。

8.4.2　室内覆盖系统的分类

按采用设备的不同,室内覆盖系统可以分为无源系统和有源系统。无源系统主要由无源器件组成,设备性能稳定、安全性高、维护简单。而有源系统通过有源器件(有源集线器、有源放大器、有源功分器、有源天线等)和馈线进行信号放大和分配,到达末端时可以被放大器放大,达到理想的强度和覆盖效果。

目前采用较多的为无源天馈分布系统,即通过无源器件和天线、馈线,将信号传送和分配到室内所需的环境,以得到良好的信号覆盖,无源天馈分布系统的结构如图 8-51 所示。在无源天馈分布系统中,信号源通过耦合器(耦合出一部分信号,不影响主信号传输)、功分器(把整个信号强度平均分成若干份)等无源器件进行分路,经由馈线将信号尽可能平均地分配到每一副分散安装在建筑物各个区域的低功率天线上,从而实现室内信号的均匀分布,解决室内信号覆盖差的问题。无源天馈分布系统造价较低,成本主要为功分器、耦合器及馈线,当覆盖范围比较大,馈线传输距离比较远时,需增加干线放大器补偿信号损耗。

8.4.3　室内移动通信覆盖系统的设计要求

根据 JGJ 16—2008《民用建筑电气设计规范》移动通信信号室内覆盖系统应符合下列规定。

(1)建筑物与建筑群中的移动通信信号室内覆盖系统,应满足室内移动通信用户,利用蜂窝室内分布系统实现语音及数据通信业务。

(2)移动通信信号室内覆盖系统所采用的专用频段,应符合国家有关部门的规定。国家无线电管理委员会规定 CDMA800MHz、GSM900MHz、DCS1800MHz、PHS1900MHz、3G 为数字移动通信网的专用频段、WLAN2400MHz 为无线局域网民用频段,参见表 8-11。

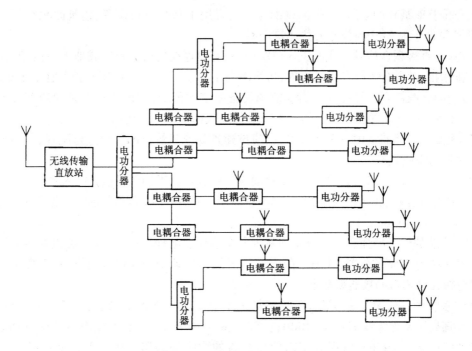

图 8-51　无源天馈分布系统结构图

表 8-11　专用频段及民用频段移动通信信号的频段、信道带宽、多址方式表

运营业务＼频段	上　行	下　行	信道带宽	多址方式
中国联通 CDMA800	825～835MHz	870～880MHz	1.25MHz	FDMA/TDMA/CDMA
中国移动 GSM900	890～909MHz	935～954MHz	200kHz	FDMA/TDMA
中国联通 GSM900	909～915MHz	954～960MHz	200kHz	FDMA/TDMA
中国移动 DCS1800	1710～1730MHz	1805～1825MHz	200kHz	FDMA/TDMA
中国联通 DCS1800	1745～1755MHz	1840～1850MHz	200kHz	FDMA/TDMA
中国电信 PHS	1900～1920MHz		288kHz	TDMA
3G 系统　WCDMA	1920～1980MHz	2110～2170MHz	5MHz	FDMA/TDMA/CDMA
3G 系统　TD—SCDMA			1.6MHz	TDMA
3G 系统　CDMA2000	最终以信息产业部发放牌照为准		$N×1.25$MHz	FDMA/TDMA/CDMA
WLAN	2410～2484MHz		22MHz	

（3）系统信号源的引入方式,宜采用基站直接耦合信号方式或采用空间无线耦合信号方式。基站直接耦合信号方式是指从周边已建成基站或在建筑物内新添加的基站中直接用功率器件(功分器、耦合器)提取信号的方式。空间无线耦合信号方式是指利用直放站作为信源接入设备,通过空间耦合的方式引入周边已建成基站信号的方式。

（4）基站直接耦合信号方式,宜用于大型公共建筑、宾馆、办公楼、体育场馆等人流量大、话务量不低于 8.2Erl 的场所;空间无线耦合方式宜用于基站不易设置、建筑面积小于 10 000 m² 且话务量低于 8.2Erl 的普通公共建筑场所。

(5)基站直接耦合信号方式的引入信源设备,宜设置在建筑物首层或地下一层的弱电(电信)进线间内或设置在通信专用机房内,机房净高不宜小于 2.8 m,使用面积不宜小于 6 m²。

(6)空间无线耦合信号方式的引入信源设备中室外天线,宜设置在建筑物顶部无遮挡的场所,直放站设备宜设置在建筑物的弱电或电信间或通信专用机房内。

(7)无源或有源的室内分布系统设备,应按建筑物或建筑群的规模进行配置,其传输线缆宜选用射频电缆或光缆。

(8)系统宜采用合路的方式,将多家移动通信业务经营者的频段信号纳入系统中。

(9)室内覆盖系统的信号源输出功率不宜高于 +43dBm;基站接收端收到系统的上行噪声电平应小于 -120dBm。

(10)系统的信号场强应均匀分布到室内各个楼层及电梯轿厢中;无线覆盖的接通率应满足在覆盖区域内 95% 的位置,并满足在 99% 的时间内移动用户能接入网络;每个楼层面天线的设置应按无线覆盖的接通率而定。

(11)系统的室内无线信号覆盖的边缘场强不应小于 -75dBm。在高层部位靠近窗边时,室内信号宜高于室外无线信号 8~10dB;在首层室外 10 m 处部位,其室内信号辐射到室外的信号强度应低于 -85dBm;以保证室内信号覆盖的边缘处的移动用户能正常切换接入室内网络。

(12)室内无线信号覆盖网的语音信道(TCH)呼损率宜小于或等于 2% ,控制信道(SDCCH)呼损率宜小于或等于 0.1% 。

(13)同频干扰保护比不开跳频时,不应小于 12 dB,开跳频时,不应小于 9 dB;邻频干扰保护比 200 kHz 时不应小于 -6dB,400 kHz 时不应小于 -38 dB;

(14)建筑物内预测话务量的计算与基站载频数的配置应符合有关移动通信标准;建筑物内预测话务量的计算与基站载频数的配置,见表 8-12。

表 8-12　基站载频数的配置

呼　损　率 2%							
载波数	1	2	3	4	5	6	7	8
信道数	7	14	22	30	37	45	54	61
容量/Erl	2.28	8.2	14.9	21.9	29.2	36.2	44	51.5
支持用户数	145	410	750	1 100	1 400	1 775	2 150	2 575
支持用户数(20% 拨打率)	725	2 050	3 250	5 500	7 000	8 875	10 750	12 875
支持客流(20% 手机保有)	7 250	20 500	32 500	55 000	70 000	88 750	107 500	128 750

(15)系统的布线器件应采用分布式无源宽带器件,宜符合多家电信业务经营者在 800~2 500 MHz 频段中信号的接入;为减少噪声引入,系统应合理采用有源干线放大器。

(16)室内空间环境中视距可见路径无线信号的损耗,可采用电磁波自由空间传播损耗计算模式;室内空间环境中,移动通信信号室内覆盖系统 800~2 400 MHz 频率无线信号传播距离损耗和室内无线信号穿越阻挡墙体传播损耗可见表8-13和表8-14。

表 8-13　800～2 400 MHz 频率无线信号传播距离损耗表

损耗/dB 　距离/m 频率/MHz	1	5	10	15	20	30
800	30.53	44.49	50.51	54.03	66.53	60.05
900	31.55	45.54	51.53	55.05	57.58	61.07
1 800	37.51	51.54	57.56	61.08	63.58	67.10
1 900	38.03	52.0	58.03	61.55	64.05	67.57
2 400	40.05	54.03	60.05	63.58	66.07	69.60

表 8-14　室内无线信号穿越阻挡墙体传播损耗表

损耗/dB 　墙类 频率/MHz	轻墙	玻璃	单层墙	砖砌	混凝土
≤2500	≤5～8	≤3～5	≤10	≤15～20	≤20～35

(17)系统中电梯井道内天线外,其他所有 GSM 网天线口输出电平不宜大于 10dBm;CD-MA 网天线口输出电平不宜大于 7dBm;所有室内天线的天线口输出电平,应符合室内天线发射功率小于 15dBm/每载波的国家环境电磁波卫生标准。

(18)系统中功分器、耦合器宜安装在系统的金属分接箱内或线槽内。

(19)系统中垂直主干布线部分宜采用直径 7/8in、50Ω 阻燃馈线电缆,水平布线部分宜采用直径 1/2in、50Ω 阻燃馈线电缆。

(20)当安置吸顶天线时,天线应水平固定在顶部楼板或吊平顶板下;当安置壁挂式天线时,天线应垂直固定在墙、柱的侧壁上,安装高度距地宜高于 2.6m。

(21)当室内吊平顶板采用石膏板或木质板时,宜将天线固定在吊平顶板内,并可在天线附近吊平顶板上留有天线检修口。

(22)电梯井道内宜采用八木天线或板状天线,天线主瓣方向宜垂直朝下或水平朝向电梯,并贴井壁安装。

(23)当射频电缆、光缆垂直敷设或水平敷设时,应符合下列设计要求:

①射频电缆或光缆垂直敷设时,宜放置在弱电间,不宜放置在电气(强电)间内,不得安置在暖通风管或给水排水管道井内;

②射频电缆或光纤水平敷设时,应以直线为走向,不得扭曲或相互交叉;馈线宜放置在金属线槽内或穿管敷设;

③射频电缆水平敷设确需拐弯走向时,其弯曲应保持圆滑,弯曲半径应符合表 8-15 的要求;

表 8-15   射频电缆水平敷设弯曲半径

线径/cm	二次弯曲的半径/cm	一次性弯曲半径/cm
1.27(1/2 英寸)	21	12.5
2.22(7/8 英寸)	36	25

④射频电缆在电梯井道明敷设时,可沿井道侧壁走线,并用膨胀螺栓、挂钩等材料予以固定;

⑤射频电缆穿越楼板、楼道侧墙及电梯井道侧壁后,应用防火阻燃材料加以封堵。

(24)当同一建筑群内采用两套或两套以上宏蜂窝基站进行覆盖时,其相邻小区间应做好邻区关系和信号无缝越区切换。

(25)系统基站设备机房的主电源不应低于本建筑物的最高供电等级;通信用的设备当有不间断和无瞬变供电要求时,电源宜采用 UPS 不间断电源供电方式。

8.5   卫星通信系统技术

卫星通信是微波中继技术与空间技术相结合而产生的一种通信手段,它利用地球同步卫星上所设的微波转发器(中继站),将设在地球上的若干个终端站(地球站)构成通信网,实现长距离、大容量的区域通信乃至全球通信。

卫星通信系统是智能建筑的信息设施系统之一,通过在建筑物上配置的卫星通信系统天线接收来自卫星的信号,为智能建筑提供与外部通信的一条链路,使大楼内的通信系统更完善、更全面,满足建筑的使用业务对语音、数据、图像和多媒体等信息通信的需求。

卫星通信系统由地球同步卫星和各种卫星地球站组成。卫星起中继作用,转发或发射无线电信号,在两个或多个地球站之间进行通信。地球站是卫星系统与地面公众网的接口,地面用户通过地球站接入卫星系统,形成连接电路。地球站的基本作用是接收来自卫星的微弱微波信号并将其放大成为地面用户可用的信号,另一方面将地面用户传送的信号加以放大,使其具有足够的功率,并将其发射到卫星。由于卫星通信具有上述优点,其应用范围日益广泛,不仅用于传输话音、数据等,而且因其所具有的广播特性,特别适用于广播电视节目的传送。

8.5.1   VSAT 技术

VSAT(Very Small Apeture Terminal)是指具有甚小口径(小于 2.5m)天线的智能化小型地球站,这类地球站安装使用方便,在智能建筑中应用卫星通信,就是在大楼上配备由小口径天线、室外单元(ODU)和室内单元(IDU)组成的小型地球站(VSAT),室外单元安装在天线反射面焦点处,起功放、变频、耦合的作用,室内单元由调制解调器和微处理器组成,安置在智能建筑内用户终端设备处,完成数据信息的发送和接收。

VSAT 系统由同步通信卫星、枢纽站(主站)和若干个智能化小型地球站组成,其系统结构如图4-54所示。空中的同步通信卫星上装有转发器,在系统中起中继作用;VSAT 智能化小型地球站建立地面用户与卫星系统的连接,它一方面接收来自遥远的卫星的极其微弱的微波信号,并将其放大成为地面用户可用的合格的信号,另一方面将地面用户需传送的信号加以放大,使其具有足够的功率发射到卫星,保证卫星能收到地面的合格信号;枢纽站配有大型天线和高功率放大器,负责对全网进行监测、管理、控制和维护,并实时监测、诊断各站自身的工作状况,测试通信质量、负责信道分配、统计、计费等,保证系统正常运行。

VSAT 系统根据其网络与设备的功能不同可分为单向系统或双向系统。单向系统中VSAT 只具有单向发送或单向接收数据的功能。双向系统中VSAT 与主站或 VSAT 与 VSAT 之间可进行交互式通信,既可以发送又可接收。

随着 Internet 的飞速发展,向 IP 靠拢已成为通信网络发展的趋势,卫星 Internet 就是以卫星线路为物理传输介质的 IP 网络系统,即"IP over Satellite"。卫星 Internet 与普通的 Internet 相比,具有传输不受陆地电路的影响、经济高效、可作为多信道广播业务平台等一系列优点。

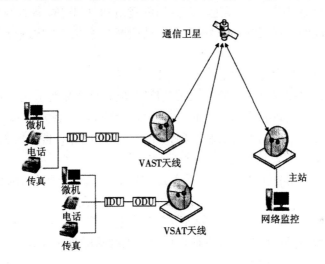

图 8-52　VSAT 系统结构图

8.5.2　VSAT 卫星通信系统的设计要求

根据 JGJ 16—2008《民用建筑电气设计规范》VSAT 卫星通信系统采用的信号与接口方式,应符合以下要求。

(1)点对点或点对多点的 VSAT 卫星通信系统,宜用于专用业务网。

(2)VSAT 通信网络宜按通信卫星转发器、地面主站和地面端站设置。

由雷达系统的谐波或杂散辐射引起的对 VSAT 系统的干扰应满足下式的要求

$$C/I \geqslant (C/N)th + 10(dB)$$

式中　C/I——载干比,VSAT 站接收机输入端的信号功率与雷达干扰功率之比(dB);

(C/N)th——传输不同数字信号时,对应于不同比特率的门限载噪比(dB)。

(3)VSAT 通信系统工作频率的使用要求

①工作频率在 C 频段时,上行频率应为 5.850 ~ 6.425 GHz;下行频率应为 3.625 ~ 4.200 GHz;

②工作频率在 Ku 频段时,上行频率应为 14.000 ~ 14.500 GHz;下行频率应为 12.250 ~ 12.750 GHz。

(4)VSAT 通信网络的结构和业务性质的要求

①VSAT 通信网络的拓扑结构宜分为星形网、网状网和混合网三种类型;

②VSAT 通信网络宜按业务性质分为数据网、语音网和综合业务网;

③当业务为传输数据或图像时,宜采用星形网的拓扑结构;当业务为传输语音时,宜采用网状网的拓扑结构;当业务为中、远期需建网状网时,宜在初期建网时统一考虑。

(5)VSAT 网络应根据用户的业务类型、业务量、通信质量、响应时间等要求进行设计,应具有较好的灵活性和适应能力和符合网络的扩展性,并满足现有业务量和新业务的增加需求。

(6)VSAT 网络接口应具有支持多种网络接口和通信协议的能力,并能根据用户具体要求进行协议转换、操作和维护。

(7)VSAT 系统地面端站站址的规定

①端站站址选择时,应避开天线近场区四周的建筑物、广告牌、各种高塔和地形地物对电波的阻挡和反射引起的干扰,并应对附近现有雷达或潜在的雷达干扰进行评估,其干扰电平应满足端站的要求;

②端站站址应避免与附近其他电气设备之间的干扰;

③天线到前端机房接收机端口的同轴线缆长度,应满足产品要求,但不宜大于 20m;

④当系统采用 Ku 频段时,其端站站址处的接收天线口径不宜大于 1.2m;

⑤端站站址应提供坚固的天线安装基础,以防地震、飓风等灾害的侵袭。

(8)VSAT 系统地面端站的供电、防雷和接地的要求

①系统地面端站机房主电源不应低于本建筑物的最高供电等级;通信设备电源应采用 UPS 不间断电源供电;

②VSAT 站的天线支架及室外单元的外壳应与围绕天线基础的闭合接地环有良好的电气连接,天线口面上沿也应设避雷针,避雷针直接引至天线基础旁的接地体;

③馈线波导管与同轴电缆外皮至少应有两处接地,分别在天线附近和机房的引入口处与接地体连接;

④VSAT 站的供电线路及进站电缆线路上应设置防雷浪涌保护器;

⑤VSAT 站的机房内应设置与接地体连接的局部等电位联结端子箱,室内所有设备应与局部等电位联结端子箱可靠连接。

(9)VSAT 卫星通信系统地面端站和地面主站的设置,应符合国家现行通信行业标准《国内卫星通信小型地球站 VSAT 通信系统工程设计暂行规定》YD5028 的有关规定。

8.6　有线电视及卫星电视接收技术

建筑物或建筑群中的有线电视系统(Cable Television,CATV)接收来自城市有线电视光节点的光信号,并由光接收机将其转换成射频信号,通过传输分配系统传送给用户。它也可以建立自己独立的前端系统,通过引向天线和卫星天线接收开路电视信号和卫星电视信号,经前端处理后送往传输分配系统。卫星电视广播与有线电视传输网相结合形成的星网结合模式,是实现广播电视覆盖的最佳方式,也可成为信息网络的基础框架。

随着社会需求的不断增长和科学技术的飞速发展,有线电视系统已不再是只能传输多套模拟电视节目的单向系统,有线电视网络正在逐步演变成具有综合信息传输能力、能够提供多功能服务的宽带交互式多媒体网络。

8.6.1　有线电视接收系统

智能建筑中的有线电视接收系统一般与外部有线电视系统相连接,另外,考虑到一些特殊要求,还可直接接收卫星电视信号,直接接入自办节目信号,录像放送信号等。系统由信号处理前端和传输分配两部分组成。信号处理前端的作用是将来自卫星接收、外部有线电视接入的电视信号、自办节目电视信号以及调频广播信号等进行适当的信号处理(包括频率变换、电平处理等),然后经统一混合后以一个输出端口的形式输出信号;传输分配系统的作用是将前端送来的信号进行传输和分配,向终端提供信号。在信号传输过程中,若传输距离过长,可在传输线路中加干线放大器以延长传输距离。

在智能楼宇中,有线电视接收系统还应考虑构建双向传输系统,与外部有线电视系统接轨,以满足视频点播、视频会议、电子商务等各种功能的要求。

8.6.2　卫星电视信号接入

卫星电视接收是建筑智能化系统中的重要组成部分,它为系统提供电视信号源。卫星电视接收的功能是在系统的前端,将来自卫星的电视信号经过适当的处理,使之与其他电视信号一起进入系统的传输通道。

卫星电视接收可以分为模拟信号接收和数字信号接收,可分别使用模拟接收设备和数字接收设备进行卫星电视信号的接收。就信号接收方式和传输方式而言,模拟信号和数字信号基本相同,都采用抛物面天线,主要的差别在于模拟信号和数字信号的处理过程不同。

有线电视系统中的卫星电视信号的接入如图 8-53 所示。抛物面天线接收来自卫星的 3.7 ~ 4.2 GHz(C 波段)的电视信号(数字接收机为 Ku 波段 11 ~ 14 GHz),经高频头变为 950 ~ 1 450 MHz 的信号,然后送入卫星电视接收机。经过卫星电视接收机的处理,送出的是标准视频信号和音频信号。再经过调制器将其调制成系统中某个频道的射频信号。进入混合器后,与其他频道电视节目一起被送到传输干线上,最后经分配网络送到各个终端电视用户。

8.6.3　有线电视系统的组成

有线电视系统由信号源、前端系统、干线传输系统和分配系统四个部分组成,系统组成如图 8-54 所示。

1. 信号源

有线电视的信号源为系统提供各种各样的信号,主要有卫星发射的模拟和数字电视信号、当地电视台发射的开路电视信号、微波台转发的微波信号以及电视台自办的电视节目等。主要器件有接收天线、卫星天线、微波天线、视频设备(摄像机、录像机)、音频设备等。

天线是一种向空间辐射电磁波或者从空间接收电磁波能量的装置。电视接收天线作为有线电视系统接收开路信号的设备,其作用是将空间接收到的电磁波转换成在传输线中传输的射频电压或电流传送给系统前端。电视接收天线的种类很多,在 CATV 系统中,最常用的是八木天线(又称引向天线),它既可以单频道使用,也可以多频道使用;既可作为 VHF (Very High

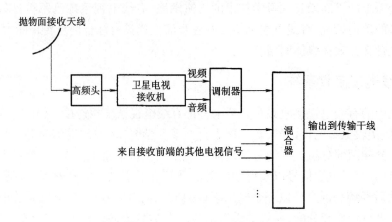

图8-53　有线电视系统中的卫星电视信号的接入

Frequency,甚高频)接收,也可作 UHF(Ultrahigh Frequency,超高频)接收;具有结构简单,馈电方便,易于制作,成本低,风载小等特点,是一种强定向天线。

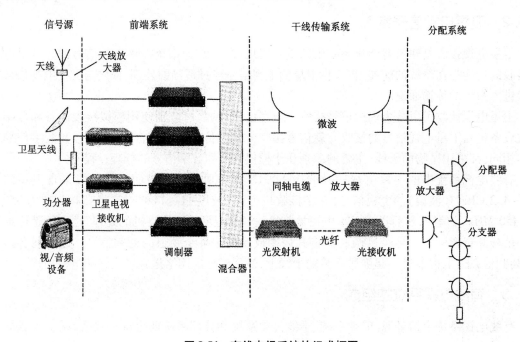

图8-54　有线电视系统的组成框图

八木天线由一个有源振子和若干个无源振子组成,其结构如图8-55所示。八木天线的有源振子一般都采用半波折合振子,用以接收电磁波。无源振子根据其作用可分为引向体和反射体两种。反射体位于有源振子后面、长度较长,引向体位于有源振子前面、长度较短。由电视发射塔辐射的电波,经引向体的引导和反射体的反射后,将使有源振子沿着接收方向形成单方向的接

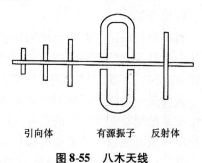

图8-55　八木天线

收。引向体的数量越多,天线增益越高,频带越窄,方向性越尖锐,但当引向体增加到一定数量以后,再增加其数量就没有意义了。

2. 前端系统

前端系统的作用是对信号源提供的信号进行必要的处理和控制,并输出高质量的信号给干线传输部分,其内容主要包括信号的放大、信号频率的配置、信号电平的控制、干扰信号的抑制、信号频谱分量的控制、信号的编码、信号的混合等。主要器件有前端放大器、信号处理器、调制/解调器、混合器等。

(1)调制/解调器

目前有线电视前端多采用解调器－调制器的信号处理方式对开路电视信号进行处理,使之满足邻频传输的条件。解调器与调制器配合使用,天线输出的开路射频电视信号送入电视解调器,通过解调器内部的滤波、检波、图像伴音分离等电路,从解调器输出端输出高质量的视频(V)、音频(A)信号,送入调制器将其调制成电视射频信号,送入多路混合器。在此方式中由于采用解调器,所有输入的射频信号都被还原成了视频、音频信号,为节目的编辑带来了方便。

调制器根据对信号处理方式的不同,可分为高频直接调制器和中频处理方式调制器,后者电气性能优于前者,在邻频传输的有线电视系统中均采用中频处理方式调制器。

(2)混合器

混合器是一种将多个输入信号合并成为一个组合输出信号的装置,利用它可以将多个单频道电视信号、FM信号、导频信号等组合在一起,形成一个复合视频信号,再用一根同轴电缆传送出去,达到多路复用的目的。混合器有VHF/UHF混合、VHF/VHF混合,UHF/UHF混合、专用频道混合等组合形式。按输入频道数又可分为2路、5路、7路混合器等。混合器在形成复合信号的过程中具有较高的相互隔离能力,避免信号间的相互影响。

(3)放大器

按放大器在系统中的位置划分,放大器可分为前端放大器和线路放大器两类。前端放大器包括天线放大器、频道放大器;线路放大器包括在传输系统中使用的干线放大器和在分配系统中使用的分配放大器、线路延长放大器和楼层放大器。

前端系统按信号传输方式有全频道传输系统和邻频传输系统之分(图8-56)。全频道传输是将电视信号直接放大混合后传送到用户终端,其传输系统图如图8-56(a)所示。全频道传输方式频道不需变换,技术简单,系统造价低,但因为全频道传输方式对边带及带外信号的抑制能力不够,相邻频道间有干扰,因而相邻频道和镜像频道都不能使用,使频道使用效率大大降低。邻频传输方式针对全频道传输方式(隔频传输)传送电视频道少的问题,依靠前端的频道处理器和调制器对信号进行处理,如图8-56(b),一方面抑制带外成分,消除邻频道干扰;另一方面使伴音副载波电平可调,即图像伴音功能比可调,以减小伴音载波对相邻频道图像的干扰,从而可利用相邻的频道来传输信号。邻频道传输系统提高了系统质量,增加了系统的容量,目前大中型有线电视系统一般都采用邻频道传输系统。

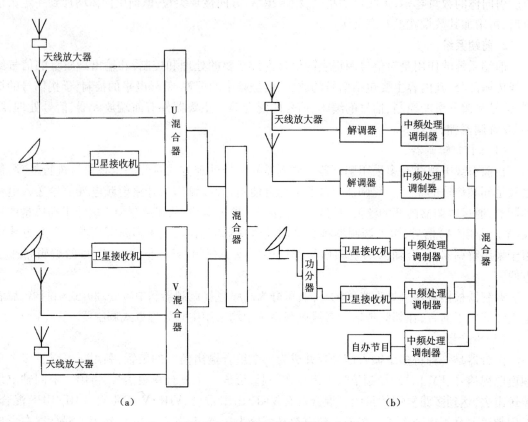

图 8-56　前端系统信号传输方式
(a)全频道传输方式;(b)邻频传输方式

3. 干线传输系统

干线传输系统的任务是将前端系统接收并处理过的电视信号传送到分配网络,在传输过程中根据信号电平的衰减情况合理设置电缆补偿放大器,以弥补线路中无源器件对信号电平的衰减。对于双向传输系统还需要把上行信号反馈至前端部分。干线部分的主要器件有电缆或光缆、干线放大器、线路延长放大器等。

4. 分配系统

分配系统的功能是将干线传输来的电视信号通过电缆分配到每个用户,在分配过程中需保证每个用户的信号质量。对于双向电缆电视还需要将上行信号正确地传输到前端。分配系统的主要设备有分配器、分支器、分配放大器和用户终端,对于双向电视系统还有调制解调器(Cable Modem,CM)和数据终端(Cable Modem Termination System,CMTS)等设备。

(1)分配器

分配器的作用是将一路输入的电视信号平均分成几路输出。主要应用于前端、干线、分支线和用户分配网络。CATV 系统中常用的是二分配器、三分配器、四分配器和六分配器。分配器的输出端不能开路,否则会造成输入端的严重失配,同时还会影响到其他输出端,因此当分配器有输出端空余时,需接 75 Ω 负载电阻。

（2）分支器

分支器也是一种将一路输入电视信号分成几路输出的器件,但它不是将输入电视信号平均分配,而是仅仅取出一小部分信号馈送给支干线,大部分信号给主干线继续传送,因而分支器输出有主路和支路之分,取信号的小部分至支路,大部分给主路。分支器也是一种无源器件,可应用于干线、支干线、用户分配网络。对大楼(例如高层建筑)从上至下进行分配时,一般上层的分支衰减量应取大一些,下层的分支衰减量应小一些,这样才能保证上、下层用户端的电平基本相同。同时,分支器的主输出口空余时,也必须接 75 Ω 的负载。按分支输出端的路数,可分为一分支器、二分支器和四分支器等。分支器本身的插入损耗很小,约为 0.5 ~ 2 dB。

8.6.4　有线电视系统的设计方法

智能建筑有线电视系统设计的内容包括技术方案设计、设备选型、系统前端设计、传输线路设计和分支分配系统设计等。

1. 技术方案设计

（1）方案制定的依据电视系统必须严格按国家现行规范所规定的各项技术指标来进行设计,如现行的国家广播电视标准有《GY/T 106—1999 有线电视广播系统技术规范》《GY/T 121—1995 有线电视系统测量方法》以及与系统相关的其他各种标准,并考虑与其他系统的关联因素等。

（2）确定系统模式和信号接入模式　根据系统的规模、功能、用户的经济承受能力等因素,首先要确定采用什么模式的系统。是采用 450 MHz 系统,还是采用 550 MHz 或 750 MHz 系统。对于单位内部或宾馆类的小型系统,是采用全频道系统,还是标准 VHF 邻频传输系统等,或直接引入城市有线电视信号以及卫星电视信号接入,自办节目信号接入和其他信号接入。

（3）确定系统的网络结构和传输方式　目前,电视系统的传输方式主要有同轴电缆传输、同轴电缆—光缆—同轴电缆传输、同轴电缆—AML(放大链路)—同轴电缆传输等方式。同轴电缆传输等方式一般为"树枝状"网络结构。其余的传输方式常为"星—树状"或"星"形网络结构。当传输距离小于 3 km 时,按目前的性能价格比,大多采用同轴电缆传输方式,此外还要根据系统的长远规划,确定是采用单向传输还是双向传输系统。

（4）系统技术指标的设计与分配　根据系统的规模大小,合理地设计技术指标。如小系统主要考虑的是 C/N(载噪比)、CM(交扰调制);中、大型系统,主要考虑的是 C/N、CTB(复合三次差拍);采用光缆的系统,需要考虑 C/N、CTB、CSO(复合二次差拍)等。此外,还要确定整个系统的总体技术指标。

2. 前端设计

前端的主要任务是对各类电视信号进行处理最终变成具有一定电平、载噪比高及交调小的射频电视信号。前端的设计非常重要的是使各类不同的电视信号的电平值比较平均,无论是采用混合—放大方式,还是放大—混合方式只有使各信号电平平均一致,才能保证系统的交扰调制指标满足要求。其次,前端输出电平的设计要适当。一般前端系统输出电平为 100 ~ 120dBpLV。

3. 传输线路设计

多路电视信号的传输占用很宽的频率,信号在传输中会产生一定的损耗,特别是在传输频率高端信号损耗会更大,因此传输线路设计特别要考虑信号传输过程中的损耗进行补偿。如选择适当的干线放大器、均衡器串接于传输线路中,用于对信号损耗的补偿以及对高端频响的补偿。

4. 分支、分配系统的设计

分支、分配系统的设计主要考虑合理应用分支、分配器,为终端提供适当的信号电平。同时还要特别考虑要使整个系统各个终端电平基本相同。

5. 绘制系统图、设备选型

设备选型要根据系统的技术要求选择性价比优的设备和部件。绘制系统图包括前端、干线和分支分配部分所有器件的配接方式,设备型号指标要求,各放大器的输入、输出电平,各分支点、分配点的电平,放大器、电缆等的型号等。还应有代表性的用户电平的计算值。其他图样还包括前端机房平面布置图;干线平面布置及路线图;干线上器件的平面位置;重要的建筑场所、线路的走线方式、距离等;施工平面图。布线管线的暗敷方式、走向、预留箱体;施工说明;设备材料表;技术计算书;图例等。

8.6.5　有线电视系统的设计案例

1. 基本要求

正在建设中的某住宅楼群已完工三幢,楼之间相隔距离为 50 m,需要在这三幢楼中安装有线电视系统。每幢楼需要 96 个终端;要求直收卫星电视节目;影碟节目;录像节目;城市有线电视公共网络的多路电视节目。

2. 设计方案

楼宇有线电视接入系统设计图如图 8-57 所示。

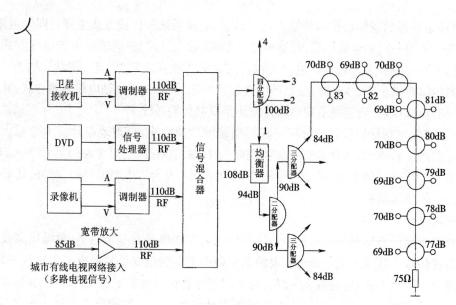

图 8-57　楼宇有线电视接入系统设计图

（1）前端设计　设置卫星电视直接接收装置，为了确保信号质量，采用卫星接收机 A（音频）V（视频）输出信号加调制的方式构成卫星信号接收通道，调制器输出电平为 110dB；DVD 信号的射频（RF）经过信号处理器输出电平为 110dB；录像机输出信号经调制器输出，电平为 110dB；城市有线电视网络的多路信号由于端口电平只有 85dB，所以在线路中接入了宽带放大器，使得其电平也达到 110dB。几路信号都以相同的电平进入信号混合器，信号混合器输出电平为 108dB。

（2）传输分配　根据有线电视的相关国家标准本系统的工作频率范围可设计为 50 ~ 750 MHz 即可满足要求。鉴于楼间相隔距离 50 m，可采用 SYV – 75 – 12 型同轴电缆作传输介质。终端电平设计值为 70 dB。信号通过四分配器分为 4 路。1、2、3 为已完工的三幢楼提供信号，第 4 路信号为扩展系统预留。查阅 SYV – 75 – 12 型同轴电缆的技术数据可知，50 m 电缆在 50 MHz 时衰减为 1 dB，在 750 MHz 时衰减为 6 dB，因此在传输线路中接入 – 6 dB 均衡器使全频带的频率响应保持平坦，以利于信号分配。设计电平标示在设计图上。设计图上只画出了其中一路信号的具体分配，其他路与此完全相同。

（3）器件电平值　四分配器分配衰减 8 dB；三分配器分配衰减 6 dB；二分配器分配衰减 4 dB；均衡器均衡衰减 6 dB；二分支串接单元插入损耗 – 1 dB；分支端衰减（214 衰减 14 dB；212 衰减 12 dB；210 衰减 10 dB；208 衰减 8 dB）。

8.7　广播系统技术

8.7.1　公共广播系统的组成

公共广播系统组成如图 8-58 所示，主要包括节目源设备、信号放大处理设备、传输线路和扬声器系统等四部分。

图 8-58　公共广播系统的组成

节目源设备通常包括多媒体计算机、CD 唱机、录音卡座、AM/FM 调谐器、传声器等，节目源以多媒体背景节目（按预先安排的多种不同的节目表自动播放 MP3 或其他格式音乐文件）为主，备用节目（播放 CD 唱片或卡式磁带）以及传声器广播信号通过音频矩阵切换器和节目源切换器与多媒体信号相互切换播出。

信号放大和处理设备包括前置放大器、调音台和功率放大器等，前置放大器的功能是将输入的微弱音频信号进行放大，以满足功率放大对输入电平的要求。功率放大器的作用是将前置放大器或调音台送来的信号进行功率放大，再通过传输线去推动扬声器放声。调音台又称调音控制台，它将多路输入信号进行放大、混合、分配、音质修饰和音响效果加工，它不仅包括了前置放大器的功能，还具有对音量和音响效果进行各种调整和控制的功能。

8.7.2　公共广播系统的传输方式

公共广播系统的传输方式分为音频传输和载波传输（调频信号传输系统）两类，而音频传输方式又分为高电平传输系统(定压式)和低电平传输系统(有源终端式)两种。

高电平信号传输系统中音源设备的放大器等都集中放置在中央广播控制室内,由中央广播音响控制系统中送出的信号电平为 70~120 V(定压输出),每个终端由线间变压器降压并与扬声器匹配,其应用图例见图 8-59。高电平传输方式,传输电流小,传输损耗小,传输距离长,服务区域广,由于在终端不需设置收音放大设备,故障小,设备器材配套容易,比低电平信号传输系统费用低,应用广泛。但当传输线路很长时,线路上损失的电平不能忽视,高频响应损失须通过均衡补偿,才能确保音响效果。

低电平信号传输系统的功率放大器输出设备放置在用户群终端,低阻抗功率放大器将中央广播控制室送来的低电平节目信号进行放大,其系统分配方式如图 8-60 所示。由于采用低阻抗传输,线路上的串音得到抑制,但在每个终端需使用接收放大设备,造价费用较高。

调频传输系统将节目源的音频信号经调制器(将音频调制到射频)调制成高频载波信号,再与电视频道信号混合后接到共用天线电视接收系统(CATV 系统)的电缆线路中去,通过 CATV 同轴电缆传送至用户终端,并解调成声音信号。其应用图例见图 8-61。调频传输系统在系统中安装一副 FM 接收天线,可以接收当地广播电台的调频广播,由于广播线路与共用天线电视系统线路共用,节省了广播线路的费用,施工简单,维修方便。但在每个终端需安放一台解调器(调频接收设备),最初工程造价较高,维修技术要求高。

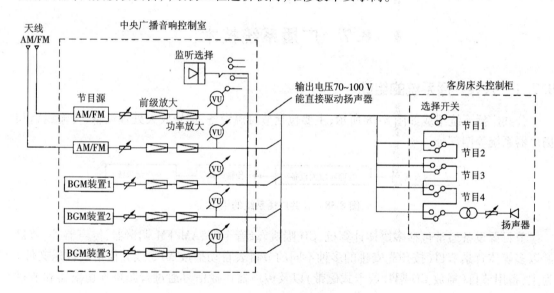

图 8-59　高电平信号传输系统应用图例

扬声器又称喇叭,是一种将音频电流转变为声音信号,并向空间辐射声波的电声器件。扬声器有多种分类方式,按工作原理分类,可分为电动式、电磁式、静电式和压电式等;按振膜形状分类,可分为锥形、平板形、球顶形、带状形、薄片形;按振膜结构分类,可分为单纸盆、复合纸盆、复合号筒等;按振膜材料分类,可分为纸质和非纸盆扬声器等;按放声频率分类,可分为低音扬声器、中音扬声器、高音扬声器、全频带扬声器等。电动式扬声器应用最广,它利用音圈与恒定磁场之间的相互作用力使振膜振动而发声。电动式的低音扬声器以锥盆式居多,中音扬声器多为锥盆式或球顶式,高音扬声器常用球顶式和带式、号筒式。

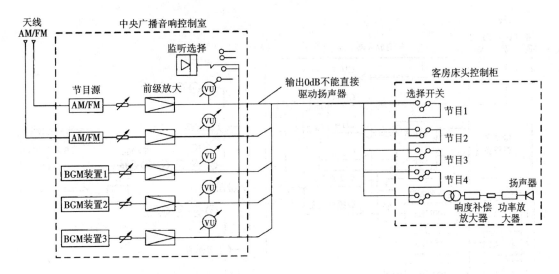

图 8-60　低电平信号传输系统应用举例

8.7.3　公共广播系统的设计要求

1. 公共广播系统设计要求

（1）广播系统根据使用要求可分为业务性广播系统、服务性广播系统和火灾应急广播系统。业务性广播对日常工作和宣传都是必要的,办公楼、商业楼、院校、车站、客运码头及航空港等建筑物,宜设置业务性广播,满足以业务及行政管理为主的广播要求。服务性广播主要用于饭店类建筑及大型公共活动场所,服务性广播的范围是背景音乐和客房节目广播。任务是为人们提供欣赏音乐类节目,以服务为主要宗旨。火灾应急广播主要用于火灾时引导人们迅速撤离危险场所。

（2）广播系统功率馈送制式宜采用单环路式,当广播线路较长时,宜采用双环路式。一般情况下,由于民用建筑工程占地范围不大,建筑物相对集中,广播网负担范围小,采用单环路馈送功率的方式可以满足要求。

（3）设有广播系统的公共建筑应设广播控制室。当建筑物中的公共活动场所单独设置扩声系统时,宜设扩声控制室。但广播控制室与扩声控制室间应设中继线联络或采取用户线路转换措施,以实现全系统联播。

（4）广播系统的分路,应根据用户类别、播音控制、广播线路路由等因素确定,可按楼层或按功能区域划分。当需要将业务性广播系统、服务性广播系统和火灾应急广播系统合并为一套系统或共用扬声器和馈送线路时,广播系统分路宜按建筑防火分区设置。

（5）根据国际标准,功放单元(或机柜)的定压输出分为 70V、100V 和 120V。公共建筑一般规模不大,考虑安全,广播系统宜采用定压输出,输出电压宜采用 70V 或 100V。

（6）设有有线电视系统的场所,有线广播可采用调频广播与有线电视信号混频传输,并应符合下列规定:

①音乐节目信号、调频广播信号与电视信号混合必须保证一定的隔离度,用户终端输出处应设分频网络和高频衰减器,以保证获得最佳电平和避免相互干扰;调频广播信号应比有线电

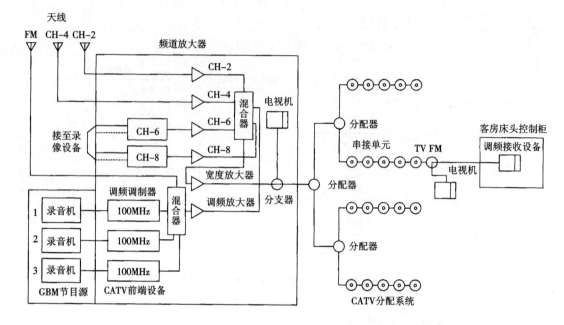

图8-61　调频传输系统应用图例

视信号低10～15 dB;

　　②各节目信号频率之间宜有2 MHz的间隔;

　　③系统输出口应使用具有TV、FM双向双输出口的用户终端插座。

　　(7)功率馈送回路宜采用二线制。当业务性广播系统、服务性广播系统和火灾应急广播系统合并为一套系统时,馈送回路宜采用三线制。有音量调节装置的回路应采用三线制。

　　(8)广播系统中,从功放设备输出端至线路上最远扬声器间的线路衰耗,应满足下列要求:

　　①业务性广播不应大于2 dB(1000 Hz时);

　　②服务性广播不应大于1 dB(1000 Hz时)。

　　(9)航空港、客运码头及铁路旅客站的旅客大厅等环境噪声较高的场所设置广播系统时,应根据噪声的大小自动调节音量,广播声压级应比环境噪声高出15 dB。应从建筑声学和广播系统两方面采取措施,满足语言清晰度的要求。

　　①评价室内语言清晰度的指标为"音节清晰度"

　　音节清晰度=听众正确听到的单音节(字音)数/测定用的全部单音节(字音)数×100%

　　②依据室内语言的音节清晰度,可估计理解语言意义的程度。其音节清晰度的评价指标:85%以上为满意;75%～85%为良好;65%～75%为需注意听,并容易疲劳;65%以下为很难听清楚。

　　(10)业务性广播、服务性广播与火灾应急广播合用系统,在发生火灾时,应将业务性广播系统、服务性广播系统强制切换至火灾应急广播状态,并应符合下列规定:

　　①火灾应急广播系统仅利用业务性广播系统、服务性广播系统的馈送线路和扬声器,而火灾应急广播系统的扩声设备等装置是专用的。当火灾发生时,由消防控制室切换馈送线路,进行火灾应急广播。

②火灾应急广播系统全部利用业务性广播系统、服务性广播系统的扩声设备、馈送线路和扬声器等装置,在消防控制室只设紧急播送装置。当火灾发生时,可遥控业务性广播系统、服务性广播系统,强制投入火灾应急广播,并在消防控制室用话筒播音和遥控扩声设备的开、关,自动或手动控制相应的广播分路,播送火灾应急广播,并监视扩声设备的工作状态。

③当客房设有床头柜音乐广播时,不论床头柜内扬声器在火灾时处于何种状态,都应可靠地切换至应急广播。客房未设床头柜音乐广播时,在客房内可设专用的应急广播扬声器。

2. 公共广播系统设备选择与布置

(1)有线广播设备应根据用户的性质,系统功能的要求选择。大型有线广播系统宜采用计算机控制管理的广播系统设备。功放设备宜选用定电压输出,当功放设备容量小或广播范围较小时,亦可根据情况选用定阻抗输出。

(2)广播系统功放设备的容量,宜按下列公式计算

$$P = K_l \cdot K_2 \cdot \sum P_o \tag{8-1}$$

$$P_o = K_i \cdot P_i \tag{8-2}$$

式中　P——功放设备输出总电功率/W;

　　　P_o——每分路同时广播时最大电功率/W;

　　　P_i——第 i 支路的用户设备额定容量/W;

　　　K_i——第 i 支路的同时需要系数(服务性广播时,客房节目每套 K_i 应为 0.2 ~ 0.4;背景音乐系统 K_i 应为 0.5 ~ 0.6;业务性广播时,K_i 应为 0.7 ~ 0.8;火灾应急广播时,K_i 应为 1.0);

　　　K_1——线路衰耗补偿系数(线路衰耗 1 dB 时应为 1.26,线路衰耗 2 dB 时应为 1.58);

　　　K_2——老化系数,宜取 1.2 ~ 1.4。

(3)广播系统功放设备应设置备用单元,其备用数量应根据广播的重要程度等确定。备用单元应设自动或手动投入环节,重要广播、扩声系统的备用单元应瞬时投入。

(4)扬声器的选择除满足灵敏度、频响、指向性等特性及播放效果的要求外,并应符合下列规定:

①办公室、生活间、客房等可采用 1 ~ 3 W 的扬声器箱;

②走廊、门厅及公共场所的背景音乐、业务广播等扬声器箱宜采用 3 ~ 5 W;

③在建筑装饰和室内净高允许的情况下,对大空间的场所宜采用声柱或组合音箱;

④扬声器提供的声压级宜比环境噪声大 10 ~ 15 dB,但最高声压级不宜超过 90 dB;

⑤在噪声高、潮湿的场所设置扬声器箱时,应采用号筒扬声器;

⑥室外扬声器应采用防水防尘型。

(5)扬声器的布置宜分为分散布置、集中布置及混合布置三种方式,其布置应根据建筑功能、体形、空间高度及观众席设置等因素确定。

①下列情况,扬声器或扬声器组宜采用集中布置方式:

a. 当设有舞台并要求视听效果一致;

b. 当受建筑体形限制不宜分散布置。

集中布置时,应使听众区的直达声较均匀,并减少声反馈。

②下列情况,扬声器或扬声器组,宜采用分散式布置方式:

a. 当建筑物内的大厅净高较高,纵向距离长或者大厅被分隔成几部分使用时,不宜集中

布置；

　　b.厅内混响时间长,不宜集中布置。

　　分散布置时,应控制靠近前台第一排扬声器的功率,减少声反馈;应防止听众区产生双重声现象,必要时可在不同分通路采取相对时间延迟措施。

　　③下列情况,扬声器或扬声器组宜采用混合布置方式。

　　a.对眺台过深或设楼座的剧院,宜在被遮挡的部分布置辅助扬声器系统;

　　b.对大型或纵向距离较长的大厅,除集中设置扬声器系统外,宜分散布置辅助扬声器系统;

　　c.对各方向均有观众的视听大厅,混合布置应控制声程差和限制声级,必要时应采取延时措施,避免双重声。

　　④重要扩声场所扬声器的布置方式应根据建筑声学实测结果确定。

　　(6)背景音乐扬声器的布置

　　①扬声器(箱)的中心间距应根据空间净高、声场均匀度要求、扬声器的指向性等因素确定。要求较高的场所,声场不均匀度不宜大于 6 dB。

　　②扬声器箱在吊顶安装时,应根据场所按公式(8-3)~(8-5)确定其间距。

　　a.门厅、电梯厅、休息厅内扬声器箱间距可按下式计算

$$L = (2 \sim 2.5)H \qquad (8\text{-}3)$$

式中　　L——扬声器箱安装间距/m;

　　　　H——扬声器箱安装高度/m。

　　b.走道内扬声器箱间距可按下式计算

$$L = (3 \sim 3.5)H \qquad (8\text{-}4)$$

　　c.会议厅、多功能厅、餐厅内扬声器箱间距可按下式计算

$$L = 2(H - 1.3)\tan(\phi/2) \qquad (8\text{-}5)$$

式中 ϕ 为扬声器的辐射角,宜大于或等于 90°。

　　③根据公共场所的使用要求,扬声器(箱)的输出宜就地设置音量调节装置,兼作多种用途的场所,背景音乐扬声器的分路宜安装控制开关。

3.公共广播系统线路敷设

　　(1)室内广播线路敷设

　　①室内广播线路宜采用双绞多股铜心塑料绝缘软线穿导管或线槽敷设;

　　②功放输出分路应满足广播系统分路的要求,不同分路的导线宜采用不同颜色的绝缘线区别;

　　③广播线路与扬声器的连接应保持同相位的要求;

　　④当广播系统和火灾应急广播系统合并为一套系统或共用扬声器和馈送线路时,广播、扩声线路的选用及敷设方式应符合本规范第13章的有关规定;

　　⑤各种节目的信号线应采用屏蔽线,并穿钢导管敷设,并不得与广播、扩声馈送线路同槽、同导管敷设。

　　(2)在安装有晶闸管设备的场所,扩声线路的敷设应采取下列防干扰措施:

　　①传声器线路宜采用四心屏蔽绞线穿钢导管敷设,宜避免与电气管线平行敷设;

　　②调音台或前级控制台的进出线路均应采用屏蔽线。

（3）室外广播、扩声线路的敷设路由及方式,应根据总体规划及专业要求确定。可采用电缆直接埋地、地下排管及室外架空敷设方式。

①直埋电缆路由不应通过预留用地或规划未定的场所,宜敷设在绿化地下面,当穿越道路时,穿越段应穿钢导管保护;

②在室外架设的广播、扩声馈送线宜采用控制电缆;与路灯照明线路同杆架设时,广播线应在路灯照明线的下面;

③室外广播、扩声馈送线路至建筑物间的架空距离超过 10 m 时,应加装吊线;

④当采用地下排管敷设时,可与其他弱电缆线共管块、共管群,但必须采用屏蔽线并单独穿管,且屏蔽层必须接地;

⑤对塔钟的号筒扬声器组应采用多路交叉配线;塔钟的直流馈电线、信号线和控制线不应与广播馈送线同管敷设。

4. 公共广播系统控制室

（1）广播控制室的设置

①业务性广播控制室宜靠近业务主管部门。

②服务性广播宜与有线电视系统合并设置控制室。对饭店类建筑,提出将广播、电视合并设置控制室,是因它们的工作任务和制度相同,合并设置可节省用房、减少人员编制和便于更好的管理。对其他建筑物来说,广播控制室的位置主要可根据工作和使用方便确定。

（2）广播控制室的技术用房,应根据工程的实际需要确定

①一般广播系统只设置控制室,当录播音质量要求高或者有噪声干扰时,应增设录播室;

②大型广播系统宜设置机房、录播室、办公室和库房等附属用房。

（3）需要接收无线电台信号的广播控制室,当接收点信号场强小于 1 mV/m 时,应设置室外接收天线装置。

5. 公共广播系统电源与接地

（1）广播系统的交流电源

①交流电源供电等级应与建筑物供电等级相适应;对重要的广播、扩声系统宜由两路供电,并在末端配电箱处自动切换;

②交流电源的电压偏移值不应大于 10%,当不能满足要求时,应加装自动稳压装置,其功率不应小于使用功率的 1.5 倍。

（2）广播系统,当功放设备的容量在 250 W 及以上时,应在广播控制室设电源配电箱。广播设备的功放机柜由单相、放射式供电。

（3）广播系统的交流电源容量宜为终期广播设备容量的 1.5～2 倍。

（4）广播设备的供电电源,宜由不带晶闸管调光设备的变压器供电。当无法避免时,应对扩声设备的电源采取下列防干扰措施:

①晶闸管调光设备自身具备抑制干扰波的输出措施,使干扰程度限制在扩声设备允许范围内;

②引至扩声控制室的供电电源线路不应穿越晶闸管调光设备室;

③引至调音台或前级控制台的电源,应经单相隔离变压器供电。

（5）广播系统的接地有保护接地和功能接地两种。

保护接地可与交流电源有关设备外露可导电部分采取共用接地,以保障人身安全。功能

接地是将传声器线路的屏蔽层、调音台(或控制台)功放机柜等输入插孔接地点均接在一点处,形成一点接地。功能接地主要是解决有效地防止低频干扰问题。

8.7.4　公共广播系统工程设计实例

1.公共广播音响系统

公共广播音响系统通常用于服务性广播(如背景音乐、拾物广播等),发生火灾时切换成火灾事故广播,以满足发生火灾及紧急情况时引导疏散的要求。它常用于宾馆、旅馆性质建筑物的广播系统,办公楼、商业楼及工厂性质建筑物的广播系统,带客房、办公、商业等综合性质建筑物的广播系统,铁路客运站性质建筑物的广播系统,银行性质建筑物的广播系统,学校性质建筑物的广播系统,公园性质建筑物的广播系统等。

(1)公共广播音响系统的组成

有线广播系统主要由节目源、功放设备、监听设备、分路广播控制设备、用户设备及广播线路等组成,如图 8-62 所示。

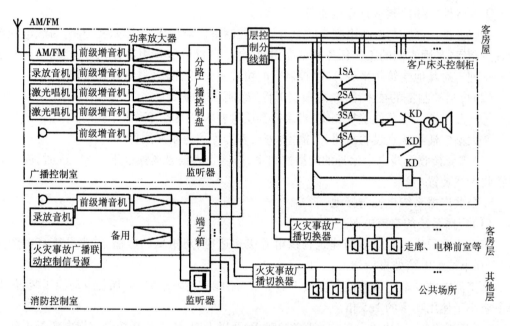

图 8-62　公共广播音响系统图

节目源包括激光唱机、磁带录放机、条幅调频收音机及传声器等设备;功放设备包括前级增音器及功率放大器等设备;用户设备包括音箱、声柱、客房床头控制柜、控制开关及音量控制器等设备。

(2)公共广播音响系统的传输线路

旅馆客房的服务性广播线路选择铜心多心电缆或铜心塑料绞合线,其他广播线路采用铜心塑料绞合线,各种节目信号线采用屏蔽线,火灾事故广播线路采用阻燃型铜心电缆和电线或耐火型铜心电缆和电线。

广播系统传输电压通常为 120 V 以下。线路采用穿金属管及线槽敷设,不得将线缆与强电同槽或同管敷设,应在土建主体施工时留出预埋管及接线盒。

火灾事故广播线路应采取金属管保护,并暗敷在非燃烧体结构内,其保护层厚度应不小于 30 mm。不同系统、不同电压、不同电流类别的线路不应穿在同一根管内。各种节目信号应采用穿钢管敷设,管外壁应接保护地线。

(3)公共广播系统设备安装

广播系统设置调频调幅天线,调频天线与有线电视系统同杆安装。天线安装前要配合结构施工完成天线基座和屋顶穿楼板的配管等工作。天线竖杆、屋顶配管要做防雷接地连接。

在办公室、生活间、更衣室等处一般装设 3 W 音箱;楼层走廊一般采用吊顶式扬声器音箱,选用 3 ~ 5 W 的扬声音箱,间距按层高(吊顶高度)的 2.5 倍左右考虑;门厅、一般会议室、餐厅、商场等处一般装设 3 ~ 6 W 的扬声器箱;客房床头控制柜选用 1 ~ 2 W 扬声器;大空间的场所采用声柱或组合音箱;在噪声高、潮湿的场所设置扬声器时,应采用号筒扬声器。

室内扬声器安装高度距地 2.2 m 以上或吊顶板下 0.2 m 处,扬声器在吊顶上嵌入安装时,配管使用 φ20 mm 电线管及接线盒,并用金属软管与扬声器连接用于电线保护;车间内应根据具体情况而定,一般距地面 3 ~ 5 m;室外扬声器安装高度一般为 3 ~ 10 m。音量控制器、控制开关距地面 1.3 m。

弱电竖井内安装的广播设备有分线箱、音量控制器和控制开关。控制开关安装在分线箱内,明装分线箱安装高度为底边距地 1.4 m,电线通过线槽、配管引入箱内。

通常将广播设备安装在弱电控制中心的广播机柜中。广播机柜需要制作角钢基础柜架,机柜的底座应与地面固定。机柜内设备应在机柜固定后进行安装,广播机柜采用下进下出进线方式。

2.宾馆广播音响系统图

某高级宾馆广播音响系统如图 8-63 所示。

整个系统设计体现了高级宾馆音响和紧急广播的总体方案。图 8 - 63 中 A、F、TR - 1、TR - 2、TR - 3 分别为五路音响的信号源,其中有两路为广播段的调频、调幅收音机,另三路为播放音乐的录音机。他们各自经音量调节后把信号源送至前置放大器的输入端,经前置放大器输出的音频信号由紧急广播的继电器 WX - 121 的常闭接点送至功率放大器的输入端,经过功率放大器放大后,音频信号以电压输送的方式由主干线送至弱电管井中的接线板,作为上、下两层之间的垂直链接及本楼层各客房之间的横向连接。所有公共区域的背景音乐由单独一路功率放大器专门提供,每层均设有供音量调节的控制器。客房采用 A 型控制器供五路音响调节和音量调节。会议室和多功能厅采用 B 型控制器,不但有音乐选择、音量控制,而且留有本身注入点供扩大器的话筒输入、功率输出以供本地的会议扩音用。同样,插座采用 C 型控制器,除了播放背景音乐外,本身设有一个注入点,以供本地广播用。所有扬声器都由线间变压器与输出线路相连接,以达到阻抗匹配的目的。其电路原理如图

设计中采用分段分区输送的方法,2 ~ 10 层为第一组,11 ~ 18 层为第二组,19 ~ 27 层为第三组,另外 1 ~ 27 层公共走道上的背景音乐为第四组。它们按层次划分为区域并由各组的功率放大器分别负载,既减轻了放大器的输出功率要求,也不会因为某个放大器的故障而影响全局,这种设计方案特别适用于客房较多的高层宾馆或用户较多的有线广播系统。图 8-63 中 WX - 121 为紧急广播控制继电器,它的工作原理是通过 24 V 直流电压去控制相关的继电器动作,强迫切断原有音乐广播而把紧急广播信号传送到客房或公共走廊等区域,与其配合的是 WR - 110 紧急广播控制中的传声器和相关按钮。紧急广播动作过程如图 8-65 所示。平时通

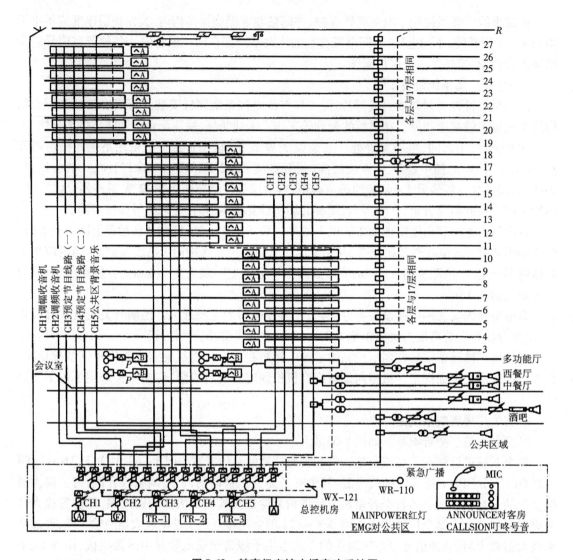

图 8-63　某高级宾馆广播音响系统图

过设在床头面板上的音乐选择和音量控制以获得所需的波道及适量的音量,一旦需要紧急广播时,通过按下机房内 WR－110 上对客房的紧急广播(NNOUNCE)按钮,并按下呼叫按钮(CALLSION)提醒客人,再通过紧急广播话筒把信息传送到客房。这里的关键是把交流电220V/AC 经过变压器整流滤波后变为 24V/DC 直流电压。该直流电压加到床头控制器的继电器 K 使其动作,显然,这时扬声器所发出的声音即为紧急广播内容。同样,如果在 WR－110上按下对公共区域紧急广播的按钮(EMG)促使相应的继电器动作,切断原背景音乐后,被取而代之的也是紧急广播。

　　会议室、多功能厅音响选用乙类 B 型控制器,如图 8-64(a)、(b)所示,它配有流动扩大器可以实现本地广播。顶层茶座音响选用丙类 C 型控制器,它不仅可以控制背景音乐的音量大小,而且本身有一注入点用于自办音乐广播节目,如图 8-64(c)所示。五路音响系统和紧急广播方框图如图 8-64(d)所示。

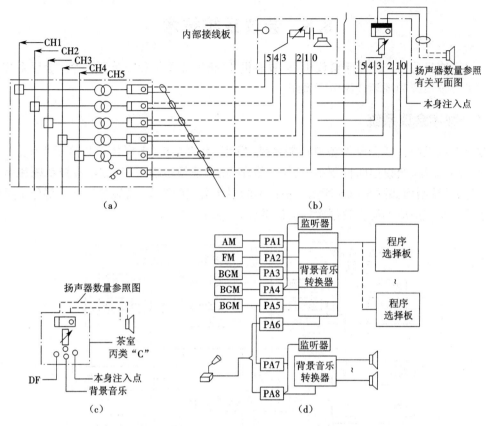

图 8-64　某高级宾馆音响和紧急广播系统示意图

（a）音响系统引出线详图；（b）客房、会议室和多功能厅；
（c）顶楼茶座控制板；（d）五路音响系统和紧急广播框图

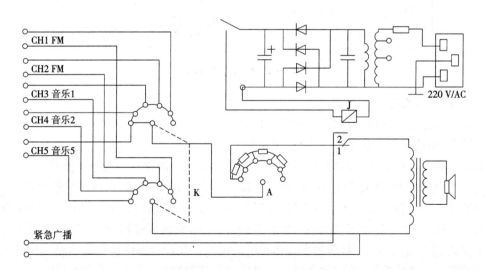

图 8-65　套房音响和紧急广播电路图

8.8　会议系统技术

会议系统目前已广泛用于会议中心、政府机关、企事业单位和宾馆酒店等。会议系统主要包括数字会议系统和视频会议电视系统。

8.8.1　数字会议系统

数字会议系统包括会议设备总控制系统、发言、表决系统、多媒体信息显示系统、扩声系统、会议签到系统、会议照明控制系统、同声传译系统、视频跟踪系统、监控报警系统和网络接入系统等，系统结构如图8－66所示。根据不同层次会议的要求，可以选用其中部分子系统或全部子系统组成适应不同会议层次的会议系统。

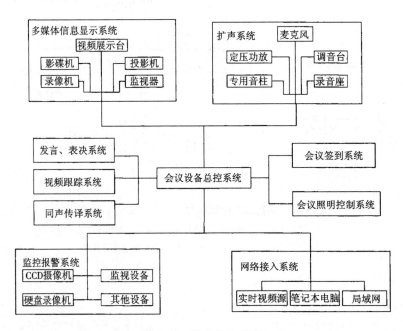

图 8-66　数字会议系统

1. 发言、表决系统

发言系统是由主席机、控制主机和若干代表机组成，主席机和代表机采用链式连接并接到控制主机上，构成手拉手会议讨论系统（图8-67）。

最基本的主席机和代表机配置有折叠式带开关的话筒、内置式平板扬声器及耳机插口，扬声器可自由调节音量，当话筒打开时，内置的扬声器会自动关闭，防止声音回输而产生啸叫。更高配置的主席机和代表机还装备有投票按键、LCD 显示屏，语种通道选择器，软触键和代表身份认证卡读出器等，具有听、说、请求发言登记、接收屏幕显示资料、通过内部通信系统与其他代表交谈、参与电子表决，接收原发言语种的同声传译及代表身份认证等功能。开会时每位代表面前设置一个代表机，会议代表通过自己面前的话筒发言，通过操作代表机面板上的按键申请发言、参与表决、选择收听语种等。主席台位置设置主席机，主席机具有话筒优先权，会议主席可通过主席机面板上的优先键随时改变代表话筒的状态，中断其他代表的发言，还可发起,停止或中断表决,管理和控制会议进程。主席机上的 LCD 可显示发言人的资料、表决结果,并可查看译员机的操作信息和投票表决的操作信息等。

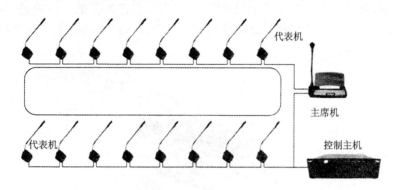

图 8-67　发言系统

控制主机是会议发言系统的核心,控制主席机、代表机和译员台等发言设备,可以实现自动会议控制(话筒管理、同声传译、电子表决等),管理会议的进程。也可以由机务员通过个人电脑操纵,把会议的准备,管理、控制都置于图像计算机环境之中,实现更复杂的管理,比如资料产生和显示、建立代表数据库、出席登记和音频处理等。另外,控制主机一般还提供电源、内置均衡器和移频器,对系统输出的音频信号进行高、低音调节,以适应不同的听觉要求,有效抑制啸叫。

2. 多媒体信息显示系统

多媒体信息显示系统是在计算机软硬件的支持下,将计算机、录像机、电视机、收音机、音响、话筒、大屏幕投影、灯光控制、电视墙、电子地图、电子白板等设备集成在一起,实现可视会议功能,目前广泛地应用于讲演、学术研讨、发布信息和教学及培训等。

多媒体信息显示系统通过网络上的计算机和大屏幕的投影系统将数据库中的各类文件、数据、图形、图像、表格和动画等信息,以准确、清晰的视觉效果传递给会议出席者,实现信息的共享。彩色视频展示台技术通过摄像机对演讲者放置在展示台上的文字资料、胶片以及实物模型进行拍摄,并通过监视器或大屏幕投影仪向与会者显示,不仅能提供彩色、三维的实物投影,还能投影幻灯片、普通照相底片等,为讲演者提供方便,提高会议的效果。

3. 扩声系统

扩声系统由信号拾取、信号放大、信号播放、信号处理、信号传输和扬声器等部分组成。信号拾取部分主要是包括演讲用的鹅颈式会议话筒和手持式或领夹式无线话筒,信号播放部分采用 AM/FM 调谐器、录音机、CD 机、VCD 和 DVD 影碟机作为音、视频节目源,信号处理与放大由调音台、前置放大器和功率放大器组成,扬声器包括音箱、喇叭等。

4. 同声传译系统

随着国际交流与合作的日益频繁,国际性的会议越来越多,来自不同国家和地区的代表用自己熟悉的语言进行发言讨论,因而需要有一套同声传译系统(Simultaneous Inter-preting)将发言的内容翻译成与会代表能听懂的语言。

同声传译系统是一种为多语言国际会议提供翻译的语音会议系统,其工作原理是将发言者的语言(原语)送至会议扩声系统在会场放送,同时将发言者声音(原语)送至隔音的译员室,口译员一面通过译员机(图 8-68)所带的耳机收听原语发言人连续不断的讲话,一面几乎同步地对着译员机的话筒把讲话人所表达的全部信息内容准确、完整地翻译成目的语,译语通过话筒输送,需要传译服务的与会者通过接收装置,选择自己所需的语言频道,从耳机中收听相应的译语输出。目前,同声传译系统已成为国际性会议厅的必备设施。同声传译系统的工作原理如图 8-69 所示。

图 8-68 译 员 机

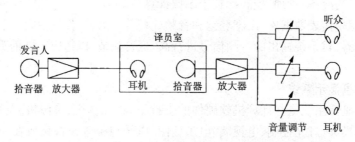

图 8-69 同声传译系统的工作原理

同声传译系统按信号传输方式的不同,可分为有线同声传译系统和无线同声传译系统,按语言和传译方式的不同,又分为直接传译和两次传译系统。

有线同声传译系统是译员室译员将传声器送来的原语翻译成不同的目的语言,分别经放大单元和分配网络同时送到每个听众的座位上。每个听众可通过座位上耳机和语言选择开关,选听不同的语种,其系统构成如图 8-70 所示。有线同声传译系统的优点是音质清晰,没有干扰,缺点是传输线路网络复杂,维护困难,听众不能自由活动。

无线同声传译系统按信号发射方式百分为调频发射式、无线感应式和红外线辐射式。无线同声传译系统的优点是不需敷设线路,听众可以随意自由活动,但调频发射式及无线感应式传输存在音质及保密方面的缺点。红外线辐射式保密性好(红外光只在同一室内传播,墙壁可阻断传播),也不会受到空间电磁波频率和工业设备的干扰,从而杜绝了外来恶意干扰及窃听,同时红外传输传递信息的带宽较宽,因而音质好,是目前市场上无线语言分配系统中最常用的传输方式。

红外同声传译系统由红外发射机、红外辐射器和红外接收机组成,其组成结构如图 8-71所示。红外发射机为每种语言通道产生一个载波并通过安装在天花板或墙上红外辐射器,使辐射的红外线均匀布满会场。红外接收机位于听众席上,其作用是从接收到的已调红外光中解调出音频信号。红外接收机设有波道选择,以选择语言,由光电转换器检出调频信号,再经

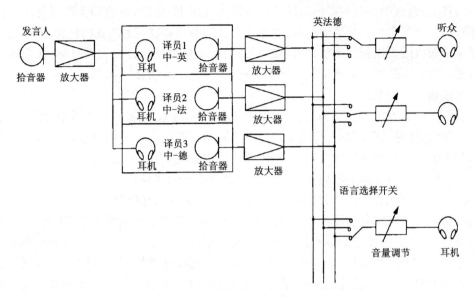

图 8-70　有线同声传译系统

混频、中放、鉴频,还原成音频信号,由耳机传送给听众。会议参加者可在会场任何位置通过红外接收机和耳机,用按键选择任一通道(语种)收听会议的报告,各通道收听互不干扰,可自由调节音量大小,在红外线发射的有效范围内,接收单元数量的增加不受限制,参会人员在信号发射范围内可任意走动。

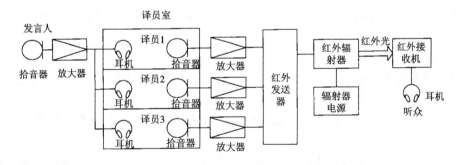

图 8-71　红外同声传译系统基本组成框图

5. 监控及视频跟踪系统

　　监控设备包括前端的摄像机、拾音设备和后端的监视器、硬盘录像机及视频切换台等。视频切换台用于将多组视频输入信号切换到视频输出通道中的任一通道上,视频信号输入端可以连接自动跟踪摄像机或者其他视频信号(如 VCD/DVD/录像机)及多组云台摄像机混合连接,视频输出端可以直接连接大屏幕显示器(或投影仪)及监视器。

　　监控系统可以对会场进行音、视频的采集和录制,一方面可以监视并记录会场实况,另一方面还可以把部分信号送到译员室,以提高译员翻译的准确性。会议监控系统要求具备视频跟踪的功能,即要求摄像机实现声像联动,自动追踪会场内正在被使用的会议话筒,将发言者摄入画面,从而满足实况转播及同声传译的需求。这种视频跟踪系统采用的自动跟踪摄像机内置 360°水平旋转,90°～180°垂直旋转的高速云台,可以在短时间内以较高的精度到达预先设置的位置上,通过中央处理器内置的软件设定麦克风ID地址,设置和保存麦克风—摄像机联动预置位。当与会代表开启话筒时,摄像机会自动调整到发言者所在的位置,并在视频显示设备显示摄像机所拍摄到的图像,当话筒关闭时,摄像机可拍摄任一预设目标,如会场环境或主席台等。视频跟踪系统主要应用于圆桌会议、大型论坛等场合。

6. 会议照明控制系统

会议室采用智能照明控制系统,可预先在控制面板中设置多种灯光场景,使会议室在准备、报告、研讨、休息等不同的使用场合都能有不同的灯光效果。同时会议室的灯光控制系统还可以和投影仪等各种演示设备相连,当需要播放投影时,会议室的灯能自动缓慢地调暗;关掉投影仪,灯又会自动地调亮,而且有自动探测设备能感测人体运动和周围环境照度等,自动控制灯的开关及调光,还可以与其他的自控系统集成,实现相互控制。

会议照明控制系统分为硬件和软件两大部分,其中硬件主要由输入单元(场景控制面板、遥控设备、红外及亮度传感器等)、输出单元(调光器模块等)、系统单元(电源供应单元、PC接口等)组成。系统硬件通过总线连接成网络,输入单元将外界控制信号转变为系统信号在总线上传播,输出单元接收总线上信号,控制相应回路输出,实现对灯具的开关及调光控制。系统单元实现网络化连接,为集中及远程控制创造条件。软件由编程软件、监控软件、时空软件组成,编程软件通过与网络中PC接口相连的计算机随时修改系统的控制要求,监控软件通过可视化界面,预先制定控制方案或临时对大楼内灯具进行开关、调光等控制,时空软件可实现灯光按规律点亮或熄灭,由此产生不同的灯光场景和灯光效果。

7. 网络接入系统

网络接入子系统就是利用通信网或计算机网络为运行环境,连接主会场和分会场的中央控制设备,实现局部和广域范围里的多点数字会议功能,可以在开会期间支持电子白板对话,支持语音、数据和图像文件传送。

8. 会议签到系统

会议签到系统采用IC卡技术,实现会议签到数据采集、数据统计和信息查询过程自动化和会议管理自动化。与会人员在会议签到器的感应区内出示会议卡,便可完成会议签到操作,不仅方便了与会人员的出席签到和会议管理人员的统计和查询,而且可有效地掌握、管理与会人员出入和出席情况。

会议签到系统由会前预备子系统、会议卡发卡子系统、签到子系统、签到管理子系统组成。

9. 会议设备总控系统

会议设备总控系统是数字会议系统的核心,其控制方式根据产品的不同有不需操作人员的自动控制模式和由管理人员通过PC机或专用的触摸屏实施控制的模式。

采用自动控制模式的会议总控设备可以预编制设计组合操作菜单,制定各种自动控制模式,以适应各种特定演示环境,如预先设定好在会议演示过程中灯光及各演示设备的开关调节程序;通过预告的批处理组态软件编程,使用户在演示报告时,只需一个按键操作,可使各种设备按预选定义的顺序开启或关闭;在无人监管的条件下控制发言设备(包括代表机、主席机、译员台等)、控制分配设备(包括音频媒体接口器、数据分配卡、电子通道选择器)、为代表和主席的扬声器进行自动音频均衡处理、提供适应各种会议形式的基本话筒管理功能、提供表决功能和同声传译功能。

由管理人员通过PC机实施控制的会议总控系统把会议的准备、管理、控制都置于计算机环境之中,通过 PC 机享用功能丰富的数字会议软件模块,拓宽会议管理的范围,实现系统安装、话筒控制、会议表决、同声传译、资料产生和显示、出席登记、认证卡编码、创建代表数据库、信息分配、内部通话、显示和音频处理等诸多功能,满足各种特定的系统要求。另外,也可通过专用的彩色触摸屏将会议环境中各个系统和设备的操作集中到一个全图标控制界面上进行集中控制操作,对各种会议设备(投影设备、音响设备、演示播放设备)及会议室的环境(灯光、窗帘、空调等)进行控制。

满足各种特定的系统要求。另外,也可通过专用的彩色触摸屏将会议环境中各个系统和设备的操作集中到一个全图标控制界面上进行集中控制操作,对各种会议设备(投影设备、音响设备、演示播放设备)及会议室的环境(灯光、窗帘、空调等)进行控制。

8.8.2　会议电视系统

会议电视是一种交互式的多媒体信息业务,用于异地间进行音像会议,其特点是在同一传输媒介上传输图像、语音、数据等多种媒体信息,并在多个地点之间实现交互式的通信。会议电视系统(Video Conferencing System)利用摄像机和话筒将一个地点会场的发言人的声音、图像通过传输网络传送到另一地点会场,并通过图文摄像机出示实物、图纸、文件和实拍电视图像,实现与对方会场的与会人员面对面地进行研讨与磋商,拓展了会议的广泛性、真实性和便捷性,不仅节省时间,节省费用,减少交通压力及污染,而且对于紧急事件,可更快地决策,更快地处理危机。

会议电视系统主要由会议电视终端设备、传输网络、多点控制单元 MCU(Multi-point Control Unit)和相应的网络管理软件组成。其中终端设备、MCU、管理软件是会议电视系统所特有的部分,而通信网络是业已存在的各类通信网,会议电视的设备应服从网络的各项要求。图8-72 为典型的会议电视系统结构图。

1. 会议电视终端设备

(1)桌面型会议电视终端

桌面型会议电视终端又分为桌面型和机顶盒型两种。

桌面型将桌面型或者膝上型电脑与高质量的摄像机(内置或外置)、ISDN 卡或网卡和视频会议软件组合,可使在办公室或者在外出差工作的人加入到会议中,与参会者进行面对面的交流。虽然桌面型会议电视终端支持多点会议(例如会议包含 2 个以上会议站点),但是它多数用于点对点会议(例如一人与另外一人的会议)。常见的桌面型会议电视系统如图 8-73。

机顶盒型终端的特点是简洁,在一个单元内包含了所有的硬件和软件,放置于电视机上,开通视频会议只需要通过一条 ISDN BRI(ISDN 基本速率接口)线或局域网连接,会议电视终端还可以加载一些外围设备例如文档投影仪和白板设备来增强功能。

(2)会议室型会议电视终端

设备主要包括视频输入/输出设备、音频输入/输出设备、视频编解码器、音频编解码器、信息处理设备及多路复用/信号分线设备等,其基本功能是将本地摄像机拍摄的图像信号、麦克风拾取的声音信号进行压缩、编码,合成为 64~1920kbit/s 的数字信号,经过传输网络,传至远方会场,同时接收远方会场传来的数字信号,经解码后,还原成模拟的图像和声音信号。图 8-74 为会议电视终端的组成结构。

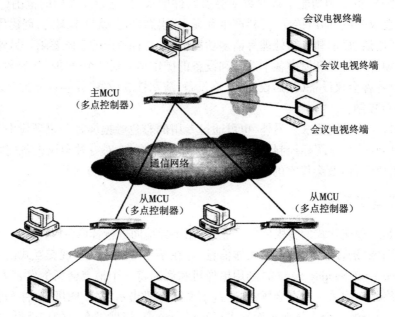

图 8-72　典型的会议电视系统结构

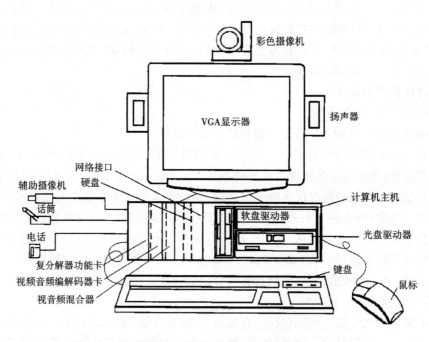

图 8-73　桌面型会议电视系统

　　①视频输入设备　包括主摄像机、辅助摄像机、图文摄像机及录像机。工作人员通过控制器控制主摄像机上下左右转动及焦距的调节,摄取发言人的特写镜头。辅助摄像机主要用来摄取会场全景图像,或不同角度的部分场面镜头及电子白板上的内容。图文摄像机一般固定

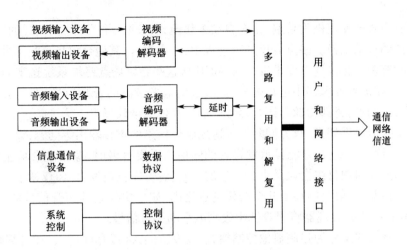

图 8-74 会议电视终端的组成结构

在某一位置,用来摄取文件、图表等。录像机可播放事先已录制好的活动和静止的图像。

②视频输出设备 包括监视器、投影机、电视墙、分画面处理器。监视器用于显示接收的图像,通过画中画(PIP)的方式可在监视器上既显示接收的图像,同时又显示本会场的画面。会场人数较多时,采用投影机或电视墙。

③音频输入/输出设备 包括话筒、扬声器、调音设备和回声抑制器等。话筒和扬声器用于与会者的发言和收听远端会场的发言;调音设备用于调节本会场的话筒、扬声器的音色和音量;回声抑制器应用回波抑制原理将对远端的干扰信号抑制掉,保证发送的只有本端会场的发言。

④视频编解码器是会议电视终端设备的核心,它将模拟视频信号数字化后进行压缩编码处理,以适应窄带数字信道的传送,同时对不同电视制式的视频信号进行处理,以使不同电视制式的会议电视系统直接互通。在多点会议电视通信的环境下,它支持多点控制设备进行多点切换控制。

⑤音频编译码器是对模拟音频信号数字化后进行编码。在音频编译码器中必须对编码的音频信号增加适当的时延,以保证音频信号与译码器中的视频信号同步,否则会因为视频编译码器的时延,造成发言人的语言与口形动作不协调。

⑥信息处理设备包括白板、书写电话、传真机等。白板供本会场发言者与对方会场人员讨论问题时书写图文使用,通过辅助摄像机将书写的图文输入编码器传送到对方会场的监视器上显示。书写电话为书本大小的电子写字板,发言者写在此板上的发言信息变换成电信号后输入到视频编译码器,再传送到对方会场,并显示在监视器上。

⑦多路复用/信号分线设备 该设备将视频、音频、数据信号组合为传输速率为 64～1920kbit/s 的数据码流,成为用户/网络接口兼容的信号格式。

(3)便携式会议电视终端

便携式会议电视终端将全套的会议电视系统设计成一个紧凑的公文包,非常适合在野外、机动和应急场合召开会议。该终端支持 ISDN 和卫星网络,通过外接 PC 能够进行数据会议和登陆 Internet,可以外接麦克风和大屏幕电视扩展成大型会议电视系统。图 4-85 为便携式会议电视终端实例。

　　语音控制模式的使用极为普遍,是全自动工作模式,按照"谁发言显示谁"的原则,由声音信号控制图像的自动切换。多点会议进行过程中,一方发言,其他会议场点显示发言者的会议图像。当同时有多个会议场点要求发言时,MCU 从这些会议场点终端系统送来的数据流中抽取出音频信号,在语言处理器中进行电平比较,选出电平最高的音频信号,即与会者讲话声音最大的那个会议场点,将其图像与声音信号广播到其他的会议场点。为了防止由于咳嗽、噪声之类的短促干扰造成误切换,双方同时发言造成图像信息的重叠输出等问题,设置声音判决延迟电路,声音持续 1～3s 后,方能显示发言者的图像。无发言者时,输出主会场全景或其他图像。语音控制模式对项目组会议是十分理想的,与会者可以自由发言,但仅适于参加会议的会场数目不多的情况,一般控制在十几个会议场点之内,如果要比较的声音信号数目较多,则背景噪声大,MCU 的语言处理器将很难选出最高电平的语言信号。

　　演讲人控制模式又称为强制显像控制模式,要发言的人(或称演讲人)通过编解码器

2. 多点控制单元(MCU)

　　多点控制单元 MCU 是实现多点会议电视系统不可或缺的设备,其功能是实现多点呼叫和连接,实现视频广播、视频选择、音频混合、数据广播等功能,完成各终端信号的汇接与切换。

　　在多点视频会议中,每个会场均应能看到其他会议场点的与会者,能听到他们的讲话,而各会场的声音广播及图像显示的内容是由多点视频会议的控制模式来决定。目前,常用的控制模式有语音控制模式、演讲人控制模式、主席控制模式、广播/自动扫描模式以及连续模式。

　　向 MCU 请求发言(如按桌上的按钮,或触摸控制盘上相应的键),若 MCU 认可便将他的图像、语音信号播放到所有与 MCU 相连接的会场终端,同时 MCU 给发言人一个已"播放"的指示 MIV(多点显像指示),使发言人知道他的图像、语音信号已被其他参加会议的会场收到。该控制模式一般与语音控制模式混合使用,如果发言人讲话完毕,MCU 将自动恢复到语音控制模式。

　　主席控制模式将所有会议场点分为主会场(只有一个)和分会场两类,由主会场组织者(或称主席)行使会议的控制权,他根据会议进行情况和各分会场发言情况,决定在某个时刻人们会看到哪个会场,而不必考虑此刻是谁在发言。主席可点名某分会场发言,并与之对话,其他会场收听他们的发言,收看发言人图像。分会场发言需向主席申请,经主席认可后方可发言,此时申请发言的会议图像才被传送到其他各分会场。这种控制模式具有很大的主动性,控制效果比较好,避免了语音控制模式中频繁切换图像造成的混乱现象。

　　广播/自动扫描模式可以将画面设置为某个会场(这个会场被称为广播机构),而这个会场中的代表则可定时、轮流地看到其他各个分会场。这种模式按照事先设定好地扫描间隔自动地切换广播机构的画面,而不论此刻是谁在发言。

3. 传输网络

　　视频会议的传输可以采用光纤、电缆、微波及卫星等各种信道,采用数字传输方式,将会议电视信号由模拟信号转换为数字信号,数字化后的信号经过压缩编码处理,去掉一些与视觉相关性不大的信息,压缩为低码率信号,经济实用,占用频带窄,应用普遍。目前采用的数字传输网络主要分为支持 H.320 协议的网络和支持 H.323 协议的网络两大类。提供电路交换形式的网络均可支持 H.320 协议,基于 H.323 协议的会议电视系统通过局域网络经 IP(路由器)网络进行通信,因此除上述支持 H.320 协议的网络可以使用外,还可以使用帧中继和 ATM

网络。

8.8.3　会议系统的设计

利用基于 IP 网络传输的 H.320 视频会议系统网络,可以实现视频、语音、数据三网合一的功能,视频会议系统的传输所需的最小带宽为 128kbit/s,为确保在包括视音频、数据等多种业务并存、大业务量的 IP 网络上传输的可靠性,使用户的使用能够达到良好的状态,建议视频业务的传输速率为 768 kbit/s 带宽,这样可以达到业内的 60 场/s 的广播级标准。

1. 总体方案

在中心设计一个主会场,其他下属单位设立分会场,并且提供用户桌面终端。

在每个会场配置视频会议终端,为使整个系统能够组成一个统一的会议,需要配置 MCU,全部设备通过现有宽带线路接入,组成多点会议系统。设立网控中心,控制整个网络的运转。网控中心负责全网多点会议的设置、召开、管理和会议控制。网控中心配置终端网管,通过标准 Web 浏览器,对全网所有会议电视终端的工作状态实时监控、管理。网管中心实现集中管理,全网运行更安全、可靠,这样的系统有以下优点。

(1)扩网简单方便

网络扩展时只需新会场通过宽带线路接入全网,即可加入多点会议。

(2)维护简单

线路维护由电信部门负责,会场工作人员只负责终端维护,责任单一,易于实现。

(3)所有设备可以为常待机状态

所有设备均为 24 小时常开机状态 ,将日常操作减少到最少。

(4)终端支持 WEB 远程管理功能

网管中心可用标准 Web 浏览器对终端进行远程管理。无须另配专用软件或专用设备。

会议方式有以下三种:

(1)全网讨论式会议

各地终端通过多点视频会议控制器召开会议,多点视频会议控制器实现会议中的视频切换广播和声音混合广播,可用同时听到所有与会者的声音。各个分会场通过 IP 宽带网络与多点视频会议控制器相连。这种会议模式可以使整个单位内部同处于一个会议之中讨论一个话题,主要用于案例学习和事件讨论。

(2)演讲方式会议

主席可成为演讲者,让下面的每点都能看到、听到演讲者。演讲者能选取下面的任意一个会场作为面对面的与会者。这种模式适用于传达中央精神、学习单位内部文件的行政会议。

(3)连续显示方式

在主会场同时观看多个分会场的活动画面及声音(可选)。

2. 组网具体步骤

(1)配置

①主会场的配置

a. 配置 1 台视频会议终端。

b. 1 台多点视频会议控制器(MCU)。

c. 1 台网管计算机,通过标准 Web 浏览器实现会议电视网络管理功能。

②分会场的配置

a. 每个会场配置 1 台视频会议终端。

b. 领导用视频终端:配置 2 台领导专用终端 o

c. PC 机:通过局域网接收电视会议广播。

(2)控制

①主席控制

利用 MCU 组成的多点会议电视系统的每个会议点,经过申请都能成为该会议的主席,同时具有广播选择权和整个会议的控制权。

②声音控制

在多点会议电视系统中,每个与会者的声音经 MCU 后成为混合方式,即每个点能同时听到其他各点的声音。这样在声控方式下,MCU 自动根据与会者发言音量的大小,将图像自动从一个会场切换到声音较大的会场并广播出去。对于案情讨论或是案情分析比较适合。

③导演控制

每个与会者的状态(包括图像、声音和数据)都很形象地显示在与 MCU 相连的工作站(Workstation)的监视器上. 管理者通过鼠标操作,配合管理软件,可直接地选取想要看到的会场成为广播者。

(3)系统功能

①系统同时支持 H. 320/H. 331 多种传输协议,同时具有 6 种网络接口,在不同传输网络间可随心所欲地切换,无须更换任何软硬件或重启动。

②编码速率可调范围最宽,在 IP 网络上从 64kbit/s 可至 3Mbit/s,H. 320 网络上从 64 kbit/s 可至 2Mbit/s。

③动态高清晰度(4CIF)视频图像接收。

④自动降速在 H. 320/H. 323 协议下皆可应用。

⑤IP 网络上完善的 QOS 保障技术,使在 IP 网络上视音频包更实时可靠地传输。

⑥内置 128 位加密技术可以使用户在公共线路上通信时的保密性得到保障,地址转换(NAT)令视音频顺利通过专网防火墙。

⑦多级密码保护使系统维护安全无忧,内置 Web 服务器方便远程管理。

⑧智能呼叫管理(ICM)及智能视音频管理(IVAM)使用户使用系统如同普通电话一样简单。

⑨可传送本端及远瑞图像的流广播功能极大地扩大了与会范围。

(4)摄像机

①彩色 1/4in CCD 摄像机,10 倍变焦;

②最大视角:垂直 96°,水平 267°;

③云台转角:+5°/ -15°垂直, +95°/ -95°水平;

④广角镜头:视角垂直 56°,水平 80°;

⑤自动/手动,聚焦/亮度/白平衡;

⑥声音自动定位功能;

⑦远端镜头遥控;

⑧支持无线、镜头机位/视频源、定位器;

⑨支持 VISCA 控制指令方式。

8.8.4　会议系统的线路及设备的安装

1. 隐蔽工程

（1）金属线槽安装要求

①支、吊架安装

所用钢材应平直、无显著扭曲。下料后长短偏差应在 5 mm 内,切口处应无卷边、毛刺。

②支、吊架应安装牢固,保证横平竖直。

③固定支点间距一般不应大于 1.5 ~2.0 mm 在进出接线箱、盒、柜、转弯、转角及丁字接头的三端 500 mm 以内应设固定支持点,支、吊架的规格尺寸一般不应小于扁铁 30 mm × 3 mm,扁钢 25 mm ×25 mm ×3 mm。

④线槽安装

a. 线槽应平整,无扭曲变形,内壁无毛刺,各种附件齐全。

b. 线槽接口应平整,接缝处紧密、平直,槽盖装上后应平整、无翘脚,出线口的位置准确。

c. 线槽的所有非导电部分的铁件均应相互联接和跨接,使之成为一连续导体,并做好整体接地。

d. 线槽安装应符合 GB50045—1995《高层民用建筑设计防火规范》的有关部门规定。

⑤线槽内配线

a. 线槽配线前应消除槽内的污物和积水。

b. 在同一线槽内包括绝缘在内的导线截面积总和应该不超过内部截面积的 40%。

c. 缆线的布放应平直,不得产生扭绞、打圈等现象,不应受到外力的挤压和损伤。

d. 缆线在布放前两端应贴有标签,以表明起始和终端位置,标签书写应清晰、端正和正确。

e. 电源线、信号电缆、对绞电缆、光缆及建筑物内其他弱电系统的缆线应分离布放。各缆线间的最小净距应符合设计要求。

f. 缆线布放时应有冗余。

g. 缆线布放,在牵引过程中,吊挂缆线的支点相隔间距不应大于 1.5 m。

h. 布放缆线的牵引力,应小于缆线允许张力的 80%,对光缆瞬间最大牵引力不应超过光缆允许的张力。在以牵引方式敷设光缆时,主要牵引力应加在光缆的加强心上。

i. 电缆桥架内缆线垂直敷设时,缆线的上端和每间隔 1.5 m 处,应固定在桥架的支架上,水平敷设时,直接部分间隔距离 3 ~5 m 处设固定点。在缆线的距离首端、尾端、转弯中心点处 300 ~500 mm 处设置固定点。

j. 槽内缆线应顺直,尽量不交叉,缆线不应溢出线槽,在缆线进出线槽部位,转弯处应绑扎固定。垂直线槽布放缆线应每间隔 1.5 m 处固定在缆线支架上。

在水平、垂直桥架和垂直线槽中敷设缆线时,应对缆线进行绑扎。4 对对绞电缆以 24 根为束,25 对或以上主干对绞电缆、光缆及其他信用电缆应根据缆线的类型、缆径、缆线心数为束绑扎。绑扎间距不宜大于 1.5 m,扣间距应均匀、松紧适宜。

在竖井内采用明配、桥架、金属线槽等方式敷设缆线,并应符合以上有关条款要求。

（2）管道安装

①钢管揻弯可采用冷揻弯法,管径 20 mm 及以下可采用手扳揻弯器,管径 25 mm 及其以

上采用液压揻管器。

②管道明敷时必须弹线,管路横平竖直。

③管道支架间距必须按规范执行,不得有下垂情况。

④过线盒、箱处必须用支架或管卡加固。

⑤盒箱安装应牢固平整,开孔整齐并与管径吻合,要求一管一孔不得开长孔,铁制盒、箱严禁用电气焊开孔。

⑥盒箱稳定要求灰浆饱满、平整固定、坐标正确。

⑦管路敷设前应检查管路是否畅通,内侧有无毛刺,毛刺吹洗。明敷管路连接应采用丝扣连接或压扣式管连接;暗埋管应采用焊接;管路敷设应牢固畅通,禁止做拦腰管或拌管;管子进入箱盒处顺直,在箱盒内露出长度小于 5 mm。

⑧管路应做整体接地连接,采用跨接方法连接。

(3)管内穿线

①穿在管内绝缘导线的额定电压不应低于 500V。

②管内穿线宜在建筑物的抹灰、装修及地面工程结束后进行,在穿入导线之前,应将管子中的积水及杂物清除干净。

③不同系统、不同电压、不同电流类别的线路不应穿同一报管内或线槽的同一孔槽内。

④管内导线的总截面积(包括外护层)不应超过管子截面积的 40%。

⑤在弱电系统工程中使用的传输线路宜选择不同颜色的绝缘导线以区分功能,区分正负极。同一工程中相同线别的绝缘导线颜色应一致,线端应有各自独立的标号。

⑥导线穿入钢管前,在导线入出口处,应装护线套保护导线;在不进入盒(箱)内的垂直管口,穿导线后,应将管口作密封处理。

⑦线管进入箱体,宜采用下进线或设置防水弯以防箱体进水。

⑧在垂直管路中,为减少管内导线的下垂力,保证导线不因自重而折断,应在下列情况下装设接线盒:电话电缆管路大于 15 m;控制电缆和其他截面积(铜芯)在 2.5 mm² 以下的绝缘线,当管路长度超过 20 m 时,导线应在接线盒内固定一次,以减缓导线的自重拉力。

2. 设备安装

(1)机架、设备的排列位置和设备朝向都应按设计安装,并符合实际测定后的机房平面布置图的要求。

(2)机架、设备安装完工后,其水平度和垂直度都应符合厂家规定,若无规定时,其前后左右的垂直度偏差均不应大于 3 mm。要求机架和设备安装牢固可靠,如有抗震要求时,必须按抗震标准要求加固。各种螺钉必须拧紧,无松动、缺少和损坏,机架没有晃动现象。

(3)为便于施工和维护,机架和设备前应预留 1.5 m 的过道,其背面距墙面应大于 0.8 m。相邻机架和设备应互相靠近,机面排列平齐。

(4)机架设备、金属钢管和槽道的接地装置应符合设计施工及验收标准规定,要求有良好的电气连接,所有与地线连接处应使用接地垫圈,垫圈尖角应对向铁件,必须一次装好,不得将已装过的垫圈取下重复使用。

(5)接续模块等接续或插接部件的型号、规格和数量,都必须与机架和设备配套使用,并根据用户需要配置,做到连接部件安装正确、牢固稳定、美观整齐、对号入座、完整无缺;缆线连接区域划界分明,标志完整、清晰,以利于维护和日常管理。

（6）缆线与接续模块等接插部件连接时,应按工艺要求标准长度剥除缆线护套,并按线对顺序正确连接。如采用屏蔽结构的缆线时,必须注意将屏蔽层连接妥当,不应中断,并按设计要求作好接地。

（7）室内电缆理直后从地槽或墙槽引入机柜、控制台底部,再引到各设备处。所有电缆应成捆绑扎,在电缆两端留适当余量,并标示明显的永久性标记。

（8）监视器可安装在固定的机架和柜上,也可装在控制操作柜上,当装在柜内时,应采取通风散热措施。

（9）监视器安装位置应使屏幕不受外来光直射.当有不可避免的光时,应加遮光罩遮挡。

（10）根据设备的大小,正确选用固定螺钉或膨胀钉。

（11）固定螺钉需拧紧,不应产生松动现象。

（12）Q9 头制作平整牢固,与 BNC 头接触必须正确有效。

（13）接线头必须进行焊锡处理,保证接线端接触良好,不易氧化。

（14）会议室布局:对摄像背景（被摄人物背后的墙）不宜挂有山水画等景物;从观看效果来看,监视器的布局常放置在相对于与会者中心的位置,距地高度大约为 1 m,人与监视器的距离大约为屏幕的 6 倍高度。对小型会议室（约 10 人）只需采用 29in 至 34in 的监视器即可,或者大会议室中的某一局部区采用;大型会议室应以投影电视机为主,都采用背投式,可在60in 至 100in 之间酌情选择,以 100in 为例,其尺寸为宽为 2150mm、高为 2880mm、深为200mm,最好置于会议室最前面正对人的地方。

8.8.5　会议系统的工程实例

小型国际会议的典型配置

图 8-75 所示是小型国际会议的典型配置情况。因有多国代表参加会议,没有通用的语种,会议参加人数很多,必须增设同声转译和个人资料显示等功能才能达到会议的要求。全部功能仍能由 LBB3500/05 型标准 LBB3508/00 音频媒体接口机,有了它就可以把外部的模拟设备（如广播和录音用的设备）接到 DCN 系统。还需增加一个放大器,向会议代表提供公共广播。

特邀发言人用的演讲台装备了嵌入台面的话筒、扬声器、通道选择器和耳机。所有与会代表都配备一台 LBB3531/00 型的台面式讨论机。代表通过该机可以发言、选择收听语种。会议的进程由主席掌握,为主席配备的是 LBB3536/00 主席机。辅助设备有会议厅扬声器、两个手执话筒和落地话筒架（分别是 LBB3536/00 和 LBC1221/01）,他们通过双音频接口器LBB3535/00 接入 DCN 系统。

译员在译员工作间内工作,为译员配备的是带有 LC 显示和译员耳机的译员机 LBB3520/00（耳机型号 LBB9095/30）。代表可以用代表机上通道选择开关选择要听的语种,声音由耳机传给代表。不具有代表资格的列席员可以用红外接收机或装载椅子扶手上的通道选择器LBB3524/XX 选择语种,用耳机听声。LBB3524 电子通道选择器仅以收听为限,不具有发言和表决功能。

抗静电干扰措施:

（1）DCN 系统抗静电措施

针对 DCN 系统特殊的抗静电要求,席位设备在电路、结构上进行了专门设计,主要措施有表决器外壳喷涂防静电涂层,加大电路板与外壳距离,在无法拉开距离的地方如指示灯、话筒等处电路上进行专门的抗过压、过流、静电泄放电路设计,消除静电对表决器的干扰。

(2)安装过程中的抗静电措施

在设备本身防静电的基础上采取如下措施:

①机房敷设专门的静电接地线,与机房内所有有关设备外壳相连,接地电阻小于 2 Ω,防止静电对机房设备的干扰;

②会场内所有线缆均穿于钢管内(钢管接地),防止静电从线缆上窜入系统,并可防电磁干扰;

③对桌面上的表决器采用静电接地,减小静电对表决器的冲击。

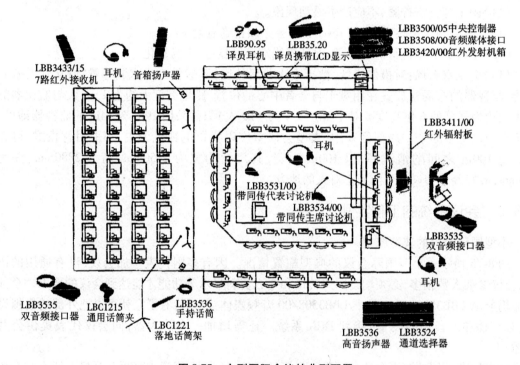

图 8-75　小型国际会议的典型配置

8.9　信息导引及发布系统技术

智能建筑中的信息导引及发布系统为公众或来访者提供告知、信息发布和查询等功能,满足人们对信息传播直观、迅速、生动、醒目的要求。信息导引及发布系统主要包括大屏幕信息发布系统与触摸屏信息导览系统。大屏幕信息发布系统和触摸屏信息导览系统通过管理网络连接到信息导引及发布系统服务器和控制器,对信息采集系统收集的信息进行编辑以及播放控制。信息导引及发布系统的组成见图 8-76。

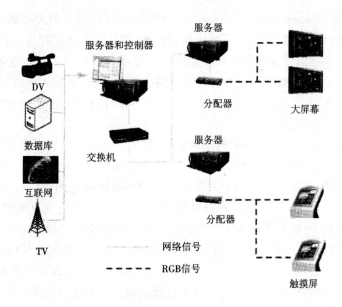

图8-76　信息导引及发布系统的组成

8.9.1　大屏幕信息发布系统

大屏幕信息发布系统具有多媒体、多途径、可实时传送的高速通信数据接口和视频接口，主要用于发布各种公共事务信息，应用于会议中心、会展中心、金融机构、政府办公楼、汽车站、火车站、体育场馆、医院、机场、综合楼宇、办公大楼等场所，在其公共区域显要位置设置高清晰度显示屏用以显示各种新闻时事、通知、企业宣传等视频信息，以及二三维动画和图文广告信息等，以满足现代人高速生活节奏对于信息社会资讯、新闻等信息方便获取的需求。大屏幕信息发布系统主要由通信卡、播出机、控制卡、视频卡、屏体等部分组成，其组成结构见图8-77。

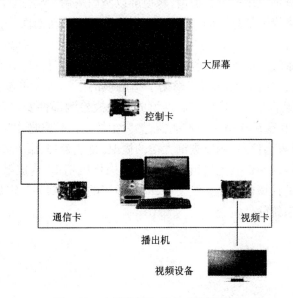

图8-77　大屏幕信息发布系统组成图

　　通信卡是 VGA（Vid-eo Graphic Array,显示绘图阵列）显示卡到大屏幕之间的接口卡,用以实时地将 VGA 监视器的数据向大屏幕传送;视频卡的作用是在视频显示状态将视频信号源的模拟信号转换为数字信号,同时在 VGA 监视器上显示。播出机一般为包含通信卡、VGA 显示卡、视频卡的 PC 机。播出机一方面负责收集播出内容信息,并按大屏幕显示的特定格式和一定的播出顺序在 VGA 监视器上显示;另一方面将 VGA 监视器的画面通过通信卡向控制卡发送,实时地将数据向大屏幕传送。

　　随着计算机、Internet 及平板显示的飞速发展,催生了多媒体信息发布系统的兴起与发展。多媒体信息并不局限于简单的视频媒体播放,而是支持多种形式的媒体,支持目前各种文件格式,例如文档资料（Word 等）、动画（Flash 等）、幻灯（PowerPoint）、图片（Jpg、Bmp、Gif 等）、视频（MPEG-I、MPEG-2、MPEG-4 等）、音频（MP3、WAV、WMA 等）、电视直播或录播。

　　基于计算机网络 IP 数字传输的多媒体信息发布系统的组成结构如图 4-88 所示,可满足企业、大型机构、运营商或者连锁式机构基于网络构建多媒体信息发布系统的需求,多媒体信息发布系统在控制中心编辑好任务表、节目表后,通过网络将任务表和节目表分发到指定的显示终端设备上,显示终端将按编辑好的节目表进行播放。在有特殊的节目需要插播时,可以随时插播文字信息、图像信息、动态信息、视频信息等等。多媒体信息发布系统的显示终端设备可以是阴极射线管（CRT）显示屏、等离子体（PDP）显示屏、液晶（LCD）显示屏、发光二极管（LED）大型显示屏、电致发光或场致发光（EI、D、FED）显示屏等。系统可实现远程对所有设备、信息的有效管理,对所有显示终端设备进行电源管理、IP 管理、时间校对管理、显示终端分组管理,控制主机可对显示屏播放情况进行实时监控,并可根据需要向任意播出服务器插播紧急节目,或即时加插水平面或垂直滚动的字幕。播出服务器在播出紧急节目后继续播出原来节目。

8.9.2　触摸屏信息导览系统

　　随着多媒体信息查询应用的与日俱增,触摸屏以坚固耐用、反应速度快、节省空间、易于交流等优点广泛应用于多媒体信息查询,它赋予多媒体系统以崭新的面貌,是极富吸引力的全新多媒体交互设备。

　　融摸屏信息导览系统对信息进行收集、加工、整合并双向式传播,具有友好的人机界面,操作简单方便,用触摸屏代替鼠标或键盘,根据手指触摸的图标或菜单位置来定位选择信息输入。触摸屏由触摸检测部件和触摸屏控制器组成。触摸检测部件安装在显示器屏幕前面,用于检测用户触摸位置,接受后送触摸屏控制器,然后把接受的信息送主机。使用者仅需用手指触摸显示器屏幕,即可查询信息,用以查询大楼的概况、物业管理、服务和其他公众信息。一般将触摸屏、多媒体组件、控制板与主机组装在一个结构化机柜里,构成触控一体机。触摸屏信息导览系统通过已有的计算机网络系统硬件,配备适当的服务器和一定数量的触控一体机,并开发相应的信息导引系统软件实现。

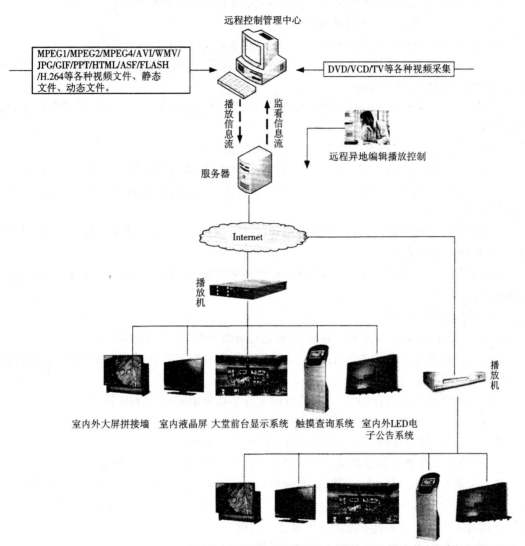

远程控制管理中心

MPEG1/MPEG2/MPEG4/AVI/WMV/ JPG/GIF/PPT/HTML/ASF/FLASH /H.264等各种视频文件、静态 文件、动态文件。

DVD/VCD/TV等各种视频采集

播放信息流　监看信息流

远程异地编辑播放控制

服务器

Internet

播放机

室内外大屏拼接墙　室内液晶屏　大堂前台显示系统　触摸查询系统　室内外LED电子公告系统

播放机

室内外大屏拼接墙　室内液晶屏　大堂前台显示系统　触摸查询系统　室内外LED电子公告系统

图 8-78 基于计算机网络 IP 数字传输的多媒体信息发布系统的组成结构

8.9.3 信息导引及发布系统的设计要求

1. 信息显示系统设计

(1)信息显示系统宜由显示、驱动、信号传输、计算机控制、输入输出及记录等单元组成。

(2)信息显示装置的屏面显示设计,应根据使用要求,在衡量各类显示器件及显示方案的光电技术指标、环境条件等因素的基础上确定。

(3)信息显示装置的屏面规格,应根据显示装置的文字及画面功能确定。

①应兼顾有效视距内最小可鉴别细节识别无误和最近视距像素点识认模糊原则,确定基本像素间距;

②应满足满屏最大文字容量要求,且最小文字规格由最远视距确定;

③宜满足图像级别对像素数的规定;

④应兼顾文字显示和画面显示的要求,确定显示屏面尺寸;

当文字显示和画面显示对显示屏面尺寸要求矛盾时,应首先满足文字显示要求。多功能显示屏的长高比宜为 16∶9 或 4∶3。

(4)当显示屏以小显示幅面完成大篇幅文字显示时,应采用文字单行左移或多行上移的显示方式。

(5)设计宜对已确定的显示方案提出部分或全部技术要求

①光学性能宜提出分辨率、亮度、对比度、白场色温、闪烁、视角、组字、均匀性等要求;

②电性能宜提出最大换帧频率、刷新频率、灰度等级、信噪比、像素失控率、伴音功率、耗电指标等要求;

③环境条件宜提出照度(主动光方案指照度上限,被动光方案指照度下限)、温度、相对湿度、气体腐蚀性等要求;

④机械结构应提出外壳防护等级、模组拼接的平整度、像素中心距精度、水平错位精度、垂直错位精度等要求;

⑤平均无故障时间等。

(6)体育场馆信息显示装置的类型,应根据比赛级别及使用功能要求确定。

①大型国际重要比赛的主体体育场馆,应设置全彩色视频屏和计时记分矩阵屏(双屏)或全彩色多功能矩阵显示屏(单屏);

②国内重要比赛的体育场馆,宜设置计时记分多功能矩阵显示屏或全彩屏;

③球类比赛的体育馆,宜在两侧设置同步显示屏;

④一般比赛的体育场馆,宜设置条块式计时记分显示屏。

(7)体育用信息显示装置的成绩公布格式及内容,应依照比赛规则确定。

体育公告宜包括国名、队名、姓名、运动员号码、比赛项目、道次、名次、成绩、纪录成绩等内容。公告每幅显示容量,宜为八个名次(道次),最低不应少于三个。不同级别的体育场馆,可根据使用要求确定显示装置的显示内容及显示容量。

(8)体育用显示装置必须具有计时显示功能。

①径赛实时计时显示;

②游泳比赛实时计时显示;

③球类专项比赛计时显示;

④自然时钟计时显示。

(9)实时计时数字钟显示的精确度要求

①径赛实时计时数字显示钟,应为六位数字精确到 0.01 s;

②游泳比赛实时计时数字显示钟,应为七位数字精确到 0.001 s;

③各球类比赛计时钟的钟形及计时精确度应符合裁判规则。

(10)计时钟在显示屏面上的位置,应按裁判规则设置,宜设在屏面左侧。

(11)体育场馆显示装置的安装位置,应符合裁判规则。其安装高度,底边距地不宜低于 2m。

(12)田赛场地和体育馆体操比赛场地,可按单项比赛设置移动式小型记分显示装置,并设置与计算机信息网络联网的接口和设备工作电源接线点,设置数量按使用要求确定。

(13)大型体育场馆设置的信息显示装置,应接入体育信息计算机网络体系。当不具备接入条件时,应预留接1:1。

(14)大型体育场、游泳馆的信息显示装置,应设置实时计时外部设备接口,供电子发令枪系统、游泳触板系统等计时设备接入。

(15)对大型媒体使用的信息显示装置,应设置图文、动画、视频播放等接口,并宜设置现场实况转播、慢镜解析、回放、插播等节目编辑、制作的多通道输入、输出接口及有专业要求的数字、模拟设备的接口。

(16)民用水、陆、空交通枢纽港站,应设置营运班次动态显示屏和旅客引导显示屏。

(17)金融、证券、期货营业厅,应设置动态交易信息显示屏。

(18)对具有信息发布、公共传媒、广告宣传等需求的场所,宜设置全彩色动态矩阵显示屏或伪彩色动态矩阵显示屏。

(19)重要场所使用的信息显示装置,其计算机应按容错运行配置。

(20)信息显示装置的屏面及防尘、防腐蚀外罩均须做无反光处理。

2. 信息显示装置的控制

(1)各类信息显示装置宜实行计算机控制。

(2)信息显示装置应具有可靠的清屏功能。

(3)室外设置的主动光信息显示装置,应具有昼场、夜场亮度调节功能。

(4)民用水、陆、空交通枢纽港站及证券交易厅等场所的动态信息显示屏,根据其发布信息的查询特点,可采用列表方式以一页或数页显示信息内容。当采用数页翻屏显示信息内容时,应保证每页所发布的信息有足够的停留时间且循环周期不致过长。

(5)体育场馆信息显示装置成绩发布控制程序,应符合比赛裁判规则。显示装置的计算机控制网络,应以计权控制方式与有关裁判席接通。

(6)显示装置的比赛时钟,应在 $0 \sim 59$ min 内任意预置。

(7)大型重要媒体显示装置的屏幕构造腔或屏后附属用房内,应设置工作人员值班室,并应保证值班室与主控室、主席台的通信联络畅通。意外情况下,屏内可手动关机。

3. 设备选择、线路敷设及机房

(1)在保证设计指标的前提下,信息显示装置应选择低能耗显示装置。

(2)4 大型重要比赛中与信息显示装置配接的专用计时设备,应选用经国际体育组织、国家体育主管部门和裁判规则认可的设备。

(3)信息显示装置的屏体构造,应便于显示器件的维护和更换。

(4)信息显示装置的配电柜(箱)、驱动柜(箱)及其他设备,应贴近屏体安装,缩短线路敷设长度。

(5)呼应信号系统的布线,应采用穿金属导管(槽)保护,不宜明敷设。

(6)信息显示系统的控制、数据电缆,应采取穿金属导管(槽)保护,金属导管(槽)应可靠接地。

(7)信息显示装置的控制室与设备机房设置规定

①信息显示装置的控制室、设备机房,应贴近或邻近显示屏设置;

②民用水、陆、空交通枢纽港站的信息显示装置的控制室,宜与运行调度室合设或相邻

设置；

③金融、证券、期货、电信营业厅等场所的信息显示装置的控制室，宜与信息处理中心或相关业务室合设或相邻设置；

④大型体育场馆的信息显示装置的主控室，宜与计算机信息处理中心合设，且宜靠近主席台；当显示装置主控室与计算机信息处理中心分设时，其位置宜直视显示屏，或通过间接方式监视显示屏工作状态；

4）供电、防雷及接地

（1）信息显示装置，当用电负荷不大于8kW时，可采用单相交流电源供电；当用电负荷大于8kW时，可采用三相交流电源供电，并宜做到三相负荷平衡。供电、防雷的接地应满足所选用设备的要求。

（2）重要场所或重大比赛期间使用的信息显示装置，应对其计算机系统配备不间断电源（UPS）。UPS后备时间不应少于30 min。

（3）信息显示装置的供电电源，宜采用 TN-S 或 TN-C-S 接地形式。

（4）信息显示系统当采用单独接地时，其接地电阻不应大于4 Ω。

（5）体育馆内同步显示屏必须共用同一个接地网，不得分设。

8.10　时钟系统技术

时钟系统为有时基要求的系统提供同步校时信号，如对大楼内的计算机网络提供标准的 N-P（Network Time Protocol）时间服务。NTP 是用来使计算机时间同步化的一种协议，它可以使计算机对其服务器或时钟源做同步化，可以提供高精准度的时间校正。

8.10.1　时钟系统的组成

时钟系统由母钟、时间服务器、时钟网管系统、子钟等构成，时钟系统组成如图 8-79 所示。

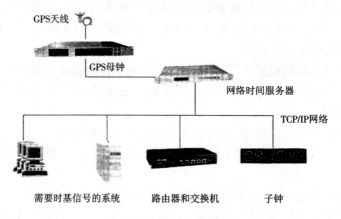

图 8-79　时钟系统组成图

GPS（Global Positioning System）是目前校时的最佳方案。GPS 是由美国国防部研制的导航卫星测距与授时、定位和导航系统，由 21 颗工作卫星和 3 颗在轨备用卫星组成，这 24 颗卫星等间隔分布在 6 个互成 60°。的轨道面上，这样的卫星配置基本上保证了地球任何位置均能同时观测到至少 4 颗 GPS 卫星。GPS 向全球范围内提供定时和定位的功能,全球任何地点的 GPS 用户通过低成本的 GPS 接收机接受卫星发出的信号,获取准确的空间位置信息、同步时标及标准时间。GPS 校时的工作过程是由 GPS 网络校时母钟的 GPS 接收模块从 GPS 卫星接收精确的时间信息,经编码处理后向服务器提供时间信息和秒脉冲信号,该时间同步信号同步于世界时 UTC(Universal Time Coordinated),UTC 的来源可以是原子钟、天文台、卫星,也可以从 Internet 上获取,天文测时所依赖的是地球自转,而地球自转的不均匀性使得天文方法所得到的时间(世界时)精度只能达到 10^{-9},"原子钟"是一种更为精确和稳定的时间标准(铯原子 CS133 基态的两个超精细能级跃迁辐射振荡 9192631770 周所持续的时间为 1 秒),目前世界各国都采用原子钟来产生和保持标准时间。

对于大区域时钟系统,可以利用现有的计算机网络系统构建局域网时钟系统,需要时基信号的系统则从计算机网络中由二级母钟提取时钟信号与控制信号,即完全借助计算机网络系统传递时间。

时间服务器采用 broadcast/multicast、client/server、symmetric 三种方式与其他服务器对时。broadcast/multicast 方式主要适用于局域网的环境,时间服务器周期性地以广播的方式,将时间信息传送给其他网路中的时间服务器,其时间仅会有少许的延迟,而且配置非常的简单。但是此方式的精确度并不高,通常在对时间精确度要求不是很高的情况下可以采用。Symmetric 方式要求一台服务器可以从远端时间服务器获取时钟,如果需要也可提供时间信息给远端的时间服务器。此种方式适用于配置冗余的时间服务器,可以提供更高的精确度给主机。client/server 方式与 symmetric 方式比较相似,只是不提供给其他时间服务器时间信息,此方式适用于一台时间服务器接收上层时间服务器时间信息,并提供时间信息给下层的用户。

使用子母钟的目的是让在此系统中的所有时钟的时间一致,为达到此目的使用母钟同步所有子钟的时间。母钟同步子钟的主要方式有脉冲同步方式和通信方式。前者母钟输出驱动脉冲直接驱动各子钟,从而保证各子钟的时间与母钟的时间同步;后者通过通信方式由母钟发布时间信息,子钟接收时间信息从而同步子钟的时间。

智能建筑中的时钟系统一般采用母钟、子钟组网方式,母钟向其他有时基要求的系统提供同步校时信号。在媒体建筑、医院建筑、学校建筑、交通建筑等对时间有严格要求的建筑中应配置时钟系统。比如在广播电视业务建筑中,演播区、导控室、音控室、灯光控制及机房等时间应严格同步,为保证演播效果,应以母钟、子钟组网方式设置时钟系统,以母钟为基准信号,在导控室、音控室、灯光控制室、演播区、机房等处配置数字显示子钟,系统时钟显示器显示标准时间、正计时、倒计时,以保证时间同步。对于空港航站楼时钟系统可采用全球卫星定位系统校时,主机采用一主一备的热备份方式,组网方式采用母钟、二级母钟、子钟三级组网,母钟和二级母钟应向其他有时基要求的系统提供同步校时信号,航站楼内值机大厅、候机大厅、到达大厅、到达行李提取大厅应安装同步校时的子钟,航站楼内贵宾休息室、商场、餐厅和娱乐等处宜安装同步校时的子钟。

8.10.2　时钟系统的设计要求

(1)下列民用建筑中宜设置时钟系统

①中型及以上铁路旅客站、大型汽车客运站、内河及沿海客运码头、国内及国际航空港等;

②国家重要科研基地及其他有准确、统一计时要求的工程。

（2）当建设单位要求设置塔钟时，塔钟应结合城市规划及环境空间设计。在涉外或旅游饭店中，宜设置世界钟系统。

（3）母钟站应选择两台母钟（一台主机、一台备用机），配置分路输出控制盘，控制盘上每路输出均应有一面分路显示子钟。母钟宜为电视信号标准时钟或全球定位报时卫星（GPS）标准时钟。

当设置石英钟作为显示子钟时，对于有准确、统一计时要求的工程，应配置母钟同步校正信号装置。

（4）母钟站站址宜与电话机房、广播电视机房及计算机机房等其他通信机房合并设置。

（5）母钟站内设备应安装在机房的侧光或背光面，并远离散热器、热力管道等。母钟控制屏分路子钟最下排钟面中心距地不应小于 1.5 m，母钟的正面与其他设备的净距离不应小于1.5 m。

（6）时钟系统的线路可与通信线路合并，不宜独立组网。时钟线对应相对集中并加标志。

（7）子钟网络宜按负荷能力划分为若干分路，每分路宜合理划分为若干支路，每支路单面子钟数不宜超过十面。远距离子钟，可采用并接线对或加大线径的方法来减小线路电压降。一般不设电钟转送站。

（8）子钟的指针式或数字式显示形式及安装地点，应根据使用需求确定，并应与建筑环境装饰协调。子钟的安装高度，室内不应低于 2 m，室外不应低于 3.5 m。

（9）母钟站需设不间断电源供电。母钟站电源及接地系统不宜单设，宜与其他电信机房统一设置。

（10）时钟系统每分路的最大负荷电流不应大于 0.5 A。

（11）母钟站直流 24 V 供电回路中，自蓄电池经直流配电盘、控制屏至配线架出线端，电压损失不应超过 0.8 V。

8.11　接入网技术

8.11.1　接入网技术概述

传统的电信网一直是以电话网为基础的，电话业务占整个电信业务的主要地位。多年来，电话网一直是以交换为中心，干线传输和中继传输为骨干构成的分级电话网结构。电话网从整体结构上分为长途网和本地网。在本地网中，本地交换机到每个用户的业务分配是通过铜双绞线来实现的。这一分配网路称为用户线或称为用户环路，具体结构示例如图 8-80 所示。一个交换机可以连接许多不同的用户，对应不同用户的多条用户线就可组成树状结构的本地用户网。

进入 20 世纪 80 年代后，随着经济的发展和人们生活水平的提高，整个社会对信息的需求日益增加，传统的电话通信已不能满足要求。为了满足社会对信息的需求，相应地出现了多种非话音业务，如数据、可视图文、电子信箱、会议电视等。

新业务的出现促进了电信网的发展，传统电话网的本地用户环路已不能满足要求，因此为了适应新业务发展的需要，用户环路也要向数字化、宽带化等方向发展，并要求用户环路能灵活、可靠、易于管理等。

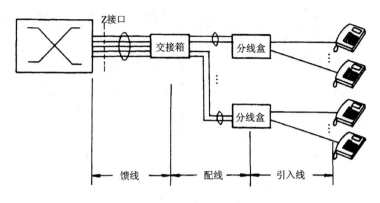

图 8-80 传统电话网用户环路结构示例

近几年来各种用户环路新技术的开发与应用发展较快,复用设备、数字交叉连接设备、用户环路传输系统,如光环路传输等的引入,也都增强了用户环路的功能和能力。在这种情况下,接入网的概念便应运而生。

接入网是由传统的用户环路发展而来,是用户环路的升级,是电信网的一部分,接入网在电信网中的位置如图 8-81 所示。接入网是电信网的组成部分,负责将电信业务透明地传送到用户,即用户通过接入网的传输,能灵活地接入到不同的电信业务节点上。

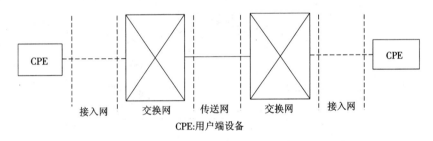

CPE:用户端设备

图 8-81 接入网在整个电信网中的位置

接入网处于电信网的末端,为本地交换机与用户之间的连接部分,它包括本地交换机与用户端设备之间的所有实施设备与线路,通常它由用户线传输系统、复用设备、交叉连接设备等部分级成。对多种业务的连接及功能示意如图 8-82 所示。

图中 PSTN 为公用电话网;ISDN 为综合业务数字网;B-ISDN 为宽带综合业务数字网;PSP-DN 为分组交换数据网;FRN 为帧中继网;LL 为租用线;LE 为本地交换设备;TE 为终端设备;ET 为交换设备;AN 为接入网。

引入接入网的目的就是为通过有限种类的接口,利用多种传输媒介,灵活地支持各种不同的接入类型业务。

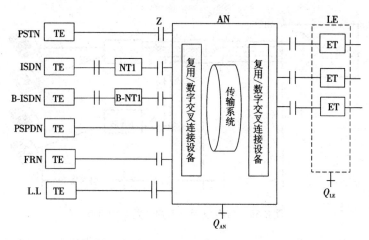

图 8-82 接入网对多种业务的接入连接及功能示意

1. 接入网的传输技术

接入网可利用铜线、光纤、微波、卫星等多种传输媒介,以及采用多种多样的传输方式、传输技术及手段。图 8-83 就是采用铜线、光纤、无线等多种传输媒介和传输技术构成接入网的示意图,其传输技术可概括如表 8-15。

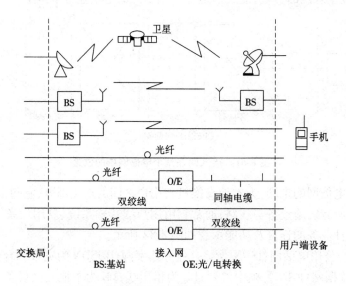

图 8-83 多种传输技术构成的接入网示意图

表 8-15　传输技术

有线传输技术	双绞线传输	线对增益
		ADSL/VDSL
		HDSL
	光纤传输	FTTB
		FTTC
		FTTH
	混合传输	HFC
		SDV
无线传输技术	固定	微波
		卫星
	移动	蜂窝移动
		数字无绳
		无线寻呼
		个人通信
		卫星移动

2. 接入网的分类

根据接入网所采用的传输媒介和传输技术,接入网分类如表 8-16。

表 8-16　接入网分类

有线接入网	铜线接入网	
	光纤接入网	
	混合接入网	
无线接入网	固定接入网	微波
		卫星
	移动接入网	蜂窝移动电话
		数字无绳
		无线寻呼
		个人通信
		卫星移动

8.11.2 有线接入网技术

1. 铜线接入网

多年来,电信网主要采用铜线(缆)用户线向用户提供电话业务,即从本地端局至各用户之间的传输线主要是双绞铜线对,而且这种以铜线接入网为主的状况还将持续相当长的一段时间。

因此应充分利用这些资源,满足用户对高速数据、视像业务日益增长的需求。充分利用这些铜缆的手段是采用数字化传输技术,近年来为提高铜线传输速率,又开发了两种新技术:高速率数字用户线和不对称数字用户线技术。

(1)高速率数字用户线–HDSL 技术

①概念及系统结构

HDSL 是在两对或三对用户线上,利用 2B1Q(2 Binary 1 Quarternary)或 CAP(Carrierless Amplitude Phase modulation) 无载波幅度相位调制编码技术,以及回波抵消和自适应均衡技术等实现全双工的 2Mbit/s 数字传输。HDSL 应用的系统结构及配置如图 8-84 所示。

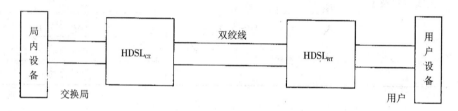

图 8-84　HDSL 系统构成

图中,HDSL 局端设备提供交换机与系统网络侧的接口,并将来自交换机的信息流透明地传送给远端用户侧设备。HDSL 远端设备提供用户侧接口,它将来自交换机的下行信息经接口传送给用户设备,并将用户设备的上行信息经接口传向业务节点。

HDSL 系统中局端设备和远端设备的组成框图,如图 8-85 所示。

在发送端,E1 控制器将经接口送入的 E1 信号(2.048Mbit/s)进行 HDB3 码解码和帧调整后输出;然后经 HDSL 通道控制器变换。通道控制器的主要功能是进行串/并变换,它是在保留 E1 原有帧结构及时隙的基础上分成二路或三路,如对使用二对双绞线的应用,则变为二路,每路码速率为 1168 kbit/s;如对使用三对双绞线的应用,则变为三路,每路码速率为768kbit/s。图中的 D/A 换器实际上是线路传输码型的编码器,所使用的线路传输码型可以是 2BIQ 码也可以是 CAP 码。经 D/A 转换的线路编码之后,经差动变量器接口送至双绞铜线对传至对端。由于在 HDSL 系统中采用的是全双工传输方式,即每一线对都同时发送和接收信号,收、发信号的混合和分路就由差动变量器构成的混合接口电路实现。

在接收端,来自线路上的信号经混合电路后,由 A/D 转换器进行线路码解码,即转换为二进制脉冲信号;由收、发信器对其进行回波抵消、数字滤波与自适应均衡,以消除回波、噪声及各种干扰,经上述处理后的信号再经通道控制器进行并/串变换,帧调整和 HDB3 编码,即可送出 E1 信号(2.048Mbit/s)。

②特点及应用系统配置方式

HDSL 系统可在现有的无加感线圈的双绞铜线对以上全双工方式传输 2.048 Mbit/s 的信

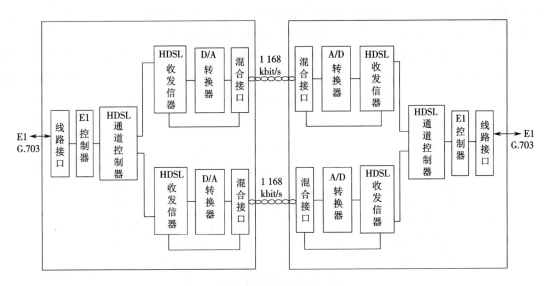

图 8-85　HDSL 设备构成原理图

号。系统可实现无中继传输 3～6 km(线径 0.4～0.6 mm)。

HDSL 系统采用高速自适应滤波与均衡、回波抵消等先进技术,配合高性能数字信号处理器,可均衡各种频率的线路损耗,降低噪声,减少串扰,适应多种电缆条件,包括不同线径的电缆互联,无需拆除桥接拍头。

在一般情况下,HDSL 系统可提供接近于光纤用户线的性能,采用 2B1Q 编码,可保证误码率低于 10^{-7}。

HDSL 系统应用配置方式主要有三种。

a. 点到点全容量配置

对这种应用 HDSL 系统相当于纯线路传输设备,局端设备成为线路终端(LT)。远端设备成为网络终端(NT)。可支持的主要业务有 ISDN 的 PRA 接入、2 Mbit/s 帧结构租用线、2 Mbit/s 无帧结构租用线等。它可用于连接局域网(LAN)和广域网(WAN),传送数据、图文及视像等信息,也可用于无线通信系统和网络管理系统中。

b. 点到点部分容量配置

当点到点部分容量配置时,HDSL 系统允许部分时隙的信号经 2 Mbit/s 信号格式传送。可以支持的业务有部分利用的租用线、$N×64$ kbit/s 业务以及部分利用的 ISDN PRA 业务等。HDSL 系统可以提供多种数据接口,以便用户按需租用,同时可使用一条 E1 线路为多用户服务,提高线路利用率。

c. 点到多点配置

对这种应用,HDSL 系统必须处在部分容量配置方式,再结合内部的交叉连接功能可以使一个局端设备与多个(最多 3 个)远端设备相连,每个远端设备的容量分配可以通过控制和分配时隙来实现。远端设备可处于不同地点,但要求不同线对的信号时延不超过一定的限制。

(2)不对称数字用户线–ADSL

ADSL 系统与 HDSL 系统一样也是采用双绞铜线对作为传输媒介,但 ADSL 系统可提供更高的传输速率,可向用户提供单向宽带业务、交互式中速数据业务和普通电话业务。ADSL 与

HDSL相比,最主要的优点是它只利用一对铜双绞线对就能够实现宽带业务的传输,为只具有一对普通电话线又希望具有宽带视像业务的分散用户提供服务。

ADSL系统应用结构如图8-86所示。图中的一种应用方式是在局端和用户端各加装一个ADSL收发信机经一对普通铜双绞线对传输;另一种应用方式是经过一段光纤通路传输到远端光网络单元(ONU)进行光/电变换和分路。而后经ADSL和铜双绞线对接入用户。

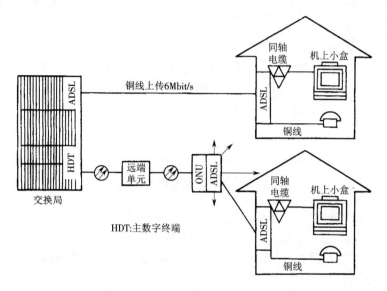

图 8-86　ADSL 系统应用结构

图中所示的双绞线对上的频谱可分为三个频带(对应于三种类型的业务):双向普通电话业务(POTS);上行信道,144 kbit/s 或 384 kbit/s 的数据或控制信息(如 VOD 的点播指令);下行信道,传送 6 Mbit/s 的数字信息(如 VOD 的电视节目信号)。

ADSL 系统信道的频谱分配如图 8-87 所示。

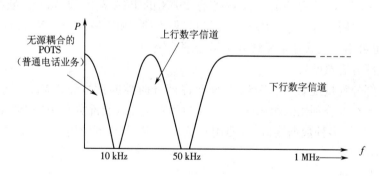

图 8-87　ADSL 系统信道频谱

ADSL 系统中所说的"不对称"是指上行和下行信息速率的不对称,即一个是高速,一个是低速,高速视频信号沿下行传输到用户;低速控制信号从用户传输到交换局。

图 8-88 给出了 ADSL 收发信机的基本结构。从图中可见,普通电话业务(POTS)是通过一种特殊的装置——POTS 分离器(含有无源低通滤波器和变量器式分隔器)插入到 ADSL 通路中,因此如果 ADSL 系统出现设备故障或电源中断,都不会影响电话通信。

在 ADSL 系统中既采用了正交幅度调制(QAM)、无载波幅度相位调制(CAP)和离散多音频调制(DMT)等调制技术,也采用了数字相位均衡及回波抵消等传输技术。

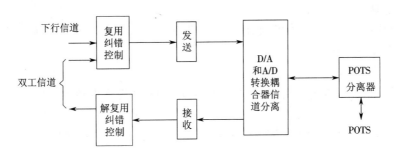

图 8-88　ADSL 系统信道频谱

2. 光纤接入网

(1)基本概念及参考配置

光纤接入网(OAN,Optical Access Network)是指在接入网中用光纤作为主要传输媒介来实现信息传送的网络形式,或者说是本地交换机或远端模块与用户之间采用光纤通信或部分采用光纤通信的接入方式。

光纤接入网的功能参考配置如图 8-89 所示。图中包括四个基本功能块,即光线路终端(OLT),光配线网(ODN),光网络单元(ONU)以及适配功能块(AF);主要参考点包括光发送参考点 S,光接收参考点 R,业务节点间参考点 V,用户终端间参考点 T 及 AF 与 ONU 之间参考点 a。

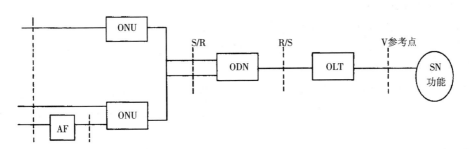

图 8-89　光纤接入网功能参考配置

图中 OLT 为光接入网提供网络侧与本地交换机之间的接口。OLT 通过 ODN 与一个或多个 ONU 通信。OLT 的任务是分离交换和非交换业务,管理来自 ONU 的信令和监控信息,为 ONU 和本身提供维护和指配功能。

OLT 为在网络侧的可用带宽与 ODN 侧的可用带宽之间提供交叉连接的功能,为 ODN 上的发送和接收业务通路提供传输复用功能,提供对 ODN 的物理接口功能(如光/电和电/光变换)。此外,OLT 还包括供电和维护管理功能。

OLT 的位置可以设置在本地交换机接口处,也可以设置在远端。在物理上,OLT 可以是独立设备,也可以与其他功能块集成在同一设备中。

ONU 位于 ODN 和用户设备之间。提供与 ODN 的光接口和对用户侧的电接口功能。

ODN 为 ONU 和 OLT 提供以光纤为传输媒质的物理连接,其主要功能是完成光信号的传输和功率分配。ODN 是由无源光器件和光纤构成的无源光分配网络,通常由若干段光缆、光纤接头、活动连接器、光分路器、光衰减器等组成,一般为树状结构分布,可以实现直接光连接、光分路/合路等功能。

适配功能块(AF)主要为 ONU 和用户设备提供适配功能。在具体实现时,既可以包含在 ONU 之内,也可以完全独立。

(2)光纤接入网的几种典型网络结构

按照光纤接入网的参考配置,根据光网络单元(ONU)设置的位置不同,光纤接入网又可分成若干种专门的传输结构,主要包括光纤到路边(FTTC)、光纤到大楼(FTTB)、光纤到家(FTTH)或光纤到办公室(FFTO)等。图 8-90 示出了三种不同应用类型。

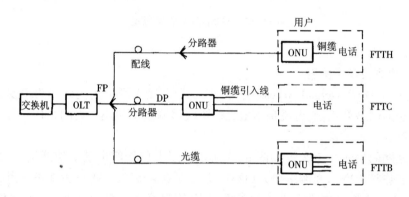

图 8-90　光纤接入网的应用类型

①光纤到路边(FTTC)

在 FTTC 结构中,ONU 设置在路边的人孔或电线杆上的分线盒处,即 DP 点。从 ONU 到各用户之间的部分仍用钢双绞线对。若要传送宽带图像业务,则除距离很短的情况之外,这一部分可能会需要同轴电缆。

FTTC 结构主要适用于点到点或点到多点的树形分支拓扑结构,用户为居民住宅用户和小企事业用户,一个 ONU 支持的典型用户数在 128 个以下(少数厂家的 ONU 可支持 200 个以上的用户)。

②光纤到大楼(FTTB)

FTTB 也可以看做是 FTTC 的一种变形,不同处在于将 ONU 直接放到楼内(通常为居民住宅公寓或小企事业单位办公楼),再经多对双绞铜线将业务分送给各个用户。FTTB 是一种点到多点结构,通常不用于点到点结构。FTTB 的光纤化进程比 FTTC 更进一步,光纤已敷设到楼,因而更适合于高密度用户区,也更接近于长远发展目标。

③光纤到家(FTTH)和光纤到办公室(FTTO)

在 FTTC 结构中,如果将设置在路边的 ONU 换成无源光分路器,然后将 ONU 移到用户房间内即为 FTTH 结构。如果将 ONU 放置在大企事业用户的大楼终端设备处,并能提供一定范围的灵活的业务,则构成所谓的光纤到办公室(FTTO)结构。

FTTO 主要用于大企事业用户,业务量需求大,因而结构上适于点到点或环形结构,而 FTTH 用于居民住宅用户,业务量需求很小,因而经济的结构必须是点到多点方式。

另外,根据光纤接入网室外光纤传输设施中是否有有源设备可将光接入网划分为无源光网络和有源光网络。

无源光网络(PON)在光纤传输线路的树形分支点(即接入网的灵活点处)采用无源的光功率分配器(耦合器)将光信号分送至各个光纤支路。无源光网络的主要特点是易于展开和扩容,维护费用较低,但对光器件的要求较高。

有源光网络(AON)在光纤线路的树形分支点处采用有源的电复用器。这种结构的主要特点是对光器件的要求不高,但在供电及远端电器件的运行维护和操作上有一些困难,并且网络的初期投资较大。

(3)光纤接入网的传输技术

传输技术主要提供完成连接 OLT 和 ONU 的手段。下面简要介绍几种双向传输的应用技术。

①空分复用(SDM)

SDM 就是双向通信的每一个方向各使用一根光纤的通信方式,即单工方式,如图 8-91 所示。在 SDM 方式中,两个方向的信号在两根完全独立的光纤中传输,互不影响,传输性能最佳,系统设计也最简单,但需要一对光纤和分路器及额外跳线和活动连接器才能完成双向传输的任务。这种方式在传输距离较长是不够经济的,但对于 OLT 与 ONU 相距很近的应用场合,随着光纤价格的不断下降,SDM 方式仍不失为一种可考虑的双向传输方案。

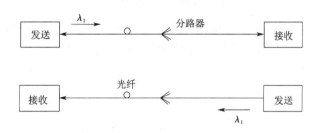

图 8-91 SDM 双向传输方式

②时间压缩复用方式(TCM)

TCM 是只利用一根光纤,但不断交替改变传输方向,使两个方向的信号得以轮流地在同一根光纤上传输,就像打乒乓球一样,因而又称"乒乓法"。

一个典型的 TCM 传输系统示意图,如图 8-92 所示。由图可以看出,TCM 方式传输时,收发双方终端是不连续工作的,其数字流是以突发方式发送的,即每一次只有一个方向发送经压缩的数字流块,两个方向轮流发送,在接收端为了恢复成连续数字流,还需要设置缓存器以进行扩展。

图中 TD 表示传输时延,TG 表示保护时间,T_{inf} 表示信息比特块占有时间。

采用 TCM 方式可以用一根光纤完成双向传输任务,节约了光纤、分路器和活动连接器,而且网管系统判断故障比较容易,因而获得了广泛的应用。这种系统的缺点是两端的耦合器各有 3dB 功率损失,而且 OLT 和 ONU 的电路比较复杂。此外,由于线路速率大致比信源信息速率高一倍以上,因而不太适于信息率较高的应用场合。

③波分复用(WDM)

WDM 类似于电信号传输系统中的频分复用(FDM)。当光源发送光功率不超过一定门限时,光纤工作于线性传输状态。不同波长的信号只要有一定间隔就可以在同一根光纤上独立

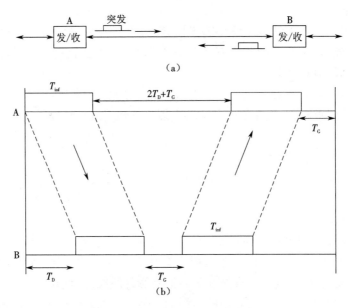

图 8-92　TCM 传输系统示意图

(a)系统配置;(b)时间关系

地进行传输而不会发生相互干扰,这就是波分复用的基本原理。对于双向传输而言,只需将两个方向的信号分别调制在不同波长上即可实现单纤双向传输的目的,称为异波长双工方式,其工作原理如图 8-93 所示。

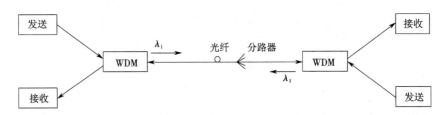

图 8-93　WDM 双向传输原理

　　首先,单纤双向 WDM 需要在两端设置光分路器,即波分复用器件,来区分双向信号,从而引入至少 6 dB(2×3 dB)损耗。其次,利用光纤放大器实现双工传输时会有来自反射和散射的多径干扰影响。其优点是双向传输使用一根光纤,可以节约光纤、光纤放大器、再生器和光终端设备。

　　④副载波复用(SCM)

　　SCM 的基本方法是将被传输的双向信号分别调制到不同的载波频率上,如图 8-94 所示的 f_1、f_2。f_1、f_2 可对两端的光源分别进行调制,调制后可以是同一波长的光波信号。

　　在实际 OAN 传输系统中,下行方向往往采用 TDM 基带传输形式,因而频率分量集中在低频端;而上行方向采用副载波多址接入(SCMA)方式,即各个用户的频率调在较高频段,与下行信号的频谱分开,如图 8－95 所示。

　　因为上、下行信号分别占用不同频段,所以系统对反射不敏感,电路较简单。但由于是采

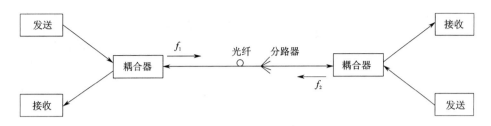

图 8-94　SCM 双向传输原理

用模拟频分方式也会有一些不可避免的缺点,其最主要的是所有 ONU 的光功率都叠加在 OLT 在 OLT 接收机上,若某些激光器的波长较小时会引起互调(光差拍噪声)而导致信噪比恶化。

在光纤接入网中当 OLT 与 ONU 的连接方式采用点到多点的连接方式时,反向的用户接入,即多点用户的上行接入,主要是采用 TDMA。

在典型的光纤接入网点到多点的系统结构中,通常只有一个 OLT 却有多个 ONU,为了使每个 ONU 都能正确无误地与 OLT 进行通信,必须使用 TDMA。多数无源光接入网系统中,通常采用 TDM/TDMA 工作方式,即下行方向采用广播方式将 TDM 信号送给所有与 OLT 相连的 ONU,每个 ONU 只能在一预先分配的时隙内接入并取出属于自己的信息。在上行方向,每一用户的信息也是在预先确定的时间,插入预分配好的时隙内送给 OLT。为了避免与 OLT 距离不同的 CNU 所发送的上行信号在 OLT 处合成时发生重叠,OLT 需要有测距功能,不断测量每一个 ONU 与 OLT 之间的传输时延(与传输距离有关),指挥每一个 ONU 调整发送时间使之不致产生信号重叠。这就是 TDM/TDMA 方式的简单原理。

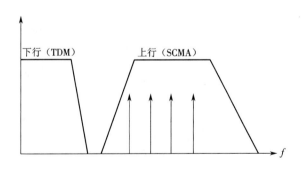

图 8-95　SCM 双向传输频谱分配

3. 混合光纤/同轴接入网

混合光纤/同轴接入网(HFC:Hybrid Fiber/Coax)是一种综合应用模拟和数字传输技术、同轴电缆和光缆技术的接入网络,是电信网和 CATV 有线电视网相结合的产物,是将光纤逐渐向用户延伸的一种演进策略。

(1)HFC 的基本结构

HFC 的基本结构如图 8-96 所示。由图可以看出,HFC 网络主要由三部分构成:馈线网、配线网和用户引入线。

①馈线网

HFC 中的馈线网是指前端,即局端设备至服务区的光纤节点之间的部分。前端至每一服

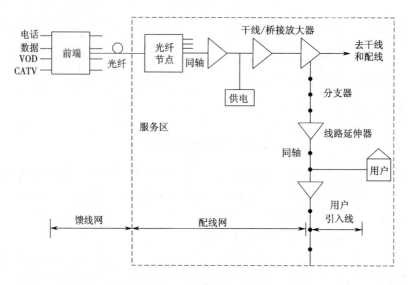

图 8-96　HFC 基本结构

务区的光纤节点都有专用的光纤直接连接,从结构上看是呈星形结构。

目前,一个典型服务区的用户数为 500 户(若用集中器可扩大至数千户),将来可降至 125 户,甚至更少。

馈线网采用光纤传输系统代替了原 CATV 网络的干线同轴电缆和有源干线放大器,延长了传输距离,可提高传输质量、减少故障。

②配线网

在 HFC 网中,配线网是指服务区光纤节点与分支点之间的部分。在 HFC 网中,配线网部分采用与传统 CATV 网基本相同的树型——分支同轴电缆网。在通常情况下也可为简单的总线结构。HFC 网的配线网的覆盖范围可达 5 ~ 10 km 左右,故而在配线网区域内仍错保留几个干线/桥接放大器。

采用了服务区的概念可以较灵活地重新构成与电话网类似的拓扑结构,从而可能提供低成本的双向通信业务。采用服务区的概念后可以将一个大网分解为一个个物理上独立的基本相同的子网,每一个子网为较少的用户服务,允许采用价格上较低的上行通道设备。当服务区的用户数目少于 100 户时有可能省去线路延伸放大器而成为无源线路网,可减少线路故障和维护工作量。

③用户引入线

用户引入线是指分支点至用户之间的部分,且分支点的分支器是配线网与用户引入线的分界点。所谓分支器是指信号分路器和方向耦合器结合的无源器件,负责将配线网送来的信号分配给每一用户、在配线网上平均每隔 40 ~ 50 m 左右就有一个分支器。引入线负责将射频信号从分支器经无源引入线送给用户,传输距离只能几十米。引入线电缆采用灵活的软电缆以便适应住宅用户的线缆敷设条件。

传统 CATV 网所用分支器只允许通过射频信号而阻断了交流供电电流。对 HFC 网需要为用户话机提供振铃电流,因而分支器需要重新设计以便允许交流供电电流通过引入线到达话机。

（2）HFC 系统工作原理

HFC 系统综合应用模拟和数字传输技术，可按入多种业务信息（如话音、视频、数据等）。当传输数字视频信号时。可采用正交幅度调制（如 64 QAM）或正交频分复用（QFDM）；当传输话音或数据时，可采用 QPSK（正交相移键控）或 QFDM；当传送模拟电视信号时，可采用 AMVSB 方式（幅度调制残余边带）。图 8-97 是 HFC 系统原理示意图。

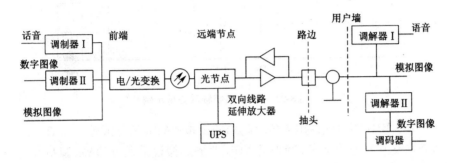

图 8-97　HFC 系统原理示意图

①当传输话音和数据业务时，交换机向用户输出的话音或数据信号，经局端设备中的调制器Ⅰ调制为 5 ~ 30 MHz 的线路频谱，并经电/光变换，经光纤传送到光节点，在光节点进行光/电变换后，形成射频电信号，由同轴电缆送至分支点，利用用户终端设备中的解调器Ⅰ将射频信号恢复成基群信号，最后解出相应的话音信号。

②当传输视频点播（VOD）业务时，可先将视频信号经编码器进行编码，由局端设备中的调制器 将编码的数字视频信号以 64QAM 方式调制成 582 ~ 710 MHz 的线路频谱，经电/光变换形成光信号在光纤中传输。在光节点处完成光/电变换后，形成射频信号，由同轴电缆传送到用户终端设备中的解调器 ，解出 64QAM 数字视频信号，再经解码器还原成视频信号送给用户。

③对多路模拟图像信号（CATV 信号）经多载波频率的 AMVSB 方式调制，形成 45 ~ 582MHz 频段的线路频谱，经电/光变换形成光信号在光纤中传输。在光节点完成光/电变换后实现相应的解调即可恢复成模拟图像信号送给用户。

④HFC 网络采用副载波频分复用方式，将各种图像、数据和语音信号经过相应的调制器形成相互区分的频段。再经电/光变换形成光信号经光纤传输，在光节点处完成光/电变换，经同轴电缆传输后再送往相应的解调器以恢复成图像、数据和语声信号口各类信号调制后的频谱安排如图 8-98 所示。

从图中看出，HFC 系统的整个信号标称频带可为 1 000 MHz，实际应用较多的系统是 750 MHz。

• 低端的 5 ~ 30 MHz 共 25 MHz 频带安排为上行通道，即所谓回传通道，主要用于传送电话信号。近来，随者滤波器质量的改进和考虑点播电视（VOD）的信令和监视信号以及电话和数据等其他应用的需要，上行通道的频段倾向于扩展为 5 ~ 42 MHz，其中 5 ~ 8 MHz;可传送状态监视信息，8 ~ 12 MHz 传送 VOD 信令，15 ~ 40 MHz 用来传送电话信号。

• 50 ~ 550 MHz 频段用来传输现有的模拟 CATV 信号，每一通路带宽为 6 ~ 8 MHz，因而总共可以传输 60 ~ 80 路电视信号。

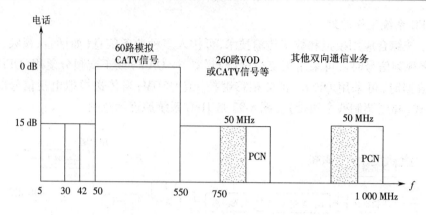

图 8-98　HFC 系统频谱安排示例

· 550 ~750 MHz 频段允许用来传输附加的模拟 CATV 信号或数字 CATV 信号,但目前倾向于传输双向交互型通信业务,特别是 VOD 业务。假设采用 64QAM 调制方式和 4Mbit/s 速率的压缩图像编码,其频带利用率可达 5 bit/s/Hz,从而允许在一个 6 ~8 MHz 的通带内可传输大约为 30 ~40Mbit/s 速率的数字信号,若扣除必须的前向纠错等辅助比特后,则大致相当于 6 ~8 路 4 Mbit/s 速率压缩编码图像,于是这 200 MHz 的带宽大约可传输 200 路 VOD 信号。

· 高端的 750 ~1000 MHz 频段已明确仅用于各种双向通信业务,如图所示,两段 50 MHz 频带可用于个人通信业务(PCN),其他未分配的频段可以有各种应用以及应付未来可能出现的其他新业务。

8.11.3　无线接入网

无线接入网是指从业务节点接口到用户终端全部或部分采用无线方式,即利用卫星,微波及超短波等传输手段向用户提供各种电信业务的接入系统,无线接入系统分为固定无线接入网和移动无线接入网两大类。

1.固定无线接入网

固定无线接入网主要为固定位置的用户或仅在小区内移动的用户提供报告,其用户终端主要包括电话机、传真机或数据终端(如微机)等。

固定无线接入网的实现方式主要包括固定无线接入系统、一点多址微波系统、甚小型天线地球站(VSAT)系统等。

(1)一点多址固定无线接入(FWA:Fixed Wireless Access)系统

一点多址固定无线接入系统连接示意图如图 8-99 所示。

FWA 实际上是 PSTN 的无线延伸,其目标是为用户提供透明的 PSTN 业务。

由图 6-43 可以看出,一个典型的无线本地环路系统配置由三个主要部分组成,即网络侧的基站控制器、无线基站及用户单元。由交换机来的语声数字信号经信号集中、呼叫处理等传给无线基站,再经时分复用、调制和射频传输后经天线传给用户单元。用户单元通常有单用户单元和多用户单元两种。

(2)无线本地环路一点多址系统(DRMASS)

DRMASS 是在交换机与电话用户(或数据终端)之间用无线方式连接的点到多点的通信

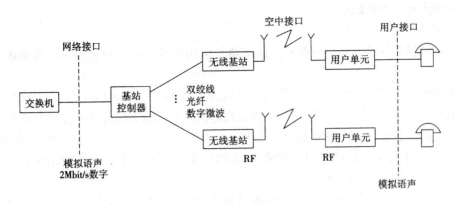

图 8-99　一点多址固定无线接入系统示意图

系统,其结构如图 8-100 所示。

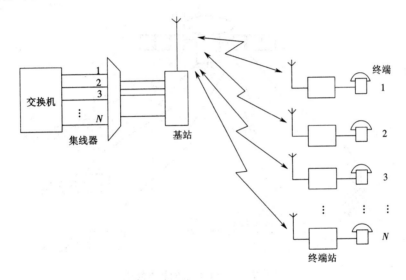

图 8-100　DRMASS 系统结构

　　DRMASS 系统由基站、中继站、终端站三部分组成。基站与交换机相连,基站与中继站、中继站与中继站、中继站与终端站采用 1.5/2.4/2.6GHz 波段的微波连接。

　　①基站

　　基站由集线器、基站控制单元、TDM 控制单元三个部分组成:

　　a. 集线器。最多可提供 1024 个 2 线接口,它把 1024 个用户端口线集中。以 16:1 集中到 64 个时隙,即两路 2Mbit/s 数字流,其中有 60 个时隙用来传送电话或数据。

　　b. 基站控制单元。提供监视、测试、控制功能。

　　c. TDM 控制单元。在下行发送路径中,TDM 控制单元将集线器输出的两路 2.048 Mbit/s 的数字流转换成 2.496Mbit/s 的无线 TDM 信号;上行接收过程则相反。公务线和监测维护信号也在 TDM 控制单元中复用。

　　②中继站

　　中继站对上下行信号进行双向再生中继传输,以扩大服务区范围,使用中继站延伸后其服务区半径最大可达 540 km。

③终端站

终端站包括下话单元和用户单元。用户单元中用户线可通过加装用户线路板单元(LC)来增加。

DRMASS 的应用范围较广,由于采用了灵活的无线通信方式,可以为边远地区用户提供经济的通信业务。这些地区远离城区,用户也比较分散。如果以有线方式连接是非常昂贵的,而且地理环境的不利常会给线路的维护工作带来极大困难。与有线通信方式相比,DRMASS 系统投资少,维护工作量和维护费用比较低,可为用户提供经济的语音、数据传输服务。

(3)甚小型无线地球站(VSAT)系统

VSAT 通常是指天线口径小于 2.4 m,G/T 值低于 19.7 dB/K,高度软件控制的智能化小型地球站。VSAT 系统主要是由卫星、枢纽站和许多小型地球站组成,系统示意图如图 8-101 所示。

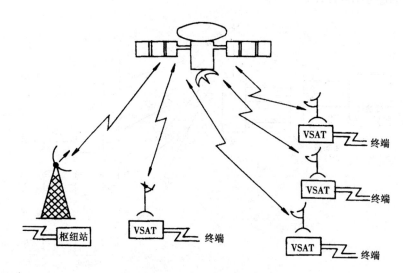

图 8-101　VSAT 系统的基本组成

枢纽站起主控作用,整个卫星的传输线路由地球站至卫星的上行链路和卫星至地球站的下行链路组成。各用户终端之间以及枢纽站与用户终端站之间的联系,可通过各自的 VSAT 沿上、下行链路并依靠卫星的中继加以实现。

①VSAT 系统的传输技术

VSAT 系统采用了信源编码、信道编码、相移键控调制等多种数字传输技术。

a. 信源编码

在 VSAT 系统中,话音编码普遍采用自适应差分脉码调制(ADPCM),信号速率为 32kbit/s,ADPCM 的话音质量已能达到公众电话网的质量要求。

b. 信道编码

VSAT 系统希望尽量减小小站天线尺寸、降低成本,因而接收信噪比较低。为保证传输质量,在传输过程中需采用前向纠错的信道编码。针对卫星信道以突发性误码为主的特点,采用分组码编码方式较为合适。目前,VSAT 系统中普遍采用卷积编码和维持比译码。

c. 调制/解调

目前所采用的几种调制方式中。在相同误码率条件下。相移键控(PSK)解调要求的信噪比较其他方式要小。目前 VSAT 系统通常采用 2PSK 或 4PSK 方式。

②VSAT 系统多址接入技术

这里的接入方式是指系统内多个地球站以何种方式接入卫星信道或从卫星上接收信号。卫星通信中常用的多址接入方式有 FDMA、TDMA 和 CDMA。

2. 移动无线接入网

移动接入网是为移动体用户提供各种电信业务。由于移动接入网服务的用户是移动的,因而其网路组成要比固定网复杂,需要增加相应的设备和软件等。

移动接入网使用的频段范围很宽,其中可有高频、甚高频、特高频和微波等。例如我国陆地移动电话通信系统通常采用 160 MHz,450 MHz,800 MHz 及 900 MHz 频段;地空之间的航空移动通信系统通常采用 108~136 MHz 频段;岸站与航站的海上移动通信系统常采用 150 MHz 频段。

(1)蜂窝移动电话系统

实现移动通信的方式有许多种类,其中蜂窝移动通信系统是目前应用较广的一种方式。一个典型的蜂窝移动通信系统结构如图 8-102 所示。移动通信区由多个相邻接的小区组成,每一个蜂窝区内由一个蜂窝基站和一群用户移动台(移动台是收发合一的)如车载移动台、便携式手机等组成。每个用户移动台与基站通信,蜂窝基站负责射频管理并经中继线或微波通道与移动电话交换中心(MSC)相连。MSC 控制呼叫信令和处理,协调不同蜂窝区间的越区切换。如果被叫用户是移动终端,则可经由 MSC 与被叫用户相连;如果被叫用户是固定公用电话网用户,则 MSC 与 PSTN 或 ISDN 的端局相连,再接入被叫用户。MSC 也可以与其他公用数据网相连提供数据业务。

(2)卫星移动通信系统

卫星移动通信系统是利用通信卫星作为中继站为移动用户之间或移动用户与固定用户之间提供电信业务的系统,系统组成如图 8-103 所示。卫星移动通信系统由通信卫星、关口站、控制中心、基站及移动终端组成,与蜂窝移动电话系统相比,卫星移动通信系统增加了卫星系统作为中继站,因而可延长通信距离,扩大用户的活动范围。

控制中心是系统的管理控制中心。负责管理和控制接入到卫星信道的移动终端通信过程,并根据卫星的工作状况控制移动终端的接入。

关口站是卫星通信系统与公用电话网间的接口,它负责移动终端同公用电话网用户通信的相互联接。

基站是在移动通信业务中为小型网络的各个用户提供业务连接的控制点。

在该系统中接入网的范畴是指从卫星至用户的这一部分。

8.11.4　通信配线与管道的设计要求

通信配线网络设计,除应符合《民用建筑电气设计规范》JGJ 16—2008 规定外,还应符合国家通信行业现行的《本地电话网用户线路工程设计规范》YD5006—2003、《通信管道与通道工程设计规范》YD5007—2003 等规范标准中有关规定。

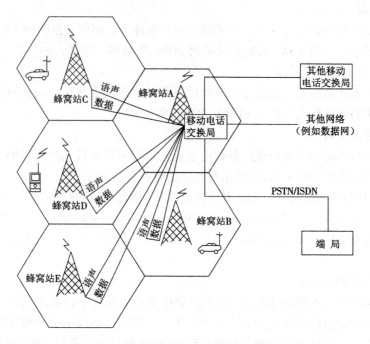

图 8-102　蜂窝移动通信系统结构

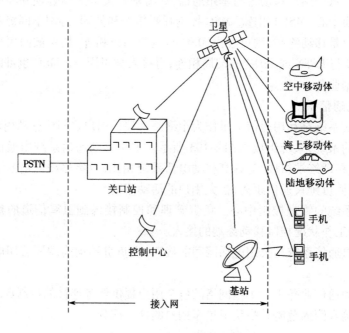

图 8-103　卫星移动通信系统

（1）通信配线与管道设计规定

①通信配线与管道设计,应按照本地各电信业务经营者已建或拟建通信管网的设计规划,满足建筑物和建筑群内语音业务及数据业务的需求。

②通信配线与管道设计,应按建筑物规模和各层面积,设置一个或多个通信线缆竖向通

道,上升配管管径或竖井内线槽规格以及配管根数的选用,应满足上升线缆和楼层水平用户线近期和远期发展的需求。

③建筑物内竖向管道、竖井、电缆线槽(桥架)、楼层配线箱(分线箱)、过路箱(盒)等,应设置在建筑物内公共部位。

④建筑群地下通信配线管道设计时,宜将区域内其他弱电系统线缆,合理且有选择地纳入配线管道网内。

(2)建筑物内通信配管设计

①多层建筑物中竖向垂直主干管道,宜采用墙内暗管敷设方式,也可根据实际需求,采用通信线缆竖井敷设方式。

②高层建筑物宜采用通信线缆竖井与暗管敷设相结合的方式。

③建筑物内通信线缆与其他弱电设备共用竖井或弱电间时,其使用面积应符合本规范第23章的有关规定。

④公共建筑物内应根据实际需求,合理配置通信线缆竖井、线缆桥架、楼板预留孔和线缆预埋金属管群;公共建筑内通信线缆竖井的规格、线缆桥架、楼板预留孔、线缆预埋钢管群的配置,应根据实际需求进行设计,也可参照表8-17配置。

表8-17　通信线缆竖井内规格、电缆桥架、楼板预留孔、线缆预埋钢管群配置

公共建筑类型	建筑物楼层	竖井规格(净宽×净深)m		用电缆桥架时宽度/mm	楼板孔洞尺寸宽×深/mm	选用线缆预埋钢管群(套管)
		挂壁式配线箱	落地式配线柜			
24 m以下建筑	地下层	1.2×0.5 (1.6×1.0)	1.8×0.9 (2.4×0.9)	200	300×300	4×φ76
	1~3			200	300×300	4×φ76
	4~6			150	250×300	3×φ76
100m以下建筑	地下层	1.6×1.0 (2.4×1.0)	2.4×1.6 (2.4×2.0)	400	500×300	12×φ89
	1~7			400	500×300	12×φ89
	8~15			400	500×300	8×φ89
	16~23			400	500×300	8×φ89
	24~30			300	400×300	6×φ76
100m以上建筑	地下层	2.0×1.0 (2.4×1.0)	2.4×1.6 (2.4×2.0)	500	600×300	15×φ89
	1~7			500	600×300	15×φ89
	8~15			500	600×300	12×φ89
	16~23			500	600×300	12×φ89
	24~30			400	500×300	12×φ76
	30及以上			300	400×300	8×φ76

注:竖井内规格中括弧内净宽净深的尺寸为较大的电信交换设备楼、多个无源(有源)配线箱设备而设定。

⑤当采用通信线缆竖井敷设方式时,电话、数据以及光缆等通信线缆不应与水管、燃气管、热力管等管道共用同一竖井;竖井的门应朝外开启,宽度不宜小于 1.0 m(1.2 或 1.5 m),高度不宜小于 2.10 m。并应有良好的自然通风及防水能力;竖井内上升电缆走线槽(桥架)宜采用槽式电缆走线槽,槽深 120 mm(150 mm),并有线缆的绑扎支架;竖井内上升线缆钢管群(套管)宜采用壁厚为 3 ~ 4 mm 的钢管,其管口伸出本层顶板下宜为 50 mm、上层楼板上为 100 mm。

⑥通信线缆竖井的各层楼板上,应预留孔洞或预埋外径不小于 76 mm 的金属管群或套管;孔洞或金属管群在通信线缆敷设完毕后,应采用相当于楼板耐火极限的不燃烧材料作防火封堵。

⑦配线箱(分线箱)及通信线缆竖井,宜设置在建筑物内通信业务相对集中,且通信配管便于敷设的地方;配线箱(分线箱)不宜设置在楼梯踏步边的侧墙上。

⑧当采用有源通信配线箱(有源分线箱)时,宜在箱内右下角设置 1 只 220 V 单相交流带保护接地的电源插座。

⑨暗装通信配线箱(分线箱),箱底距地宜为 0.5 ~ 1.8 m;明装通信配线箱(分线箱),箱底距地宜为 1.3 ~ 2.0 m;暗装通信过路箱,箱底距地宜为 0.3 ~ 0.5 m。

⑩建筑物内通信配线电缆的保护导管,在地下层、首层和潮湿场所宜采用壁厚不小于 2 mm 的金属导管,在其他楼层、墙内和干燥场所敷设时,宜采用壁厚不小于 1.5 mm 的金属导雷;穿放电缆时直线管的管径利用率宜为 50% ~ 60%,弯曲管的管径利用率宜为 40% ~ 50%。

⑪建筑物内用户电话线的保护导管宜采用管径 25 mm 及以下的管材,在地下室、底层和潮湿场所敷设时宜采用壁厚大于 2 mm 金属导管;在其他楼层、墙内和干燥场所敷设时,宜采用壁厚不小于 1.5 mm 的薄壁钢导管或中型难燃刚性聚乙烯导管;穿放对绞用户电话线的导管截面利用率宜为 20% ~ 25%,穿放多对用户电话线或 4 对对绞电缆的导管截面利用率宜为 25% ~ 30%。

⑫建筑物内敷设的通信配线电缆或用户电话线宜采用金属线槽,线槽内不宜与其他线缆混合布放,其布放线缆的总截面利用率宜为 30% ~ 50%。

⑬建筑物内有严重腐蚀的场所,不宜采用金属导管和金属线槽。

⑭建筑物内暗管敷设不应穿越非通信类设备的基础。

⑮建筑物内暗导管在必须穿越的建筑物变形缝处,应设补偿装置。

⑯建筑物内通信插座、过路盒,宜采用暗装方式,其盒体安装高度宜距地 0.3 m,卫生间内安装高度宜距地 1.0 ~ 1.3 m;电话亭中通信插座暗装时,盒体安装高度宜距地 1.1 ~ 1.4 m;当进行无障碍设计时,其通信插座盒体安装高度宜距地 0.4 ~ 0.5 m;并应符合现行国家行业标准《城市道路和建筑物无障碍设计规范》JGJ50 的有关要求。

⑰建筑物内通信线缆与电力电缆及其他干扰源的间距,应符合本规范第 21.8 节的有关规定。

⑱在有电磁干扰的场合或有抗外界电磁干扰需求的场所,其通信配管必须全程采用金属导管或封闭式金属线槽,并应将线路中各金属配线箱、过路箱、线槽、导管及插座出线盒的金属外壳全程连续导通及接地,并应符合本规范第 22 章的有关规定。

(3)建筑物内通信配线设计

①建筑物内交接箱、总配线架(箱)、配线电缆、配线箱(分线箱)的容量配置,应符合国家

现行标准《本地电话网用户线路设计规范》YD5006 的有关要求。

②建筑物内通信配线电缆设计,宜采用直接配线方式;建筑物单层面积较大或为高层建筑物时,楼内宜采用交接配线方式,不宜采用复接配线方式。

③建筑物内通信光缆的规格、程式、型号,应符合产品标准并满足设计要求;建筑物内光缆宜采用非色散位移单模光纤,通常称为 G.652 光纤。G.652 光纤可进一步分为 G.652A、G.652B、G.652C 三个子类。G.652A 光纤主要适用于 ITU – TG.957 规定的 SDH 传输系统和 G.691 规定的带光放大的单通道直到 STM – 16 的 SDH 传输系统;G.652B 光纤主要适用于 ITU-TG.957 规定的 SDH 传输系统和 G.691 规定的带光放大的单通道 SDH 传输系统及直到 STM – 64 的 ITU-TG.692 带光放大的波分复用传输系统;G.652C 光纤即波长段扩展的非色散位移单模光纤,又称低水峰光纤,主要适用于 ITU – TG.957 规定的 SDH 传输系统和 G.691 规定的带光放大的单通道 SDH 传输系统和直到 STM – 64 的 ITU-TG.692 带光放大的波分复用传输系统。

G.652 光纤的 A、B、C 三个子类有不同的用途,其价格高低也不相同,通常 C 类高、B 类较高、A 类较低。

④建筑物内配线电缆宜采用全塑、阻燃型等市内电话通信电缆,光缆宜采用阻燃型通信光缆;市内电话通信电缆宜采用 HYA 型 0.4 mm 或 0.5 mm 铜心线径的铝塑综合护层塑料绝缘市内电话通信电缆,当通信距离远或有特殊通信要求时可采用 0.6 mm 或 0.8 mm 铜心线径的通信电缆。

⑤通信配线电缆不宜与用户电话线合穿一根导管;电缆配线导管内不得穿其他非通信线缆。

⑥用户总配线架、配线箱(分线箱)设备容量宜按远期用户需求量一次考虑;其配线端子和配线电缆可分期实施,配线电缆的容量配置可按用户数的 1.2 ~ 1.5 倍,并结合配线电缆对数系列选用。

⑦建筑物内通信光缆配线宜采用星形结构配线方式;光缆总配线架(箱)、楼层光缆分按箱设备容量宜按远期用户需求量一次配置到位;光缆应根据需求分期实施,同时结合光缆心数系列选用。

⑧建筑物内用户电话线,宜采用铜心 0.5 mm 或 0.6 mm 线径的室内一对或多对电话线。

⑨当建筑物内用户电话线采用综合布线 4 对(8 芯)对绞电缆时,其通信线缆配置方式,应符合本规范第 21 章的有关规定。

(4)建筑群内地下通信管道设计

①建筑群(校园区、住宅小区等)内地下通信管道规划设计应符合建筑总体的规划要求,应与建筑总体中道路、绿化、给水排水、电力管、热力管、燃气管等地下管道设施同步建设。建筑群规划红线内的地下通信管道设计,应与红线外公用通信管网、红线内各建筑物及通信机房引入管道衔接。

②建筑群地下通信管道,宜有两个方向与公用通信管网相连。

③建筑群内地下通信管道的路由,宜选在人行道、人行道旁绿化带及车行道下。通信管道的路由和位置宜与高压电力管、热力管、燃气管安排在不同路侧,并宜选择在建筑物多或通信业务需求量大的道路一侧。

④各种材质的通信管道顶至路面最小埋深应符合表 8-18 的规定。

a. 通信管道设计应考虑在道路改建,可能引起路面高程变动时,不致影响管道的最小埋深要求。

b. 通信管道宜避免敷设在冻土层及可能发生翻浆的土层内;在地下水位高的地区宜浅埋。

表 8-18 通信管道最小埋深 单位:m

管道类别	人行道下	车行道下
混凝土管、塑料管	0.5	0.7
钢管	0.2	0.4

c. 通信管道与其他管线交越、埋深相互间有冲突,且迁移有困难时,可考虑减少管道所占断面高度(如立敷改为卧敷等),或改变管道埋深。必要时,降低埋深要求,但相应要采取必要的保护措施(如混凝土包封、加混凝土盖板等),且管道顶部距路面不得小于 0.3 m。

⑤地下通信管道应有一定的坡度,以利渗入管内的地下水流向人(手)孔。管道坡度宜为 3‰~4‰,当室外道路已有坡度时,可利用其地势获得坡度。

⑥地下通信管道与其他各类管道及与建筑的最小净距应符合表 8-19 的规定。

表 8-19 通信管道和其他地下管道及建筑物的最小净距表

其他地下管道及建筑物名称		平行净距/m	交叉净距/m
已有建筑物		2.00	
规划建筑物红线		1.50	
给水管	直径为 300 mm 以下	0.50	0.15
	直径为 300~500 mm	1.00	
	直径为 500 mm 以上	1.50	
污水、排水管		1.00[1]	0.15[2]
热力管		1.00	0.25
燃气管	压力≤300 kPa(压力≤3 kgf/cm^2)	1.00	0.30[3]
	300 kPa<压力≤800 kPa(3 kgf/cm^2<压力≤8 kgf/cm^2)	2.00	
10 kV 及以下电力电缆		0.50	0.50[4]
其他通信电缆或通信管道		0.50	0.25
绿化	乔木	1.50	——
	灌木	1.00	——
地上杆柱		0.50~1.00	
马路边石		1.00	
沟渠(基础底)		——	0.50
涵洞(基础底)		——	0.25

注:①主干排水管后敷设时,其施工沟边与通信管道间的水平净距不宜小于1.5 m;

　　②当通信管道在排水管下部穿越时,净距不宜小于0.4 m,通信管道应做包封,包封长度自排水管的两侧各加长2.0 m;

　　③与燃气管道交越处2.0 m范围内,燃气管不应做接合装置和附属设备;如上述情况不能避免时,通信管道应做包封2.0 m;

　　④如电力电缆加保护管时,净距可减至0.15 m。

⑦当受地形限制,塑料管道的路由无法取直或避让地下障碍物时,可敷设弯管道,其弯醮的曲率半径不得小于15 m。

⑧地下水位较高的地段,地下通信管道宜采用塑料管等有防水性能的管材。

⑨通信配线管道设计要求

a.地下通信配线管道用管材,其规格型号、程式、断面组合应符合产品标准,并满足设计要求;

b.地下通信配线管道的管孔数应按远期线缆条数及备用孔数确定,其配线管道可采用水泥管块、聚氯乙烯(PVC - U)管、高密度聚乙烯(HDPE)管、双壁波纹管、硅心管、栅格管和钢管;各类通信配线管道所采用管孔断面应符合管孔组合要求;

c.地下通信配线管孔利用率的规定

——当一个管孔中只穿放一条主干电缆时,主干电缆外径不应大于管孔有效内径的80%;

——当一个钢管或混凝土管孔中穿放外径较细的多条配线电缆时,其多条电缆组合的外径不应大于管孔有效内径的40%;

——当一个塑料管孔中穿放外径较细的多条配线电缆时,其多条电缆组合的外径不应大于管孔有效内径的70%;

d.地下通信管道中塑料管道应排列整齐,间隔均匀;穿越车行道时为防止管径变形,管道下应做基础层和水泥钢筋外包封固定;

e.地下通信管道穿越车行道、河道上桥梁下,以及有屏蔽或其他特殊要求的区域,应采用钢管敷设,不得采用不等管径的钢管接续。

⑩室外引入建筑物的通信和其他弱电系统的管道,宜采用外径76～102 mm的钢管群,其根数及管径应按引入电缆(光缆)的容量、数量确定,并预留日后发展的余量。各根引入管道应采取防渗水措施。建筑物面积小于20 000 m² 时,宜采用一到两处,每处3～6根外径63～102 mm的钢管;面积大于20 000 m² 时,宜采用两至三处,每处6～9根外径63～102 mm的钢管;室外引入的金属钢管内壁应光滑,其管身和管口不得变形和有毛刺。

⑪建筑物通信的引入管道应由建筑物内伸出外墙2.0 m,并以3‰～4‰的坡度朝下向室外(人孔)倾斜做防水坡度处理。

⑫人(手)孔设计要求

a.人(手)孔位置应设置在地下通信管道的分叉点、引上线缆汇接点、引入各个建筑物通信的引入管道处,以及道路的交叉路口、坡度较大的转折处等;

b.人(手)孔位置宜设置在人行道或人行道旁绿化带上,不得设置在建筑物的主要进出口、货物堆积、低洼积水等处;

　　c.人(手)孔位置应与燃气管、热力管、电力电缆等地下管线的检查井相互错开；

　　d.地下通信管道人(手)孔间距不宜超过120 m,且同一段管道不得有"S"弯；

　　e.宜在引入管道较长处或拐弯较多的引上管道处,以及在设有室外落地或架空交接箱的地方设置手孔；

　　f.人(手)孔应防止渗水,其建筑程式应根据地下水位的状况而定；

　　g.人孔井底部宜为混凝土基础；当遇到松软土壤或地下水位较高时,应在人孔井底部基础下增设砂石、碎石垫层,或采用钢筋混凝土基础；

　　h.人(手)孔内不应有无关的电力管线穿越；

　　i.人(手)孔内本期工程线缆敷设不使用的管孔应封堵。

　　(5)建筑群内通信电缆配线设计

　　①建筑群内通信配线方式应采用交接配线方式,交接设备后的配线电缆宜采用直接配线方式,不宜采用复接配线方式。交接设备的容量应满足远期通信主干配线电缆和直接配线电缆使用总容量的需求,并结合交接(箱)设备容量系列确定。进入交接箱内的主干电缆、配线电缆的用户预测阶段和满足年限,均应以电缆开始运营时作为计算起点,近期为5年,中期为10年,远期为15～20年。

　　②当建筑群内通信专用机房设有当地电信业务经营者的远端模块设备或电话用户交换机时,可在机房以外设置交接设备,其交接设备宜安装在各个建筑物底层或地下一层建筑面积不小于6～10 m² 的交接间电信间内；在离机房距离0.5 km 范围内的直接服务区的建筑物,可采用直接配线方式。

　　③建筑群内与通信主干电缆连接的交接设备亦可采用室外落地式、室外架空式或室外挂墙式交接箱。建筑群内设置室外落地式交接箱时,应采用混凝土底座,底座与人(手)孔间应采用管道连通,但不得建成通道式。底座与管道、箱体间应有密封防潮措施。

　　④建筑群内设置室外挂墙式交接箱时,伸入箱内的钢导管应与附近人(手)孔连通,箱体应有密封防潮措施。

　　⑤建筑群内各条通信主干电缆的容量,应根据各建筑物内远期用户数并按照电缆对数系列进行配置,并根据实际需求分期实施。

　　⑥地下管道内的通信主干电缆宜选用非填充型(充气型)全塑电缆,不得采用金属铠装通信电缆。电缆宜采用铜心0.4～0.5 mm 线径的电缆；当有特殊通信要求时可采用铜心0.6 mm 线径的电缆。建筑群内通信管道中主干电缆应采用HYA 型等非填充型(充气型)市内电话通信电缆,是因为管道及人孔中容易积水,采用充气型电缆实行充气维护,能及时发现电缆故障并及时排除,不致对建筑群内通信网造成大的影响和损失,所以考虑选用充气型电缆较合理。直埋式通信电缆可选用带铠装充油膏填充型电话通信线缆。同时其他敷设方式的线缆可根据具体的使用场合综合选定,参见表8-20 中有关配置要求。

表 8-20　各种主要型号电缆的使用场合

电缆类型	无外护层电缆	自承式	有外护层电缆				
			单层钢带纵包	双层钢带纵包	双层钢带纵包	单层细钢丝绕包	单层粗钢丝绕包
电缆	HYA	HYAC	——	——	——	——	——
	HYFA	——	——	——	——	——	——
	HYPA	——	——	——	——	——	——
型号	HYAT	——	HYAT53	HYAT553	HYAT53	HYAT23	HYAT43
代码	HYFAT	——	HYAT53	HYAT553	HYAT23	——	——
	HYPAT	——	HYAT53	HYAT553	HYAT23	——	——
主要使用场合	管道或架空	架空	直埋	直埋	直埋	水下	水下

　　⑦通信电缆在地下通信管道内敷设时,每根应同管同位。管道孔的使用顺序应按先下后上,先两侧后中间的原则进行。

　　⑧一个管道内宜布放一根通信线缆;采用多孔高强度塑料管(梅花管、栅格管、蜂窝管)时,可在每个子管内敷设一根线缆。

　　⑨建筑群内通信电缆宜采用地下通信管道敷设方式。在难以敷设地下通信管道的局部场所,可采用沿墙架设、立杆架设等方式。

　　⑩室外直埋式通信电缆宜采用铜芯全塑填充型钢带铠装护套通信电缆,在坡度大于 30,或线缆可能承受张力的地段,宜采用钢丝铠装电缆,并应采取加固措施。

　　⑪室外直埋式通信线缆应避免在下列地段敷设

　　a. 土壤有腐蚀性介质的地区;

　　b. 预留发展用地和规划未定的用地;

　　c. 堆场、货场及广场。

　　⑫室外直埋式通信电缆的埋深宜为 0.7 ~ 0.9 m,并应在电缆上方加设覆盖物保护和设置电缆标志;直埋式电缆穿越沟渠小于 1.0 m;光缆接头箱(盒)中的光缆预留长度不宜小于 6 ~ 8 m;直埋式电缆需引入建筑物内分线设备时,应换接或采取非铠装方法穿钢管引入。如引至分线设备的距离在 10m 以内时,则可将铠装层脱去后穿钢管引入。

　　⑬人(手)孔中的光缆或接头箱(盒)应有醒目的识别标志,并应采取密封防水、防腐、防损伤保护措施。

思　考　题

　　1. 智能建筑的通信系统的功能需求有哪些?

　　2. 目前建筑内电话交换系统存在的两种构建方式是什么,各有什么特点?

　　3. PABX 的结构、功能和主要技术参数都是什么?

　　4. 交换机的初装容量和终装容量如何确定?

5. VoIP 技术的原理是什么,其基本应用形式有哪些?

6. CTI 技术的原理是什么,其应用系统有哪些?

7. 建筑中以太网采用何种网络结构?

8. 综合布线系统有哪些功能模块组成,各具有什么功能?

9. 有线电视系统由哪些部分组成,各部分具有何种功能?

10. 公共广播系统具有何种传输方式?

11. 数字会议系统包括哪些系统,各具有什么特点?

12. 接入网用到哪些传输技术,根据所采用的传输媒介和传输技术,接入网是如何分类的?

参 考 文 献

[1] 智能建筑设计标准 GB/T50314－2006[S]. 北京:中国计划出版社,2006.

[2] 民用建筑电气设计规范 JGJ16－2008[S]. 北京:中国计划出版社,2008.

[3] 王娜,沈国民. 智能建筑概论[M]. 北京:中国建筑工业出版社,2010.

[4] 许锦标,张振昭. 楼宇智能化技术[M]. 北京:机械工业出版社,2010.

[5] 樊昌信,等. 通信原理[M]. 北京:国防工业出版社,1993.

[6] 张新政. 现代通信系统原理[M]. 北京:电子工业出版社,1995.

[7] 魏更宇,孙岩,张冬梅. 通信导论[M],北京:北京邮电大学出版社,2005.

[8] 纪越峰. 现代通信技术[M]. 3 版. 北京:北京邮电大学出版社,2010.

[9] 郑君里,应启珩,杨为理. 信号与系统[M]. 2 版. 北京:高等教育出版社,2000.

[10] 马海武,张继荣,任庆昌. 智能建筑通信系统与网络[M]. 北京:人民交通出版社,2000.

[11] 朱学莉. 智能建筑网络通信系统[M]. 北京:中国电力出版社,2006.

[12] 芮静康. 建筑通信系统[M]. 北京:中国建筑工业出版社,2006.

[13] 迟长春,陈建伟. 建筑弱电工程设计[M]. 天津:天津大学出版社,2010.

[14] 刘翠玲. 智能建筑通信自动化系统[M]. 北京:中国电力出版社,2005.

[15] 高传善,等. 数据通信与计算机网络[M]. 2 版. 北京:高等教育出版社,2004.

[16] 叶选,丁玉林,刘玮. 有线电视及广播[M]. 北京:人民交通出版社,2001.

[17] 王秉钧,王少勇,田宝玉. 现代卫星通信系统[M]. 北京:电子工业出版社,2004.

[18] 孙强,周虚. 光纤通信系统及其应用[M]. 北京:清华大学出版社,北方交通大学出版社,2004.

[20] 易培林. 有线电视技术[M]. 北京:机械工业出版社,2002.

[21] 储钟圻. 数字卫星通信[M]. 北京:机械工业出版社,2005.

[22] 朱秀昌,刘峰. 会议电视系统及应用技术[M]. 北京:人民邮电出版社,1999.

[23] 陶智勇,廖云霞. 视频会议系统及其应用[M]. 北京:北京邮电大学出版社,2001.